空中目标跟踪理论与方法

蔡云泽 崔 颢 ◎ 编著

TARGET TRACKING for AERIAL SCENARIOS Theories and Approaches

上海交通大学出版社
SHANGHAI JIAO TONG UNIVERSITY PRESS

内容简介

空中目标跟踪广泛应用于空中侦察、进近管制、塔台管制等军事与民用领域，是空中战场预警、威胁估计与态势评估、空中交通管制等领域的关键技术。本书分为八章，以空中目标跟踪的递归贝叶斯滤波问题为基础，系统介绍了点估计理论、滤波方法、目标跟踪的基本模型以及多传感器时空配准与融合估计方法、多目标跟踪等空中目标跟踪领域的经典理论与方法。本书提供了目标跟踪领域的基础知识，可作为相关学科的研究生教材和参考书目，也可供相关领域的技术人员参考。

图书在版编目(CIP)数据

空中目标跟踪理论与方法／蔡云泽，崔颢编著．—上海：上海交通大学出版社，2024.1
ISBN 978-7-313-29854-6

Ⅰ.①空… Ⅱ.①蔡… ②崔… Ⅲ.①目标跟踪—研究 Ⅳ.①TN953

中国国家版本馆 CIP 数据核字(2023)第 220634 号

空中目标跟踪理论与方法
KONGZHONG MUBIAO GENZONG LILUN YU FANGFA

编　　著：蔡云泽　崔　颢
出版发行：上海交通大学出版社　　地　　址：上海市番禺路 951 号
邮政编码：200030　　电　　话：021-64071208
印　　制：上海颛辉印刷厂有限公司　　经　　销：全国新华书店
开　　本：889 mm×1194 mm　1/16　　印　　张：18.75
字　　数：387 千字
版　　次：2024 年 1 月第 1 版　　印　　次：2024 年 1 月第 1 次印刷
书　　号：ISBN 978-7-313-29854-6
定　　价：56.00 元

序

空中目标跟踪广泛应用于空中侦察、进近管制、塔台管制等军事与民用领域，是空中战场预警、威胁估计与态势评估、空中交通管制等领域的关键技术。近半个世纪以来，空中目标跟踪方法以卡尔曼创建的线性系统最优估计理论为基础，不断发展并提出了容积卡尔曼滤波方法、粒子滤波方法、交互式多模型跟踪方法、变结构交互式多模型方法、多速率融合估计方法、概率数据关联方法、随机有限集跟踪方法等不同应用背景下的空中目标跟踪方法。本书以空中目标跟踪的递归贝叶斯滤波问题为基础，系统介绍了点估计理论、滤波方法、目标跟踪的基本模型，以及多传感器时空配准与融合估计方法、多目标跟踪等空中目标跟踪领域的经典理论与方法。本书既阐述了不同应用领域空中目标跟踪方法的相关联系，又探索了空中目标跟踪领域热点问题的最新研究方向，并针对空中目标的运动特性提供了丰富的空中目标跟踪仿真实验。

本书作者蔡云泽研究员多年来从事复杂信息处理技术在航空航天领域的应用基础研究，课题组成员多年来一直从事信息融合、状态估计与滤波、目标检测与跟踪、多智能体协同控制、复杂系统的建模与控制等理论与应用方面的研究，在状态估计与滤波、噪声未知和目标跟踪等领域具有较高的理论水平和丰富的实践经验。本书适合作为相关学科的研究生教材和参考书目，为开展空中目标跟踪领域的前沿研究夯实基础，期望本书能为准备从事目标跟踪领域研究的学生或工作人员提供系统的基础理论与方法。

前　言

目标跟踪技术在人类社会的发展进程中有重要的贡献。早在远古时代，人们在狩猎中便要跟踪猎物，人们还进一步发明了利用对恒星的跟踪进行导航和预测季节变化的技术。在信息时代，尤其是在国防领域中，利用这一技术可以及时对陆、海、空、天中的运动目标进行预警或跟踪，发现并锁定被跟踪目标后，通过估计并分析其运动状态，为火力控制、威胁估计、态势评估，直至各级指挥控制系统的决策提供态势信息。可以说，目标跟踪是战场预警、精确打击、空中交通管制、智能监控等重要领域的关键技术之一。

作为人们进行各种观测和计算的手段，目标跟踪技术是实现主体对被关注运动客体进行状态建模、估计、跟踪的过程。过去 70 年中，学者、科学家及工程技术人员提出了很多适用于不同应用场景的目标跟踪技术和方法，如卡尔曼滤波、粒子滤波、交互式多模型、概率数据关联、集成航迹分裂算法以及随机集方法等，上述成果奠定了目标跟踪技术的理论基础。随着传感器技术的快速发展，基于多传感器数据融合的目标跟踪引起了人们的广泛关注。该技术是指利用多种传感器，如雷达、声呐、红外等探测手段，对目标进行实时观测，并对观测到的信息进行融合处理，从而获得目标的状态估计。如今，在军事领域中，为突破敌方防御，各国均在大力发展高机动飞行器，同时战场电磁环境越来越繁杂，人们对先进目标跟踪技术的需求更加迫切。如何基于目标跟踪技术和多传感器数据融合技术更好地跟踪这类目标，如何为从事相关研究工作的研究人员提供经典理论和方法查询途径，进而推动相关理论在国内的发展，正是本书出版的初衷。

本书基于作者多年来对空中机动目标跟踪算法的研究积累，结合现代传感器技术的发展，介绍基于多传感器数据融合的机动目标跟踪基础算法，以此为从事目标跟踪实践及研究的工作人员快速理解和彻底掌握种类众多的复杂跟踪算法提供帮助，为在各自特殊的应用背景下设计适应性的跟踪算法提供有力的理论支撑。

本书首先介绍了目标跟踪的基本算法，包括估计理论、目标跟踪模型、滤波方法等，采用了空中目标的跟踪实例，从理论基础、算法设计到仿真验证，系统、立体地呈现空中目标跟踪关键技术，以此为从事相关研究的在校研究生提供目标跟踪领域的基础知识，从这个意义上来说，本书不仅是一本教材，也是一本技术参考书。本书从第 2 章开始，每章配置了知识提纲和知识导图，便于读者进行多角度、全方位的思考与总结。

在本书的撰写过程中，作者参考了一些国内外同行学者的研究成果。他们的出色工作，使多传感器数据融合、目标跟踪方法的研究不断向前迈进。感谢上海交通大学出版社及上海交通大学研究生院的工作人员，正是他们的辛勤劳动和全力支持才保证了本书的如期出版。

由于作者水平有限，书中可能存在疏漏和不当之处，恳请读者批评指正。

目　　录

第 1 章
绪　　论

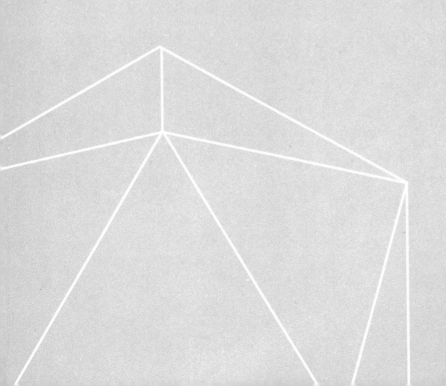

目标跟踪主要是指通过各类传感器对目标的观测，得到关于目标的一些原始数据信息，通过建立合理的运动模型，融合各种滤波方法，对目标的运动状态进行估计和预测的技术。这项技术在军事和民事领域中发挥着极其重要的作用。现代空中战场环境复杂多变，各类先进的飞行器和传感器设备不断更新迭代，电子干扰手段层出不穷，对目标跟踪算法在强机动的自适应性、抗干扰的准确性及跟踪的实时性等方面提出了更严格的要求。面临新挑战，传统滤波器和运动模型需要与复杂战场环境相结合，在系统理解机动目标跟踪系统原理、滤波融合基本理论的基础上才能有所突破和创新。本章从介绍典型空中目标出发，围绕本书的架构概述目标跟踪方法和本书的章节安排。

1.1 典型的空中目标

1）空中战斗机

随着飞机的发明并应用至军事领域，空中战场成为侦察与限制敌方作战行动、保障我方作战安全的关键战场，现代战争对制空权的争夺贯穿始终。在两次世界大战中，各国飞行器以螺旋桨式飞行器为主，通常最大航速为 500～700 km/h。第二次世界大战末期，德国的 Me－262 战斗机采用涡轮喷气式发动机，最大航速可达到 800 km/h。战后，涡轮喷气式发动机技术得到迅速发展，飞行器正式进入超声速时代。从第一代战斗机到第三代战斗机，飞行器的航速从 1 *Ma*①（即 1 倍声速，340 m/s）发展到 2 *Ma*。此后，为了追求更高的爬升率、更小的机动盘旋半径、更大的机动加速度等强机动性能，第四代战斗机将原有的机头进气模式改为腹部进气模式，并采用后掠翼与薄翼面机翼等超声速气动布局，显著提升了飞行器的机动能力。第四代战斗机包括 F－16、F－18、苏－27、苏－35、台风号、阵风号、歼－10 等。

（1）F－16 战斗机（见图 1－1）：美国空军一型喷气式多用途战斗机，最大飞行速度约为 2 *Ma*，升限约为 18 000 m。该飞机的航程较大，不带副油箱时航程约为 1 825 km，外接 3 个副油箱时的最大转场航程约为 3 800 km，能

① *Ma* 指单位马赫（Mach），表示速度与声速的比值。

够进行 9G 过载机动，在设计时参考了“能量机动理论”，具备高推重比、低翼载荷等性能特征[1]。

图 1-1 F-16 战斗机

(2) F/A-18 战斗机(见图 1-2)：美国海军一型超声速喷气式战斗机，具备优秀的对空、对地和对海攻击能力，主要特点是可靠性和维护性好，生存能力强，大仰角飞行性能好以及武器投射精度高。最大飞行速度约为 1.8 Ma，限制过载为 7.6G，升限约为 15 000 m，航程约为 2 346 km。

图 1-2 F/A-18 战斗机

（3）苏-27 战斗机（见图 1-3）：苏联苏霍伊设计局研制的单座双发全天候空中优势重型战斗机，其配备的雷达、光电探测器（IRSI）和头瞄交联的火控系统使其成为世界上第一种将多传感器数据合成系统实际应用的战斗机。苏-27 拥有世界级别的高机动能力，著名的“普加乔夫眼镜蛇机动”便是由其首创，冷战时期著名的“巴伦支海上空手术刀”事件的主角也是该机。苏-27 的最大飞行速度约为 2.35 Ma，最大过载为 9G，升限约为 18 000 m，航程约为 3 790 km[2]。

图 1-3 苏-27 战斗机

（4）苏-35 战斗机（见图 1-4）：俄罗斯苏霍伊设计局在苏-27 战斗机的基础上研制的深度改进型单座双发多用途战斗机，配备涡扇矢量发动机，采用了

图 1-4 苏-35 战斗机

矢量推力发动机不仅为飞机提供前进的推力，还可以通过喷管的转向，实现推力方向的偏转。

全新的三翼面设计。独一无二的气动性能和矢量推力发动机使其具有极强的机动能力。该机配备新型数字控制系统，可实现全自动驾驶。最大飞行速度约为 2.25 *Ma*，最大机动过载为 9*G*，升限约为 18 500 m，航程约为 3 600 km[2]。

（5）台风战斗机（见图 1-5）：由欧洲战斗机公司（英国、德国、意大利和西班牙四国合作）设计的双发、三角翼、鸭式布局、高机动性的多用途战斗机，虽然未采用矢量推力技术，但凭借优异的气动设计和先进的飞行控制计算机，仍具有强大的机动能力。最大飞行速度约为 2 *Ma*，最大机动过载为 9*G*，升限约为 16 765 m，航程约为 2 900 km。

图 1-5 台风战斗机

（6）阵风战斗机（见图 1-6）：法国一型双发、三角翼、高机动性、多用途战斗机，采用集成模块化航电系统，其优势在于多用途作战能力，空战和对地、对海攻击能力都十分强大。最大飞行速度约为 1.8 *Ma*，最大机动过载为 9*G*，升限约为 16 800 m，航程约为 3 700 km。

图 1-6 阵风战斗机

相比于第四代战斗机通常采用的法向机动过载模式，第五代战斗机采用新型的喷管转向技术或喷流舵面技术实现矢量推力，具有更强的大迎角机动性能与机头快速指向能力，同时具备超视距空战能力。此外，具备隐身能力也是第五代战斗机的显著特点。第五代战斗机包括 F-22、F-35、苏-57、歼-20 等。

(1) F-22 战斗机(见图 1-7)：绰号“猛禽”，是美国一型单座双发高隐身性第五代战斗机，也是世界上第一种进入服役的第五代战斗机。该机具有强大的隐身性能和机动能力，同时具有较强的态势感知、对空和对地作战能力，无论在航电设备、机动性能还是武器配置方面都领先于其他战斗机，是目前世界上综合性能最佳的战斗机。其相关数据属于军事机密，外界猜测最大飞行速度约为 2.25 Ma，限制过载为 9G，升限约为 19 812 m，航程约为 2 963 km[2]。

图 1-7 F-22 战斗机

(2) F-35 战斗机(见图 1-8)：美国一型单座单发战斗机/联合攻击机，具备较高的隐身性、先进的电子系统以及一定的超声速巡航能力。主要用于前线支援、目标轰炸、防空截击等多种任务，并因此发展出 3 种主要的衍生版本，包括采用传统跑道起降的 F-35A 型、短距离起降/垂直起降的 F-35B 型和作为航母舰载机的 F-35C 型。F-35 的最大飞行速度约为 1.6 Ma，盘旋过载为 6G，升限约为 18 288 m，航程约为 2 220 km[2]。

由于新一代的战斗机往往具备突破敌方防御的机动能力，将成为决定局部战争走势的胜负手。因此，作为预防与反制空中目标的核心技术，空中目标跟踪方法具有至关重要的意义。

图1-8 F-35战斗机

2) 空中轰炸机

轰炸机主要用于攻击地面目标，除常规炸弹外，还能投掷核弹、核巡航导弹或发射空对地导弹，具有突击力强、航程远、载弹量大、机动性高等特点，是航空兵实施空中突击的主要力量。相较于战斗机，轰炸机不需要进行空中格斗，在空中不会做过多的机动动作，从而更关注于高速、高载弹量与大航程。

(1) B-1B轰炸机(见图1-9)：美国空军一型超声速变后掠翼远程战略轰炸机，能以高亚声速(0.9 *Ma*)在离地面60 m的上空做超低空飞行，最大飞行速度约为1.25 *Ma*，升限约为18 000 m，航程约为11 999 km[2]。该机是美国空军战略威慑的主要力量之一。

图1-9 B-1B轰炸机

（2）图-160 轰炸机（见图 1-10）：俄罗斯一型超声速变后掠翼远程战略轰炸机。作战方式以高空亚声速巡航、低空亚声速或高空超声速突袭为主，在高空时可发射长程巡航导弹，在敌人防空网外进行攻击。担任防空压制任务时，可以发射短距离导弹。此外，还可以实现低空突袭，用核弹头的炸弹或是发射导弹攻击重要目标，是世界上最大的可变后掠翼超声速战略轰炸机。最大飞行速度约为 2.05 Ma，升限约为 21 000 m，航程约为 16 000 km[2]。

图 1-10 图-160 轰炸机

1.2 目标跟踪方法概述

目标跟踪是一个综合性较强的领域，涉及线性系统理论、最优化理论、概率论、模式识别、矩阵运算等一系列理论。跟踪的难点在于不确定性和目标运动的多样性。针对 1.1 节介绍的典型空中目标，没有一种系统模型或者先验知识能同时准确描述目标运动的所有运动特性。一般来说，应对各种可能出现的不确定性，主要依靠科学、合理地设计跟踪模型，以达到对不同运动模式自适应跟踪的目的；而抑制系统噪声和量测噪声，则主要通过设计状态估计算法和数据融合算法，利用先验统计信息减少噪声对估计结果的影响。因此，目标跟踪问题就是指针对空间内单个或多个感兴趣的目标，在已知一组或多组包含量测噪声的信息条件下，结合已知的目标运动模型与噪声分布等先验信息，对未知变量（即目标真实位置、速度等状态信息)进行连续估计的参数估计问题。

目前,目标跟踪方法主要以递归贝叶斯滤波方法为核心。20 世纪 60 年代,卡尔曼提出并证明了在目标状态转移方程是线性已知的且系统过程噪声与量测噪声均为高斯白噪声的条件下,递归贝叶斯估计问题的最优估计器——卡尔曼滤波器。卡尔曼滤波器采用递归贝叶斯方法更新目标状态向量概率密度函数的一阶矩、二阶矩以及卡尔曼增益,其结构简单且仅需存储上一时刻的估计信息,便于采用计算机技术实现。因此,卡尔曼滤波器成为目标跟踪领域中对目标位置、速度等状态信息进行参数估计的重要方法。

对空中目标进行跟踪时,由于雷达、红外等传感器提供的方位角、俯仰角等角度量测信息与目标真实位置信息之间存在非线性的映射关系,因此不满足卡尔曼滤波器的线性量测转换方程的假设条件。为解决非线性系统的贝叶斯递归估计问题,学者们先后提出扩展卡尔曼滤波器、无迹卡尔曼滤波器、容积卡尔曼滤波器、集合卡尔曼滤波器与粒子滤波器等非线性滤波方法。同时,在跟踪算法研究中,常见的方法是将目标机动过程建模为包含未知输入的动态随机过程,并将未知输入与目标状态信息进行联合估计。例如,Singer 模型假设目标机动的加速度服从均值为 0 的均匀分布,Jerk 模型假设目标机动加速度的导数服从均值为 0 的均匀分布,当前统计模型假设目标机动的加速度服从条件瑞利分布。

进一步,为解决空中目标机动模型复杂多变的难题,目标跟踪领域的学者相继提出了交互式多模型跟踪方法以及变结构多模型跟踪方法。交互式多模型跟踪方法将目标运动过程建模为隐马尔可夫过程,并假设不同运动模型之间的模型转移概率已知,通过交互计算不同模型与量测的似然函数及对应的模型条件概率。变结构多模型跟踪方法采用递归自适应模型集方法,选取当前时刻的模型集进行状态估计。变结构多模型跟踪方法的递归模型集自适应方法包括动态有向图方法、有向图切换方法、自适应网格方法等。

此外,存在传感器量测更新频率不同、量测采样起始时刻不同、量测数据基准坐标系不同、固定量测系统误差等原因,需要将多传感器网络中异步、多速率传感器的量测数据配准到相同的时间序列以及空间坐标系,并且有效估计和补偿传感器量测系统误差。若将未配准的量测数据用于目标跟踪与融合估计，不仅将降低对空中目标的跟踪估计精度，还将导致冗余目标航迹或虚假目标航迹等问题。时间配准的一般做法是以采样周期较长的传感器量测数据为基准，将各传感器量测数据向其对准。内插外推法、最小二乘法和拉格朗日插值法是目前解决多传感器时间配准问题的基本方法。针对不同传感器量测基准坐标系不同和存在固定量测系统误差的空间配准问题，通常的做法是分别在二维平面和地心地固坐标系下构建量测偏差模型，通过对传感器量测系统偏差进行估计和补偿，得到配准之后在统一空间坐标系下的传感器量测数据。

需要说明的是，常见的空中目标跟踪相关的多传感器网络融合架构包括集中式架构与分布式架构。在集中式融合架构的多传感器网络中，所有传感器对空中目标的原始量测数据均在融合中心进行数据处理与融合估计，因此对目标的融合估计精度高，但也具有融合中心计算负荷大且要求融合中心与所有传感器连通的特点。采用集中式融合架构对空中目标进行跟踪的融合估计方法主要包括扩维融合估计方法与序贯融合估计方法。相比于集中式融合架构，分布式融合架构的多传感器网络无须融合中心，且各传感器可分布式、平行地对目标进行融合估计，具有更强的战场生存能力。本书以分布式一致性估计融合方法为代表，介绍基于先验信息、信息贡献与后验信息的一致性融合方法。

最后，多目标跟踪问题需要解决目标数量不确定以及量测关联不确定等挑战，即因目标新生、目标消亡、杂波干扰、传感器漏检等因素引起的目标数量时变与目标数量不确定问题，以及不同传感器量测数据与不同目标的关联特性不确定问题。为此，国内外学者将数理统计理论、模糊数学理论引入目标航迹关联问题，提出基于统计理论的航迹关联方法、基于模糊数学的航迹关联方法、基于灰色理论的航迹关联方法等；近年来，学者们将随机有限集理论引入多目标跟踪问题，提出基于概率数据关联的多目标跟踪方法、基于多假设条件的多目标跟踪方法以及基于随机有限集的多目标跟踪方法。

多目标跟踪是目标跟踪领域的一个关键问题。

1.3 本书章节安排

本书主要介绍实现空中目标跟踪所需要的基础理论和方法，包括点估计理论、目标跟踪模型、滤波方法、多传感器数据融合、多目标跟踪基础方法等内容，并且基于空中目标的跟踪实例，从理论基础、算法设计到仿真验证，系统、立体地呈现空中目标跟踪关键技术。全书共分为 8 章，具体章节安排如下（见图 1 - 11）。

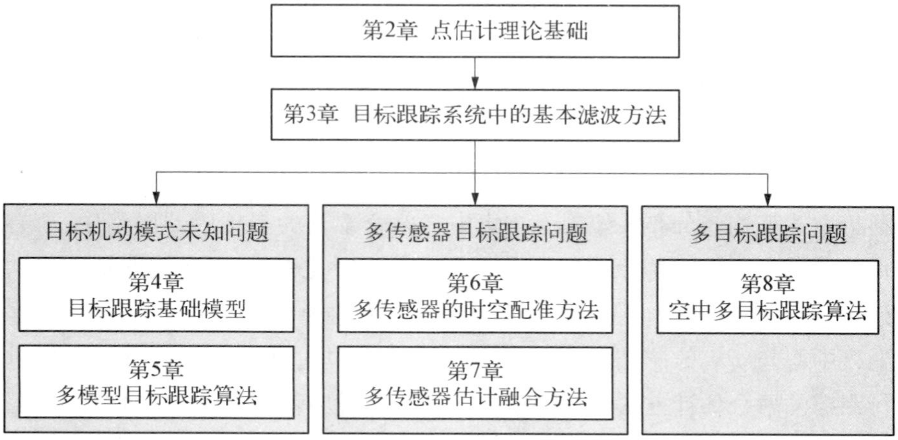

图 1 - 11 本书章节关系

第 1 章为绪论。首先给出了空中目标跟踪的背景和概念，之后介绍了机动目标跟踪与多传感器融合相关内容的国内外研究现状，旨在为读者提供较全面的认识。

第 2 章主要介绍估计理论的相关概念和基本方法，包括马尔可夫过程、贝叶斯定理、点估计基本方法与评价指标。这些理论大多较为基础，但在后续章节中扮演着重要的角色。

第 3 章以经典的卡尔曼滤波理论为出发点，在此基础上，介绍适用于非线性系统的扩展卡尔曼滤波、无迹卡尔曼滤波和容积卡尔曼滤波，进一步针对非线性非高斯滤波问题，介绍基于蒙特卡罗采样的集合卡尔曼滤波算法和粒子滤波算法，以此构成本书空中目标跟踪方法的理论基础。

第 4 章介绍空中目标跟踪的基础模型，首先分析了几类典型空中目标的机动特点；其次介绍了目标跟踪中几种常见的统计模型，包括 Singer 模型、Jerk 模型与当前统计模型；最后介绍了一种针对空中目标的单模型跟踪算法。

第 5 章介绍基于交互式多模型思想的机动目标跟踪算法，包括交互式多模型及变结构交互式多模型算法的基本原理，以及多模型框架下的初始模型集选择和设计方法。此外，还介绍了针对变结构交互式多模型算法的模型集自适应方法。本书第 1 章～第 5 章构成了单传感器空中目标跟踪的理论框架。

第 6 章介绍多传感器的时空配准方法，包括基本的多传感器时间配准方法和空间配准方法。同时，介绍空间配准问题中涉及的各个坐标系及各坐标系之间的转换关系。此外，还介绍了多弹系统在地心地固坐标系下，基于伪量测方程和最大似然估计的空间配准算法。

第 7 章介绍基于多传感器的机动目标跟踪方法。以融合结构为主线，主要介绍基于集中式的机动目标跟踪、基于联邦滤波的机动目标跟踪和基于分布式融合的机动目标跟踪三类内容。

第 8 章作为拓展内容，将空中目标跟踪问题延伸至空中多目标跟踪问题，分别介绍多目标跟踪算法和航迹关联算法。在多目标跟踪算法方面，介绍了基于数据关联的跟踪算法和基于随机集理论的跟踪算法。在航迹关联算法方面，介绍了基于统计学、模糊理论和灰色理论的关联算法。

参考文献

[1] 李松. 空中铁骑：世界军用飞机图解[M]. 北京：化学工业出版社，2015.

[2] 吕辉. 空中斗士：军用飞机[M]. 北京：中国社会出版社，2014.

第 2 章
点估计理论基础

知识提纲

本章学习内容：

(1) 了解点估计问题的模型基础，如平稳随机过程和马尔可夫过程。

(2) 熟悉点估计的两种基础理论：贝叶斯定理和空间投影定理。

(3) 掌握极大似然估计方法和最小二乘估计。

(4) 了解最大后验估计和最小均方误差估计。

(5) 熟悉点估计的基本评价指标，掌握无偏性、有效性，了解一致性。

知识导图

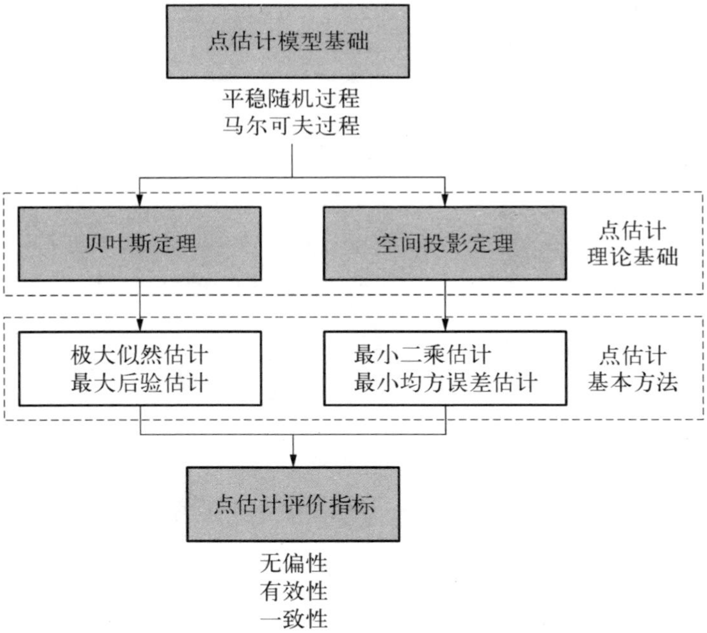

2.1 引言

目标跟踪是指利用传感器观测确定目标位置、轨迹和特性的问题，实际上是对目标状态进行估计的一个过程。空中目标跟踪任务往往是通过各式传感器(如雷达、红外)对目标进行探测，并获取目标状态相关的量测信息。这些量测信息是对目标状态的采样，不可避免地会夹杂来自传感器本身和环境中的噪声。如何从带噪声的有限量测中估计出目标的真实状态？这其中使用到的一类数学工具便是点估计理论。点估计理论是目标跟踪方法的理论基础，它的基本原理与方法衍生出了一系列目标跟踪算法。

点估计理论通过样本数据估计总体参数。估计的两个基本问题如下：如何获得样本？如何获得最优估计？

对于第一个问题，可以理解为明确样本的模型分布，在目标跟踪的场景下，往往待估计的参数是目标的位置、速度等动态信息，因此随机过程是一个理想的建模工具。本章首先介绍平稳随机过程的概念，并由此引出马尔可夫过程的概念，从而建立估计理论中的模型基础。

对于第二个问题，估计的目标在于最小化真实值与估计值之间的误差，选择不同的误差度量便可得到不同的估计方法。典型的误差度量有以下两种：① 一致误差(uniform error)，定义为估计值与真值之间误差大于一定阈值的概率，在该误差度量下的估计目标为最大化估计值的概率，其典型理论基础之一为贝叶斯定理。贝叶斯定理将某事件发生的前验概率与后验概率通过条件概率连在一起，反映出事件发生前后对于概率的影响程度。贝叶斯定理表明可以利用获取的信息反过来得到更可靠的估计值。② 均方误差(mean squared error)，对应的估计目标在于最小化均方误差的期望，其理论基础为空间投影定理，该定理同时给出了最优估计的存在性和唯一性。

基于以上两种估计思路，本章介绍几种点估计的基本方法：① 极大似然估计(maximum likelihood estimate, MLE)，以最大似然函数为目标，使得估计值在当前观测值下为“最有可能”的估计；② 最大后验估计(maximum a posterior estimate，MAPE)，以贝叶斯定理为基础，获得最大化后验概率的估计值；③ 最小二乘估计(minimum mean square error，MMSE)以残差平方最小化为目标，其量测残差定义为观测值与预测值之间的误差，而与之对应的最小均方估计(least minimum mean square error，LMMSE)是以最小化量测误差的均方期望为目标。

本章还介绍几种评价估计方法的标准，包括无偏性、有效性和一致性，使用这些标准可对点估计量进行评估和对比。

2.2　随机过程简介

随机过程 $\{\boldsymbol{X}_k\}$ 为依赖于参数 k 的一组随机变量，通常参数 k 指时间，此时随机过程是一组时间序列，在每一个时刻 k，$\boldsymbol{X}_k$ 均是一个随机变量，其可以是标量，也可以是向量。它的均值和方差分别定义为

$$\mu_{\boldsymbol{X}_k}=\mathrm{E}[\boldsymbol{X}_k] \tag{2-1}$$

$$\mathrm{var}(\boldsymbol{X}_k)=\mathrm{E}[(\boldsymbol{X}_k-\mu_{\boldsymbol{X}_k})^2] \tag{2-2}$$

随机过程的自相关函数是指不同时刻随机变量之间的皮尔逊相关系数，可表示为

皮尔逊相关系数又称皮尔逊积矩相关系数，用于度量两个变量之间的相关性，其值介于 −1 和 1 之间。

$$\mathrm{R}[\boldsymbol{X}_{k_1},\ \boldsymbol{X}_{k_2}]=\mathrm{cov}(\boldsymbol{X}_{k_1},\ \boldsymbol{X}_{k_2})=\mathrm{E}[\boldsymbol{X}_{k_1},\ \boldsymbol{X}_{k_2}] \tag{2-3}$$

为了研究随机过程的性质，首先介绍在随机过程中存在且具有特殊性质的一类过程，即平稳随机过程。

2.2.1　平稳随机过程

随机过程的平稳性可分为两种：强平稳和弱平稳。强平稳过程，又称狭义平稳过程，定义为任意 n 维概率分布函数或密度函数与时间起点无关的一类随机过程。用符号语言可表示如下：对于任意的整数 n，k_1，k_2，…，k_n 是一组时间，则对于任意实数 h，$\{\boldsymbol{X}_{k_1},\ \boldsymbol{X}_{k_2},\ \cdots,\ \boldsymbol{X}_{k_n}\}$ 和 $\{\boldsymbol{X}_{k_1+h},\ \boldsymbol{X}_{k_2+h},\ \cdots,\ \boldsymbol{X}_{k_n+h}\}$ 的联合概率分布相同。

由于在实际中强平稳过程的定义条件难以满足，因此平稳过程中更多

关注和研究弱平稳过程。弱平稳过程的定义为满足以下三个条件的随机过程：

(1) 随机过程的均值为常数，$E[\boldsymbol{X}_k]=E$。

(2) 自相关函数 $R[\boldsymbol{X}_p, \boldsymbol{X}_q]$ 只与时间差 $q-p$ 有关，或者有

$$E[\boldsymbol{X}_k\boldsymbol{X}_{k+h}]=R(h) \tag{2-4}$$

(3) 随机过程的方差是有限的，即 $E[\boldsymbol{X}_k^2]<\infty$。

2.2.2 马尔可夫过程

马尔可夫过程是另一种特殊的随机过程，其特点在于无后效性，即下一时刻的状态只与当前时刻的状态有关，与上一时刻的状态无关。例如，预测明天的天气时，一般只会考虑今天的天气，而昨天的天气对明天的天气几乎没有影响。马尔可夫性符合我们对现实生活中的大多数随机过程场景的直观感受，且可以简化为模型，因此得到了广泛应用。

马尔可夫过程由俄国数学家 A. A. 马尔可夫于 1907 年提出，常见的马尔可夫过程有泊松过程、维纳过程等。

设 $\{\boldsymbol{X}_k, k\in T\}$ 是一随机过程，设 S 为其状态空间，若对任意的 $k_1<k_2<\cdots<k_n<k$，任意的 $x_1, x_2, \cdots, x_n\in S$，随机变量 $\boldsymbol{X}_k$ 在已知变量 $\boldsymbol{X}_{k_1}=x_1, \cdots, \boldsymbol{X}_{k_n}=x_n$ 之下的条件分布函数只与 $\boldsymbol{X}_{k_n}=x_n$ 有关，而与 $\boldsymbol{X}_{k_1}=x_1, \cdots, \boldsymbol{X}_{k_{n-1}}=x_{n-1}$ 无关，即条件分布函数满足

$$F_{k_n, k_{n-1}, \cdots, k_2, k_1}(x_n \mid x_1, x_2, \cdots, x_{n-2}, x_{n-1})=F_{k_nk_{n-1}}(x_n \mid x_{n-1}) \tag{2-5}$$

则称该随机过程具有无后效性或马尔可夫性，换句话说，具有这种性质的随机过程就称为马尔可夫过程。

在马尔可夫过程中有两个比较重要的概念：转移分布函数和转移概率。条件概率 $F_{s,k}=P\{\boldsymbol{X}_k\leqslant y \mid \boldsymbol{X}_s=x\}$ 称为马尔可夫过程 $\{\boldsymbol{X}_k\}$ 的转移分布函数，其条件概率密度 $f_{k_n|k_{n-1}}(x_n \mid x_{n-1})$ 为转移概率密度，$P(\boldsymbol{X}_{k_n}=x_n \mid \boldsymbol{X}_{k_{n-1}}=x_{n-1})$ 称为转移概率。

如果假设马尔可夫过程的转移概率与时间无关，即

$$P(\boldsymbol{X}_{k+m}=x_i \mid \boldsymbol{X}_k=x_j)=P(\boldsymbol{X}_m=x_i \mid \boldsymbol{X}_0=x_j) \tag{2-6}$$

则称该马尔可夫过程为时间齐次马尔可夫过程，是一种平稳随机过程。

2.3　贝叶斯定理

在介绍马尔可夫过程的内容中，已出现了条件概率的概念，本节将更详细地介绍条件概率的内容，并由此引出估计理论中最基础和重要的定理之一——贝叶斯定理。

条件概率是指事件 A 在另一事件 B 发生的前提下的发生概率，用 $P(A \mid B)$ 表示。条件概率的计算公式为

$$P(A \mid B) = \frac{P(AB)}{P(B)} \tag{2-7}$$

式中，$P(AB)$ 表示事件 A 和 B 同时发生的概率。

同理可得

$$P(B \mid A) = \frac{P(AB)}{P(A)} \tag{2-8}$$

联立以上两式可得

$$P(A)P(B \mid A) = P(B)P(A \mid B) \tag{2-9}$$

经过适当变形可得

$$P(A \mid B) = \frac{P(A)P(B \mid A)}{P(B)} \tag{2-10}$$

式中，$P(A)$ 通常称为先验概率，表示在不知道事件 B 的信息下，事件 A 发生的概率。

该式即为贝叶斯定理的内容。

$P(B \mid A)/P(B)$ 通常称为可能性函数，这是一个调整因子，即新息事件 A 的发生对先验概率进行调整，使得先验概率更接近真实概率，因此 $P(A \mid B)$ 通常也称为后验概率，即经过调整后的事件 A 的发生概率。如果可能性函数大于 1，则意味着先验概率“被增强”，事件 A 发生的概率变大；如果可能性函数小于 1，意味着先验概率“被削弱”，事件 A 发生的概率变小；如果可能性函数等于 1，意味着事件 B 的发生与否对事件 A 没有影响。当可能性函数等于 1 时，可得 $P(B \mid A) = P(B)$，所以有

$$P(AB) = P(A)P(B) \tag{2-11}$$

因此事件 A 和 B 相互独立，也可以得到上述结论。

以上论述表明，贝叶斯定理讲述了新息事件的发生对于事件发生的概

率产生的影响。贝叶斯定理的应用之一是由果溯因,根据结果事件的发生判断是什么原因导致的,此时可将贝叶斯公式改写为

$$P(A_i \mid B)=\frac{P(A_i)P(B \mid A_i)}{\sum_{j=1}^{n} P(A_j)P(B \mid A_j)} \tag{2-12}$$

式中,A_1, A_2, …, A_n 是一系列事件;$P(B)=\sum_{j=1}^{n} P(A_j)P(B \mid A_j)$ 是全概率公式。

因此,上式的含义可描述为事件 A_i 发生导致事件 B 发生的概率。

2.4 空间投影定理

空间投影定理表明在线性空间中最优估计的存在性和唯一性,与此同时提出了一种求出该最优估计的方法。投影,顾名思义,就是将真实值在空间对应的向量投影到估计空间中,找出估计空间中最接近真实值的向量。下面将简要介绍投影定理的主要内容。

【定义 2-1】

已知系统的输出量测值 $z \in \mathbb{R}^m$ 估计系统状态 $x \in \mathbb{R}^n$, $\hat{x}$ 为 x 的估计值,称误差 $x-\hat{x}$ 与 z 不相关,即 $x-\hat{x}$ 与 z 正交,记 $(x-\hat{x}) \perp z$,称 $\hat{x}$ 为 x 在 z 上的投影,表示为 $\hat{x}=\mathrm{proj}(x \mid z)$,如图 2-1 所示。

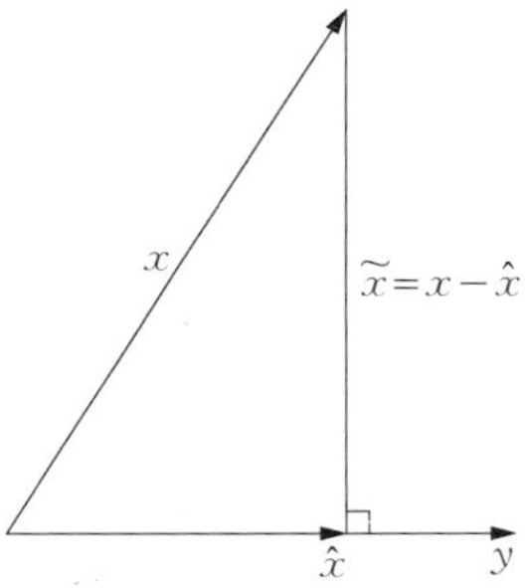

图 2-1 投影的几何意义

【定义 2-2】

给定观测值 z_1, z_2, …, z_k,则状态向量的估计值(即线性最小方差估计 $\hat{x}$)定义为

$$\hat{x}=\mathrm{proj}(x \mid \mathrm{span}(\{z_i\}_{i=1}^{k})) \tag{2-13}$$

式中,$\mathrm{span}(\{z_i\}_{i=1}^{k})$ 表示由 z_1, z_2, …, z_k 张成的线性空间。

【定义 2-3】

设 z_1, z_2, …, z_k 为存在二阶矩(即方差)的随机序列,定义其新息序列(新息过程)为

$$\varepsilon_k=z_k-\mathrm{proj}(z_k \mid \mathrm{span}(\{z_i\}_{i=1}^{k})) \qquad k=1, 2, \cdots \tag{2-14}$$

并定义 z_k 的一步最优预测值为

$$\hat{z}_{k|k-1}=\mathrm{proj}(z_k \mid \mathrm{span}(\{z_i\}_{i=1}^{k})) \tag{2-15}$$

式中,规定 $\hat{z}_{1|0}=\mathrm{E}[z_1]$,这保证了 $\mathrm{E}[\varepsilon_1]=\mathbf{0}$。

新息序列可定义为

$$\varepsilon_k=z_k-\hat{z}_{k|k-1} \qquad k=1, 2, \cdots \tag{2-16}$$

新息序列 ε_k 具有以下性质：

（1）k 时刻的新息 ε_k 与所有过去时刻的观测值 z_1，z_2，…，z_{k-1} 正交，即 $\mathrm{E}[\varepsilon_k z_j^{\mathrm{T}}]=0$，$0\leqslant j\leqslant k-1$。

（2）新息序列彼此正交，即 $\mathrm{E}[\varepsilon_k \varepsilon_j^{\mathrm{T}}]=0$。

（3）观测序列 z_1，z_2，…，z_k 与新息序列 ε_1，ε_2，…，ε_k 一一对应。

新息 ε_k 的几何意义如图 2-2 所示，可以看出，$\hat{z}_{k|k-1}$ 是根据前 $k-1$ 个时刻得到的估计值，而 z_k 是加入了 k 时刻的信息后得到的新估计值，它们之间的差即为新息 ε_k。根据图示，$\varepsilon_k\perp\mathrm{span}(\{z_i\}_{i=1}^{k-1})$，如果该式不成立，则说明新息与前 $k-1$ 时刻存在相关性，还有部分信息未包含在 $\hat{z}_{k|k-1}$ 中，即在 $k-1$ 时刻，应可以得到更好的估计值，包含更多信息，这与 $\hat{z}_{k|k-1}$ 是 $k-1$ 时刻的最优估计矛盾。

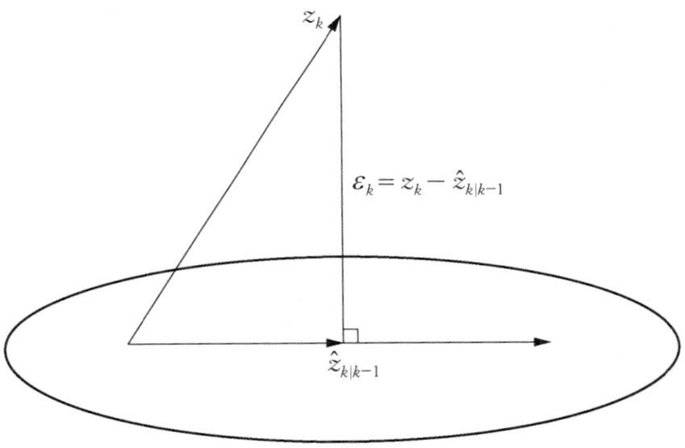

图 2-2　新息 ε_k 的几何意义

【推论 2-1】　设随机变量 $x\in\mathbb{R}^n$，则有

$$\mathrm{proj}(x\mid\mathrm{span}(\{z_i\}_{i=1}^{k}))=\mathrm{proj}(x\mid\mathrm{span}(\{\varepsilon_i\}_{i=1}^{k}))\tag{2-17}$$

由于信息序列的正交性，下面的定理可以简化投影计算。

【定理 2-1】　（递推投影定理）设随机变量 $x\in\mathbb{R}^n$，随机序列 z_1，z_2，…，$z_k\in\mathbb{R}^m$，且它们存在二阶矩，则有递推投影公式

$$\begin{aligned}\mathrm{proj}(x\mid\mathrm{span}(\{z_i\}_{i=1}^{k}))=&\mathrm{proj}(x\mid\mathrm{span}(\{z_i\}_{i=1}^{k-1}))+\\&\mathrm{E}[x\varepsilon_k^{\mathrm{T}}][\mathrm{E}[\varepsilon_k\varepsilon_k^{\mathrm{T}}]]^{-1}\varepsilon_k\end{aligned}\tag{2-18}$$

证明　引入合成向量

$$\varepsilon = \begin{bmatrix} \varepsilon_1 \\ \vdots \\ \varepsilon_k \end{bmatrix}$$

运用[推论 2-1]和投影公式,并由 $E[\varepsilon_i]=0$，得到

$$\begin{aligned}
&\mathrm{proj}(x \mid \mathrm{span}(\{z_i\}_{i=1}^{k})) \\
&=\mathrm{proj}(x \mid \mathrm{span}(\{\varepsilon_i\}_{i=1}^{k})) \\
&=E[x]+E[(x-E[x])(\varepsilon_1^{\mathrm{T}}, \ \varepsilon_2^{\mathrm{T}}, \ \cdots, \ \varepsilon_k^{\mathrm{T}})]\times \\
&\quad \begin{bmatrix} E[\varepsilon_1\varepsilon_1^{\mathrm{T}}]^{-1} & \cdots & 0 \\ \vdots & \ddots & \vdots \\ 0 & \cdots & E[\varepsilon_1\varepsilon_1^{\mathrm{T}}]^{-1} \end{bmatrix} \begin{bmatrix} \varepsilon_1 \\ \vdots \\ \varepsilon_k \end{bmatrix} \\
&=E[x]+\sum_{i=1}^{k} E[x\varepsilon_i^{\mathrm{T}}][E[\varepsilon_i\varepsilon_i^{\mathrm{T}}]^{-1}\varepsilon_i] \\
&=E[x]+\sum_{i=1}^{k-1} E[x\varepsilon_i^{\mathrm{T}}][E[\varepsilon_i\varepsilon_i^{\mathrm{T}}]^{-1}\varepsilon_i]+E[x\varepsilon_k^{\mathrm{T}}][E[\varepsilon_k\varepsilon_k^{\mathrm{T}}]^{-1}\varepsilon_k] \\
&=\mathrm{proj}(x \mid \mathrm{span}(\{\varepsilon_i\}_{i=1}^{k}))+E[x\varepsilon_k^{\mathrm{T}}][E[\varepsilon_k\varepsilon_k^{\mathrm{T}}]^{-1}\varepsilon_k] \\
&=\mathrm{proj}(x \mid \mathrm{span}(\{z_i\}_{i=1}^{k-1}))+E[x\varepsilon_k^{\mathrm{T}}][E[\varepsilon_k\varepsilon_k^{\mathrm{T}}]^{-1}\varepsilon_k] \qquad (2-19)
\end{aligned}$$

2.5 点估计基本方法

本节将介绍几种基本的点估计理论方法。正如 2.1 节引言所说,这里介绍的方法主要分为两种思想：第一种是以极大似然估计和最大后验概率估计为代表的估计概率最大化方法;第二种是以最小二乘估计和最小均方误差估计为代表的估计误差最小化思想。这几种方法各自又有所不同,极大似然估计与最大后验概率估计分别体现了对概率的两种解释学派,即频率学派和贝叶斯学派。最小二乘估计与最小均方误差估计的差别在于对于模型的先验知识,由于最小均方误差估计需要对样本误差求期望,因此在求解过程中需要有关于模型样本分布的情况。

假设待估计的参数均为时不变,点估计的基本问题模型如下：设 $x \in \mathbb{R}^n$ 是一个未知待估计的参数向量,量测 y 是一个 m 维的随机向量,设 $\{y_1, y_2, \cdots, y_N\}$ 为 y 的一组容量为 N 的样本,关于该样本的统计量为

$$\hat{x}^{(N)}=\varphi(y_1, y_2, \cdots, y_N) \tag{2-20}$$

式(2-20)称为对 x 的一个估计量，式中，$\varphi(\cdot)$ 称为统计规则或估计算法。

2.5.1 极大似然估计

极大似然估计是由概率论中频率学派发展而来的估计理论。频率学派认为世界是确定的，他们直接为事件本身建模，也就是说，事件的模型是确定的，通过多次重复实验可以使得事件发生的频率趋于一个稳定的值，也就是事件的概率。极大似然估计(MLE)是建立在极大似然原理的基础上的统计方法，它提供了一种给定观察数据来评估模型参数的方法，即“模型已定，参数未知”。通过若干次试验，观察其结果，利用试验结果得到某个参数值能够使样本出现的概率最大。

频率学派不假设任何的先验知识，不参照过去的经验，只按当前已有的数据进行概率推断。

给定参数 θ 时，量测信息 $\hat{x}$ 的似然函数表示为 $p(\hat{x}\mid\theta)$，MLE 问题可以描述为

$$\hat{\theta}^{\mathrm{ML}}=\arg\max_{\theta}\Lambda_{\hat{x}}(\theta)=\arg\max_{\theta}p(\hat{x}\mid\theta) \tag{2-21}$$

式中，$\Lambda_{\hat{x}}(\theta)$ 为似然函数。

式(2-21)可由下式求解：

$$\frac{\mathrm{d}\Lambda_{\hat{x}}(\theta)}{\mathrm{d}\theta}=\frac{\mathrm{d}p(\hat{x}\mid\theta)}{\mathrm{d}\theta}=0 \tag{2-22}$$

下面举一个简单的例子，假设 $x\in\mathbb{R}$ 服从区间 $[0, \theta]$ 上的均匀分布：

$$f(\hat{x}\mid\theta)=\frac{1}{\theta}\mathbf{1}_{[0, \theta]}(\hat{x}) \tag{2-23}$$

计算似然函数

$$\Lambda_{\hat{x}}(\theta)=\prod_{i=1}^{n}\frac{1}{\theta}\mathbf{1}_{[0, \theta]}(\hat{x}_i)=\prod_{i=1}^{n}\frac{1}{\theta}\mathbf{1}_{[\hat{x}_i, +\infty]}(\theta)=\left(\frac{1}{\theta}\right)^{n}\mathbf{1}_{[T, +\infty]}(\theta) \tag{2-24}$$

式中，$T=\max\limits_{1\leqslant i\leqslant n}\hat{x}_i$。

由于似然函数在 $\theta<T$ 时为 0，在 $\theta\geqslant T$ 时递减，因此

$$\hat{\theta}^{\mathrm{ML}}=\arg\max_{\theta}\Lambda_{\hat{x}}(\theta)=T=\max_{1\leqslant i\leqslant n}\hat{x}_i \tag{2-25}$$

2.5.2 最大后验概率估计

最大后验概率估计由概率论中的贝叶斯派发展而来。贝叶斯派认为

世界是不确定的,因获取的信息不同而异。假设对世界先有一个预先的估计,然后通过获取的信息来不断调整之前的预估计。他们认为模型参数源自某种潜在分布,希望从数据中推知该分布。对于数据的观测方式不同或者假设不同,那么推知的该参数也会因此而存在差异。这就是贝叶斯派视角下常用来估计参数的方法——最大后验概率估计(MAP)法。MAP 与 MLE 类似,都是依据已知样本,通过调整模型参数使得模型能够产生该数据样本的概率最大。但 MAP 对模型参数有一个先验假设,即模型参数可能满足某种分布,不再完全依赖于数据样例。

贝叶斯学派假设先验知识的存在,再用采样逐渐修改先验知识并逼近真实知识。

设模型参数 θ 的先验分布为 $g(\theta)$,则根据贝叶斯理论,后验分布为

$$f(\theta \mid x)=\frac{f(x \mid \theta)g(\theta)}{\int_{\theta'\in\Theta} f(x \mid \theta')g(\theta')\mathrm{d}\theta'} \tag{2-26}$$

后验分布的目标为

$$\hat{\theta}_{\mathrm{MAP}}(x)=\underset{\theta}{\operatorname{argmax}}\frac{f(x \mid \theta)g(\theta)}{\int_{\theta'\in\Theta} f(x \mid \theta')g(\theta')\mathrm{d}\theta'}=\underset{\theta}{\operatorname{argmax}} f(x \mid \theta)g(\theta) \tag{2-27}$$

若认为模型参数 θ 是非随机变量,则 $g(\theta)=C$ 是一个常数,此时 MAP 即为 MLE,有

$$\hat{\theta}_{\mathrm{MAP}}(x)=\underset{\theta}{\operatorname{argmax}} f(x \mid \theta)C=\underset{\theta}{\operatorname{argmax}} f(x \mid \theta) \tag{2-28}$$

根据上述式子可以发现,MAP 和 MLE 在优化过程中的差异便是多了关于 $g(\theta)$ 的一项,相当于加了一项与 θ 的先验分布 $g(\theta)$ 有关的惩罚项。

在 2.5.1 节一致分布的基础上,如果还已知 θ 的先验分布为指数分布,即

$$g(\theta)=\theta \mathrm{e}^{-\theta} \qquad \theta>0 \tag{2-29}$$

则有

$$f(\theta \mid x)=f(x \mid \theta)g(\theta)=\theta \mathrm{e}^{-\theta}\prod_{i=1}^{n}\frac{1}{\theta}\mathbf{1}_{[x_i,+\infty]}(\theta)=\frac{\mathrm{e}^{-\theta}}{\theta^{n-1}}\mathbf{1}_{[T,+\infty]}(\theta) \tag{2-30}$$

式中,T 仍然是 $\max\limits_{1\leqslant i\leqslant n}\hat{x}_i$。

由于 $\dfrac{e^{-\theta}}{\theta^{n-1}}$ 在 $\theta > 0$ 时为递减函数，因此可得 θ 的 MAP 为

$$\hat{\theta}_{\text{MAP}}(x) = \underset{\theta}{\operatorname{argmax}} f(x \mid \theta) g(\theta) = T \tag{2-31}$$

2.5.3 最小二乘估计

最小二乘估计是一种经典的点估计方法，它以最小化量测误差的平方和为目标，即最小化量测误差的向量模。对于线性模型，从线性空间的角度，利用空间投影定理可以保证最优估计的存在性与唯一性；从优化理论的角度，使用误差的平方和可以保持目标函数的凸性，可以得到与空间投影定理一致的结论。

考虑参数估计问题

$$z_k = x_k^{\mathrm{T}} \theta + v_k \tag{2-32}$$

式中，$k \in \mathbb{N}$ 是时间指标；x_k，$\theta \in \mathbb{R}^n$ 分别是回归向量和待估计模型参数向量；z_k 是 k 时刻的量测值；$v_k = z_k - x_k^{\mathrm{T}}\theta$ 是量测误差。

假设 $\{v_k\}$ 是一个零均值的随机过程，对于前 k 个时刻的量测总量、回归总量和误差总量 $\boldsymbol{Z}_k \overset{\text{def}}{=} (z_1, z_2, \cdots, z_k)^{\mathrm{T}}$，$\boldsymbol{X}_k \overset{\text{def}}{=} (x_1, x_2, \cdots, x_k)$，$\boldsymbol{V}_k \overset{\text{def}}{=} (v_1, v_2, \cdots, v_k)^{\mathrm{T}}$，可有总量关系

$$\boldsymbol{Z}_k = (\boldsymbol{X}_k)^{\mathrm{T}} \theta + \boldsymbol{V}_k \tag{2-33}$$

所以有最小二乘估计(least square estimate, LSE)：

$$\hat{\theta}_k^{\text{LS}} = \underset{\theta}{\operatorname{argmin}} \left\{ \sum_{j=1}^{k} [\boldsymbol{Z}_j - (\boldsymbol{X}_k)^{\mathrm{T}} \theta] \right\} \tag{2-34}$$

$$\hat{\theta}_k^{\text{LS}} = [\boldsymbol{X}_k (\boldsymbol{X}_k)^{\mathrm{T}}]^{-1} \boldsymbol{X}_k \boldsymbol{Z}_k \tag{2-35}$$

2.5.4 线性最小均方误差估计

线性最小均方误差估计(least minimum mean square error, LMMSE)是建立在 2.4 节所介绍的空间投影定理基础上的。注意 LMMSE 和 LSE 的区别在于，LSE 最小化的是误差的平方和，而 LMMSE 最小化的是均方误差的期望，相当于 LMMSE 中加入了对于不同样本误差的权重，而 LSE 直接将所有样本误差的平方等权重相加。因此，LMMSE 在实际运用时需要使用模型分布的信息，而 LSE 与模型分布无关。采用[定义 2-1]中的系

统符号,使用线性最小均方误差估计,得到状态的估计值为

$$\hat{x}=b+Az \qquad b\in\mathbb{R}^n,\ A\in\mathbb{R}^{m\times n} \tag{2-36}$$

定义估计值的极小化性能指标为

$$J=\mathrm{E}[(x-\hat{x})^{\mathrm{T}}(x-\hat{x})]=\mathrm{E}[(x-b-Az)^{\mathrm{T}}(x-b-Az)] \tag{2-37}$$

将式(2-36)代入,并极小化 J,令 $\frac{\partial J}{\partial b}=0$,有

$$\frac{\partial J}{\partial b}=-2\mathrm{E}[x-b-Az]=0 \tag{2-38}$$

则有

$$b=\mathrm{E}[x]-A\mathrm{E}[z] \tag{2-39}$$

将式(2-39)代入式(2-37),有

$$\begin{aligned}J=&\mathrm{E}\{[x-\mathrm{E}[x]-A(z-\mathrm{E}[z])]^{\mathrm{T}}[x-\mathrm{E}[x]-A(z-\mathrm{E}[z])]\}-\\&A\operatorname{tr}\mathrm{E}[(z-\mathrm{E}[z])(x-\mathrm{E}[x])^{\mathrm{T}}]+A\mathrm{E}[(z-\mathrm{E}[z])(z-\mathrm{E}[z])^{\mathrm{T}}]A^{\mathrm{T}}\end{aligned} \tag{2-40}$$

令 $\frac{\partial J}{\partial A}=0$,有

$$\begin{aligned}\frac{\partial J}{\partial A}=&-\mathrm{E}[(x-\mathrm{E}[x])(z-\mathrm{E}[z])^{\mathrm{T}}]-\mathrm{E}[(x-\mathrm{E}[x])(z-\mathrm{E}[z])^{\mathrm{T}}]+\\&2A\mathrm{E}[(z-\mathrm{E}[z])(z-\mathrm{E}[z])^{\mathrm{T}}]=0\end{aligned} \tag{2-41}$$

得到

$$\begin{aligned}A&=\mathrm{E}[(x-\mathrm{E}[x])(z-\mathrm{E}[z])^{\mathrm{T}}]\mathrm{E}[(z-\mathrm{E}[z])(z-\mathrm{E}[z])^{\mathrm{T}}]^{-1}\\&=\operatorname{cov}(x,z)\operatorname{var}(z)^{-1}\end{aligned} \tag{2-42}$$

由此得到线性最小均方误差估计下的估计值表达式,有

$$\hat{x}=\mathrm{E}[x]+\operatorname{cov}(x,z)\operatorname{var}(z)^{-1}(z-\mathrm{E}[z]) \tag{2-43}$$

线性最小方差估计 $\hat{x}$ 的性质如下:

(1) 正交性:$\mathrm{E}[(x-\hat{x})z^{\mathrm{T}}]=0$。

(2) 无偏性：$E[x]=E[\hat{x}]$。

(3) $x-\hat{x}$ 与 z 是不相关的随机变量。

事实上，由式(2-43)也可看出，由于包含 $\mathrm{cov}(x, z)$、$\mathrm{var}(z)^{-1}$ 等项，使用线性最小均方误差时，需要了解量测值的样本分布情况。

2.6　点估计评价标准

点估计的方法是用过采样得到的样本去估计总体参数，显然对于不同的样本会得到不同的估计值，估计量可以看作样本的函数，因此该估计量也是一个随机变量。既然是随机变量，我们便可以对其期望、方差等性质进行研究，其意义在于衡量估计值与真实值之间的差距，评价估计方法的性能。此外，我们也可以根据实际问题中对于估计量的需求，选择更合适的估计方法。本节将介绍点估计量的常用评价标准，包括无偏性、有效性和一致性。

2.6.1　无偏性

无偏性是针对一个估计量的期望进行衡量的标准。估计的无偏性是指估计量抽样分布的数学期望等于总体参数的真值。

设 $\hat{x}$ 是对参数 x 的一个估计，如果有

$$E[\hat{x}]=x \tag{2-44}$$

则称 $\hat{x}$ 是对参数 x 的一个无偏估计，否则为有偏估计。

在 2.5 节介绍的各种点估计方法中，可以证明当总体分布为正态分布时，MLE 的总体期望是无偏的，在此基础上，如果对于总体期望的先验概率分布也是一个正态分布，则可证明 MAP 估计的总体期望也是无偏的。对于 LSE 和 LMMSE，也可证明在估计总体期望时是无偏的，LMMSE 的无偏性可根据式(2-43)直接获得。

见 2.8　思考与讨论 2-3

LSE 的无偏性证明见 2.8　思考与讨论 2-2

2.6.2　一致性

如果样本数量较少，则可能无法找出无偏估计量，一个很自然的想法是扩大样本容量。但是当扩大样本容量时，得到的参数估计值是否会越来越接近真值呢？由此可引出估计的一致性概念。

在大样本条件下，一个估计量越来越趋近于真值，我们称该性质为估计的一致性。使用数学语言可描述如下：对于估计量 $\hat{x}^{(N)}$，如果依概率收敛于真值，即

$$\lim_{N\to\infty}\hat{x}^{(N)} \xrightarrow{P} x \tag{2-45}$$

则称 $\hat{x}^{(N)}$ 是对参数 x 的一个一致估计量。使用概率测度可表示为

$$\lim_{N\to\infty} P(|\hat{x}^{(N)} - x| > \varepsilon) = 0 \qquad 存在 \varepsilon > 0 \tag{2-46}$$

若利用均方收敛准则，则在均方意义下，一致性准则为

$$\lim_{N\to\infty} \mathrm{E}[(\hat{x}^{(N)}\hat{x}(x, Z^N) - x)^2] = 0 \tag{2-47}$$

因此，当一个估计量具有一致性性质时，我们可以通过扩大样本容量的方式，获得更加接近于真值的估计值。估计的一致性例子在 2.6.3 节里与估计的有效性一起给出。

2.6.3 有效性

实际问题中常常使用多种估计方法进行估计，如果这些方法都是无偏的，则需要其他标准对这些估计量进行比较，因此有学者提出估计的有效性概念。估计的有效性描述了估计量关于总体真值的离散程度，如果两个估计量都是无偏的，那么离散程度较小的估计量相对来说是有效的，离散程度用方差来衡量。

设 $\hat{\boldsymbol{X}}_1$ 和 $\hat{\boldsymbol{X}}_2$ 是对参数 $\boldsymbol{X}$ 的两个无偏估计量，若

$$\mathrm{var}(\hat{\boldsymbol{X}}_1) < \mathrm{var}(\hat{\boldsymbol{X}}_2) \tag{2-48}$$

则称 $\hat{\boldsymbol{X}}_1$ 比 $\hat{\boldsymbol{X}}_2$ 有效。若能在所有无偏估计量中找出最有效的估计量 $\hat{\boldsymbol{X}}^*$，则称 $\hat{\boldsymbol{X}}^*$ 为最优无偏估计量。

如果非随机参数 x 的无偏估计为 $\hat{\boldsymbol{X}}(\boldsymbol{Z})$，$\boldsymbol{Z}$ 为样本值，下式给出了其估计方差的克拉默-拉奥下界（Cramér-Rao lower bound，CRLB），即

$$\mathrm{E}[(\hat{\boldsymbol{X}}(\boldsymbol{Z}) - \boldsymbol{X})^2] \geqslant J^{-1} \tag{2-49}$$

式中

$$J \stackrel{\text{def}}{=} -\mathrm{E}\left[\frac{\partial^2 \ln \Lambda(\boldsymbol{X})}{\partial \boldsymbol{X}^2}\right]_{\boldsymbol{X}=\boldsymbol{X}_0} = \mathrm{E}\left[\left(\frac{\partial^2 \ln \Lambda(\boldsymbol{X})}{\partial \boldsymbol{X}^2}\right)^2\right]_{\boldsymbol{X}=\boldsymbol{X}_0} \tag{2-50}$$

式中，J 为费希尔信息矩阵或 Fisher 信息矩阵（Fisher information matrix，FIM）。

为费希尔信息矩阵，$\Lambda(\boldsymbol{X})=p(\boldsymbol{Z}\mid\boldsymbol{X})$ 为似然函数。

对于多维情况，其无偏估计的克拉默-拉奥下界(CRLB)为

$$\mathrm{E}[(\hat{\boldsymbol{X}}(\boldsymbol{Z})-\boldsymbol{X})(\hat{\boldsymbol{X}}(\boldsymbol{Z})-\boldsymbol{X})^{\mathrm{T}}] \geqslant J^{-1} \tag{2-51}$$

$\boldsymbol{J}$ 的定义为

$$J \stackrel{\text{def}}{=} -\mathrm{E}[\nabla_{\boldsymbol{X}}\nabla_{\boldsymbol{X}}^{\mathrm{T}} \ln \Lambda(\boldsymbol{X})]_{\boldsymbol{X}=\boldsymbol{X}_0} = \mathrm{E}[(\nabla_{\boldsymbol{X}} \ln \Lambda(\boldsymbol{X}))(\nabla_{\boldsymbol{X}} \ln \Lambda(\boldsymbol{X}))^{\mathrm{T}}]_{\boldsymbol{X}=\boldsymbol{X}_0} \tag{2-52}$$

下面以极大似然估计为例说明估计的有效性。假设 k 个量测的量测方程为

式中，ω_j 服从独立的高斯分布，其均值为 0，方差为 σ^2。

$$z_j = x + \omega_j \qquad j=1,\cdots,k \tag{2-53}$$

参数 $x\in\mathbb{R}$ 的似然函数为

$$\Lambda_k(x) = c\,\mathrm{e}^{-\frac{1}{2\sigma^2}\sum_{j=1}^{k}(z_j-x)^2} \tag{2-54}$$

此时 FIM 为一个标量，即

$$J = -\mathrm{E}\left[\frac{\partial^2 \ln \Lambda_k(x)}{\partial x^2}\right]_{x=x_0} = \frac{k}{\sigma^2} \tag{2-55}$$

因此

式中，$\hat{x}^{\mathrm{ML}}(k)$ 为极大似然估计值。

$$\mathrm{E}[(\hat{x}^{\mathrm{ML}}(k)-x_0)^2] \geqslant J^{-1} = \frac{\sigma^2}{k} \tag{2-56}$$

极大似然估计对应的样本均值方差为

$$\mathrm{E}[(\hat{x}^{\mathrm{ML}}-x_0)^2] = \mathrm{E}\left[\left(\frac{1}{k}\sum_{j=1}^{k}(z_j-x_0)\right)^2\right] = \frac{\sigma^2}{k} \tag{2-57}$$

由于极大似然估计的样本均值方差取到了 CRLB，因此极大似然估计是最优无偏估计量。当 k 趋向于无穷时，式(2-57)趋向于 0，因此极大似然估计也是一致的。

2.7 本章小结

本章给出了本书需要用到的基本知识，包括马尔可夫过程、空间投影定理、贝叶斯定理、点估计基本方法及其评价标准，希望读者通过学习本章对估计理论有初步的理解，为后续的学习打下基础。

2.8 思考与讨论

2-1 已知随机变量 X 服从正态分布 $N(\mu, \sigma^2)$，现有 n 个该随机变量的采样点 x_1, x_2, …, x_n（独立同分布的采样），请使用对数似然函数下的最大似然估计方法估计 μ 和 σ 的值。

2-2 使用 2.5.3 节中的符号与模型，证明最小二乘估计是无偏的。

2-3 验证 2-1 中最大似然估计 μ 的无偏性。此外，如果假设 μ 也是一个服从正态分布 $N(\mu_0, \sigma_0^2)$ 的随机变量，验证最大后验估计 μ 的无偏性。

第 3 章
目标跟踪系统中的基本滤波方法

知识提纲

本章学习内容：

（1）了解卡尔曼滤波推导及其在目标跟踪中的应用。

（2）熟悉各类非线性滤波算法原理和基本算法流程。

（3）掌握卡尔曼滤波、扩展卡尔曼滤波、无迹卡尔曼滤波、容积卡尔曼滤波、集合卡尔曼滤波和粒子滤波算法的优缺点。

知识导图

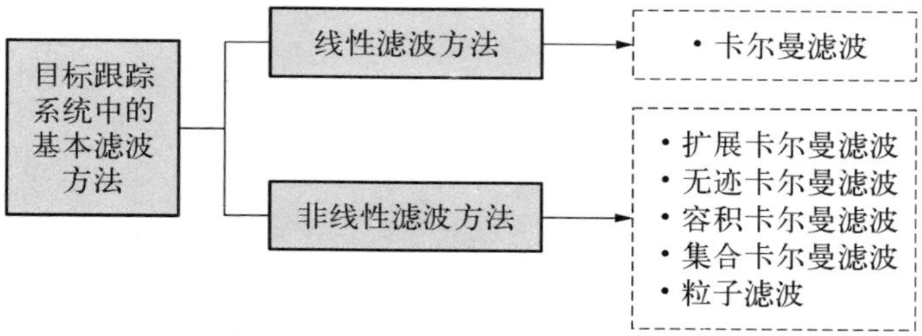

3.1 引言

一般意义下的目标跟踪技术通常包括数据关联、状态估计及融合、航迹管理[1]。通过数据关联选择目标的正确量测，结合合适的运动模型进行滤波及融合，最后得到目标的状态估计[2]。在机动目标跟踪中，传感器采集的数据往往携带噪声干扰，甚至携带虚假的观测数据，影响目标跟踪的效果[3]，因此需要从含干扰的信息中提取有用信息，去除杂波或干扰引起的虚假量测，消除量测过程中引入的随机噪声误差，从而提高对目标的跟踪精度，滤波就是这样一种技术。

滤波理论旨在通过测量系统的可观测信息，根据一定的滤波准则，采用某种统计量最优方法，对系统状态进行估计。经典的卡尔曼滤波是线性高斯状态空间模型下的最优滤波器[4]，随着信息融合理论的发展并结合实际应用场景，针对系统非线性、噪声非高斯等问题，扩展卡尔曼滤波、粒子滤波等滤波方法应运而生[5-6]。但是需要明确的是，滤波只能最大限度地减少噪声的干扰，而不一定能完全消除噪声的影响。

本章将以经典的卡尔曼滤波理论为出发点，在此基础上，介绍适用于非线性系统的扩展卡尔曼滤波、无迹卡尔曼滤波、容积卡尔曼滤波和集合卡尔曼滤波，进一步针对非线性非高斯滤波问题，介绍基于蒙特卡罗采样的粒子滤波算法。此外，对这些算法辅以一定的仿真实例，对几种滤波方法的性能进行分析和比较。

3.2 卡尔曼滤波方法

卡尔曼(Kalman)在 20 世纪 60 年代初提出了卡尔曼滤波(Kalman filtering, KF)方法[7-8]。在系统状态方程和量测模型均满足线性高斯的条件下，KF 是一种最小均方误差意义下的最优估计。由于其结构简单，易于实现，KF 在许多工程领域中得到了广泛应用，如目标跟踪、信号处理、导航、大气观测等。

3.2.1 卡尔曼滤波应用实例

为了帮助读者更直观地理解卡尔曼滤波，在此通过一个典型的目标跟踪场景进行说明。以一个简单的跟踪一维平面运动小车的问题为例，如图 3-1 所示。

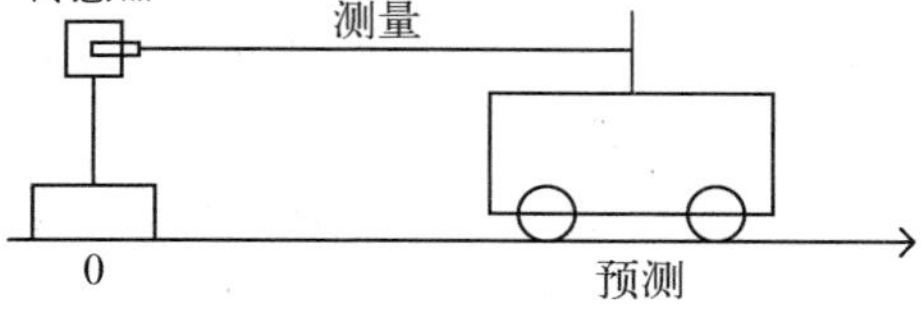

图 3-1 运动小车跟踪

状态向量为小车的位置和速度，表示为

$$\boldsymbol{x}_t = \begin{bmatrix} x_t \\ \dot{x}_t \end{bmatrix} \tag{3-1}$$

如果司机踩油门或刹车，小车会有一个加速度 $\boldsymbol{u}_t = \frac{f_t}{m}$。假设相邻时刻的时间差为 Δt，则小车运动的状态方程为

$$x_t = x_{t-1} + \dot{x}_{t-1}\Delta t + \frac{f_t(\Delta t)^2}{2m} \tag{3-2}$$

$$\dot{x}_t = \dot{x}_{t-1} + \frac{f_t \Delta t}{m} \tag{3-3}$$

用矩阵形式可以表示为

$$\begin{bmatrix} x_t \\ \dot{x}_t \end{bmatrix} = \begin{bmatrix} 1 & \Delta t \\ 0 & 1 \end{bmatrix} \begin{bmatrix} x_{t-1} \\ \dot{x}_{t-1} \end{bmatrix} + \begin{bmatrix} \frac{(\Delta t)^2}{2} \\ \Delta t \end{bmatrix} \frac{f_t}{m} \tag{3-4}$$

令 $\boldsymbol{F}_t = \begin{bmatrix} 1 & \Delta t \\ 0 & 1 \end{bmatrix}$，$B_t = \begin{bmatrix} \frac{(\Delta t)^2}{2} \\ \Delta t \end{bmatrix}$，则化简后的方程为

$$\hat{\boldsymbol{x}}_{t|t-1} = \boldsymbol{F}_t \hat{\boldsymbol{x}}_{t-1|t-1} + \boldsymbol{B}_t \boldsymbol{u}_t \tag{3-5}$$

如果知道 $t=0$ 时刻的初值，理论上我们可以预测出小车在任意时刻的状态。但是，实际情况比较复杂，这个递推函数可能会受到各种不确定因素的影响（如地面不平整、刮风等），导致并不能精确预测小车实际的状态。如果假设各个状态分量受到的不确定因素的影响服从正态分布，假设 $t=0$

时小车的位置服从正态分布(见图 3-2),根据上述化简后的式(3-5)可预测出 $t=1$ 时刻的位置(见图 3-3)。

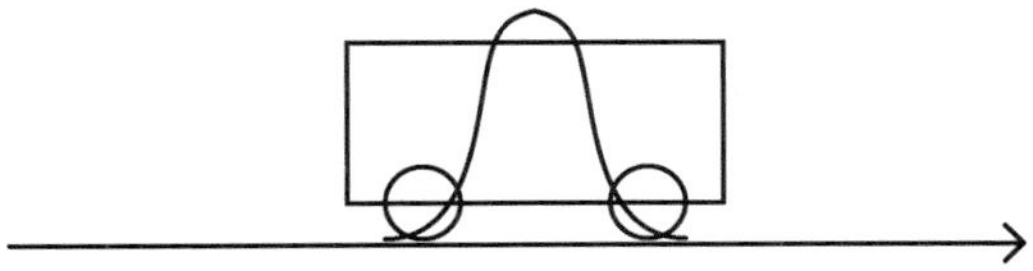

图 3-2 $t=0$ 时小车的状态

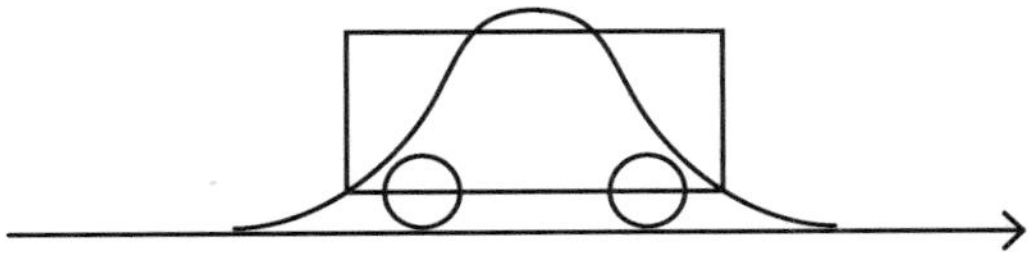

图 3-3 $t=1$ 时小车的状态

从图 3-2 到图 3-3 即为预测过程:以小车前一时刻的状态为基准,并根据制动器施加的力等因素,在考虑外界干扰因素(导致不确定度增大,分布变“胖”)的条件下,推算出小车当前时刻的位置。

为了避免只利用模型预测带来的误差,可以在 $t=1$ 时刻利用传感器(如雷达)测量小车的位置。需要注意的是,雷达对小车距离的测量值也会受不确定因素的影响。如图 3-4 所示,小车在 $t=1$ 时的位置服从图中虚线分布,表示雷达量测值的不确定性。

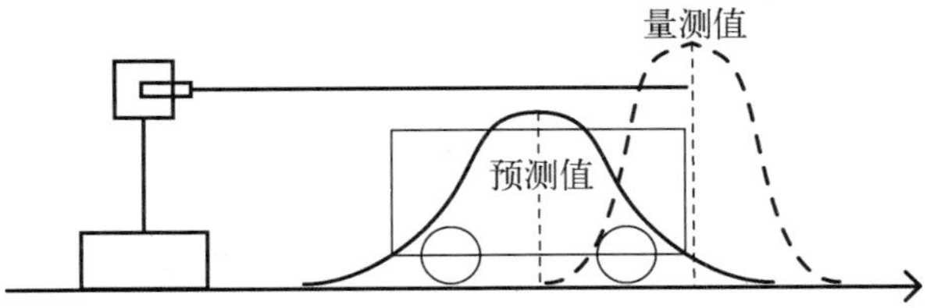

图 3-4 小车位置的预测值和量测值

现在我们得到两个不同的结果:一个是通过模型预测的位置,另一个是通过雷达测量的位置。如何知道哪个结果比较准确呢?卡尔曼滤波的思想是利用模型和量测以及不确定性,对预测值和量测值进行融合“加权”,得到一个新的估计。如图 3-5 所示,点虚线表示的分布即为对预测值和量测值经过融合“加权”的后验分布。可以看到其仍然是高斯分布,这是由于两个高斯分布相乘的结果仍然是高斯分布，其均值和方差可由原分布的均值和方差计算。

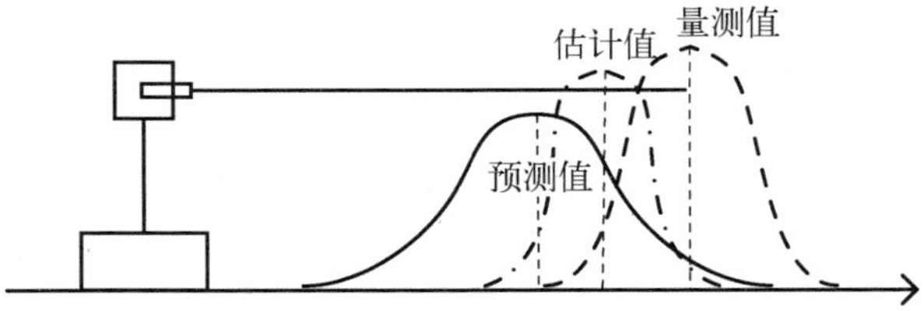

图3-5　预测值和量测值的融合

通过上面的例子，我们对卡尔曼滤波有了初步的认识。下面将从理论上介绍卡尔曼滤波算法。

3.2.2　卡尔曼滤波的推导

本节利用第2章的投影定理推导卡尔曼滤波。需要特别指出的是，目前关于卡尔曼滤波的推导在大量相关书籍和文献中已有证明，本节只对主要过程进行介绍。

考虑如下离散时间线性状态空间模型：

式中，$\boldsymbol{X}_k$ 为系统在 k 时刻的状态；$\boldsymbol{Z}_k$ 为状态对应的观测向量；$\boldsymbol{F}$ 为状态转移矩阵；$\boldsymbol{H}$ 为量测矩阵；$\boldsymbol{w}_k$ 为过程噪声；$\boldsymbol{v}_k$ 为量测噪声。$\boldsymbol{w}_k$ 和 $\boldsymbol{v}_k$ 是均值为零、方差各为 $\boldsymbol{Q}$ 和 $\boldsymbol{R}$ 的互不相关的高斯白噪声。

$$\boldsymbol{X}_k = \boldsymbol{F}\boldsymbol{X}_{k-1} + \boldsymbol{w}_{k-1} \tag{3-6}$$

$$\boldsymbol{Z}_k = \boldsymbol{H}\boldsymbol{X}_k + \boldsymbol{v}_k \tag{3-7}$$

式(3-6)和式(3-7)分别为系统的状态方程和量测方程。

对状态方程在 $\boldsymbol{Z}_1, \boldsymbol{Z}_2, \cdots, \boldsymbol{Z}_{k-1}$ 构成的空间进行投影，有

$$\boldsymbol{X}_{k|k-1} = \boldsymbol{F}\boldsymbol{X}_{k-1|k-1} + \mathrm{proj}(\boldsymbol{w}_{k-1} \mid \boldsymbol{Z}_1, \boldsymbol{Z}_2, \cdots, \boldsymbol{Z}_{k-1}) \tag{3-8}$$

对状态空间模型不断迭代，有

$$\begin{aligned} \boldsymbol{X}_k &= \boldsymbol{F}\boldsymbol{X}_{k-1} + \boldsymbol{w}_{k-1} \\ &= \boldsymbol{F}(\boldsymbol{F}\boldsymbol{X}_{k-2} + \boldsymbol{w}_{k-2}) + \boldsymbol{w}_{k-1} = \cdots \end{aligned} \tag{3-9}$$

可知，$\boldsymbol{X}_k \in L(\boldsymbol{w}_{k-1}, \cdots, \boldsymbol{w}_0, \boldsymbol{X}_0)$，其中 L 表示线性空间。

对式(3-7)不断迭代，有

$$\boldsymbol{Z}_k = \boldsymbol{H}\boldsymbol{X}_k + \boldsymbol{v}_k = \boldsymbol{H}(\boldsymbol{F}\boldsymbol{X}_k + \boldsymbol{w}_k) + \boldsymbol{v}_k = \cdots \tag{3-10}$$

可知，$\boldsymbol{Z}_k \in L(\boldsymbol{w}_{k-1}, \cdots, \boldsymbol{w}_0, \boldsymbol{X}_0, \boldsymbol{v}_k)$。可得

$$L(\boldsymbol{Z}_1, \boldsymbol{Z}_2, \cdots, \boldsymbol{Z}_k) \subset L(\boldsymbol{w}_{k-1}, \cdots \boldsymbol{w}_0, \boldsymbol{X}_0, \boldsymbol{v}_k, \cdots, \boldsymbol{v}_1) \quad (3-11)$$

由于过程噪声 $\boldsymbol{w}_k$ 是均值为零的白噪声，且与量测噪声 $\boldsymbol{v}_k$ 互不相关，有

$$\boldsymbol{w}_k \perp L(\boldsymbol{Z}_1, \boldsymbol{Z}_2, \cdots, \boldsymbol{Z}_k) \quad (3-12)$$

则 $\mathrm{proj}(\boldsymbol{w}_k \mid \boldsymbol{Z}_1, \boldsymbol{Z}_2, \cdots, \boldsymbol{Z}_{k-1})=0$，得到状态一步预测

$$\boldsymbol{X}_{k|k-1}=\boldsymbol{F}\boldsymbol{X}_{k-1|k-1} \quad (3-13)$$

同理，对量测方程两边取射影，得

$$\boldsymbol{Z}_{k|k-1}=\boldsymbol{H}\boldsymbol{X}_{k|k-1} \quad (3-14)$$

真实值与预测值之间的误差为 $\boldsymbol{e}_{k|k-1}=\boldsymbol{X}_k-\boldsymbol{X}_{k|k-1}$，状态预测协方差矩阵为

$$\boldsymbol{P}_{k|k-1}=\mathrm{E}[\boldsymbol{e}_{k|k-1}\boldsymbol{e}_{k|k-1}^{\mathrm{T}}]=\boldsymbol{F}\boldsymbol{P}_{k-1|k-1}\boldsymbol{F}^{\mathrm{T}}+\boldsymbol{Q} \quad (3-15)$$

引入新息表达式，有

$$\boldsymbol{\varepsilon}_k=\boldsymbol{Z}_k-\boldsymbol{Z}_{k|k-1} \quad (3-16)$$

由投影定理可以得到递推关系，有

$$\boldsymbol{X}_{k|k}=\boldsymbol{X}_{k|k-1}+\boldsymbol{K}\boldsymbol{\varepsilon}_k \quad (3-17)$$

式中，$\boldsymbol{K}$ 为卡尔曼增益，$\boldsymbol{K}=\mathrm{E}[\boldsymbol{X}_k\boldsymbol{\varepsilon}_k]\mathrm{E}^{-1}[\boldsymbol{\varepsilon}_k\boldsymbol{\varepsilon}_k^{\mathrm{T}}]$。

$$\mathrm{E}[\boldsymbol{X}_k\boldsymbol{\varepsilon}_k^{\mathrm{T}}]=\mathrm{E}[\boldsymbol{X}_k(\boldsymbol{Z}_k-\boldsymbol{Z}_{k|k-1})^{\mathrm{T}}]\boldsymbol{P}_{k|k-1}\boldsymbol{H}^{\mathrm{T}} \quad (3-18)$$

因为投影的正交性，有 $\boldsymbol{X}_{k|k-1} \perp \boldsymbol{e}_{k|k-1}$。

新息方差阵为

$$\mathrm{E}[\boldsymbol{\varepsilon}_k\boldsymbol{\varepsilon}_k^{\mathrm{T}}]=\mathrm{E}[(\boldsymbol{H}\boldsymbol{e}_{k|k-1}+\boldsymbol{v}_k)(\boldsymbol{H}\boldsymbol{e}_{k|k-1}+\boldsymbol{v}_k)^{\mathrm{T}}]=\boldsymbol{H}\boldsymbol{P}_{k|k-1}\boldsymbol{H}^{\mathrm{T}}+\boldsymbol{R} \quad (3-19)$$

将式(3-18)和式(3-19)代入卡尔曼增益表达式后，得

$$\boldsymbol{K}=\boldsymbol{P}_{k|k-1}\boldsymbol{H}^{\mathrm{T}}(\boldsymbol{H}\boldsymbol{P}_{k|k-1}\boldsymbol{H}^{\mathrm{T}}+\boldsymbol{R})^{-1} \quad (3-20)$$

状态估计为

$$\boldsymbol{X}_{k|k}=\boldsymbol{X}_{k|k-1}+\boldsymbol{K}(\boldsymbol{Z}_k-\boldsymbol{H}\boldsymbol{X}_{k|k-1}) \quad (3-21)$$

真实值与估计值之间的误差为 $\boldsymbol{e}_{k|k}=\boldsymbol{X}_k-\boldsymbol{X}_{k|k}$，状态估计协方差矩阵为

$$\boldsymbol{P}_{k|k}=\mathrm{E}[\boldsymbol{e}_{k|k}\boldsymbol{e}_{k|k}^{\mathrm{T}}]=(\boldsymbol{I}-\boldsymbol{K}\boldsymbol{H})\boldsymbol{P}_{k|k-1} \tag{3-22}$$

以上为卡尔曼滤波算法的主要推导过程。

3.2.3　卡尔曼滤波方法

从 KF 算法流程的角度，可将其分为状态预测和更新两个阶段，具体如下。

1）预测

状态一步预测：

$$\boldsymbol{X}_{k|k-1}=\boldsymbol{F}\boldsymbol{X}_{k-1|k-1} \tag{3-23}$$

状态预测协方差：

$$\boldsymbol{P}_{k|k-1}=\boldsymbol{F}\boldsymbol{P}_{k-1|k-1}\boldsymbol{F}^{\mathrm{T}}+\boldsymbol{Q} \tag{3-24}$$

2）更新

卡尔曼增益：

$$\boldsymbol{K}=\boldsymbol{P}_{k|k-1}\boldsymbol{H}^{\mathrm{T}}(\boldsymbol{H}\boldsymbol{P}_{k|k-1}\boldsymbol{H}^{\mathrm{T}}+\boldsymbol{R})^{-1} \tag{3-25}$$

状态更新：

$$\boldsymbol{X}_{k|k}=\boldsymbol{X}_{k|k-1}+\boldsymbol{K}(\boldsymbol{Z}_k-\boldsymbol{H}\boldsymbol{X}_{k|k-1}) \tag{3-26}$$

状态协方差更新：

$$\boldsymbol{P}_{k|k}=(\boldsymbol{I}-\boldsymbol{K}\boldsymbol{H})\boldsymbol{P}_{k|k-1} \tag{3-27}$$

通过预测和更新两个步骤，可以得到空中目标（线性高斯目标）每一时刻运动状态的估计和状态协方差的估计。

3.3　扩展卡尔曼滤波方法

当系统状态方程和量测方程均为线性，且噪声均符合高斯特性时，KF 是一种均方误差意义下的最优估计。但在实际应用系统中，动态过程和量测过程通常是非线性的，不能直接使用卡尔曼滤波算法。在线性 KF 的基

础上，通过泰勒级数展开方法，发展出一种适用于非线性高斯过程的滤波方法——扩展卡尔曼滤波（extended Kalman filtering，EKF）方法[9]。EKF 利用一阶泰勒展开式对非线性模型进行近似线性化处理，再对状态估计问题进行卡尔曼滤波。

考虑如下离散非线性系统的状态转移方程和观测方程：

$$\boldsymbol{X}_k = \boldsymbol{f}(\boldsymbol{X}_{k-1}) + \boldsymbol{w}_{k-1} \tag{3-28}$$

$$\boldsymbol{Z}_k = \boldsymbol{h}(\boldsymbol{X}_k) + \boldsymbol{v}_k \tag{3-29}$$

对状态方程在上一时刻的估计值处进行一阶泰勒展开，得到

$$\boldsymbol{X}_k = \boldsymbol{f}(\hat{\boldsymbol{X}}_{k-1|k-1}) + \boldsymbol{F}_{k-1}(\boldsymbol{X}_{k-1} - \hat{\boldsymbol{X}}_{k-1|k-1}) + \boldsymbol{w}_{k-1} \tag{3-30}$$

同样，利用泰勒展开对量测方程进行展开，得到

$$\boldsymbol{Z}_k = \boldsymbol{h}(\boldsymbol{X}_{k|k-1}) + \boldsymbol{H}_k(\boldsymbol{X}_k - \boldsymbol{X}_{k|k-1}) + \boldsymbol{v}_k \tag{3-31}$$

式中，$\boldsymbol{F}_{k-1}$ 和 $\boldsymbol{H}_k$ 是函数 $\boldsymbol{f}(\boldsymbol{X}_{k-1})$ 在状态估计值和状态预测值处的雅可比矩阵（Jacobian matrix）。

$\boldsymbol{F}_{k-1}$ 和 $\boldsymbol{H}_k$ 定义为

$$\boldsymbol{F}_{k-1} = \left.\frac{\partial \boldsymbol{f}}{\partial \boldsymbol{X}_k}\right|_{\boldsymbol{X}_k = \hat{\boldsymbol{X}}_{k-1|k-1}} \tag{3-32}$$

$$\boldsymbol{H}_k = \left.\frac{\partial \boldsymbol{h}}{\partial \boldsymbol{X}_k}\right|_{\boldsymbol{X}_k = \boldsymbol{X}_{k|k-1}} \tag{3-33}$$

将线性化后的模型式(3-30)和式(3-31)应用卡尔曼滤波，可得到扩展卡尔曼滤波算法，具体步骤如下。

1）雅可比矩阵

状态方程雅可比矩阵：

$$\boldsymbol{F}_{k-1} = \left.\frac{\partial \boldsymbol{f}}{\partial \boldsymbol{X}_k}\right|_{\boldsymbol{X}_k = \hat{\boldsymbol{X}}_{k-1|k-1}} \tag{3-34}$$

量测方程雅可比矩阵：

$$\boldsymbol{H}_k = \left.\frac{\partial \boldsymbol{h}}{\partial \boldsymbol{X}_k}\right|_{\boldsymbol{X}_k = \boldsymbol{X}_{k|k-1}} \tag{3-35}$$

2）预测

状态预测：

$$\boldsymbol{X}_{k|k-1}=\boldsymbol{f}(\hat{\boldsymbol{X}}_{k-1|k-1}) \tag{3-36}$$

状态预测协方差：

$$\boldsymbol{P}_{k|k-1}=\boldsymbol{F}_{k-1}\boldsymbol{P}_{k-1|k-1}\boldsymbol{F}_{k-1}^{\mathrm{T}}+\boldsymbol{Q}_{k-1} \tag{3-37}$$

3）更新

卡尔曼增益：

$$\boldsymbol{K}_k=\boldsymbol{P}_{k|k-1}\boldsymbol{H}_k^{\mathrm{T}}(\boldsymbol{H}_k\boldsymbol{P}_{k|k-1}\boldsymbol{H}_k^{\mathrm{T}}+\boldsymbol{R}_k)^{-1} \tag{3-38}$$

状态更新：

$$\hat{\boldsymbol{X}}_{k|k}=\boldsymbol{X}_{k|k-1}+\boldsymbol{K}_k(\boldsymbol{Z}_k-\boldsymbol{H}_k\boldsymbol{X}_{k|k-1}) \tag{3-39}$$

状态协方差更新：

$$\boldsymbol{P}_{k|k}=(\boldsymbol{I}-\boldsymbol{K}_k\boldsymbol{H}_k)\boldsymbol{P}_{k|k-1} \tag{3-40}$$

3.4　无迹卡尔曼滤波方法

扩展卡尔曼滤波(EKF)将非线性问题线性化时，只考虑非线性函数的一阶线性近似，而忽略了高阶项，导致 EKF 滤波器性能下降。实际应用系统中，非线性系统的状态方程和观测方程的雅可比矩阵也难以计算。

无迹卡尔曼滤波(unscented Kalman filtering，UKF)[10]没有采用对非线性进行线性化的方法，而是基于卡尔曼线性滤波框架，对一步预测方程采用无迹变换(unscented transform，UT)处理均值和协方差的非线性传递问题。UKF 算法对状态向量的概率密度函数进行近似化，无须对非线性函数进行近似，且不需要对雅可比矩阵求导，具有较高的计算精度，能够解决 EKF 估计精度低、稳定性差的问题。

3.4.1　无迹采样变换

与 EKF 相比，UKF 无须对非线性方程 f 和 h 在估计点处做线性化逼近，而是采用无迹变换在估计点附近确定采样点，以表示高斯密度近似状态的概率密度函数。

无迹采样变换的原理如下：设一个非线性变换 $y=\boldsymbol{f}(\boldsymbol{x})$，其中状态向

量 $\boldsymbol{x}$ 为 n 维随机变量，并已知其均值为 $\bar{\boldsymbol{X}}$，方差为 $\boldsymbol{P}$，经过 UT 变换可以得到 $(2n+1)$ 个 Sigma 点的 $\boldsymbol{X}$，同时构造 $\boldsymbol{X}$ 对应的权值 w，进而计算 y 的统计特性。

(1) 计算 $(2n+1)$ 个 Sigma 点，n 是状态维数，有

$$\begin{cases} \boldsymbol{X}^{(0)} = \bar{\boldsymbol{X}}, & i=0 \\ \boldsymbol{X}^{(i)} = \bar{\boldsymbol{X}} + \sqrt{(n+\lambda)\boldsymbol{P}}, & i=1 \sim n \\ \boldsymbol{X}^{(i)} = \bar{\boldsymbol{X}} - \sqrt{(n+\lambda)\boldsymbol{P}}, & i=(n+1) \sim 2n \end{cases} \tag{3-41}$$

式中，$(\sqrt{\boldsymbol{P}})^{\mathrm{T}}(\sqrt{\boldsymbol{P}}) = \boldsymbol{P}$；$(\sqrt{\boldsymbol{P}})_i$ 表示矩阵方根的第 i 列。

(2) 计算采样点对应的均值权值和协方差权值，有

$$\begin{cases} w_{\mathrm{m}}^{(0)} = \dfrac{\lambda}{n+\lambda} \\ w_{\mathrm{c}}^{(0)} = \dfrac{\lambda}{n+\lambda} + (1-\alpha^2+\beta) \\ w_{\mathrm{m}}^{(i)} = w_{\mathrm{c}}^{(i)} = \dfrac{\lambda}{2(n+\lambda)}, & i=1 \sim 2n \end{cases} \tag{3-42}$$

式中，下标 m 指均值，c 指协方差，上标括号中的数字表示第几个采样点；参数 λ 为随机变量的均值 $\bar{X}$ 与 Sigma 采样点间距离的比例因子，以降低总的预测误差，$\lambda = \alpha^2(n+\kappa)-n$，其中 α 控制采样点的分布状态，κ 为待选参数，需保证矩阵 $(n+\lambda)\boldsymbol{P}$ 为半正定矩阵；待选参数 $\beta \geqslant 0$ 是权系数，以合并方程中高阶项的动差。

利用选取的 Sigma 点集 $\{\boldsymbol{X}^{(i)}\}$ 进行非线性函数传递，可得 $y_i = \boldsymbol{f}(\boldsymbol{X}^{(i)})$，经加权近似可以得到输出样本点的统计特性，表示为

$$\bar{y} = \sum_{i=0}^{2n} w_{\mathrm{m}}^{(i)} y_i \tag{3-43}$$

$$\boldsymbol{P}_y = \sum_{i=0}^{2n} w_{\mathrm{c}}^{(i)} (y_i - \bar{y})(y_i - \bar{y})^{\mathrm{T}} \tag{3-44}$$

无迹变换得到 Sigma 点集的性质如下：

(1) 由于 Sigma 点集围绕均值对称分布并且对称点具有相同的权值，因此 Sigma 集合的样本均值与随机向量 $\boldsymbol{X}$ 相同，为 $\bar{\boldsymbol{X}}$。

(2) Sigma 点集的样本方差与随机向量 $\boldsymbol{X}$ 的方差相同。

(3) 任何正态分布的 Sigma 点集是由标准正态分布的 Sigma 集合经过一个变换得到的。

3.4.2 无迹卡尔曼滤波方法

考虑离散非线性系统的状态转移方程和观测方程为

$$\boldsymbol{X}_k = \boldsymbol{f}(\boldsymbol{X}_{k-1}) + \boldsymbol{w}_{k-1} \tag{3-45}$$

$$\boldsymbol{Z}_k = \boldsymbol{h}(\boldsymbol{X}_k) + \boldsymbol{v}_k \tag{3-46}$$

无迹卡尔曼(UKF)算法的基本步骤如下。

1) 时间更新

假设 k 时刻的状态估计为 $\hat{\boldsymbol{X}}_{k|k}$，估计方差为 $\boldsymbol{P}_{k|k}$，根据 UT 变换得到 $(2n+1)$ 个 Sigma 点的 $\boldsymbol{X}_{k|k}^{(i)}$，表示为

$$\boldsymbol{X}_{k|k}^{(i)} = \left[\hat{\boldsymbol{X}}_{k|k} \quad \hat{\boldsymbol{X}}_{k|k} + \left(\sqrt{(n+\lambda)\boldsymbol{P}_{k|k}}\right) \quad \hat{\boldsymbol{X}}_{k|k} - \left(\sqrt{(n+\lambda)\boldsymbol{P}_{k|k}}\right)\right] \tag{3-47}$$

计算 $(2n+1)$ 个 Sigma 点的一步预测值，有

$$\boldsymbol{X}_{k+1|k}^{(i)} = \boldsymbol{f}[k,\ \boldsymbol{X}_{k|k}^{(i)}] \qquad i = 1,\ 2,\ \cdots,\ 2n+1 \tag{3-48}$$

计算一步状态预测的均值和方差，有

$$\hat{\boldsymbol{X}}_{k+1|k} = \sum_{i=0}^{2n} w^{(i)} \boldsymbol{X}_{k+1|k}^{(i)} \tag{3-49}$$

$$\boldsymbol{P}_{k+1|k} = \sum_{i=0}^{2n} w^{(i)} [\hat{\boldsymbol{X}}_{k+1|k} - \boldsymbol{X}_{k+1|k}^{(i)}][\hat{\boldsymbol{X}}_{k+1|k} - \boldsymbol{X}_{k+1|k}^{(i)}]^{\mathrm{T}} + \boldsymbol{Q} \tag{3-50}$$

2) 量测更新

根据时间更新得到的 $\hat{\boldsymbol{X}}_{k+1|k}$ 和 $\boldsymbol{P}_{k+1|k}$，采用 UT 变换得到 $(2n+1)$ 个 Sigma 点，有

$$\boldsymbol{X}_{k+1|k}^{(i)} = \left[\hat{\boldsymbol{X}}_{k+1|k} \quad \hat{\boldsymbol{X}}_{k+1|k} + \sqrt{(n+\lambda)\boldsymbol{P}_{k+1|k}} \quad \hat{\boldsymbol{X}}_{k+1|k} - \sqrt{(n+\lambda)\boldsymbol{P}_{k+1|k}}\right] \tag{3-51}$$

将式(3-51)代入非线性量测方程，得到观测预测值

$$\boldsymbol{Z}_{k+1|k}^{(i)} = \boldsymbol{h}[\boldsymbol{X}_{k+1|k}^{(i)}] \qquad i = 1,\ 2,\ \cdots,\ 2n+1 \tag{3-52}$$

由上式得到 Sigma 点集的观测预测值，通过加权求和得到量测预测均值、方差及协方差，分别表示为

$$\hat{\boldsymbol{Z}}_{k+1|k} = \sum_{i=0}^{2n} w^{(i)} \boldsymbol{Z}_{k+1|k}^{(i)} \tag{3-53}$$

$$\boldsymbol{P}_{zz,\ k+1|k} = \sum_{i=0}^{2n} w^{(i)} (\boldsymbol{Z}_{k+1|k}^{(i)} - \hat{\boldsymbol{Z}}_{k+1|k})(\boldsymbol{Z}_{k+1|k}^{(i)} - \hat{\boldsymbol{Z}}_{k+1|k})^{\mathrm{T}} + \boldsymbol{R} \tag{3-54}$$

$$\boldsymbol{P}_{xz,\,k+1|k}=\sum_{i=0}^{2n}w^{(i)}(\boldsymbol{X}_{k+1|k}^{(i)}-\hat{\boldsymbol{Z}}_{k+1|k})(\boldsymbol{X}_{k+1|k}^{(i)}-\hat{\boldsymbol{Z}}_{k+1|k})^{\mathrm{T}} \tag{3-55}$$

计算卡尔曼增益矩阵,进一步计算系统的状态更新和协方差,表示为

$$\boldsymbol{K}_{k+1}=\boldsymbol{P}_{zz,\,k+1|k}\boldsymbol{P}_{xz,\,k+1|k}^{-1} \tag{3-56}$$

$$\hat{\boldsymbol{X}}_{k+1|k+1}=\hat{\boldsymbol{X}}_{k+1|k}+\boldsymbol{K}_{k+1}(\boldsymbol{Z}_{k+1}-\hat{\boldsymbol{Z}}_{k+1|k}) \tag{3-57}$$

$$\boldsymbol{P}_{k+1|k+1}=\boldsymbol{P}_{k+1|k}-\boldsymbol{K}_{k+1}\boldsymbol{P}_{zz,\,k+1|k}\boldsymbol{K}_{K+1}^{\mathrm{T}} \tag{3-58}$$

3.5 容积卡尔曼滤波方法

UKF 在处理高维系统时,会出现协方差非正定的情况,导致滤波精度降低甚至分散的情况。为了克服该问题,容积卡尔曼滤波(cubature Kalman filtering, CKF)算法[11]于 2009 年提出,基于三阶球面-相径容积规则近似非线性函数传递的后验均值和协方差。由于不容易发散且计算量小,CKF 算法在众多领域得到广泛应用。

3.5.1 容积规则

与 UT 变换类似,容积卡尔曼滤波依据状态的先验均值和协方差,利用容积规则选取容积点,再用非线性函数传递后的容积点加权处理以近似状态后验均值和协方差。容积规则的基本原理如下。

高斯域的非线性滤波可经 n 维球坐标变换转换为球面径向积分,得到

$$\begin{aligned}I(f)&=\int_{R^n}f(x)\exp(-\ x^{\mathrm{T}}x)\mathrm{d}x\\&=\int_0^{\infty}\int_{U_n}f(ry)r^{n-1}\exp(-\ r^2)\mathrm{d}\sigma(y)\mathrm{d}x\end{aligned} \tag{3-59}$$

式中,R^n 是 n 维积分域;$f(x)$ 是非线性函数;U_n 是单位球体的表面,$U_n=\{y\in R^n\mid y^{\mathrm{T}}y=1\}$;$\sigma(\cdot)$ 是球体表面 U_n 上的一个区域。

式(3-59)可以进一步分解为一个球面积分式和一个相径积分式,分别表示为

$$S(r)=\int_{U_n}f(ry)\mathrm{d}\sigma(y) \tag{3-60}$$

$$R=\int_0^{\infty}S(r)r^{n-1}\exp(-r^2)\mathrm{d}r \tag{3-61}$$

由于容积规则的对称性,令 $\{(y^{(1)})^{d^{(1)}}, (y^{(2)})^{d^{(2)}}, \cdots, (y^{(n)})^{d^{(n)}}\}$ 为 $f(ry)$ 中的单项,其中 $d^{(i)}$ 表示变量的阶次。当 $\sum_{i=1}^{n} d^{(i)}$ 为奇数时,该积分项在球面上的积分为0。采用三阶球面容积规则,可以将所有的单项式精确到三阶,只需考虑 $\sum_{i=1}^{n} d^{(i)}$ 为0和2,即 $f(y)=1$ 和 $f(y)=(y^{(1)})^2$,需要选取的容积点和相应权值能准确求取其积分:

$$f(y)=1: 2nw=\int_{U_n} \mathrm{d}\sigma(y)=A_n \tag{3-62}$$

$$f(y)=(y^{(1)})^2: 2wu_1^2=\int_{U_n} (y^{(1)})^2 \mathrm{d}\sigma(y)=\frac{A_n}{n} \tag{3-63}$$

式中,$A_n = 2\sqrt{\pi^n}/\Gamma(n/2)$ 为 n 维单位球的表面积,$\Gamma(n)=\int_0^{\infty} x^{n-1} \exp(-x)\mathrm{d}x$。

对式(3-62)和式(3-63)求解可得,$w=A_n/2n$,$u_1=1$,又因 u 为单位向量,容积点可选取单位球面与各坐标系的交点。因此,球面积分可以近似为

$$S(r) \approx \sum_{i=1}^{2n} wf(r[1]_i) \tag{3-64}$$

令 $r=\sqrt{x}$,径向积分可转换为拉盖尔-高斯积分:

$$R=\frac{1}{2}\int_0^{\infty} S(\sqrt{x})x^{\frac{n}{2}-1}\exp(-x)\mathrm{d}x \tag{3-65}$$

若只考虑一阶拉盖尔-高斯积分,选取的积分点和权值为

$$w_1=\Gamma(n/2)/2 \tag{3-66}$$

$$r_1=\sqrt{n/2} \tag{3-67}$$

$$R \approx \sum_{j=1}^{l} w_j S(r_j) \tag{3-68}$$

式中,l 为积分点个数。

合并式(3-64)和式(3-68),可得式(3-59)的近似积分,表示为

$$I(f) \approx \sum_{j=1}^{l}\sum_{i=1}^{2n} w\omega_j f(r_j[1]_i)=\sum_{i=1}^{2n}\omega f(r_1[1]_i) \tag{3-69}$$

式中,$\omega=\sqrt{\pi^n}/2n$,$r_1=\sqrt{n/2}$。

式(3-69)为容积规则的近似策略。

对于一般意义下的高斯积分,有

$$
\begin{aligned}
I_2 &= \int f(\boldsymbol{x}) N(\boldsymbol{x};\hat{\boldsymbol{x}},\boldsymbol{P}) \mathrm{d}\boldsymbol{x} \\
&= \frac{1}{(2\pi)^{\sqrt{2}} \mid \boldsymbol{P} \mid^{\sqrt{2}}} \int f(x) \exp\left[-\frac{1}{2}(\boldsymbol{x}-\hat{\boldsymbol{x}})^{\mathrm{T}} \boldsymbol{P}^{-1}(\boldsymbol{x}-\hat{\boldsymbol{x}})\right] \mathrm{d}\boldsymbol{x}
\end{aligned} \tag{3-70}
$$

令 $\boldsymbol{\xi}=(\sqrt{\boldsymbol{P}})^{-1}(\boldsymbol{x}-\hat{\boldsymbol{x}})$，将上述积分转化为

$$
I_2=\frac{1}{(2\pi)^{\sqrt{2}}} \int f(\sqrt{\boldsymbol{P}}\boldsymbol{\xi}+\hat{\boldsymbol{x}}) \exp\left(-\frac{1}{2}\boldsymbol{\xi}^{\mathrm{T}}\boldsymbol{\xi}\right) \mathrm{d}\boldsymbol{\xi} \tag{3-71}
$$

得

$$
I_2=\frac{1}{2n} \sum_{i=1}^{2n} f(\sqrt{\boldsymbol{P}}\,\boldsymbol{\xi}^{(i)}+\hat{\boldsymbol{x}}) \tag{3-72}
$$

式中，$\boldsymbol{\xi}^{(i)}=\sqrt{\frac{2n}{2}}[1]_i$。

令 $m=2n$，则有

$$
I_2=\frac{1}{m} \sum_{i=1}^{2n} f(\sqrt{\boldsymbol{P}}\boldsymbol{\xi}^{(i)}+\hat{\boldsymbol{x}}) \tag{3-73}
$$

形如 I_2 的高斯积分即为在非线性高斯滤波中需要近似求解的积分。

3.5.2 容积卡尔曼滤波方法

根据上节，采用近似策略，将非线性高斯滤波递推公式转化为可实现的滤波公式，基于容积采样规则的 CKF 算法的具体步骤如下。

1）时间更新

假设 k 时刻的状态 $\boldsymbol{x}_k$ 统计特性为 $N(\boldsymbol{x}_k;\hat{\boldsymbol{x}}_k,\boldsymbol{P}_k)$，首先对 $\boldsymbol{P}_k$ 进行楚列斯基分解（Cholesky decomposition），计算容积点（$i=1, 2, \cdots, 2n$），可得

$$
\boldsymbol{P}_k=\boldsymbol{S}_k\boldsymbol{S}_k^{\mathrm{T}} \tag{3-74}
$$

$$
\boldsymbol{x}_k^{(i)}=\boldsymbol{S}_k\boldsymbol{\xi}^{(i)}+\hat{\boldsymbol{x}}_k \tag{3-75}
$$

经系统方程传递：

$$
\boldsymbol{x}_{k|k-1}^{(i)}=\boldsymbol{f}(\boldsymbol{x}_{k-1}^{(i)}) \tag{3-76}
$$

状态预测值和误差协方差阵预测值：

$$\hat{\boldsymbol{x}}_{k|k-1}=\frac{1}{m}\sum_{i=1}^{m}\boldsymbol{x}_{k|k-1}^{(i)} \tag{3-77}$$

$$\boldsymbol{P}_{k|k-1}=\frac{1}{m}\sum_{i=1}^{m}\boldsymbol{x}_{k|k-1}^{(i)}(\boldsymbol{x}_{k|k-1}^{(i)})^{\mathrm{T}}-\hat{\boldsymbol{x}}_{k|k-1}^{(i)}(\hat{\boldsymbol{x}}_{k|k-1}^{(i)})^{\mathrm{T}}+\boldsymbol{Q} \tag{3-78}$$

2）量测更新

对 $\boldsymbol{P}_{k|k-1}$ 进行楚列斯基分解，计算容积点，得

$$\boldsymbol{P}_{k|k-1}=\boldsymbol{S}_{k|k-1}\boldsymbol{S}_{k|k-1}^{\mathrm{T}} \tag{3-79}$$

$$\boldsymbol{x}_{k|k-1}^{(i)}=\boldsymbol{S}_{k|k-1}\boldsymbol{\xi}^{(i)}+\hat{\boldsymbol{x}}_{k|k-1} \tag{3-80}$$

经量测方程传递，有

$$\boldsymbol{z}_{k}^{(i)}=\boldsymbol{h}(\boldsymbol{x}_{k|k-1}^{(i)}) \tag{3-81}$$

量测预测值，有

$$\hat{\boldsymbol{z}}_{k}=\frac{1}{m}\sum_{i=1}^{m}\boldsymbol{z}_{k}^{(i)} \tag{3-82}$$

量测误差协方差和互相关协方差阵预测值，有

$$\boldsymbol{P}_{z,k}=\frac{1}{m}\sum_{i=1}^{m}\boldsymbol{z}_{k}^{(i)}(\boldsymbol{z}_{k}^{(i)})^{\mathrm{T}}-\hat{\boldsymbol{z}}_{k}(\hat{\boldsymbol{z}}_{k})^{\mathrm{T}}+\boldsymbol{R} \tag{3-83}$$

$$\boldsymbol{P}_{xz,k}=\frac{1}{m}\sum_{i=1}^{m}\boldsymbol{x}_{k}^{i}(\boldsymbol{z}_{k}^{i})^{\mathrm{T}}-\hat{\boldsymbol{x}}_{k}(\hat{\boldsymbol{z}}_{k})^{\mathrm{T}} \tag{3-84}$$

滤波增益为

$$\boldsymbol{K}_{k}=\boldsymbol{P}_{xz,k}(\boldsymbol{P}_{z,k})^{-1} \tag{3-85}$$

状态估计值和状态误差协方差估计值为

$$\hat{\boldsymbol{x}}_{k}=\hat{\boldsymbol{x}}_{k|k-1}+\boldsymbol{K}_{k}(\boldsymbol{z}_{k}-\hat{\boldsymbol{z}}_{k}) \tag{3-86}$$

$$\boldsymbol{P}_{k}=\boldsymbol{P}_{k|k-1}-\boldsymbol{K}_{k}\boldsymbol{P}_{z,k}\boldsymbol{K}_{k}^{\mathrm{T}} \tag{3-87}$$

以上为以三阶球面-相径容积规则为核心的 CKF 算法的主要推导过程。

3.6 集合卡尔曼滤波方法

集合卡尔曼滤波(ensemble Kalman filtering，EnKF)方法[12]把误差统计的预测隐含在一组加上扰动的状态变量的集合中，误差统计的计算和状态变量一起随着目标运动模型的变化而变化，可以弥补由于预报模式本身的误差而导致预报的不确定性问题。EnKF将所有的预测状态存储在预测集合中，将所有的分析状态存储在分析集合中，当集合成员个数 N 趋向于无穷大时，可用状态的平均值来代替真实状态。

3.6.1 蒙特卡罗采样

蒙特卡罗(Monte Carlo)方法从后验概率分别采集带权重的粒子集，用粒子集表示后验分布，将积分转化为求和形式，即

$$\hat{p}(\boldsymbol{X}_{0:k} \mid \boldsymbol{Z}_{1:k}) = \frac{1}{N}\sum_{i=1}^{N}\delta_{\boldsymbol{X}_{0:k}}(\mathrm{d}\boldsymbol{X}_{0:k}) \tag{3-88}$$

式中，$\{\boldsymbol{X}_{0:k}^{(i)}: i=1, 2, \cdots, N\}$ 是从后验概率分布采集的随机样本集；$\delta(\mathrm{d}\boldsymbol{X}_{0:k})$ 是狄拉克 δ 函数(Dirac delta function)。

状态序列函数 $g_k: R^{(t+1)n} \to R^n$ 的期望为

$$\mathrm{E}[g_t(\boldsymbol{X}_{0:k})] = \int g_k(\boldsymbol{X}_{0:k})p(\boldsymbol{X}_{0:k} \mid \boldsymbol{Z}_{1:k})\mathrm{d}\boldsymbol{X}_{0:k} \tag{3-89}$$

进而近似为

$$\overline{\mathrm{E}[g_t(\boldsymbol{X}_{0:k})]} = \frac{1}{N}\sum_{i=1}^{N}g_k(\boldsymbol{X}_{0:k}) \tag{3-90}$$

此时，假设粒子 $\{\boldsymbol{X}_{0:k}^{(i)}: i=1, 2, \cdots, N\}$ 独立分布，根据大数定律，则有在 $N \to \infty$ 时 $\overline{\mathrm{E}[g_t(\boldsymbol{X}_{0:k})]}$ 几乎确定收敛到 $\mathrm{E}[g_t(\boldsymbol{X}_{0:k})]$，且若有 $\mathrm{var}[g_k(\boldsymbol{X}_{0:k})] < \infty$，根据中心极限定理，当 $N \to \infty$ 时，有

$$\sqrt{N}\overline{\mathrm{E}[g_k(\boldsymbol{X}_{0:k})]} - \mathrm{E}[g_k(\boldsymbol{X}_{0:k})] \to N[0, \mathrm{var}(g_k(\boldsymbol{X}_{0:k}))] \tag{3-91}$$

3.6.2 集合卡尔曼滤波方法

EnKF首先对初始状态加以一系列的扰动生成初始集合，对初始集合

中各成员应用非线性函数生成预测集合，对预测集合进行预测状态均值和误差协方差矩阵估计；其次，对观测值加以一定的扰动生成观测集合，基于预测集合和观测集合计算滤波增益并得到分析集合，对分析集合进行目标状态均值和误差协方差矩阵的估计；最后，对分析集合进行预测。

1）初始化

由已知先验知识获得一个初始状态，初始状态通过蒙特卡罗方法产生集合成员数为 N 的初始集合

$$\boldsymbol{X}_0=\begin{bmatrix} x^{(1)} & x^{(2)} & x^{(i)} & \cdots & x^{(N)} \\ y^{(1)} & y^{(2)} & y^{(i)} & \cdots & y^{(N)} \\ z^{(1)} & z^{(2)} & z^{(i)} & \cdots & z^{(N)} \\ \dot{x}^{(1)} & \dot{x}^{(2)} & \dot{x}^{(i)} & \cdots & \dot{x}^{(N)} \\ \dot{y}^{(1)} & \dot{y}^{(2)} & \dot{y}^{(i)} & \cdots & \dot{y}^{(N)} \\ \dot{z}^{(1)} & \dot{z}^{(2)} & \dot{z}^{(i)} & \cdots & \dot{z}^{(N)} \end{bmatrix} \tag{3-92}$$

2）预测步骤

在任一时刻 k，集合可表示为 X_R。其中，$R=F$ 时，为预测状态；$R=A$ 时，为分析状态。计算每一个集合成员在第 $k+1$ 时刻的预测值，然后得到预测状态平均值，分别表示为

$$\boldsymbol{X}_{F,k+1}^{(i)}=f(\boldsymbol{X}_{A,k}^{(i)})+\boldsymbol{w}_k^{(i)} \tag{3-93}$$

$$\bar{\boldsymbol{X}}_{F,k+1}=\frac{1}{N}\sum_{i=1}^{N}\boldsymbol{X}_{F,k+1}^{(i)} \tag{3-94}$$

式中，R 表示综合状态；F 表示为预测状态；A 表示分析状态。

3）卡尔曼增益

计算 $k+1$ 时刻的卡尔曼矩阵增益 $\boldsymbol{K}_{k+1}$，可得

$$\boldsymbol{K}_{k+1}=\boldsymbol{P}_{F,k+1}\boldsymbol{H}^{\mathrm{T}}(\boldsymbol{H}\boldsymbol{P}_{F,k+1}\boldsymbol{H}^{\mathrm{T}}+R)^{-1} \tag{3-95}$$

$$\boldsymbol{P}_{F,k+1}=\frac{1}{N-1}\sum_{i=1}^{N}(\boldsymbol{X}_{F,k+1}^{(i)}-\bar{\boldsymbol{X}}_{F,k+1})(\boldsymbol{X}_{F,k+1}^{(i)}-\bar{\boldsymbol{X}}_{F,k+1})^{\mathrm{T}} \tag{3-96}$$

$$\boldsymbol{P}_{F,k+1}\boldsymbol{H}^{\mathrm{T}}=\frac{1}{N-1}\sum_{i=1}^{N}(\boldsymbol{X}_{F,k+1}^{(i)}-\bar{\boldsymbol{X}}_{F,k+1})(\boldsymbol{H}\boldsymbol{X}_{F,k+1}^{(i)}-\boldsymbol{H}\bar{\boldsymbol{X}}_{F,k+1})^{\mathrm{T}} \tag{3-97}$$

$$\boldsymbol{HP}_{F,k+1}\boldsymbol{H}^{\mathrm{T}}=\frac{1}{N-1}\sum_{i=1}^{N}(\boldsymbol{HX}_{F,k+1}^{(i)}-\boldsymbol{H}\bar{\boldsymbol{X}}_{F,k+1})(\boldsymbol{HX}_{F,k+1}^{(i)}-\boldsymbol{H}\bar{\boldsymbol{X}}_{F,k+1})^{\mathrm{T}} \tag{3-98}$$

4）分析步骤

对集合中的每一个成员进行迭代跟踪，计算 $k+1$ 时刻分析集合的状态均值和误差协方差矩阵

$$\boldsymbol{X}_{A,k+1}^{(i)}=\boldsymbol{X}_{F,k}^{(i)}+\boldsymbol{K}_{k+1}[\boldsymbol{Z}_{i_{k+1}}-\boldsymbol{HX}_{F,k+1}^{(i)}] \tag{3-99}$$

$$\bar{\boldsymbol{X}}_{A,k+1}=\frac{1}{N}\sum_{i=1}^{N}\boldsymbol{X}_{A,k+1}^{(i)} \tag{3-100}$$

$$\boldsymbol{P}_{A,k+1}=\frac{1}{N-1}\sum_{i=1}^{N}(\boldsymbol{X}_{A,k+1}^{(i)}-\bar{\boldsymbol{X}}_{A,k+1})(\boldsymbol{X}_{A,k+1}^{(i)}-\bar{\boldsymbol{X}}_{A,k+1})^{\mathrm{T}} \tag{3-101}$$

在 $k+1$ 时刻，运动目标状态估计和对应的误差协方差矩阵分别为 $k+1$ 时刻分析集合的状态平均值和误差协方差矩阵。

以上即为 EnKF 的滤波流程。

3.7 粒子滤波方法

随着计算机性能的不断提高，且考虑更加贴切实际的非线性、非高斯系统，粒子滤波（particle filtering，PF）逐渐成为状态估计问题的研究热点[13-14]。粒子滤波是基于蒙特卡罗仿真的近似贝叶斯滤波算法。其核心思想是通过一些离散随机采样点近似系统随机变量的概率密度函数，以样本均值代替积分运算，进而得到状态的最小方差估计。

3.7.1 重要性采样

1）贝叶斯重要性采样

蒙特卡罗采样通过有限的离散样本近似后验概率分布，近似程度的高低依赖于粒子的数量 N。通常后验概率分布函数无法直接获得，贝叶斯重要性采样描述了这个问题的解决方法。

贝叶斯重要性采样的基本思想如下：通过从一个已知且容易采样的参

考分布 $q(\boldsymbol{X}_{0:k} \mid \boldsymbol{Z}_{1:k})$ 中抽样，通过对参考分布的采样获得的粒子集进行加权求和近似后验分布 $p(\boldsymbol{X}_{0:k} \mid \boldsymbol{Z}_{1:k})$。贝叶斯积分可表示为

$$\begin{aligned}\mathrm{E}[g_k(\boldsymbol{X}_{0:k})] &= \int g_k(\boldsymbol{X}_{0:k}) p(\boldsymbol{X}_{0:k} \mid \boldsymbol{Z}_{1:k}) \mathrm{d}\boldsymbol{X}_{0:k} \\ &= \int g_k(\boldsymbol{X}_{0:k}) \frac{p(\boldsymbol{X}_{0:k} \mid \boldsymbol{Z}_{1:k})}{q(\boldsymbol{X}_{0:k} \mid \boldsymbol{Z}_{1:k})} q(\boldsymbol{X}_{0:k} \mid \boldsymbol{Z}_{1:k}) \mathrm{d}\boldsymbol{X}_{0:k}\end{aligned} \tag{3-102}$$

将其替换为数学期望求和形式，得

$$\overline{\mathrm{E}[g_t(X_{0:k})]} = \frac{\frac{1}{N}\sum_{i=1}^{N} g_k(\boldsymbol{X}_{0:k}^{(i)}) w_t(\boldsymbol{X}_{0:k}^{(i)})}{\frac{1}{N} w_k(\boldsymbol{X}_{0:k}^{(i)})} = \sum_{i=1}^{N} g_k(\boldsymbol{X}_{0:k}^{(i)}) \tilde{w}_t(\boldsymbol{X}_{0:k}^{(i)}) \tag{3-103}$$

式中，$\tilde{w}_k(\boldsymbol{X}_{0:k}^{(i)})$ 为 $w_k(\boldsymbol{X}_{0:k})$ 的归一化权值；$X_{0:k}^{(i)}$ 是由 $q(\boldsymbol{X}_{0:k} \mid \boldsymbol{Z}_{1:k})$ 中采样获得的样本。

$$w_k(\boldsymbol{X}_{0:k}^{(i)}) = \frac{p(Z_{1:k} \mid \boldsymbol{X}_{0:k}) p(\boldsymbol{X}_{0:k})}{q(\boldsymbol{X}_{0:k} \mid \boldsymbol{Z}_{1:k})} \tag{3-104}$$

2) SIS 滤波器

贝叶斯重要性采样作为一种常见的蒙特卡罗方法，并没有考虑递推估计的特点。同时，贝叶斯估计是一个序列估计问题，在采样上必须存在序列关系，数据处理方法也是序列的，从而能够满足处理过程中的时间响应和结果输出要求。由于贝叶斯重要性采样在估计 $p(\boldsymbol{X}_{0:k} \mid \boldsymbol{Z}_{1:k})$ 时需要所有数据的 $\boldsymbol{Z}_{1:k}$，在每一次新的观测数据 $\boldsymbol{Z}_{k+1}$ 到来时，都需要重新计算整个状态序列的重要性权重，计算量将随时间不断增加。

序列重要性采样(sequential importance sampling, SIS)基于该问题被提出，其基本思想如下：在 $k+1$ 时刻采样时，不改变过去的状态序列样本集，而是通过递归的形式计算重要性权重，即将参考分布改写为

$$q(\boldsymbol{X}_{0:k} \mid \boldsymbol{Z}_{1:k}) = q(\boldsymbol{X}_{0:k} \mid \boldsymbol{Z}_{1:k-1}) q(\boldsymbol{X}_k \mid \boldsymbol{Z}_{0:k-1}, \boldsymbol{Z}_k) \tag{3-105}$$

假设系统状态是一个一阶马尔可夫过程，且在给定系统状态下的各次观测独立，即

$$p(\boldsymbol{X}_{0:k}) = p(\boldsymbol{X}_0) \prod_{j=1}^{k} p(\boldsymbol{X}_j \mid \boldsymbol{X}_{j-1}) \tag{3-106}$$

$$p(\boldsymbol{Z}_{1:k} \mid \boldsymbol{X}_{0:k})=\prod_{j=1}^{k} p(\boldsymbol{Z}_j \mid \boldsymbol{X}_{j-1}) \tag{3-107}$$

通过从参考分布 $q(\boldsymbol{X}_{0:k} \mid \boldsymbol{Z}_{1:k})$ 得到样本集 $\{\boldsymbol{X}_{0:k-1}^{(i)},\ i=1,\ 2,\ \cdots,\ N\}$，从参考分布 $q(\boldsymbol{X}_k \mid \boldsymbol{X}_{0:k-1},\ \boldsymbol{Z}_{1:k})$ 得到样本点 $\boldsymbol{X}_k^{(i)}$，从而得到新的样本集 $\{\boldsymbol{X}_{0:k}^{(i)},\ i=1,\ 2,\ \cdots,\ N\}$，将式(3-107)代入式(3-104)，有

$$w_k=\frac{p(\boldsymbol{Z}_{1:k} \mid \boldsymbol{X}_{0:k})p(\boldsymbol{X}_{0:k})}{q(\boldsymbol{X}_k \mid \boldsymbol{X}_{0:k-1},\ \boldsymbol{X}_{1:k})q(\boldsymbol{X}_{0:k-1} \mid \boldsymbol{Z}_{1:k-1})} \tag{3-108}$$

由式(3-108)，有

$$w_{k-1}=\frac{p(\boldsymbol{Z}_{1:k-1} \mid \boldsymbol{X}_{0:k-1})p(\boldsymbol{X}_{0:k-1})}{q(\boldsymbol{X}_{0:k-1} \mid \boldsymbol{Z}_{1:k-1})} \tag{3-109}$$

综合式(3-108)和式(3-109)，有

$$\begin{aligned} w_k &= w_{k-1}\frac{p(\boldsymbol{Z}_{1:k} \mid \boldsymbol{X}_{0:k})p(\boldsymbol{X}_{0:k})}{p(\boldsymbol{Z}_{1:k-1} \mid \boldsymbol{X}_{0:k-1})p(\boldsymbol{X}_{0:k-1})q(\boldsymbol{X}_k \mid \boldsymbol{X}_{0:k-1},\ \boldsymbol{Z}_{1:k})} \\ &= w_{k-1}\frac{p(\boldsymbol{Z}_k \mid \boldsymbol{X}_k)p(\boldsymbol{X}_k \mid \boldsymbol{X}_{k-1})}{q(\boldsymbol{X}_k \mid \boldsymbol{X}_{0:k-1},\ \boldsymbol{Z}_{1:k})} \end{aligned} \tag{3-110}$$

进一步假设 $q(\boldsymbol{X}_k \mid \boldsymbol{X}_{0:k-1},\ \boldsymbol{Z}_{1:k})=p(\boldsymbol{X}_k \mid \boldsymbol{X}_{k-1},\ \boldsymbol{Z}_k)$，即状态估计过程是最优估计，参考分布概率密度函数只依赖于 $\boldsymbol{X}_{k-1}$ 和 $\boldsymbol{Z}_k$，在状态估计的过程中只存储样本点 $\boldsymbol{X}_k^{(i)}$。采样后对每个粒子赋予权重 $w_k^{(i)}$，由式(3-109)和式(3-110)得到

$$w_k^{(i)}=w_{k-1}^{(i)}\frac{p(\boldsymbol{Z}_k \mid \boldsymbol{X}_k^{(i)})p(\boldsymbol{X}_k^{(i)} \mid \boldsymbol{X}_{k-1}^{(i)})}{q(\boldsymbol{X}_k^{(i)} \mid \boldsymbol{X}_{k-1}^{(i)},\ \boldsymbol{Z}_{1:k})} \tag{3-111}$$

参考分布的最优选择是参考分布等于真实分布，即

$$q(\boldsymbol{X}_k \mid \boldsymbol{X}_{0:k-1},\ \boldsymbol{Z}_{1:k})=p(\boldsymbol{X}_k \mid \boldsymbol{X}_{k-1},\ \boldsymbol{Z}_k) \tag{3-112}$$

此时，对于任意粒子 $X_k^{(i)}$ 都有权重 $w_k^{(i)}$，权重的递推公式为

$$w_k^{(i)}=w_{k-1}^{(i)}\int p(\boldsymbol{Z}_k \mid \boldsymbol{X}_k^{(i)})p(\boldsymbol{X}_k^{(i)} \mid \boldsymbol{X}_{k-1}^{(i)})\mathrm{d}\boldsymbol{X}_k^{(i)} \tag{3-113}$$

参考分布的最优选择为参考分布等于真实分布，但是通常真实分布 $p(\boldsymbol{X}_k \mid \boldsymbol{X}_{k-1},\ \boldsymbol{Z}_k)$ 难以获得，而且式(3-113)的积分求解困难，所以常见的参考分布为先验密度，即

$$q(\boldsymbol{X}_k \mid \boldsymbol{X}_{0:k-1}, \boldsymbol{Z}_{1:k}) = p(\boldsymbol{X}_k \mid \boldsymbol{X}_{k-1}) \tag{3-114}$$

将式(3-114)代入式(3-111),得到

$$w_k^{(i)} = w_{k-1}^{(i)} p(\boldsymbol{Z}_k \mid \boldsymbol{X}_k^{(i)}) \tag{3-115}$$

3) SIR 滤波器

采样-重要性再采样(sampling-importance resampling, SIR)滤波器与SIS滤波器都属于基本粒子滤波器,都使用重要性采样算法,两者的区别在于SIR滤波器重采样总是会被执行,且在算法中通常两次重要性采样之间需要一次重采样,而SIS滤波器只在需要的时候进行重采样,因此SIS与SIR相比计算量更小;参考分布的选择对SIS和SIR都起着重要作用。SIR的流程可以分为以下几步:

(1) 从参考分布函数 $q(X)$ 中抽取 N 个随机样本 $\{\boldsymbol{X}_{k-1}^{(i)}\}_{i=1}^{k}$,并设权重为 $1/N$。

(2) 计算每个样本 $X_k^{(i)}$ 的重要性权值,使 $w_k^{(i)} \propto p(\boldsymbol{X}_k)/q(\boldsymbol{X}_k)$。

(3) 归一化重要性权重 $\tilde{w}_k(\boldsymbol{X}_{0:k}^{(i)}) = \dfrac{w_k(\boldsymbol{X}_{0:k}^{(i)})}{\sum_{i=1}^{N} w_k(\boldsymbol{X}_{0:k}^{(i)})}$。

(4) 在离散集 $\{\boldsymbol{X}_{k-1}^{(i)}\}_{i=1}^{k}$ 中重新采样 N 次,并且每个粒子 $\boldsymbol{X}_k^{(i)}$ 进行再抽样的概率正比于权重 $\tilde{w}_k^{(i)}$。

使用再抽样算法时需要注意以下几点:

(1) 由于重采样会造成当前粒子的随机方差,所以在滤波之后进行重采样,通常在重采样之前计算后验估计及其他相关估计。

(2) 再采样阶段幸存的粒子的新权值无须都设置为 $1/N$。

(3) 新增一个参数 α 以减轻SIS滤波器的采样衰竭现象,使

$$w_k^{(i)} = (w_k^{(i)})^{\alpha} \frac{p(\boldsymbol{Z}_k \mid \boldsymbol{X}_k^{(i)}) p(\boldsymbol{X}_k^{(i)} \mid \boldsymbol{X}_{k-1}^{(i)})}{q(\boldsymbol{X}_k^{(i)} \mid \boldsymbol{X}_{k-1}^{(i)}, \boldsymbol{Z}_{1:k})} \tag{3-116}$$

式中,标量 $0 < \alpha < 1$ 作为退火因子控制先前重要性权值的影响。

3.7.2 重采样

SIS经若干次迭代后,粒子会拥有负权值。已经证明,重要性权值的方差随时间的增加而增大,所以要消除退化现象是不可能的。这种退化意味着大

量的计算用于更新粒子，而这些粒子对逼近后验分布的贡献几乎为零。

粒子滤波重采样的思想是通过对样本重新采样，繁殖权重高的粒子，淘汰权值低的粒子，这样可抑制粒子退化现象。重采样之前，粒子样本集合和权重有序对为 $\{\boldsymbol{X}_k^{(i)},\ w_k^{(i)}\}_{i=1}^N$，重采样之后变为 $\left\{\boldsymbol{X}_k^{(i)},\ \frac{1}{N}\right\}_{i=1}^N$。

重采样的原理如图 3-6 所示。图中圆圈表示粒子，面积表示权重。重采样之前各个粒子 $\boldsymbol{X}_k^{(i)}$ 有与之对应的权重 $w_k^{(i)}$；重采样之后，粒子总数不变，但是权值大的粒子分成多个粒子，权值很小的粒子被淘汰。重采样之后每个粒子的权值相同，均为 $1/N$。

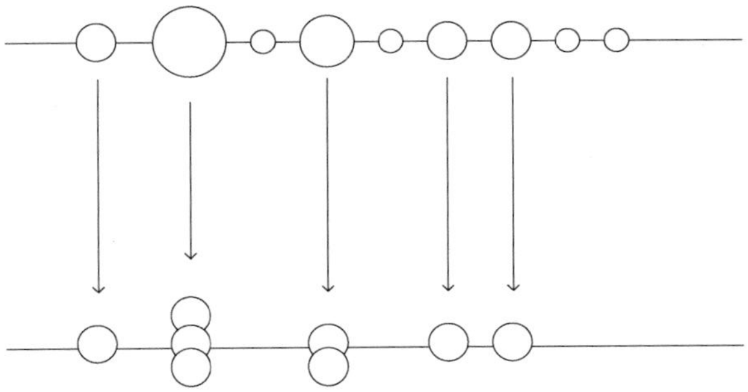

图 3-6 重采样原理

1）随机重采样

随机重采样利用分层统计思想，将区间 [0, 1] 分为相互独立的 N 层，设所需随机数目为 N，其中第 j 层为 $[(j-1)/N,\ j/N]$。设 U 是区间 [0, 1] 中的均匀分布随机变量，由 U 产生一个随机数，根据该随机数的区间，响应该区间对应的随机变量即为所需的输出量。重采样算法的本质为权重大的粒子多次索引，而权重小的粒子可能被抛弃。假设某随机数落在第 j 区间，则输出为 x^j，粒子的子代数为 n^j，表示 U 的值落在该区间的次数。

随机重采样算法的实现分为以下几步：

（1）产生 [0, 1] 上均匀分布的随机数组 $\{u^{(j)}\}_{j=1}^N$，其中 N 为粒子总数。

（2）产生粒子权重累积函数（cumulative distribution function, CDF），满足 $\mathrm{cdf}(i)=\sum_{m=1}^{i} w_k^{(m)}$。

（3）开始计算。

2）系统重采样

系统重采样（systematic resampling）算法的步骤如下：

（1）将 $(0,\ 1]$ 分成 N 个连续互补重合的区间，即 $(0,\ 1/N] \cup \cdots (N-1/N,\ 1]$。

（2）对每个子区间独立同分布采样得到 $U^{(i)}s$，即 $U^{(i)} = \dfrac{i-1}{N} + U\left(\left(0,\ \dfrac{1}{N}\right]\right)$，其中 $U([a,\ b])$ 表示区间 $[a,\ b]$ 上的均匀分布。

（3）令 $I^{(i)} = \mathrm{cdf}(u^{(j)})$，其中 cdf 为粒子权重累积函数，对于 $u \in (\sum_{j=1}^{i-1} w^{(j)},\ \sum_{j=1}^{i} w^{(j)}]$，$\mathrm{cdf}(u) = i$。

（4）设 $\xi(i) = \xi^{(i)}$ 满足函数映射 ξ：$\{1,\ 2,\ \cdots,\ m\} \rightarrow X$，则 $\xi^{(i)}$ 可以表示为 $\xi \circ \mathrm{cdf}(u^{(i)})$。

（5）初始化权值 $w^{(j)} = 1/N$，记 $\{v^{(i)}\}_{i=1}^{N}$ 为重采样之后对应粒子复制数目的集合，其中 $v^{(i)}$ 表示重采样前的第 i 个粒子在重采样后被复制的数目，$0 \leqslant v^{(i)} \leqslant m$。

3）多项式采样

多项式重采样（multinomial resampling）算法基本解决了粒子滤波的粒子退化问题。离散随机变量 X 的分布函数为概率累计形式，表示为

$$F(X) = P(X \leqslant x) = \sum_{x^{(i)}} p(x^{(i)}) \tag{3-117}$$

根据式（3-117）产生 $[0,\ 1]$ 均匀分布的随机数：

$$\begin{cases} u^{(j)} = u^{(j)}(\tilde{u}^{(j)})^{\frac{1}{j}}, & j = 1,\ \cdots,\ N-1 \\ u^{(N)} = (\tilde{u}^{(N)})^{\frac{1}{N}} \end{cases} \tag{3-118}$$

式中，$\tilde{u} \sim U[0,\ 1]$；$\{u^{(j)}\}_{j=1:N}$ 满足独立同分布。

多项式重采样算法的步骤如下：

（1）在 $[0,\ 1]$ 区间按均匀分布采样得到 n 个独立同分布的采样值集合 $\{u^{(i)}\}_{i=1}^{N}$。

（2）令 $I^{(i)} = \mathrm{cdf}(u^{(j)})$，其中 cdf 为粒子权重累积函数，对于 $u \in$

$(\sum_{j=1}^{i-1} w^{(j)}, \sum_{j=1}^{i} w^{(j)}]$，$\mathrm{cdf}(u)=i$。

(3) 设 $\xi(i)=\xi^{(i)}$ 满足函数映射 ξ：$\{1, 2, \cdots, m\} \rightarrow X$，则 $\xi^{(i)}$ 可以表示为 $\xi \circ \mathrm{cdf}(u^{(i)})$。

(4) 初始化权值 $w^{(j)}=1/N$，记 $\{v^{(i)}\}_{i=1}^{N}$ 为重采样之后对应粒子复制数目的集合，其中 $v^{(i)}$ 表示重采样前的第 i 个粒子在重采样后被复制的数目，$0 \leqslant v^{(i)} \leqslant m$。

4) 残差重采样

残差重采样(residual resampling)以多项式重采样算法为基础，算法步骤如下：

(1) 由 $\mathrm{Mult}(N-R;\ \bar{w}^{(2)}, \cdots, \bar{w}^{(N)})$ 得到 $\{\bar{N}^{(i)}\}_{1 \leqslant i \leqslant N}$，其中 $R=\sum_{i=1}^{N}\lfloor Nw^{(i)} \rfloor$，$\bar{w}^{(i)}=\dfrac{Nw^{(i)}-\lfloor Nw^{(i)} \rfloor}{N-R}$，$i=1, \cdots, N$，$\lfloor x \rfloor$ 表示对 x 取整。

(2) 令 $N^{(i)}=\lfloor Nw^{(i)} \rfloor+\bar{N}^{(i)}$。

(3) 重新分配各粒子权值 $\tilde{w}^{(i)}=1/N$。

3.7.3 粒子滤波

一般粒子滤波算法的流程如下：

1) 初始化，$t=0$

for $i=1:N$，从先验分布 $p(\boldsymbol{X}_0)$ 中抽取初始化状态 $\boldsymbol{X}_0^{(i)}$。

2) for $t=1:T$

(1) 重要性采样。

a. for $i=1:N$

采样 $\hat{\boldsymbol{X}}_k^{(i)} \sim q(\boldsymbol{X}_k \mid \boldsymbol{X}_{0:k-1}^{(i)}, \boldsymbol{Z}_k)$。

设置 $\hat{\boldsymbol{X}}_{0:k}^{(i)} \triangleq (\boldsymbol{X}_{0:k}^{(i)}, \hat{\boldsymbol{X}}_k^{(i)})$。

b. for $i=1:N$

重新计算每个粒子的权重 $w_k^{(i)}=w_{k-1}^{(i)} \dfrac{p(\boldsymbol{Z}_k \mid \boldsymbol{X}_k^{(i)}) p(\boldsymbol{X}_k^{(i)} \mid \boldsymbol{X}_{k-1}^{(i)})}{q(\boldsymbol{X}_k^{(i)} \mid \boldsymbol{X}_{k-1}^{(i)}, \boldsymbol{Z}_{1:k})}$。

c. for $i=1:N$

归一化权重 $\tilde{w}_k(\boldsymbol{X}_{0:k}^{(i)})=\dfrac{w_k(\boldsymbol{X}_{0:k}^{(i)})}{\sum_{i=1}^{N}(\boldsymbol{X}_{0:k}^{(i)})}$。

(2) 重采样(选择阶段)。

a. 根据近似分布 $p(\boldsymbol{X}_{0:k}^{(i)} \mid \boldsymbol{Z}_{i:k})$ 产生 N 个随机样本集合 $\boldsymbol{X}_{0:k}^{(i)}$，计算粒子权重并根据归一化权值 $\tilde{w}_k(\boldsymbol{X}_{0:k}^{(i)})$，对粒子集合 $\hat{\boldsymbol{X}}_{0:k}^{(i)}$ 进行复制、淘汰。

b. for $i=1:N$

重新设置权重 $w_k^{(i)} = \tilde{w}_k^{(i)} = \dfrac{1}{N}$。

(3) 输出。

粒子滤波算法输出的样本点可以近似表示为后验分布，即

$$p(\boldsymbol{X}_{0:k} \mid \boldsymbol{Z}_{1:k}) \approx \hat{p}(\boldsymbol{X}_{0:k} \mid \boldsymbol{Z}_{1:k}) = \frac{1}{N}\sum_{i=1}^{N}\delta_{(\boldsymbol{X}_{0:k}^{(i)})}(\mathrm{d}\boldsymbol{X}_{0:k})$$

计算均值

$$\mathrm{E}[g_k(\boldsymbol{X}_{0:k})] = \int g_k(\boldsymbol{X}_{0:k})p(\boldsymbol{X}_{0:k} \mid \boldsymbol{Z}_{1:k})\mathrm{d}\boldsymbol{X}_{0:k} \approx \frac{1}{N}\sum_{i=1}^{N} g_k(\boldsymbol{X}_{0:k})$$

式中，$g_k:(R^{nX})^{k+1} \to R^{n_{g_k}}$ 为利益函数。当选用 $\boldsymbol{X}_{0:k}$ 的边缘条件均值，此时$g_k(\boldsymbol{X}_{0:k}) = \boldsymbol{X}_k$；当选用 $\boldsymbol{X}_{0:k}$ 的边缘条件协方差，即

$$g_k(\boldsymbol{X}_{0:k}) = \boldsymbol{X}_k\boldsymbol{X}_k^{\mathrm{T}} - \mathrm{E}_{p(\boldsymbol{X}_{0:k} \mid \boldsymbol{Z}_{1:k})}[\boldsymbol{X}_k]p(\boldsymbol{X}_{0:k} \mid \boldsymbol{Z}_{1:k})\mathrm{E}_{p(\boldsymbol{X}_{0:k} \mid \boldsymbol{Z}_{1:k})}^{\mathrm{T}}[\boldsymbol{X}_k]$$

则边缘条件均值反映了利益函数的质量。

3.8　滤波性能评估

卡尔曼滤波在高斯域下具有最小均方误差，可取得最小方差意义上的最优滤波。在实际应用中，很可能出现模型不准确、目标机动、噪声非高斯、参数不合理等各种问题，从而导致次优滤波，严重时可导致滤波发散。因此，为尽可能地降低滤波误差/避免滤波发散，有必要给出常用的滤波误差评价指标，以对滤波性能进行分析。本节参考文献[14]，拟给出卡尔曼滤波的通用滤波误差评价指标和状态估计问题所能达到的理论下限。其中，通用误差评价指标包括均方根误差、归一化估计方差、归一化平均估计误差；而克拉默-拉奥限在理论上表征了算法估计误差的理论下限。期望本节内容能为目标跟踪算法性能评估提供误差评价指标。

3.8.1 通用误差评价指标

1）均方根误差

均方根误差(root mean squared error, RMSE)是预测值与真值偏差的平方和与预测次数 M 的比值的平方根，用于衡量预测值与真值之间的偏差。假设第 m 次实验状态量 $\boldsymbol{X}_k$ 的滤波估计结果为 $\hat{\boldsymbol{X}}_k^{(m)}$，则 M 次独立实验得到的 $\boldsymbol{X}_k$ 估计的 RMSE 为

$$\mathrm{RMSE}_k[n]=\sqrt{\frac{1}{M}\sum_{m=1}^{M}(\boldsymbol{X}_k[n]-\hat{\boldsymbol{X}}_k^{(m)}[n])^2} \qquad n=1,\ 2,\ \cdots,\ N_x \tag{3-119}$$

式中，$\boldsymbol{X}_k[n]$ 表示状态量 $\boldsymbol{X}_k$ 的第 n 维，$\boldsymbol{N}_x$ 为 $\boldsymbol{X}_k$ 维数。

2）归一化估计方差

归一化估计方差(normalized estimation error squared, NEES)常用于评价滤波结果的一致性。设 k 时刻状态量 $\boldsymbol{X}_k$ 的滤波估计误差 $\tilde{\boldsymbol{X}}_k=\boldsymbol{X}_k-\hat{\boldsymbol{X}}_k$，协方差矩阵为 $\boldsymbol{P}_k$，则 NEES 为

$$\boldsymbol{e}_k=\tilde{\boldsymbol{X}}_k^{\mathrm{T}}(\boldsymbol{P}_k)^{-1}\tilde{\boldsymbol{X}}_k \tag{3-120}$$

在线性高斯条件下，$\boldsymbol{e}_k$ 服从自由度为 N 的卡方分布 (χ_N^2)，进而得到

$$\mathrm{E}[\boldsymbol{e}_k]\approx\frac{1}{M}\sum_{m=1}^{M}\boldsymbol{e}_k^{(m)}=N \tag{3-121}$$

3）归一化平均估计误差

归一化平均估计误差(normalized mean squared error, NMSE)用于测试状态量中单分量的估计一致性。假设第 m 次实验状态量 $\boldsymbol{X}_k$ 的滤波估计误差为 $\tilde{\boldsymbol{X}}_k^{(m)}$，则 M 次实验归一化平均误差可以表示为

$$\bar{u}_k[n]=\frac{1}{M}\sum_{m=1}^{M}\frac{\tilde{\boldsymbol{X}}_k^{(m)}[n]}{\sqrt{\boldsymbol{P}_k[n]}} \qquad n=1,\ 2,\ \cdots,\ N \tag{3-122}$$

3.8.2 状态估计误差下限

随着滤波理论的不断发展，不同的滤波方法及其改进方法被提出，尽管可以通过实验等方法对比和评价各种算法的优劣，但是通过分析理论误

差限，就能够直接地对算法的可改进空间或与最优估计的接近程度进行客观评价，因此，进一步分析算法的理论误差限具有重要意义。

由于系统为动态模型(含过程噪声)，状态估计误差限通常称为后验克拉默-拉奥限(Posterior Cramer-Rao bound, PCRB)。以下对非线性系统PCRB计算进行介绍。离散非线性系统的状态转移方程和观测方程分别为

$$\boldsymbol{X}_k = \boldsymbol{f}(\boldsymbol{X}_{k-1}) + \boldsymbol{w}_{k-1} \tag{3-123}$$

$$\boldsymbol{Z}_k = \boldsymbol{h}(\boldsymbol{X}_k) + \boldsymbol{v}_k \tag{3-124}$$

设 $\boldsymbol{X}_{0:k}$ 和 $\boldsymbol{Z}_{0:k}$ 为到 k 时刻为止累积的状态序列和观测序列，则在任意时刻 k，$\boldsymbol{X}_{0:k}$ 和 $\boldsymbol{Z}_{0:k}$ 的联合概率分布为

$$p_k = p(\boldsymbol{X}_{0:k}, \boldsymbol{Z}_{0:k}) = p(\boldsymbol{X}_0)\prod_{i=1}^{k} p(\boldsymbol{Z}_i \mid \boldsymbol{X}_i)\prod_{j=1}^{k} p(\boldsymbol{X}_j \mid \boldsymbol{X}_{j-1}) \tag{3-125}$$

记 $J(\boldsymbol{X}_{0:k})(N_x \times N_x$ 维)为式(3-125)对 $\boldsymbol{X}_{0:k}$ 的费希尔信息矩阵，$\boldsymbol{J}_k$ 为 $[J(\boldsymbol{X}_{0:k})]^{-1}$ 右下部分，则 $\boldsymbol{J}_k^{-1}$ 为状态 $\boldsymbol{X}_k$ 的估计误差下限。将 $\boldsymbol{X}_{0:k}$ 分为两个部分：$\boldsymbol{X}_{0:k} = [\boldsymbol{X}_{0:k-1}^{\mathrm{T}} \quad \boldsymbol{X}_k^{\mathrm{T}}]^{\mathrm{T}}$，则

式中，∇ 和 Δ 分别表示一阶和二阶偏导。

$$J(\boldsymbol{X}_{0:k}) = \begin{bmatrix} \boldsymbol{A}_k & \boldsymbol{B}_k \\ \boldsymbol{B}_k^{\mathrm{T}} & \boldsymbol{C}_k \end{bmatrix} = \begin{bmatrix} \mathrm{E}[-\Delta_{\boldsymbol{X}_{0:k-1}}^{\boldsymbol{X}_{0:k-1}} \ln p_k] & \mathrm{E}[-\Delta_{\boldsymbol{X}_{0:k-1}}^{\boldsymbol{X}_{0:k}} \ln p_k] \\ \mathrm{E}[-\Delta_{\boldsymbol{X}_{0:k}}^{\boldsymbol{X}_{0:k-1}} \ln p_k] & \mathrm{E}[-\Delta_{\boldsymbol{X}_{0:k}}^{\boldsymbol{X}_{0:k}} \ln p_k] \end{bmatrix} \tag{3-126}$$

又因为 $\boldsymbol{J}_k = \boldsymbol{C}_k - \boldsymbol{B}_k^{\mathrm{T}}\boldsymbol{A}_k^{-1}\boldsymbol{B}_k$ 可知，要想计算 $\boldsymbol{J}_k$，需要求解 $\boldsymbol{A}_k^{-1}$。但是随着 k 的增加，其计算十分复杂，需要对递推计算公式进行推导。在 $k+1$ 时刻，有 $[\boldsymbol{X}_{0:k-1}^{\mathrm{T}} \quad \boldsymbol{X}_k^{\mathrm{T}} \quad \boldsymbol{X}_{k+1}^{\mathrm{T}}]^{\mathrm{T}}$，则

$$\begin{aligned} p_{k+1} &= p(\boldsymbol{X}_{0:k+1}, \boldsymbol{Z}_{0:k+1}) = p(\boldsymbol{X}_{0:k}, \boldsymbol{Z}_{0:k}, \boldsymbol{X}_{k+1}, \boldsymbol{Z}_{k+1}) \\ &= p(\boldsymbol{X}_{0:k}, \boldsymbol{Z}_{0:k})p(\boldsymbol{X}_{k+1} \mid \boldsymbol{X}_{0:k}, \boldsymbol{Z}_{0:k})p(\boldsymbol{Z}_{k+1} \mid \boldsymbol{X}_{k+1}, \boldsymbol{X}_{0:k}, \boldsymbol{Z}_{0:k}) \\ &= p(\boldsymbol{X}_{0:k}, \boldsymbol{Z}_{0:k})p(\boldsymbol{X}_{k+1} \mid \boldsymbol{X}_k)p(\boldsymbol{Z}_{k+1} \mid \boldsymbol{X}_{k+1}) \end{aligned} \tag{3-127}$$

$$\boldsymbol{J}(\boldsymbol{X}_{0:k+1}) = \begin{bmatrix} \mathrm{E}[-\Delta_{\boldsymbol{X}_{0:k-1}}^{\boldsymbol{X}_{0:k-1}} \ln p_{k+1}] & \mathrm{E}[-\Delta_{\boldsymbol{X}_{0:k-1}}^{\boldsymbol{X}_k} \ln p_{k+1}] & \mathrm{E}[-\Delta_{\boldsymbol{X}_{0:k-1}}^{\boldsymbol{X}_{k+1}} \ln p_{k+1}] \\ \mathrm{E}[-\Delta_{\boldsymbol{X}_k}^{\boldsymbol{X}_{0:k-1}} \ln p_{k+1}] & \mathrm{E}[-\Delta_{\boldsymbol{X}_k}^{\boldsymbol{X}_k} \ln p_{k+1}] & \mathrm{E}[-\Delta_{\boldsymbol{X}_k}^{\boldsymbol{X}_{k+1}} \ln p_{k+1}] \\ \mathrm{E}[-\Delta_{\boldsymbol{X}_{k+1}}^{\boldsymbol{X}_{0:k-1}} \ln p_{k+1}] & \mathrm{E}[-\Delta_{\boldsymbol{X}_{k+1}}^{\boldsymbol{X}_k} \ln p_{k+1}] & \mathrm{E}[-\Delta_{\boldsymbol{X}_{k+1}}^{\boldsymbol{X}_{k+1}} \ln p_{k+1}] \end{bmatrix}$$

$$= \begin{bmatrix} \boldsymbol{A}_k & \boldsymbol{B}_k & \boldsymbol{0} \\ \boldsymbol{B}_k^{\mathrm{T}} & \boldsymbol{C}_k + \boldsymbol{D}_k^{11} & \boldsymbol{D}_k^{12} \\ \boldsymbol{0} & \boldsymbol{D}_k^{21} & \boldsymbol{D}_k^{22} \end{bmatrix} \tag{3-128}$$

式中

$$\boldsymbol{D}_k^{11} = \mathrm{E}[-\Delta_{\boldsymbol{X}_k}^{\boldsymbol{X}_k} \ln p(\boldsymbol{X}_{k+1} \mid \boldsymbol{X}_k)] \tag{3-129}$$

$$\boldsymbol{D}_k^{12} = \mathrm{E}[-\Delta_{\boldsymbol{X}_k}^{\boldsymbol{X}_{k+1}} \ln p(\boldsymbol{X}_{k+1} \mid \boldsymbol{X}_k)] \tag{3-130}$$

$$\boldsymbol{D}_k^{21} = \boldsymbol{D}_k^{12\,\mathrm{T}} = \mathrm{E}[-\Delta_{\boldsymbol{X}_{k+1}}^{\boldsymbol{X}_k} \ln p(\boldsymbol{X}_{k+1} \mid \boldsymbol{X}_k)] \tag{3-131}$$

$$\boldsymbol{D}_k^{22} = \mathrm{E}[-\Delta_{\boldsymbol{X}_{k+1}}^{\boldsymbol{X}_{k+1}} \ln p(\boldsymbol{X}_{k+1} \mid \boldsymbol{X}_k)] + \mathrm{E}[-\Delta_{\boldsymbol{X}_{k+1}}^{\boldsymbol{X}_{k+1}} \ln p(\boldsymbol{Z}_{k+1} \mid \boldsymbol{X}_{k+1})] \tag{3-132}$$

FIM 子矩阵 $\boldsymbol{J}_{k+1}$ 对应 $[\boldsymbol{J}(\boldsymbol{X}_{0:k+1})]^{-1}$ 的右下角块矩阵，有

$$\begin{aligned} \boldsymbol{J}_{k+1} &= \boldsymbol{D}_k^{22} - [\boldsymbol{0} \quad \boldsymbol{D}_k^{21}] \begin{bmatrix} \boldsymbol{A}_k & \boldsymbol{B}_k \\ \boldsymbol{B}_k^{\mathrm{T}} & \boldsymbol{C}_k + \boldsymbol{D}_k^{11} \end{bmatrix} \begin{bmatrix} \boldsymbol{0} \\ \boldsymbol{D}_k^{12} \end{bmatrix} \\ &= \boldsymbol{D}_k^{22} - \boldsymbol{D}_k^{21} (\boldsymbol{J}_k + \boldsymbol{D}_k^{11})^{-1} \boldsymbol{D}_k^{12} \end{aligned} \tag{3-133}$$

式(3-133)为一般非线性系统滤波问题中信息矩阵的递推关系表达式，由此可得状态估计的 PCRB 满足 $\boldsymbol{P}_k \geqslant \boldsymbol{J}_k^{-1}$。PCRB 的计算可以分为高斯噪声和线性高斯条件两种情况进行讨论。

1）高斯噪声

在高斯噪声假设下，设 $\boldsymbol{w}_k = \mathcal{N}(\boldsymbol{w}_k;\ 0,\ \boldsymbol{Q}_k)$，$\boldsymbol{v}_k = \mathcal{N}(\boldsymbol{v}_k;\ 0,\ \boldsymbol{R}_k)$，初始状态 $\boldsymbol{X}_0 = \mathcal{N}(\boldsymbol{X}_0;\ \hat{\boldsymbol{X}}_0,\ \boldsymbol{P}_0)$，有

$$p(\boldsymbol{X}_{k+1} \mid \boldsymbol{X}_k) = \mathcal{N}(\boldsymbol{X}_{k+1};\ \boldsymbol{f}(\boldsymbol{X}_k), \boldsymbol{Q}_k)$$

$$p(\boldsymbol{Z}_{k+1} \mid \boldsymbol{X}_{k+1}) = \mathcal{N}(\boldsymbol{Z}_{k+1};\ \boldsymbol{h}(\boldsymbol{X}_{k+1}), \boldsymbol{R}_{k+1})$$

进而得到

$$\boldsymbol{D}_k^{(11)} = \mathrm{E}[\nabla_{\boldsymbol{X}_k} \boldsymbol{f}^{\mathrm{T}}(\boldsymbol{X}_k) \boldsymbol{Q}_k^{-1} \nabla_{\boldsymbol{X}_k} \boldsymbol{f}(\boldsymbol{X}_k)]$$

$$\boldsymbol{D}_k^{(12)} = -\mathrm{E}[\nabla_{\boldsymbol{X}_k} \boldsymbol{f}^{\mathrm{T}}(\boldsymbol{X}_k)] \boldsymbol{Q}_k^{-1} = [\boldsymbol{D}_k^{(21)}]^{\mathrm{T}}$$

$$\boldsymbol{D}_k^{(22)} = \boldsymbol{Q}_k^{-1} + \mathrm{E}[\nabla_{\boldsymbol{X}_{k+1}} \boldsymbol{h}^{\mathrm{T}}(\boldsymbol{X}_{k+1}) \boldsymbol{R}_{k+1}^{-1} \boldsymbol{h}(\boldsymbol{X}_{k+1})]$$

在实际处理过程中常采用蒙特卡罗方法对上述式中的期望进行运算。假设进行 M 次蒙特卡罗仿真，$\boldsymbol{X}_k^{(m)}$ 表示第 m 次实验状态轨迹样本，则

$$\boldsymbol{D}_k^{(11)}=\frac{1}{M}\sum_{m=1}^{M}\nabla_{\boldsymbol{X}_k}\boldsymbol{f}^{\mathrm{T}}(\boldsymbol{X}_k)\boldsymbol{Q}_k^{-1}\nabla_{\boldsymbol{X}_k}\boldsymbol{f}(\boldsymbol{X}_k)\big|_{\boldsymbol{X}_k=\boldsymbol{X}_k^{(m)}}$$

$$\boldsymbol{D}_k^{(12)}=-\frac{1}{M}\sum_{m=1}^{M}\nabla_{\boldsymbol{X}_k}\boldsymbol{f}^{\mathrm{T}}(\boldsymbol{X}_k)\boldsymbol{Q}_k^{-1}\big|_{\boldsymbol{X}_k=\boldsymbol{X}_k^{m}}=[\boldsymbol{D}_k^{(21)}]^{\mathrm{T}}$$

$$\boldsymbol{D}_k^{(22)}=\boldsymbol{Q}_k^{-1}+\frac{1}{M}\sum_{m=1}^{M}\nabla_{\boldsymbol{X}_{k+1}}\boldsymbol{h}^{\mathrm{T}}(\boldsymbol{X}_{k+1})\boldsymbol{R}_{k+1}^{-1}\nabla_{\boldsymbol{X}_{k+1}}h(\boldsymbol{X}_{k+1})\big|_{\boldsymbol{X}_{k+1}=\boldsymbol{X}_{k+1}^{(m)}}$$

2）线性高斯情况

假设式(3-123)和式(3-124)描述的是线性系统，即

$$\boldsymbol{f}(\boldsymbol{X}_{k-1})=\boldsymbol{F}_k\boldsymbol{X}_{k-1}$$

$$\boldsymbol{h}(\boldsymbol{X}_k)=\boldsymbol{H}_k\boldsymbol{X}_k$$

此时根据式(3-129)～式(3-133)，有

$$\boldsymbol{J}_{k+1}=\boldsymbol{H}_{k+1}^{\mathrm{T}}\boldsymbol{R}_{k+1}^{-1}\boldsymbol{H}_{k+1}+\boldsymbol{Q}_k^{-1}-\boldsymbol{Q}_k^{-1}\boldsymbol{F}_k(\boldsymbol{J}_k+\boldsymbol{F}_k^{\mathrm{T}}\boldsymbol{Q}_k^{-1}\boldsymbol{F}_k)^{-1}\boldsymbol{F}_k^{\mathrm{T}}\boldsymbol{Q}_k^{-1}$$

令 $\boldsymbol{P}_k=\boldsymbol{J}_k^{-1}$，得

$$\begin{aligned}\boldsymbol{P}_{k+1}^{-1}&=(\boldsymbol{Q}_k+\boldsymbol{F}_k\boldsymbol{P}_k\boldsymbol{F}_k^{\mathrm{T}})^{-1}+\boldsymbol{H}_{k+1}^{\mathrm{T}}\boldsymbol{R}_{k+1}^{-1}\boldsymbol{H}_{k+1}\\&=\boldsymbol{P}_{k+1|k}^{-1}+\boldsymbol{H}_{k+1}^{\mathrm{T}}\boldsymbol{R}_{k+1}^{-1}\boldsymbol{H}_{k+1}\end{aligned}$$

根据上式可知，在线性高斯条件下，卡尔曼滤波式最优估计的估计误差协方差矩阵为理想条件下的理论误差下限。

3.9 仿真分析

本节以 EKF、UKF、PF 算法为例，比较三种算法的状态估计精度和实时性指标。

1）数值仿真

考虑如下非线性一维系统（随机过程），系统状态方程描述为

$$\boldsymbol{X}_{k+1}=0.5\boldsymbol{X}_k+\sin k+1+\boldsymbol{w}_k$$

系统量测方程为

$$Z_{k+1}=2X_{k+1}^{2}+v_{k+1}$$

过程噪声服从 Gamma(5, 3) 分布，量测噪声服从均值为 0、方差 $R=1$ 的高斯分布，仿真时长 $t=100$，采样周期 $T=1$。仿真计算机 CPU 型号为 Intel Core i7-8750H。各算法状态估计结果（系统状态的真实值、EKF/UKF/PF 算法的估计值）如图 3-7 所示，各算法估计误差结果如图 3-8 所示，各算法平均滤波误差和所消耗时间如表 3-1 所示。

式中，k 为时间索引；X 为系统状态量；Z 为量测量（观测量）；w 为系统过程噪声；v 为量测噪声。

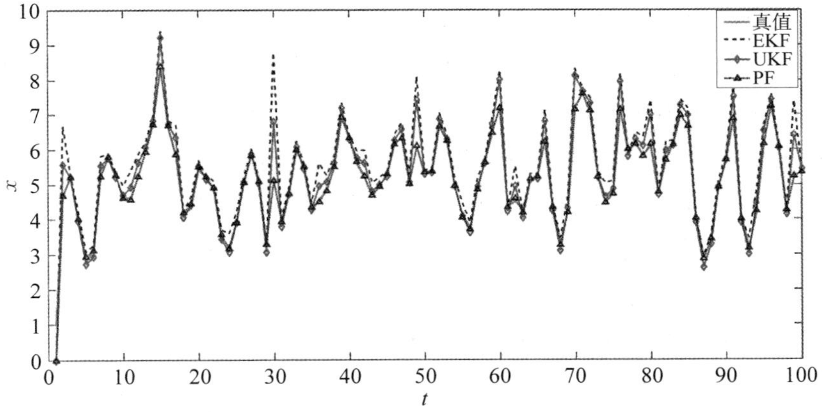

图 3-7 各算法状态估计结果

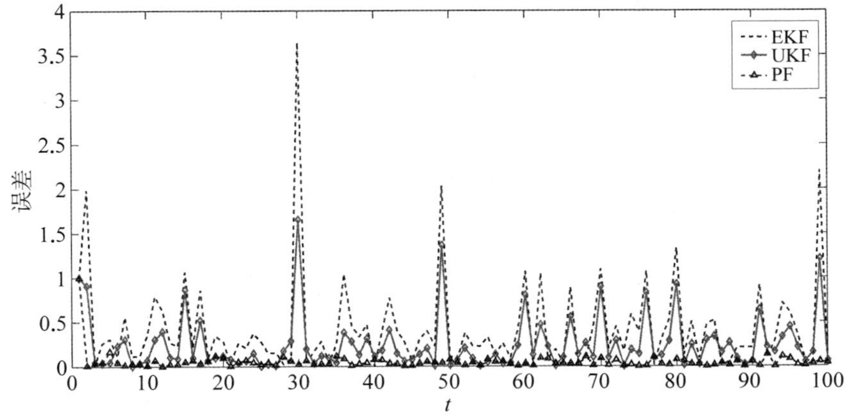

图 3-8 各算法估计误差结果

表 3－1　各算法对比结果

滤 波 算 法	EKF	UKF	PF
平均均方误差(RMSE)	0.467 5	0.155 8	0.012 9
消耗时间/s	3.12×10^{-3}	1.01×10^{-2}	0.93

如图 3－7 所示，相比于其他算法，PF 可更准确地估计状态。从图 3－8 中可看出，在滤波过程中，PF 的估计误差明显低于 EKF 和 UKF 的估计误差，具有更高的估计精度，同时，UKF 的滤波误差低于 EKF 的误差。

表 3－1 所示为各算法平均均方误差和滤波所消耗时间，三种算法的平均均方误差分别为 0.467 5、0.155 8 和 0.012 9，经计算，相比于 EKF，UKF 分别提高了 97%、92%；UKF 比 EKF 滤波精度提高了 67%；而在算法消耗时间方面，PF>UKF>EKF，即 EKF 所用时间最短，PF 所用时间最长。

综上，滤波精度 PF 最高，UKF 次之，EKF 最低；而算法耗时 PF 最长，UKF 次之，EKF 耗时最短。

2）目标跟踪实例——匀速直线运动

接下来验证经典 EKF、UKF、PF 滤波算法在目标跟踪场景中的跟踪效果。

考虑二维目标跟踪场景，其中，目标在二维平面做匀速直线运动。目标的状态量为目标在笛卡尔坐标系中在 x 方向的位置、速度以及在 y 方向的位置、速度，即系统的状态变量记为 $\boldsymbol{x}=[x \quad \dot{x} \quad y \quad \dot{y}]^{\mathrm{T}}$，目标状态方程为

$$\boldsymbol{x}_k=\boldsymbol{F}_{k-1}\boldsymbol{x}_{k-1}+\boldsymbol{G}_{k-1}\boldsymbol{w}_{k-1}$$

$$\boldsymbol{F}_k=\boldsymbol{I}_{2\times2}\otimes\begin{bmatrix}1 & T\\0 & 1\end{bmatrix}\quad \boldsymbol{G}_k=\boldsymbol{I}_{2\times2}\otimes\begin{bmatrix}T^2/2\\T\end{bmatrix}$$

式中，$\boldsymbol{I}_{2\times2}$ 表示二阶单位矩阵；$\otimes$ 表示矩阵的直积。

系统状态转移矩阵和噪声系数矩阵分别为

$$\boldsymbol{F}=\begin{bmatrix}1 & T & 0 & 0\\0 & 1 & 0 & 0\\0 & 0 & 1 & T\\0 & 0 & 0 & 1\end{bmatrix}\quad \boldsymbol{G}=\begin{bmatrix}0.5T^2 & T & 0 & 0\\0 & 0 & 0.5T^2 & T\end{bmatrix}$$

在目标跟踪过程中，所用传感器为雷达传感器，可观测到目标的距离和角度信息。雷达传感器的量测方程为

$$\rho=\sqrt{(x_t-x_s)^2+(y_t-y_s)^2}$$

$$\theta=\begin{cases}\tan^{-1}\dfrac{y_t-y_s}{x_t-x_s}, & x_t-x_s>0,\ y_t-y_s\geqslant 0\\ \tan^{-1}\dfrac{y_t-y_s}{x_t-x_s}+2\pi, & x_t-x_s>0,\ y_t-y_s<0\\ \tan^{-1}\dfrac{y_t-y_s}{x_t-x_s}+\pi, & x_t-x_s<0\\ \dfrac{\pi}{2}, & x_t-x_s=0,\ y_t-y_s>0\\ \dfrac{3\pi}{3}, & x_t-x_s=0,\ y_t-y_s<0\\ \text{未定义} \end{cases}$$

式中，$(x_s,\ y_s)$ 为雷达传感器的笛卡尔坐标；ρ 为雷达观测到的目标—雷达距离；θ 为雷达观测到的目标角度信息。

雷达传感器的位置测量标准差为 50 m，角度测量标准差为 0.5°。滤波器初始状态估计误差协方差矩阵设为

$$P_0=\begin{bmatrix}10\,000 & 0 & 0 & 0\\ 0 & 100 & 0 & 0\\ 0 & 0 & 10\,000 & 0\\ 0 & 0 & 0 & 100\end{bmatrix}$$

初始状态向量设为 $x_0=[-8\,000\quad 30\quad 1\,000\quad 30]^T+[100\quad 10\quad 100\quad 10]^T$，仿真时长为 200 s。三种算法的平均均方根误差如表 3-2 所示。目标真实运动轨迹及三种算法估计的状态轨迹、三种算法位置估计和速度估计均方根误差结果分别如图 3-9 和图 3-10 所示。

表 3-2 各算法对比结果

滤 波 算 法	EKF	UKF	PF
位置 RMSE/m	54.17	19.42	39.04
速度 RMSE/(m/s)	1.48	1.25	4.88

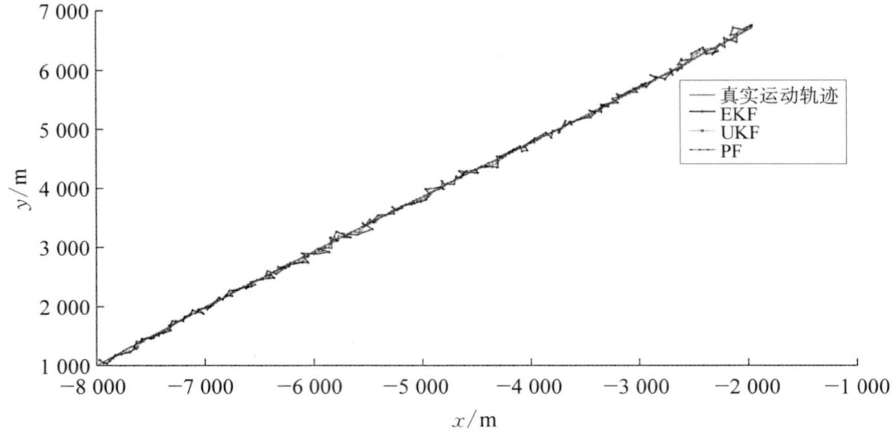

图 3-9 目标真实运动轨迹及各算法估计的状态轨迹

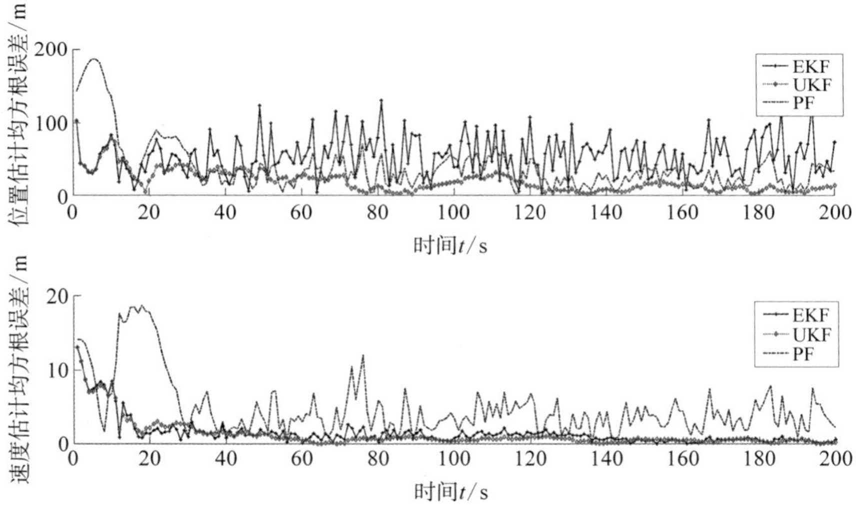

图 3-10 各算法位置估计和速度估计均方根误差

从图 3-9 中可看出，相比于 UKF 和 PF 的估计效果，EKF 的估计效果较差。这一结果也可通过图 3-10 得知。如图 3-10 所示，相比于其他算法，EKF 的位置估计误差最大，PF 次之，UKF 的误差最小；速度估计误差方面，PF 最差，UKF 最优。

从表 3-2 中可看出，位置平均均方根误差 EKF＞PF＞UKF，速度平均均方根误差 PF＞EKF＞UKF，经计算，UKF 的位置估计精度相比于

EKF 和 PF 分别提高了 64%、50%；速度估计精度相比于 EKF 和 PF 分别提高了 16%和 74%，即 UKF 具有更低的估计误差和更高的估计精度。

3）目标跟踪实例——匀速圆周运动

本节考虑目标进行匀速圆周运动的实例，验证并对比 UKF 和 PF 算法在该场景下的滤波效果。一般而言，对于简单非线性系统，可经计算得到雅可比矩阵进而利用 EKF 进行滤波；而对于复杂非线性系统，考虑该缺陷及滤波精度问题，常采用确定性采样方法进行非线性滤波。这也是本节与“2）目标跟踪实例——匀速直线运动”之间场景设置不同的初衷，期望读者在选择非线性滤波算法时考量算法本身的适用性。

注：未考虑 EKF 是因为对于该实例，雅可比矩阵求解复杂。

考虑目标在二维笛卡尔坐标系中进行圆周运动，目标运动的状态分量包含其在坐标系中 x 方向和 y 方向的位置、速度、加速度，即系统的状态变量记为 $\boldsymbol{x}=[x\quad \dot{x}\quad \ddot{x}\quad y\quad \dot{y}\quad \ddot{y}]^{\mathrm{T}}$，目标状态方程为

$$\boldsymbol{x}_k=\boldsymbol{F}_{k-1}\boldsymbol{x}_{k-1}+\boldsymbol{G}_{k-1}\boldsymbol{w}_{k-1}$$

式中，状态转移矩阵 $\boldsymbol{F}$ 为

$$\boldsymbol{F}=\begin{bmatrix}1 & \sin(\omega T)/\omega & 0 & 0 & [\cos(\omega T)-1]/\omega & 0\\ 0 & \cos(\omega T) & 0 & 0 & -\sin(\omega T) & 0\\ 0 & 0 & 1 & 0 & 0 & 0\\ 0 & [1-\cos(\omega T)]/\omega & 0 & 1 & \sin(\omega T)/\omega & 0\\ 0 & \sin(\omega T) & 0 & 0 & \cos(\omega T) & 0\\ 0 & 0 & 0 & 0 & 0 & 1\end{bmatrix}$$

噪声系数矩阵 $\boldsymbol{G}$ 为

$$\boldsymbol{G}=\begin{bmatrix}T^2/2 & 0\\ T & 0\\ 0 & 0\\ 0 & T^2/2\\ 0 & T\\ 0 & 0\end{bmatrix}$$

式中，目标转弯速率 $\omega=0.1$ rad。

传感器为雷达传感器，其量测方程与上一节的参数设置相同，可观测到目标的距离和角度信息。雷达传感器位置量测标准差为 50 m，角度量测标准

差为 0.5°。设滤波器初始状态估计误差协方差矩阵为

$$\boldsymbol{P}_0 = \begin{bmatrix} 10\,000 & 0 & 0 & 0 & 0 & 0 \\ 0 & 100 & 0 & 0 & 0 & 0 \\ 0 & 0 & 0.01 & 0 & 0 & 0 \\ 0 & 0 & 0 & 10\,000 & 0 & 0 \\ 0 & 0 & 0 & 0 & 100 & 0 \\ 0 & 0 & 0 & 0 & 0 & 0.01 \end{bmatrix}$$

初始状态向量设为 $x_0 = [80 \quad 20 \quad 0 \quad 40 \quad 5 \quad 0]^{\mathrm{T}} + [100 \quad 10 \quad 0.1 \quad 100 \quad 10 \quad 0.1]^{\mathrm{T}}$，仿真时长为 100 s。仿真结果如图 3-11 和图 3-12 所示，两种算法的 RMSE 对比如表 3-3 所示。

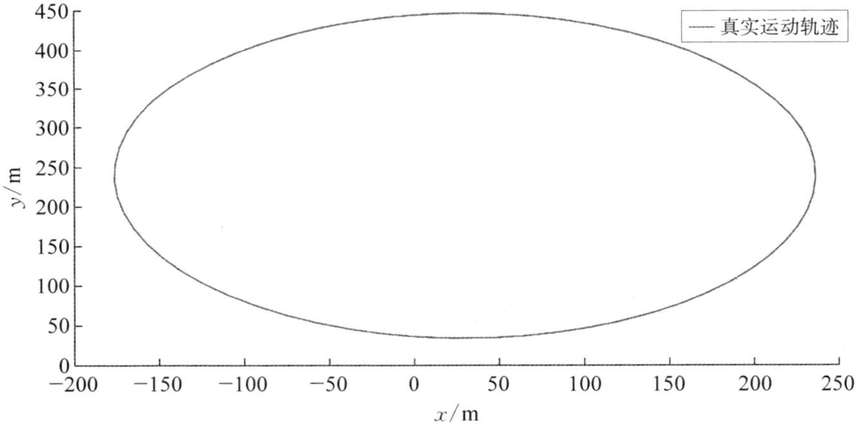

图 3-11 圆周运动目标轨迹

表 3-3 平均均方根误差对比结果

滤 波 算 法	UKF	PF
位置 RMSE/m	449	46
速度 RMSE/(m/s)	643	136

从图 3-11 中可以看出，PF 滤波在目标圆周运动过程中可获得更小的均方根误差，具有更高的状态估计精度。根据表 3-3，经计算，PF 的位置估计

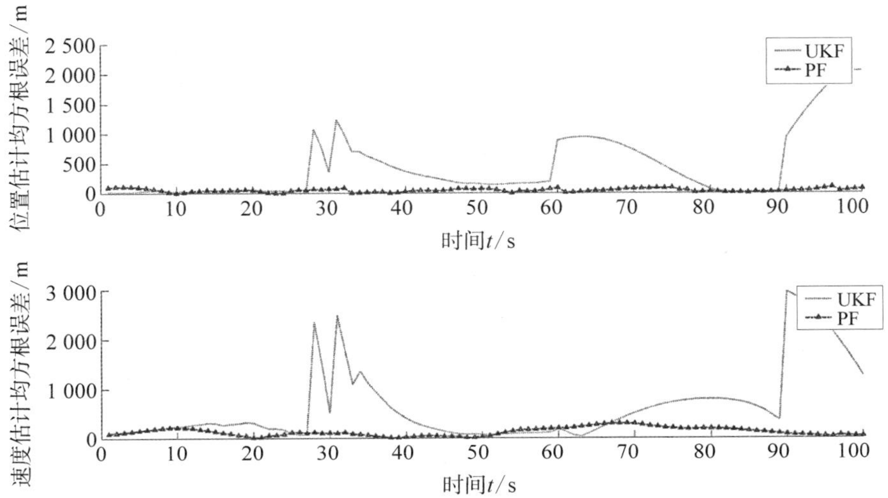

图 3-12 各算法位置和速度均方根误差

精度比 UKF 高 89%，速度估计精度比 UKF 高 79%。

3.10 本章小结

本章在介绍卡尔曼滤波方法的基础上介绍了常见的非线性滤波方法，包括扩展卡尔曼滤波、无迹卡尔曼滤波。这些滤波方法也可以看作非机动单目标跟踪算法。本章还介绍了容积卡尔曼滤波、集合卡尔曼滤波和粒子滤波算法。在目标跟踪领域，本章介绍的是基础算法，后续章节将继续对目标机动、时序不一致和多目标跟踪等复杂问题的相关算法进行讨论。后续章节将继续对相关算法进行讨论。

3.11 思考与讨论

3-1 总结卡尔曼滤波、扩展卡尔曼滤波、无迹卡尔曼滤波、容积卡尔曼滤波、集合卡尔曼滤波及粒子滤波方法的优缺点。

3-2 考虑线性随机系统：

$$\boldsymbol{x}_{t+1} = \boldsymbol{F}\boldsymbol{x}_t + \boldsymbol{v}_t$$

$$y_t = Hx_t + e_t$$

其中,初始值为随机向量 x_0,其与高斯白噪声 v、e 相互独立,且 $E(x_0 \ x_0') = I$,v、e 方差分别为 Q 和 R。用 Matlab 随机产生一个 3×3、谱半径为 0.95 的随机矩阵 F,2×3 的随机矩阵 H 和正定矩阵 Q、R。请给出该系统的卡尔曼滤波,并画出 $E[\sqrt{\| x_t \|^2}]$ 和 $E[\sqrt{\| x_t - \hat{x}_{t|t-1} \|^2}]$ 在 $t = 1, 2, \cdots, 50$ 时的曲线。

参考文献

[1] Bar-Shalom Y, Fortmann T E, Cable P G. Tracking and data association [J]. The Journal of the Acoustical Society of America, 1990, 87: 918-919.

[2] Ge Q, Wang H, Yang Q, et al. Estimation of robot motion state based on improved Gaussian mixture model[J]. Acta Automatica Sinica, 2021, 48: 1-12.

[3] Yang F, Shi L, Liang Y, et al. Global state estimation under sequential measurement fusion for clustered sensor networks with cross-correlated measurement noises[J]. Automatica, 2022, 142: 110392.

[4] Yi S, Zorzi M. Robust Kalman filtering under model uncertainty: the case of degenerate densities [J]. IEEE Transactions on Automatic Control, 2022, 67(7): 3458-3471.

[5] Claser R, Nascimento V H. On the tracking performance of adaptive filters and their combinations [J]. IEEE Transactions on Signal Processing, 2021, 69: 3104-3116.

[6] Roonizi A K. An efficient algorithm for maneuvering target tracking [tips & tricks]. IEEE Signal Processing Magazine, 2021, 38(1): 122-130.

[7] Kalman R E. A new approach to linear filtering and prediction problems [J]. Transactions of the ASME - Journal of Basic Engineering, 1960, 82: 35-45.

[8] Kalman R E, Bucy R S. New results in linear filtering and prediction

theory[J]. Transactions of the ASME - Journal of Basic Engineering, 1961, 83: 95 - 108.

[9] Schmidt S F. Application of state-space methods to navigation problems [J]. Advanced Control Systems, 1966, 3(2): 293 - 340.

[10] Julier S J, Uhlmann J K. Unscented filtering and nonlinear estimation [J]. Proceedings of the IEEE, 2004, 92(3): 401 - 422.

[11] Arasaratnam I, Haykin S. Cubature Kalman filters [J]. IEEE Transactions on Automatic Control, 2009, 54(6): 1254 - 1269.

[12] Evensen G. Sequential data assimilation with a nonlinear quasi-geostrophic model using Monte Carlo methods to forecast error statistics [J]. Joural of Geophysical Research, 1994, 99(5): 10143 - 10162.

[13] Gordon N J, Salmond D J, Smith A F M. Novel approach to nonlinear/non-Gaussian Bayesian state estimation [J]. IEE Proceedings Radar, Sonar and Navigation, 1993, 140(2): 107 - 113.

[14] Ristic B, Arulampalam S, Gordon N. Beyond the Kalman filter: particle filters for tracking applications [M]. Fitchburg: Artech House Publishers, 2003.

[15] 占荣辉,张军,欧建平. 非线性滤波理论与目标跟踪应用[M]. 北京: 国防工业出版社,2013.

第 4 章
目标跟踪基础模型

知识提纲

本章学习内容：

(1) 分析几类典型空中机动目标的机动特点。

(2) 学习目标跟踪的基本模型，掌握几种常见的统计模型对机动目标进行建模。

(3) 了解一种针对空中机动目标的单模型跟踪算法。

知识导图

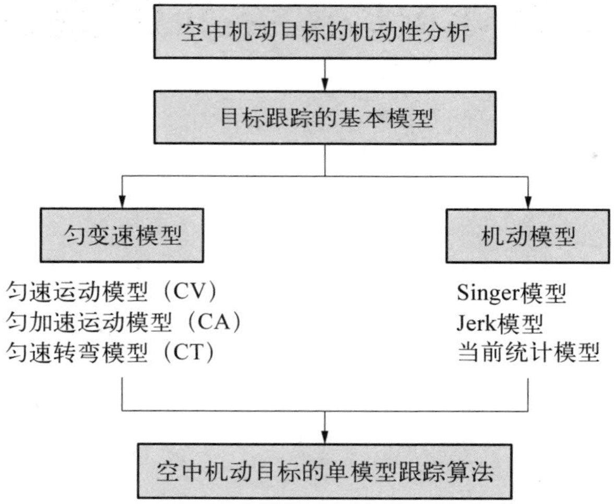

4.1 引言

目标跟踪基于模型，对模型的设计是目标跟踪算法的核心。跟踪算法的实质是模型和观测的加权融合，稳定跟踪的关键在于最优化地从量测中提取关于目标状态的有用信息。一个好的运动模型能够极大地利用好观测信息，特别是在目标跟踪领域中，因为观测信息往往不准确并且数量有限，此时模型发挥了更大的作用。常见的跟踪算法可分为单模型算法和多模型算法两类，本章着重介绍单模型机动目标跟踪算法。单模型算法就是充分考虑包括目标的运动规律和噪声在内的各种先验信息，寻找一种对其运动描述最优的模型。

量测是指有关目标状态的观测信息，该信息往往被噪声污染。

目标跟踪所处理的量测通常不是原始观测数据，而是经过信号处理的数据。

建立机动目标的状态模型，不仅要符合目标运动的实际情形，又要便于数学推导和处理。目前，目标跟踪的状态模型均脱胎于描述实际运动的数学模型，一般是把目标近似为质点，以常见的几何运动模式为基础，并辅以牛顿定律来描述目标的状态，包括描述目标的位置、速度，在一些问题中甚至包含加速度。在跟踪问题研究中，目标的运动模型主要以状态空间模型表示，常见的离散时间目标状态模型为

$$\boldsymbol{X}_{k+1} = \boldsymbol{f}_k(\boldsymbol{X}_k, \boldsymbol{u}_k, \boldsymbol{w}_k) \tag{4-1}$$

式中，$\boldsymbol{X}_k$ 表示目标在 k 时刻的状态；$\boldsymbol{u}_k$ 表示目标在 k 时刻的控制输入；$\boldsymbol{w}_k$ 表示在 k 时刻的过程噪声；$\boldsymbol{f}_k$ 为与时间有关的向量函数，决定目标的运动规律。

由方程可知，目标下一时刻的状态取决于本时刻的状态、控制输入和噪声。在第 3 章我们介绍了高斯白噪声假设下的最优滤波器——卡尔曼滤波，在实际应用中我们也往往把过程噪声假设为高斯白噪声进行处理。因而，在已知本时刻状态的前提下，为确定下一时刻的状态，我们需要着重讨论如何确定 $\boldsymbol{u}_k$，即运动模型。

空中机动目标的运动模型一般可分为匀变速模型与机动模型两类。通常来说，匀变速是指匀速、匀加速运动，而机动是指目标运动方向、加速度的改变。匀变速模型作为目标跟踪的基本模型，适用于一般的目标跟踪问题。而空中机动目标的真实运动模式往往是变化的。在现代空中战场，受控于驾驶员的控制指令，空中机动目标在飞行过程中会做出不同的机动动作以摆脱

敌方的追踪和打击。由于空中机动目标的运动模式未知且易突变，$\boldsymbol{u}_k$ 是未知且时变的。为了处理未知的机动输入，常见的做法是将其建模为一个具有一定统计特性的随机过程，在目标状态方程中加以体现，常见的有白噪声随机过程模型和马尔可夫随机过程模型，分别对应将控制输入建模为白噪声和马尔可夫过程，如 Singer 模型、Jerk 模型、当前统计模型等。基于上述模型，研究者进一步提出了参数自适应变化的 Jerk 模型[1]和采用自适应渐消的 Singer 模型[2]，它们相比于传统的模型具有更好的跟踪稳定性和更高的跟踪精度。然而，相较于多模型领域研究成果的百花齐放，单模型方法发展已较为成熟，近年来新的研究成果较少。

本章首先分析几类典型空中机动目标的机动特点，之后介绍目标跟踪的基本模型，引入几种常见的统计模型对机动目标进行建模，最后给出一种针对空中机动目标的单模型跟踪算法。

4.2 空中机动目标的机动性分析

第 1 章列举了几类典型的空中机动目标，并给出了相关参数。本节将在此基础上进一步分析空中机动目标的机动性。空中目标的机动状态往往不会持续较长时间，仅在逃避敌方追踪等必要情况下进行机动，平时则处于运动相对平缓的非机动状态。“非机动—机动—非机动”是一般空中机动目标运动的常见过程。例如，在巡航过程中，飞机为了节省燃料，一般会保持低速的匀速运动，但在发现敌方或者躲避攻击时会突然做出一些加速度突变的过失速机动，如 J 形转弯、Herbst 机动等；高超声速飞行器在滑行中一般会经历几次纵深极大的起伏运动[3]；直升机在执行任务时一般处于水平飞行和垂直飞行的状态，在遭遇障碍或险情时会使用俯冲机动、水平转弯机动或蛇形机动等运动形式[4]。

空中机动目标的机动性体现在目标位置的高阶导数上，比如加速度或加速度的导数。例如，美国 F－22、F－35 战斗机在躲避敌方攻击、逃避跟踪等情况下的最大加速度能达到 $8g \sim 9g$①，能完成过失速机动、瞬时急转机动等动作[5]。高速机动飞行器为了延长滑翔距离，一般会进行多次高度差极大的

① g 表示重力加速度，$g = 9.80\ \mathrm{m/s^2}$。

翻滚运动。同时，这些机动目标在机动阶段前后一般处于非机动状态。若空中目标在某一瞬间突然发生机动，则极易使跟踪系统丢失目标。比如巡航侦察机在执行巡逻任务时，一般为了节省能量，会保持匀速直线运动的状态，一旦发现敌方目标或者受到攻击，就会瞬间采取法向加速度较大的圆周运动或者俯冲运动。

以美国F-22战斗机为例，该飞机以其强大的机动性能闻名，既能满足超声速巡航的要求，也可以进行某些大迎角的过失速机动。过失速机动主要用于在被导弹锁定或者急需逃逸的情况下做出迅速扭转运动方向的行为，是导弹末制导的克星。现有的五种经典过失速机动为眼镜蛇机动、尾冲机动、榔头机动、直升机机动和J转弯机动。较为常见的J转弯机动的轨迹如图4-1所示。

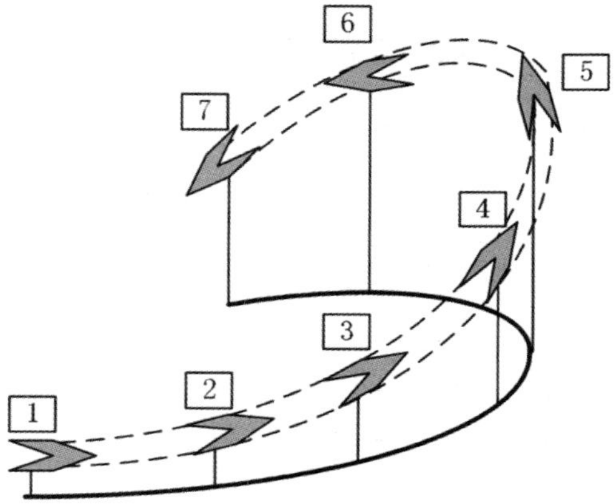

图4-1 J转弯机动轨迹示意图

图4-2展示了J转弯机动时各方向的速度与加速度变化，从图中可见，在某些方向上其加速度的跳变值极大，变化极为频繁，这对目标跟踪的适应性和精确度提出了很高的要求。

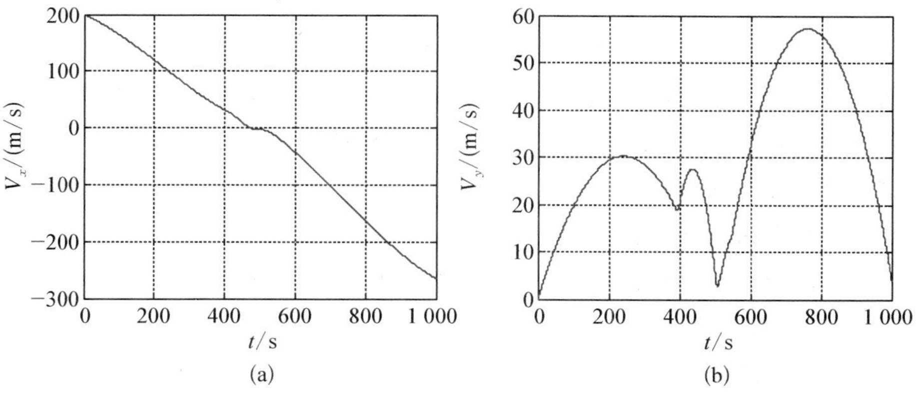

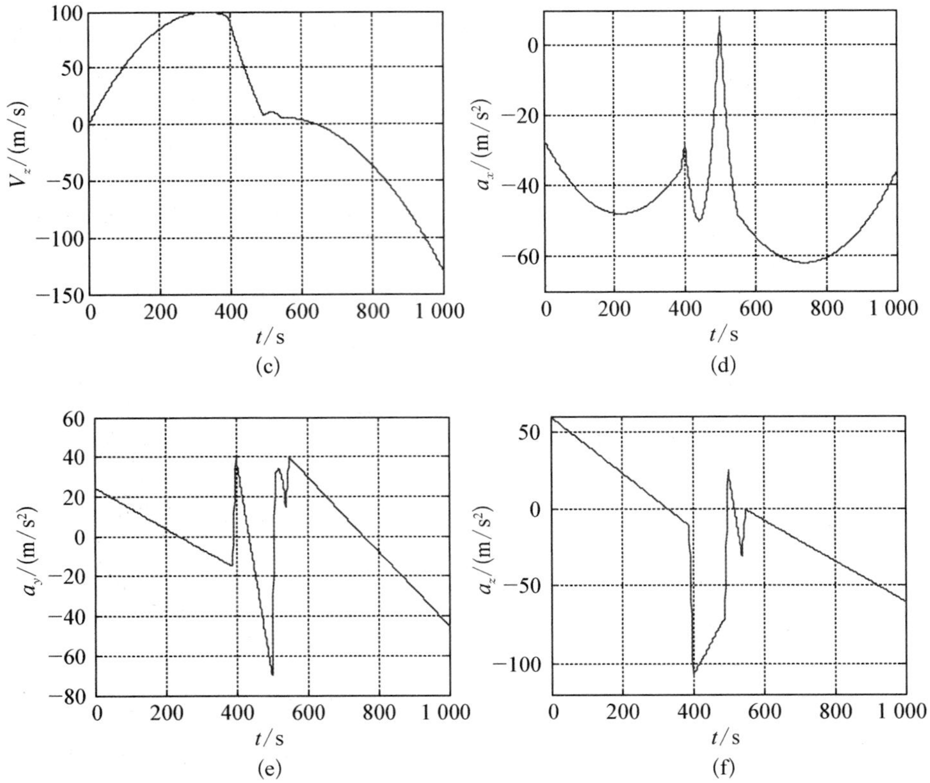

图 4-2 J转弯机动时各方向速度与加速度变化

(a) x 方向速度；(b) y 方向速度；(c) z 方向速度；(d) x 方向加速度；
(e) y 方向加速度；(f) z 方向加速度

近年来，随着各国不断加大对远程精确打击武器的研发投入，高超声速飞行器（见图 4-3）受到了高度重视。该飞行器的飞行高度比传统的弹道导弹低，具有飞行速度快、飞行距离远、机动性强、生存能力强的特点，能够实现全球范围内的快速到达和精确打击[6]，具有很强的战术和战略应用价值，因而有必要进行机动性分析。

高超声速飞行器的机动主要存在于再入段，有两种典型的飞行弹道模式，均通过滑翔达到延长飞行距离的目的，滑翔过程中将经历较大的加速度以及高度的变化[7]。一种模式称为平衡滑翔，最早由德国科学家 Saenger 于 20 世纪 30 年代提出，其弹道为几乎没有波动的平坦滑翔下降弹道，速度

图 4-3 高超声速飞行器

倾角在飞行过程中基本不变。近年来也有研究把倾侧角时变条件的平衡滑翔称为准平衡滑翔[8]。另一种是 Saenger 设计的“银鸟”飞行器采用的滑翔跳跃弹道，即具有一定跳跃波动幅度的滑翔轨迹，如图 4-4 所示。

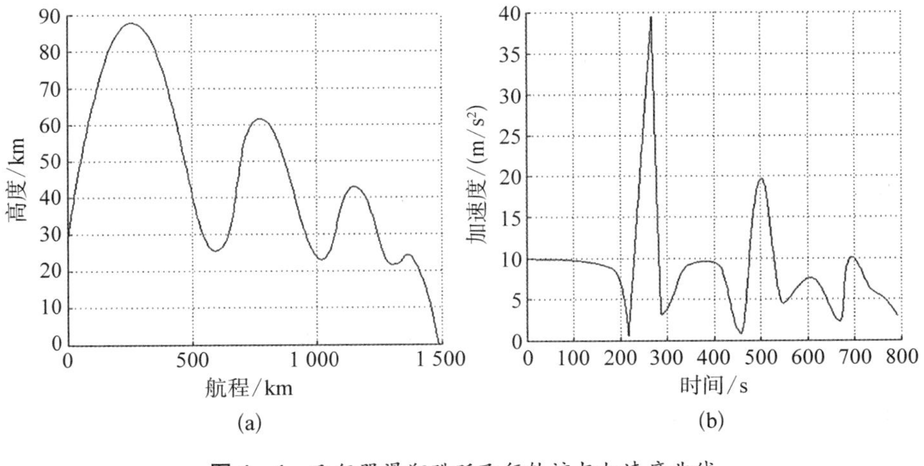

图 4-4 飞行器滑翔跳跃飞行轨迹与加速度曲线

(a) 飞行轨迹；(b) 加速度曲线

依据临近空间飞行器的运动方程[9]，选取合适的力学环境模型，可建立临近空间高超声速飞行器的运动模型。根据文献[10]给出的分析方法，现研究再入点初始条件对滑翔段弹道特征的影响。

首先对飞行器的运动方程进行简化，忽略地球的自转、飞行器的侧向机动等，只考虑飞行器的纵向机动，其飞行轨迹如图 4-5 所示，得到飞行器在铅垂平面下简化的运动方程：

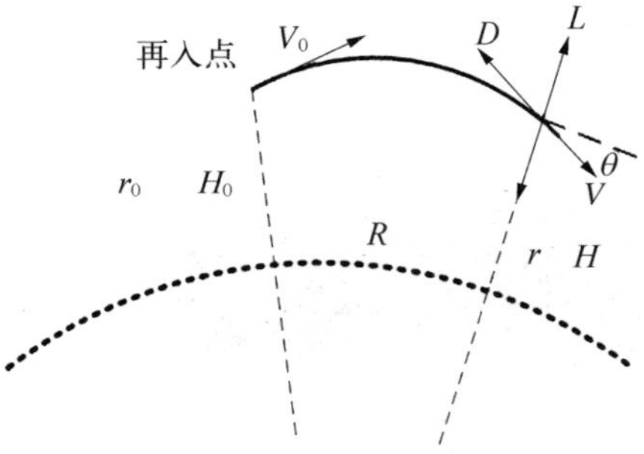

图 4-5　纵向飞行轨迹示意图

$$\frac{\mathrm{d}V}{\mathrm{d}t}=-D-g\sin\theta \tag{4-2}$$

$$\frac{\mathrm{d}\theta}{\mathrm{d}t}=\frac{L}{V}+\frac{1}{V}\left(\frac{V^2}{r}-g\right)\cos\theta \tag{4-3}$$

$$\frac{\mathrm{d}r}{\mathrm{d}t}=V\sin\theta \tag{4-4}$$

$$\frac{\mathrm{d}R}{\mathrm{d}t}=R_{\mathrm{e}}\frac{V}{r}\cos\theta \tag{4-5}$$

式中，V 为飞行速度；θ 为速度倾角；r 为地心距；R 为射程，即飞行轨迹在地球表面航迹的长度；ρ 为大气密度；g 为当地重力加速度；R_{e} 为地球半径。

L 和 D 分别为升力加速度和阻力加速度，计算式分别为

$$L=\frac{Y}{m}=\frac{C_L\rho V^2S}{2m} \tag{4-6}$$

$$D=\frac{X}{m}=\frac{C_D\rho V^2S}{2m} \tag{4-7}$$

式中，C_L 和 C_D 分别为升力系数和阻力系数，通常为攻角和速度的函数。

设 C_L 和 C_D 在飞行过程中为常数，定义升阻比 $K=\frac{C_L}{C_D}$。若平衡滑翔过程中速度倾角不变，则

$$\frac{\mathrm{d}\theta}{\mathrm{d}t}=\frac{L}{V}+\frac{1}{V}\left(\frac{V^2}{r}-g\right)\cos\theta=0 \tag{4-8}$$

在平衡滑翔条件下，由上述公式进行推导，可以得到以下两个方程：

$$V=\sqrt{g}\left(\frac{C_LS\rho}{2m}+\frac{1}{r}\right)^{-1/2} \tag{4-9}$$

$$\tan\theta=-\frac{1}{K\left[\frac{\beta V^2}{2g}+\frac{1}{1-V^2/(gr)}\right]} \tag{4-10}$$

综上，当进行平衡滑翔时，再入点的初始条件 r_0、θ_0、V_0 满足上述公

式。因此，对于再入段的初始条件 r_0、θ_0、V_0，确定其中一个就可以由公式得到另外两个，然后由求得的初值进行数值仿真，最后可得到完整的平衡滑翔弹道。

设置终止条件为飞行高度下降至 15 km。把符合平衡滑翔条件的初始高度、速度、速度倾角分别记为 H_{bc}、V_{bc} 和 θ_{bc}。设再入段初始高度 $H_0 = H_{bc} = 60$ km，选取马赫数为 8、攻角为 10°时的升力系数和阻力系数。通过公式计算得到平衡滑翔弹道再入点的初始速度和速度倾角分别为 $V_{bc} = 7\,360.1$ m/s，$\theta_{bc} = -0.061\,1°$。进行仿真运算，可以得到具有不同机动性的运动模型。

（1）首先控制初始速度大小和速度倾角不变，初始高度 H_0 分别为 60 km、70 km、80 km、90 km、100 km。得到的五条飞行轨迹如图 4-6 所示。

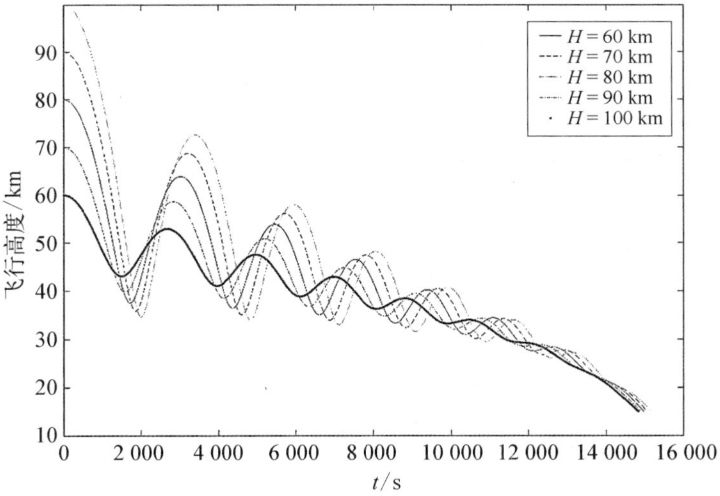

图 4-6　再入点初始高度变化模拟轨迹

结论 1：当再入点初始高度偏离平衡滑翔条件时，形成跳跃滑翔弹道。初始高度越高，射程越远。

（2）控制初始高度和初始速度倾角不变，初始速度 V_0 分别为 V_{bc}、$V_{bc}+300$ m/s、$V_{bc}+400$ m/s、$V_{bc}-300$ m/s、$V_{bc}-400$ m/s，得到的五条飞行轨迹如图 4-7 所示。

结论 2：当再入点初始速度偏离平衡滑翔条件时，形成跳跃滑翔弹道。初始速度越快，跳跃幅值越大，射程越远。

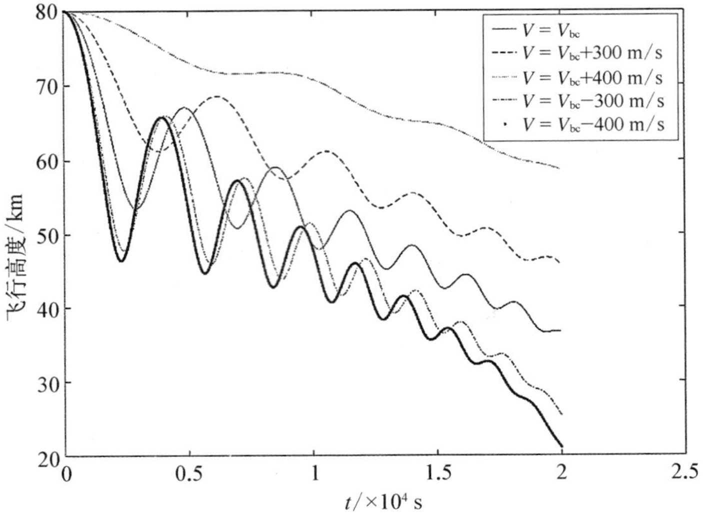

图 4-7　再入点初始速度变化模拟轨迹

4.3　目标跟踪的基本模型

目标跟踪的基本模型是匀变速模型。在一般的目标跟踪问题中，目标的匀变速运动模式可由三个基本的运动学模型来描述：匀速（constant velocity, CV）模型、匀加速（constant acceleration, CA）模型和协调转弯（coordinated turning, CT）模型。

4.3.1　匀速运动模型

当目标的运动形式不含加速运动时，可以只用目标的位置和速度描述目标的运动状态，如 $\boldsymbol{X}=[x, \dot{x}, y, \dot{y}]^{\mathrm{T}}$ 能够用于描述一个标准二维平面内点目标的运动。当只关注一维的运动形式时，匀速运动可以用等式 $\dot{\boldsymbol{X}}(t)=0$ 表示。在实际的跟踪应用中，令

式中，$\boldsymbol{w}(t)$ 是高斯白噪声，式(4-11)表示在对目标运动建模时因为扰动等原因造成的建模误差。

$$\dot{\boldsymbol{X}}(t)=\boldsymbol{w}(t)\approx 0 \tag{4-11}$$

当 $\boldsymbol{X}=[x, \dot{x}]^{\mathrm{T}}$ 时，相应的连续时间下状态方程为

$$\dot{\boldsymbol{X}}(t)=\boldsymbol{A}_{\mathrm{CV}}\boldsymbol{X}(t)+\boldsymbol{B}_{\mathrm{CV}}\boldsymbol{w}(t) \tag{4-12}$$

$$\boldsymbol{A}_{\mathrm{cv}}=\begin{bmatrix}0 & 1\\0 & 0\end{bmatrix},\ \boldsymbol{B}_{\mathrm{cv}}=\begin{bmatrix}0\\1\end{bmatrix} \tag{4-13}$$

对应的离散时间运动模型为

$$\boldsymbol{X}_{k+1}=\boldsymbol{F}_{\mathrm{CV}}\boldsymbol{X}_k+\boldsymbol{G}_{\mathrm{CV}}\boldsymbol{w}_k \tag{4-14}$$

$$\boldsymbol{F}_{\mathrm{cv}}=\begin{bmatrix}1 & T\\0 & 1\end{bmatrix},\ \boldsymbol{G}_{\mathrm{cv}}=\begin{bmatrix}T^2/2\\T\end{bmatrix} \tag{4-15}$$

式中，T 是采样时间间隔。

4.3.2 匀加速运动模型

该模型假定目标运动的加速度是维纳过程，即独立增量的随机过程，对于目标机动性稍强的情况，一般采用这种模型。该模型在 CV 模型的基础上，添加了加速度分量，至少需要三维特征空间进行描述。假设加速过程是一个白噪声过程，即时序相邻的加速度增量相互独立，此时有 $\dot{a}(t)=w(t)$。连续时间状态方程为

$$\dot{\boldsymbol{X}}(t)=\begin{bmatrix}0 & 1 & 0\\0 & 0 & 1\\0 & 0 & 0\end{bmatrix}\boldsymbol{X}(t)+\begin{bmatrix}0\\0\\1\end{bmatrix}\boldsymbol{w}(t) \tag{4-16}$$

对应的离散时间运动模型为

$$\boldsymbol{X}_{k+1}=\boldsymbol{F}_{\mathrm{CA}}\boldsymbol{X}_k+\boldsymbol{G}_{\mathrm{CA}}\boldsymbol{w}_k \tag{4-17}$$

$$\boldsymbol{F}_{\mathrm{CA}}=\begin{bmatrix}1 & T & T^2/2\\0 & 1 & T\\0 & 0 & 1\end{bmatrix},\ \boldsymbol{G}_{\mathrm{CA}}=\begin{bmatrix}T^2/2\\T\\1\end{bmatrix} \tag{4-18}$$

需要注意的是，实际的目标机动很少会在长时间内维持匀加速运动。而且，建立离散时间运动模型时做出了加速度增量 Δa_k 相互独立的假设，尽管该假设简化了数学运算，但并不完全符合实际情况。

4.3.3 匀速转弯模型

实际运动目标转向是不可避免的，描述目标做匀速转弯（见图 4-8）的

运动状态，可以通过设定转弯角速度、采样时间等参数，调整模型的跟踪效果。这也是较为常用的跟踪模型之一，经常与匀速、匀加速模型一起使用。

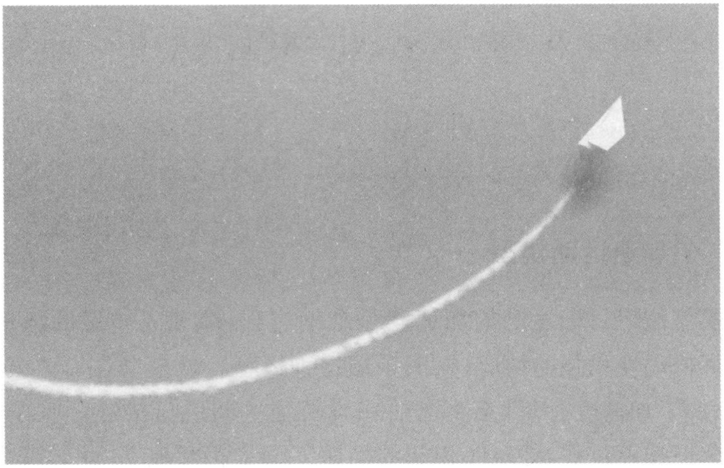

图 4-8 匀速转弯示意图

匀速转弯运动模型是一种对转弯模型的简化，设状态向量 x 的分量分别表示位置、速度、加速度，其连续时间形式的状态方程为

$$\dot{\boldsymbol{X}}(t)=\begin{bmatrix}0 & 1 & 0\\ 0 & 0 & 1\\ 0 & -\omega^2 & 0\end{bmatrix}\boldsymbol{X}(t)+\boldsymbol{w}(t) \tag{4-19}$$

在笛卡尔坐标系下，其离散时间运动模型为

$$\boldsymbol{X}_{k+1}=\begin{bmatrix}1 & \dfrac{\sin(\omega T)}{\omega} & \dfrac{1-\cos(\omega T)}{\omega^2}\\ 0 & \cos(\omega T) & \dfrac{\sin(\omega T)}{\omega}\\ 0 & -\omega\sin(\omega T) & \cos(\omega T)\end{bmatrix}\boldsymbol{X}_k+\begin{bmatrix}\dfrac{\omega T-\sin(\omega T)}{\omega^3}\\ \dfrac{1-\cos(\omega T)}{\omega^2}\\ \dfrac{\sin(\omega T)}{\omega}\end{bmatrix}\boldsymbol{w}_k \tag{4-20}$$

式中，ω 为转弯角速度。

匀速转弯运动模型需要提前给出角速度值，即 ω 是作为先验信息出现的，

其取值对于模型性能有重要影响。所以匀速转弯运动模型有两个参数：转弯角速度 ω 和过程噪声方差 $\boldsymbol{Q}$。

基本模型虽然比较简单，但依然能正确描述大部分运动形式，且在工程上易于实现。在这几个模型的基础上，对机动目标的状态转移方程结构进行改造并对参数进行自适应调整，可衍生出各种单模型机动目标跟踪算法。已有的单模型机动目标跟踪算法一般可以分为以下三类。

1）开关型机动跟踪算法

开关型机动跟踪算法是通过对目标机动进行辨识，对跟踪滤波器所使用的模型结构进行机动与非机动之间的硬切换。

可调白噪声模型是一种“开关型”机动检测跟踪算法，该模型使用归一化的新息平方对目标的机动进行辨识。该模型认为，目标的机动表现为大新息的出现，当新息超过设定阈值时即可认为发生了机动。在机动情况下，系统通过增大过程噪声方差 $\boldsymbol{Q}_k$ 来增强算法的“容错性”，使得状态估计更倾向于利用观测值。当新息在某个时刻小于阈值时，可认为机动结束，$\boldsymbol{Q}_k$ 恢复常值，转换回原来的模型。

变维滤波是另一种“开关型”机动检测跟踪算法，该方法使用平均新息来检测机动。该检测方法使用滑动窗口，取一段时间内的新息平均值作为判断量，一旦超过阈值即认为发生了机动。一旦检测到机动，滤波器就使用具有较高维数的状态量来代替原来的状态量进行处理。由于高维数的状态量中包含更高阶的运动信息，因此能够更准确地描述目标当前状态。

开关型机动跟踪算法的优点是结构简单、方便实现。缺点是对于不同的目标，所需要设置的阈值和参数都不一样，只能算是“半自动”的调整算法，算法的适应性较差；同时，由于硬切换中间无过渡过程，易造成系统震荡和超调严重。

2）调节型机动跟踪算法

调节型机动跟踪算法通过对能表征目标机动性的参数进行检测，将这些参数作为调整规则的输入，输出调整量对滤波器参数进行调节。一般采取的手段有模糊规则、按参数等比例变化等。调节型机动跟踪算法的特点是同一种效果可以通过不同的调节规则得到。其中比较具有代表性的是强跟踪滤波器。强跟踪滤波器使用残差检测机动，再通过计算渐消因子来调整滤波器的增益。

相比于“开关型”的硬切换，调节型机动跟踪算法显得更平缓，不容易发生震荡，而且人为的规则设定也提供了很大的可操作空间。缺点是当调节规则设定不合理或者考虑不周全时，容易造成滤波器性能恶化。

3）自适应机动跟踪算法

机动目标运动模式的不确定性表现如下：目标实际控制输入未知，目标运动模型具体形式和相关参数未知，目标跟踪时噪声的统计特性未知。

自适应机动跟踪算法是从参数的物理意义和统计规律出发，通过公式推导对参数进行调整。自适应机动跟踪算法将参数的调节融入滤波过程中，通过改变滤波器的结构使得滤波器能够自适应机动的变化。这种方法在计算和设计上不会过于复杂，又能通过软切换实现对机动目标的精确跟踪，因此得到广泛的推广。比较常见的有 Singer 模型、Jerk 模型和当前统计模型等。这几种模型算法又称作全局统计模型或“全面”自适应滤波。4.4 节将对这几种方法进行介绍与分析。

4.4 Singer 模型、Jerk 模型与当前统计模型

4.4.1 Singer 模型

Singer 模型是介于匀速与匀加速之间的模型，是第一个把机动目标未知的加速度建模为时间相关随机过程的模型。对目标跟踪而言，Singer 模型可认为是大量机动模型的基础。匀速运动模型中加速度恒为零，而匀加速模型中加速度的变化是维纳过程。在 Singer 模型中，加速度的变化是一阶马尔可夫过程[11]。Singer 模型认为，机动模型是相关噪声模型，而不是通常认为的白噪声模型，它将目标的加速度定义为指数自相关的零均值随机模型，表示为

$$R(\tau)=E[a(t)a(t+\tau)]=\sigma_{\mathrm{m}}^{2}\mathrm{e}^{-\alpha|\tau|} \tag{4-21}$$

式中，σ_{m}^2 是目标的加速度方差；α 为机动频率，是机动时间常数 τ_{m} 的倒数。

机动时间常数即机动的持续时间，Singer 建议，飞机慢速转弯的时候，机动时间常数约为 60 s，逃避机动的持续时间约为 20 s，而大气扰动一般为 1 s，具体数值需要通过实际测量得到。图 4-9 是空中机动目标机动瞬间的照片。

图 4-9 空中机动目标机动瞬间

Singer 模型认为,加速度的概率分布是零加速度与最大加速度 a_{max} 之间的均匀分布(见图 4-10)。零加速度的概率为 $\boldsymbol{P}_0$,最大加速度 a_{max} 和 $-a_{max}$ 的概率均为 $\boldsymbol{P}_{max}$。可得对应方差为

$$\sigma_m^2 = \frac{a_{max}^2}{3}(1 + 4P_{max} - P_0) \tag{4-22}$$

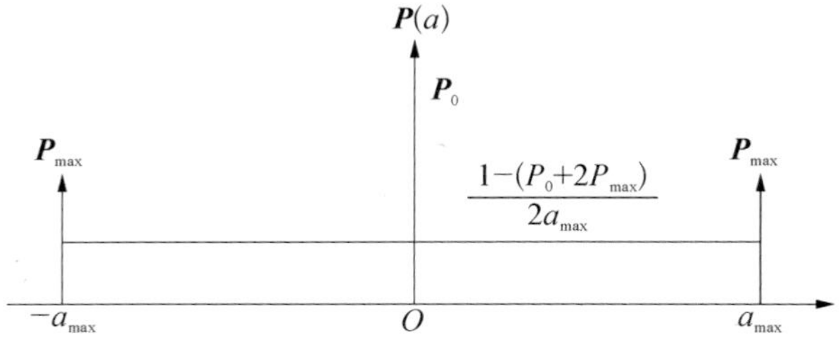

图 4-10 加速度概率分布示意图

对式(4-21)中的 $R(\tau)$ 进行白化处理,将该系统等效转换为以白噪声为输入的系统,并保持转换前后的功率谱密度不变。可用一阶时间相关模型将加速度变化表示为

$$\dot{a}(t) = -\alpha a(t) + \tilde{v}(t) \tag{4-23}$$

式中，$\tilde{v}(t)$ 是均值为零、方差为 $2\alpha\sigma_m^2$ 的白噪声。

值得指出的是，大部分文献认为 $\tilde{v}(t)$ 为高斯噪声，实际上由于加速度分布是非高斯的，因此也并非高斯噪声。

连续时间的 Singer 模型表示为

$$\dot{\boldsymbol{X}}(t) = \begin{bmatrix} \dot{x}(t) \\ \ddot{x}(t) \\ \dddot{x}(t) \end{bmatrix} = \boldsymbol{A}\boldsymbol{X}(t) + \widetilde{\boldsymbol{W}}(t) = \begin{bmatrix} 0 & 1 & 0 \\ 0 & 0 & 1 \\ 0 & 0 & -\alpha \end{bmatrix} \begin{bmatrix} x(t) \\ \dot{x}(t) \\ \ddot{x}(t) \end{bmatrix} + \begin{bmatrix} 0 \\ 0 \\ \tilde{w}(t) \end{bmatrix} \tag{4-24}$$

等价的离散时间模型为

$$\boldsymbol{X}_k = \boldsymbol{F} \times \boldsymbol{X}_k + \boldsymbol{w}_k$$

式中，$\boldsymbol{w}_k$ 为协方差 $\boldsymbol{Q}$ 的过程噪声。

$$\begin{bmatrix} x(k) \\ \dot{x}(k) \\ \ddot{x}(k) \end{bmatrix} = \begin{bmatrix} 1 & T & \dfrac{(\alpha T - 1 + \mathrm{e}^{-\alpha T})}{\alpha^2} \\ 0 & 1 & \dfrac{(1 - \mathrm{e}^{-\alpha T})}{\alpha} \\ 0 & 0 & \mathrm{e}^{-\alpha T} \end{bmatrix} \begin{bmatrix} x(k-1) \\ \dot{x}(k-1) \\ \ddot{x}(k-1) \end{bmatrix} + \boldsymbol{w}_k \tag{4-25}$$

协方差 $\boldsymbol{Q}$ 表示为

$$\boldsymbol{Q} = 2\alpha\sigma_m^2 \begin{bmatrix} q_{11} & q_{12} & q_{13} \\ q_{21} & q_{22} & q_{23} \\ q_{31} & q_{32} & q_{33} \end{bmatrix} \tag{4-26}$$

其精确表达式为

$$q_{11} = \frac{1}{2\alpha^5}\left[1 - \mathrm{e}^{-2\alpha T} + 2\alpha T + \frac{2\alpha^3 T^3}{3} - 2\alpha^2 T^2 - 4\alpha T \mathrm{e}^{-\alpha T}\right]$$

$$q_{12} = \frac{1}{2\alpha^4}\left[\mathrm{e}^{-2\alpha T} + 1 - 2\mathrm{e}^{-\alpha T} + 2\alpha T \mathrm{e}^{-\alpha T} - 2\alpha T + \alpha^2 T^2\right]$$

$$q_{13} = \frac{1}{2\alpha^3}\left[1 - \mathrm{e}^{-2\alpha T} - 2\alpha T \mathrm{e}^{-\alpha T}\right] \tag{4-27}$$

$$q_{22} = \frac{1}{2\alpha^3}\left[4\mathrm{e}^{-\alpha T} - 3 - \mathrm{e}^{-2\alpha T} + 2\alpha T\right]$$

$$q_{23}=\frac{1}{2\alpha^2}[\mathrm{e}^{-2\alpha T}+1-2\mathrm{e}^{-\alpha T}]$$

$$q_{33}=\frac{1}{2\alpha}[1-\mathrm{e}^{-2\alpha T}]$$

Singer 模型是多种机动目标模型算法的基础，该模型与普通的运动学模型相比，存在两个特点：

(1) 增加了关于加速度概率分布、最大加速度以及加大机动速度自相关函数等先验信息。

(2) 根据机动频率不同，模型的过程噪声方差和模型结构会发生改变。

在 Singer 模型中，机动频率表示目标的人为机动，加速度方差表示目标的随机机动。两者共同决定了过程噪声的方差 $\boldsymbol{Q}$。 在缺少机动目标先验信息时，Singer 模型是最实用的目标跟踪模型。

Singer 模型的效果依赖于参数 α 和 σ_{m}^2 的选取。参数 α 的选取至今无有效方法。

4.4.2 Jerk 模型

1997 年，Kishore 提出了 Jerk 模型算法[12]。Jerk 指目标的加速度导数，Kishore 认为机动模型跟踪算法性能不佳的一个主要原因是状态向量的导数阶数不足，因此他在加速度模型的基础上又增加了一维加速度的导数。借鉴 Singer 模型的思想，令加速度的导数服从一阶马尔可夫过程，就得到了 Jerk 模型。该模型与 Singer 模型类似，其四维状态空间由位置、速度、加速度、加速度导数组成，可以更好地描述机动目标的机动过程。

类似于 Singer 模型，目标的加加速度定义为 $j(t)=\dot{a}(t)$，有

$$R(\tau)=E[j(t)j(t+\tau)]=\sigma_j^2\mathrm{e}^{-\eta|\tau|} \tag{4-28}$$

式中，η 为“急动”频率，与机动频率 α 相似；σ_j^2 为加加速度 $j(t)$ 的方差。

$j(t)$ 的连续时间微分方程为

$$j(t)=-\alpha j(t)+\tilde{v}(t) \tag{4-29}$$

式中，$\tilde{v}(t)$ 为白化处理之后的白噪声，均值为零，方差为 $2\alpha\sigma_j^2$。

连续时间的 Jerk 模型表示为

$$\dot{\boldsymbol{X}}(t)=\begin{bmatrix}\dot{x}(t)\\ \ddot{x}(t)\\ \dddot{x}(t)\\ \dot{j}(t)\end{bmatrix}=\boldsymbol{A}\boldsymbol{X}(t)+\widetilde{\boldsymbol{W}}(t)=\begin{bmatrix}0&1&0&0\\0&0&1&0\\0&0&0&1\\0&0&0&-\alpha\end{bmatrix}\begin{bmatrix}\dot{x}(t)\\ \ddot{x}(t)\\ \dddot{x}(t)\\ \dot{j}(t)\end{bmatrix}+\begin{bmatrix}0\\0\\0\\ \tilde{w}(t)\end{bmatrix} \tag{4-30}$$

对应的离散时间模型为

$$\boldsymbol{X}_k = \boldsymbol{F}\boldsymbol{X}_k + \boldsymbol{w}_k \tag{4-31}$$

式中

$$\boldsymbol{F} = \begin{bmatrix} 1 & T & \dfrac{T^2}{2} & a \\ 0 & 1 & T & b \\ 0 & 0 & 1 & c \\ 0 & 0 & 0 & d \end{bmatrix} \tag{4-32}$$

$$a = \frac{2 - 2\alpha T + \alpha^2 T^2 - 2\mathrm{e}^{-\alpha T}}{2\alpha^3} \tag{4-33}$$

$$b = \frac{\mathrm{e}^{-\alpha T} - 1 + \alpha T}{\alpha^2} \tag{4-34}$$

$$c = \frac{1 - \mathrm{e}^{-\alpha T}}{\alpha} \tag{4-35}$$

$$d = \mathrm{e}^{-\alpha T} \tag{4-36}$$

过程噪声协方差 $\boldsymbol{Q}$ 与 Singer 模型的协方差类似，在此不再赘述。Jerk 模型可认为是高阶的 Singer 模型，可更精确地描述目标的机动性。

4.4.3　当前统计模型

当前统计模型是一种加速度自适应滤波算法。在自适应加速度的思想下，对实际情况中的机动目标而言，它的加速度不可能为任意大小，而是只能在某一范围内变化。这时候，加速度的变化规律类似于连续函数的性质，即当前时刻机动目标的加速度不会突然增大或减小，只会在上一时刻数值的邻域内变动，只是有限的变化，即在上一时刻加速度值的附近变动。因此，并不需要从零到正无穷考虑机动目标的加速度。而且，将惯性定律考虑在内，改变速度和加速度很大的物体的运动，需要的力就更大。那么速度和机动加速度很大的目标，在下一时刻运动状态突变的可能性就很小。既然如此，那么目标机动加速度的统计模型就可以采用修正的瑞利分布函数来描述。这种模型的本质是时间相关模型，是一种随时间而变化、滑动的机动加速度概率模型，均值为当前时刻加速度预测值。

在 Singer 模型的基础上，周宏仁[13]提出了当前统计模型。当前统计模型对于 Singer 模型做了两点补充：一是认为加速度不是零均值的一阶马尔可夫过程，而是非零均值一阶马尔可夫过程，均值是当前的加速度值；二是认为加速度的分布服从的不是均匀分布，而是修正瑞利分布，加速度越接近最大值，其方差越小。

$a_{max}>0$ 为已知的目标加速度正上限。

加速度每个时刻的概率密度与自身的值相关，服从修正瑞利密度函数，即

$$\boldsymbol{P}(a)=\begin{cases}\dfrac{a_{max}-a}{\mu^2}\mathrm{e}^{-\frac{(a_{max}-a)^2}{2\mu^2}}, & 0<a<a_{max} \quad (4-37)\\[2ex] \dfrac{a-a_{max}}{\mu^2}\mathrm{e}^{-\frac{(a-a_{max})^2}{2\mu^2}}, & a_{-max}<a<0\\[2ex] 0, & a\leqslant a_{-max}\text{ 或 }a\geqslant a_{max} \quad (4-38)\end{cases}$$

式中，μ 为一常数，根据修正瑞利分布的期望值对 a 进行调整，μ 表示为

$$E(a)=a_{max}-\sqrt{\frac{\pi}{2}}\mu=a \tag{4-39}$$

$$\mu=\sqrt{\frac{\pi}{2}}(a_{max}-a) \tag{4-40}$$

因此，加速度方差 $\boldsymbol{\sigma}_a^2$ 为

$$\boldsymbol{\sigma}_a^2=\frac{4-\pi}{2}\mu^2=\frac{4-\pi}{\pi}(a_{max}-a)^2 \tag{4-41}$$

可见，加速度越接近最大值，其加速度方差就越小，而这种情况符合实际环境的统计规律。

加速度时间相关模型为

$$\dot{a}(t)=-\alpha a(t)+\bar{a}+\tilde{v}(t)=-\alpha a(t)+\tilde{v}_1(t) \tag{4-42}$$

式中，$\tilde{v}(t)$ 表示均值为 0、方差为 $2\alpha\sigma_a^2$ 的白噪声；$\tilde{v}_1(t)$ 表示均值为 $\bar{a}$、方差为 $2\alpha\sigma_a^2$ 的白噪声。

连续系统的当前统计模型为

$$\dot{\boldsymbol{X}}(t)=\begin{bmatrix}\dot{x}(t)\\ \ddot{x}(t)\\ \dddot{x}(t)\end{bmatrix}=\begin{bmatrix}0&1&0\\0&0&1\\0&0&-\alpha\end{bmatrix}\begin{bmatrix}x(t)\\ \dot{x}(t)\\ \ddot{x}(t)\end{bmatrix}+\begin{bmatrix}0\\0\\\alpha\end{bmatrix}\bar{a}+\begin{bmatrix}0\\0\\\tilde{w}(t)\end{bmatrix} \tag{4-43}$$

对应的离散模型为

$$\begin{bmatrix}x(k)\\ \dot{x}(k)\\ \ddot{x}(k)\end{bmatrix}=\begin{bmatrix}1&T&\dfrac{\alpha T-1+\mathrm{e}^{-\alpha T}}{\alpha^2}\\0&1&\dfrac{1-\mathrm{e}^{-\alpha T}}{\alpha}\\0&0&\mathrm{e}^{-\alpha T}\end{bmatrix}\begin{bmatrix}x(k-1)\\ \dot{x}(k-1)\\ \ddot{x}(k-1)\end{bmatrix}+\left(\begin{bmatrix}\dfrac{T^2}{2}\\T\\1\end{bmatrix}-\begin{bmatrix}\dfrac{\alpha T-1+\mathrm{e}^{-\alpha T}}{\alpha^2}\\\dfrac{1-\mathrm{e}^{-\alpha T}}{\alpha}\\\mathrm{e}^{-\alpha T}\end{bmatrix}\right)\bar{a}_k+\boldsymbol{w}_k \tag{4-44}$$

式中，$\boldsymbol{w}_k$ 的性质与 Singer 模型相同。

当前统计模型的自适应性表现如下：依据机动目标当前时刻的加速度对机动加速度方差进行调整，从而自适应调整状态估计噪声协方差阵。基于前文对修正瑞利分布的统计假设，可以推得如下结论。

（1）当前时刻的加速度 $\ddot{x}_{k|k}$ 大于零时，有

$$\sigma_k^2=\frac{4-\pi}{\pi}[a_{\max}-\ddot{x}_{k|k}]^2 \tag{4-45}$$

（2）当前时刻的加速度 $\ddot{x}_{k|k}$ 小于零时，有

$$\sigma_k^2=\frac{4-\pi}{\pi}[a_{-\max}+\ddot{x}_{k|k}]^2 \tag{4-46}$$

对机动加速度方差的调整，间接调整了系统状态估计的协方差，该算法的自适应性也正表现于此。

由当前统计模型的形式可以看出，在引入非零均值的加速度噪声之后，当前统计模型实质上变化为过程噪声随加速度的变化而调整的匀加速模型。从这一点来说，当前统计模型中的机动频率失去了它在 Singer 模型中的意义，对模型的结构不再有影响，退化为过程噪声的其中一个调整参数。

当前统计模型更关心的是机动目标当前状态所反映出来的特征，其加速

度统计规律可随加速度的估值自适应调整，因此比 Singer 模型更能真实反映目标机动范围和强度的变化。但是，由于当前统计模型本质上是匀加速模型，在处理非机动状态时精度并不比 Singer 模型高，而且容易受到噪声的干扰。

4.4.4 仿真分析

通过仿真比较匀速运动模型、Singer 模型与当前统计模型对机动目标的跟踪效果，并以此验证当前统计模型与匀速运动模型分别在目标机动和非机动阶段具有最高的精确度，而 Singer 模型的精确度则在两者之间。

仿真中只考虑一维直角坐标的情况。设目标的初始位置为 0，初始速度为 10 m/s，初始加速度为 0，采样时间间隔 $T=1$ s，采样总时长为 300 s。位置量测噪声方差为 100 m^2，系统加速度噪声方差为 0.005 m/s。前 100 s，目标做匀速运动，101～200 s 做加速度为 20 m/s^2 的匀加速运动，201～300 s 恢复匀速运动。仿真使用匀速运动模型、Singer 模型与当前统计模型进行比较。初始位置估计误差为 5 m，速度估计误差为 1 m/s，加速度估计误差为 0.1 m/s^2。滤波器的加速度噪声方差 Q 设置为 0.001。Singer 模型的最大加速度 a_{max} 设置为 40 m/s^2，机动频率 α 设置为 0.2，零加速度概率 P_0 为 0.95，最大加速度概率为 0.01。当前统计模型的最大加速度 a_{max} 设置为 40 m/s^2，机动频率 α 设置为 0.2。仿真结果如图 4-11～图 4-13 所示。

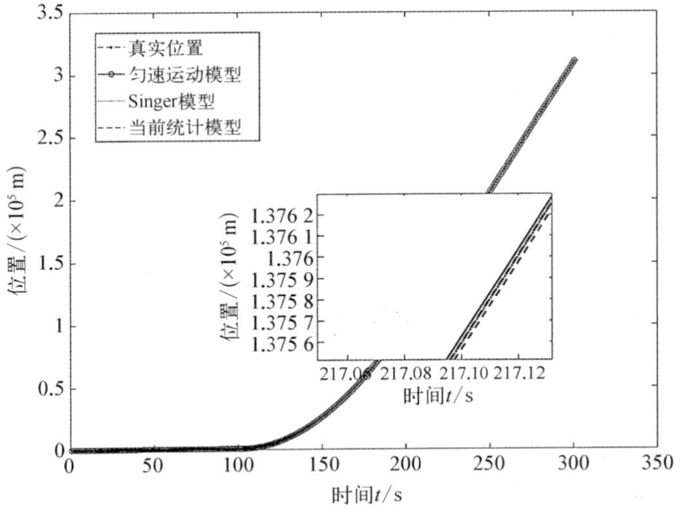

图 4-11 滤波器位置估计

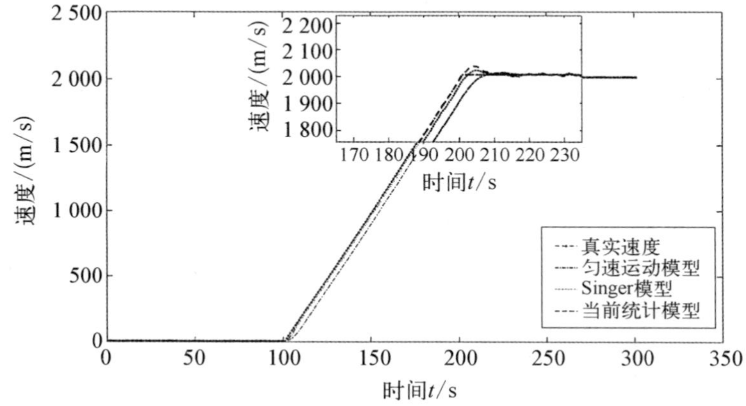

图 4-12 滤波器速度估计

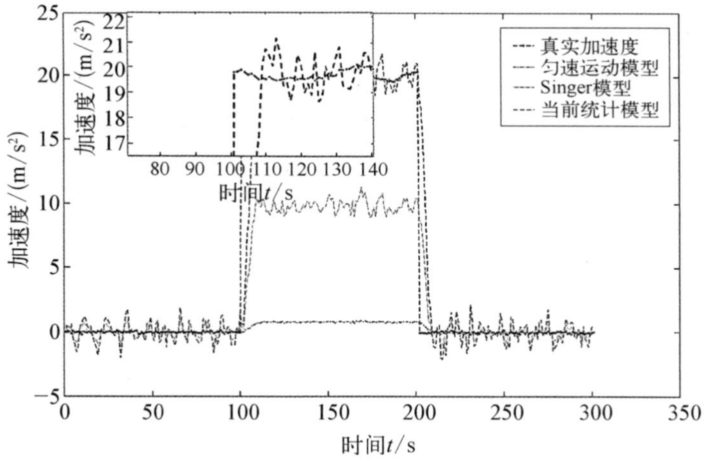

图 4-13 滤波器加速度估计

4.5 空中机动目标的单模型跟踪算法

目标跟踪算法可分为单模型算法和多模型算法两类。单模型算法就是充分考虑包括目标的运动规律和噪声在内的各种先验信息，寻找一种对其运动描述最优的模型，其目的是建立一种比较理想的可同时适应于多种运动状况的模型。也就是说，找到一个具有足够“容错能力”的模型。

在4.4节的基础上,对空中机动目标的系统转移方程结构进行改造以及对参数进行自适应调整,衍生出各种单模型机动目标跟踪算法。下面结合实例,简要介绍一种常见的空中机动目标(飞行器)的单模型跟踪算法。

在空中目标跟踪领域,一般在东-北-天(east-north-up, ENU)坐标系(见图4-14)中描述目标运动状态。

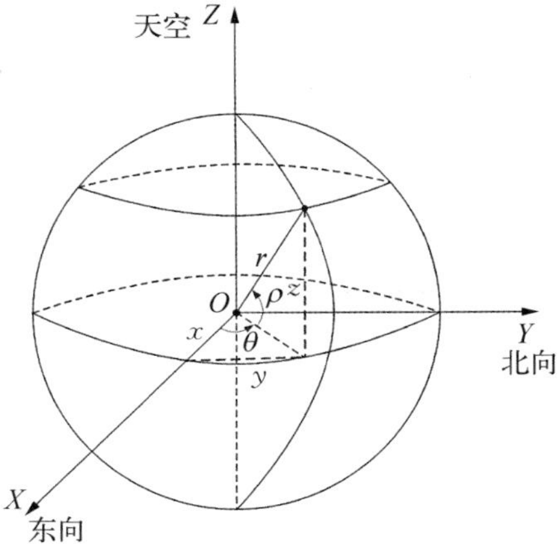

图4-14 东-北-天坐标系

首先将飞行器的气动力加速度分解为互相垂直的阻力加速度 a_D、侧向力加速度 a_S 和爬升力加速度 a_L。气动力加速度与目标的飞行速度的平方成正比,比例系数为气动力系数与当地大气密度的乘积。记飞行器的阻力气动系数、侧向力气动系数和升力气动系数分别为 α_D、α_S 和 α_L,则飞行器的三个气动力加速度可以表示为

1976国际标准大气模型由美国标准大气模型发展而来。

$$\begin{bmatrix} a_D \\ a_S \\ a_L \end{bmatrix} = \frac{1}{2}\rho v^2 \begin{bmatrix} -\alpha_D \\ \alpha_S \\ \alpha_L \end{bmatrix} \tag{4-47}$$

式中,ρ 为飞行器所处位置的大气密度,有指数大气模型[14]、1976年国际标准大气模型[15]等;v 为目标速度,$v=\sqrt{v_x^2+v_y^2+v_z^2}$。

为了获得目标状态在东-北-天(ENU)坐标系中的描述,需要将式(4-47)(坐标系记为VTC)转换到ENU坐标系,得到

$$\begin{bmatrix} a_x \\ a_y \\ a_z \end{bmatrix} = \boldsymbol{T}_{\mathrm{VTC}}^{\mathrm{ENU}} \begin{bmatrix} a_D \\ a_S \\ a_L \end{bmatrix} + a_g + a_{cent} + a_{cori} \tag{4-48}$$

式中

$$\boldsymbol{T}_{\mathrm{VTC}}^{\mathrm{ENU}} = \begin{bmatrix} \dfrac{v_x}{v} & -\dfrac{v_y}{v_g} & -\dfrac{v_x v_z}{v v_g} \\ \dfrac{v_y}{v_g} & \dfrac{v_x}{v_g} & -\dfrac{v_y v_z}{v v_g} \\ \dfrac{v_z}{v} & 0 & \dfrac{v_g}{v} \end{bmatrix} \tag{4-49}$$

式中,$v_g=\sqrt{v_x^2+v_y^2}$;$v=\sqrt{v_x^2+v_y^2+v_z^2}$。

方便起见，不考虑除重力和气动力外的其他因素，认为地球是一个没有自转的圆球，可以得到目标在ENU坐标系下的加速度为

$$\begin{bmatrix} a_x \\ a_y \\ a_z \end{bmatrix} = \frac{1}{2}\rho v^2 \begin{bmatrix} -\frac{v_x}{v}\alpha_D - \frac{v_y}{v_g}\alpha_S - \frac{v_x v_z}{v v_g}\alpha_L \\ -\frac{v_y}{v}\alpha_D + \frac{v_x}{v_g}\alpha_S - \frac{v_y v_z}{v v_g}\alpha_L \\ -\frac{v_z}{v}\alpha_D + \frac{v_g}{v}\alpha_L \end{bmatrix} - \frac{g}{r}\begin{bmatrix} x \\ y \\ z + R_e \end{bmatrix} \tag{4-50}$$

式(4－50)中，R_e为地球半径；ρ和g取决于状态方程使用的大气密度模型和重力加速度模型；r表示目标与地心的距离。

卡尔曼滤波中，要求状态方程是离散的。一般使用分段匀加速模型进行离散化，得到目标的动力学模型：

$$\boldsymbol{X}_{k+1} = \boldsymbol{F}\boldsymbol{X}_k + \boldsymbol{G}a(\boldsymbol{X}_k, \boldsymbol{u}_k) + \boldsymbol{w}_k \tag{4-51}$$

式(4－51)中，$\boldsymbol{X}_k = [x_k \quad \dot{x}_k \quad y_k \quad \dot{y}_k \quad z_k \quad \dot{z}_k]^{\mathrm{T}}$为目标运动状态；$a(\boldsymbol{X}_k, \boldsymbol{u}_k)$为加速度，是由$k$时刻的状态变量和气动参数$\boldsymbol{u}_k = [\alpha_D \quad \alpha_S \quad \alpha_L]^{\mathrm{T}}$计算得到；$\boldsymbol{F}$和$\boldsymbol{G}$分别为系统状态转移矩阵和输入矩阵。

$\boldsymbol{F}$和$\boldsymbol{G}$分别表示为

$$\boldsymbol{F} = \mathrm{blkdiag}\left(\begin{bmatrix} 1 & T \\ 0 & 1 \end{bmatrix}, \begin{bmatrix} 1 & T \\ 0 & 1 \end{bmatrix}, \begin{bmatrix} 1 & T \\ 0 & 1 \end{bmatrix}\right) \tag{4-52}$$

$$\boldsymbol{G} = \mathrm{blkdiag}\left(\begin{bmatrix} \frac{T^2}{2} \\ T \end{bmatrix}, \begin{bmatrix} \frac{T^2}{2} \\ T \end{bmatrix}, \begin{bmatrix} \frac{T^2}{2} \\ T \end{bmatrix}\right) \tag{4-53}$$

式(4－52)中，T为离散时间步长；blkdiag指生成指定对角元素的分块对角矩阵。

上面分析的模型的气动过载表达形式是基于动压(dynamic pressure，DP)的，即

$$a = \xi q = \frac{1}{2}\xi\rho v^2 \tag{4-54}$$

这种基于动压的表达实际上是牛顿力学在空气动力学中的应用，即将空气动力冲量用气流动量的变化表示出来，气动参数ξ的数值则能体现飞行器相对于气流的姿态变化。对空中机动目标的跟踪应围绕对未知气动力的估计展开，目前的研究大体分为三类[16]。

(1) 状态增广法。将气动力参数建模为随机过程，如维纳过程、马尔可夫过程等，增广为目标的状态[16]，与位置和速度联合估计[17]。这种方法的本质为机动辨识，具有快速响应能力和较高的估计精度，但是须给出随气

式(4－54)中，a为

动力参数变化对应的非静态过程噪声统计特性。

（2）输入估计法。将气动力加速度作为未知的确定性输入，利用最小二乘法从新息中估计气动力加速度的大小，进而用来更新目标状态[18]。这种方法可不依赖于气动力参数变化特性的先验信息，但气动力何时引入状态更新须借助机动检测，这通常会带来较大的延迟。同时，若气动力为时变，则加速度估计精度降低。

（3）并行估计法。依据某种规则先验选取若干不同气动力参数的模型进行并行滤波，将所有子模型估计的加权融合作为最终的状态估计结果。一般使用固定或者变结构的多模型算法[19-21]。这种方法具有较好的对气动参数估计的准确性，但需要给出较多并且准确的目标先验信息（以得到准确的模式空间来设计模型集），不然精度会大大降低。

综合考虑算法的精度和计算复杂性，本节基于第一类方法的思想设计跟踪算法，将气动系数建模为一阶维纳过程，即

$$\boldsymbol{X}_k = [x_k \quad \dot{x}_k \quad y_k \quad \dot{y}_k \quad z_k \quad \dot{z}_k \quad \alpha_{\mathrm{D}} \quad \alpha_{\mathrm{S}} \quad \alpha_{\mathrm{L}}]^{\mathrm{T}} \tag{4-55}$$

状态方程为

$$\boldsymbol{X}_{k+1} = \begin{bmatrix} \boldsymbol{F} & \boldsymbol{0} \\ \boldsymbol{0} & \boldsymbol{I}_{3\times 3} \end{bmatrix} \boldsymbol{X}_k + \begin{bmatrix} \boldsymbol{G} \\ \boldsymbol{0} \end{bmatrix} a(\boldsymbol{X}_k) + \boldsymbol{W}_k \tag{4-56}$$

$\boldsymbol{w}_k$ 的协方差矩阵可以取

$$\boldsymbol{Q} = \boldsymbol{G}_w \boldsymbol{Q}_w \boldsymbol{G}_w^{\mathrm{T}} \tag{4-57}$$

其中

$$\boldsymbol{Q}_w = \mathrm{diag}([q_x,\ q_y,\ q_z,\ q_{\mathrm{D}},\ q_{\mathrm{S}},\ q_{\mathrm{L}}]) \tag{4-58}$$

$$\boldsymbol{G}_w = \mathrm{blkdiag}\left(\begin{bmatrix} \dfrac{T^2}{2} \\ T \end{bmatrix},\ \begin{bmatrix} \dfrac{T^2}{2} \\ T \end{bmatrix},\ \begin{bmatrix} \dfrac{T^2}{2} \\ T \end{bmatrix},\ \begin{bmatrix} 1 & 0 & 0 \\ 0 & 1 & 0 \\ 0 & 0 & 1 \end{bmatrix} \right) \tag{4-59}$$

仿真实验表明，x、y、z 轴加速度噪声方差对跟踪滤波结果的影响远小于阻力、侧向力和升力系数的噪声方差。

考虑到目标的气动系数有时会急剧变化（如当发动机启动或者当目标改变其姿态时），如果公式中的噪声方差矩阵是固定不变的，若气

某一方向上的加速度；q 为动压；ρ 为当地自由流（大气）密度；v 为飞行器空速；气动参数 ξ 为飞行器的空气动力系数，表示在对应方向上的气动参考面积 S 与其质量 m 的比值再乘以一个无量纲的动力学系数 σ，即 $\xi = \dfrac{\sigma S}{m}$。

式中，$\boldsymbol{F}$ 和 $\boldsymbol{G}$ 如式（4-52）和式（4-53）所示；$a(\boldsymbol{X}_k)$ 为加速度，是将 k 时刻的状态变量代入公式中计算得到的；$\boldsymbol{w}_k$ 为过程噪声。

式中，$\boldsymbol{Q}_w$ 各元素分别为 x、y、z 轴加速度噪声方差以及阻力、侧向力和升力系数的噪声方差。

动力系数的过程噪声方差过小，则会对气动力系数急剧变化时的适应能力不足。若气动力系数的噪声方差过大，当气动力系数变化比较平缓时，跟踪效果就会变差。因此，如果能够根据气动力系数的变化情况，对过程噪声方差矩阵进行调整，就能提高跟踪算法对气动力系数剧变的适应程度。

定义观测新息 $\boldsymbol{d}(k)$ 为

$$\boldsymbol{d}(k)=\boldsymbol{Z}(k)-h[\hat{\boldsymbol{X}}(k \mid k-1)] \tag{4-60}$$

新息 $\boldsymbol{d}(k)$ 使用了预测值，所以带有系统状态不确定性带来的误差，可以反映出系统所受到的扰动。

因此，可以使用基于过程噪声调整的自适应算法，基于观测协方差的自适应算法一般采用的是开窗法，典型的有新息序列自适应估计(innovation based adaptive estimation，IAE)。IAE滤波使用 m 个历史新息推算当前新息的协方差矩阵估计值 $\boldsymbol{P}_d(k)$，表示为

$$\boldsymbol{P}_d(k)=\frac{1}{m}\sum_{j=1}^{m}\boldsymbol{d}(k-j)\boldsymbol{d}(k-j)^{\mathrm{T}} \tag{4-61}$$

$$\boldsymbol{d}(k)=\boldsymbol{Z}(k)-h[\hat{\boldsymbol{X}}(k \mid k-1)] \tag{4-62}$$

一个最优的滤波器应该满足，通过开窗法统计得到的 $\boldsymbol{P}_d(k)$ 与滤波器中所预测的残差协方差基本保持一致，即

$$\frac{\mathrm{tr}[\boldsymbol{P}_d(k)]}{\mathrm{tr}[\boldsymbol{H}(k)\boldsymbol{P}(k \mid k-1)\boldsymbol{H}(k)^{\mathrm{T}}+\boldsymbol{R}(k)]}\approx 1 \tag{4-63}$$

当目标的气动参数变化较为平缓时，式(4-63)成立。当气动参数突变时，由于“机动”意味着大“新息”，因此有理由相信下式是成立的，即

$$\frac{\mathrm{tr}[\boldsymbol{P}_d(k)]}{\mathrm{tr}[\boldsymbol{H}(k)\boldsymbol{P}(k \mid k-1)\boldsymbol{H}(k)^{\mathrm{T}}+\boldsymbol{R}(k)]}> 1 \tag{4-64}$$

可以根据该式(4-64)判断系统的状态模型有没有发生变化，进而在滤波中对过程噪声协方差矩阵进行扩增，保持滤波器对系统状态突变的适应能力。

这里提供一种比较简单的方法来对过程噪声矩阵进行扩增。定义缩

放因子 $\beta(k)$ 为

$$\beta(k)=\frac{\mathrm{tr}\left[\frac{1}{m}\sum_{j=1}^{m}\boldsymbol{d}(k-j)\boldsymbol{d}(k-j)^{\mathrm{T}}-\boldsymbol{R}(k)\right]}{\mathrm{tr}[\boldsymbol{H}(k)\boldsymbol{P}(k\mid k-1)\boldsymbol{H}(k)^{\mathrm{T}}]}\quad \beta(k)<0,\ \beta(k)=1 \tag{4-65}$$

为了防止分子需要减去 $\boldsymbol{R}_k$ 而小于 0，使用式(4-65)来计算，确保算法的鲁棒性。

每个时刻，利用缩放因子 $\beta(k)$ 对预设过程噪声协方差矩阵 $\boldsymbol{Q}$ 进行扩增，有

$$\boldsymbol{Q}_k=\beta(k)\boldsymbol{Q}_k \tag{4-66}$$

上述分析是基于线性系统的卡尔曼滤波。当量测方程非线性时，可使用转换测量卡尔曼滤波，将非线性量测方程转化为线性量测方程，能确保较高的精度。

下面进行以雷达为例的仿真分析。假设雷达的位置位于 ENU 坐标系原点，其观测矢量包括斜距、方位角和仰角，其观测模型如图 4-15 所示，表示为

$$\boldsymbol{Z}_k=\begin{bmatrix}\sqrt{x_k^2+y_k^2+z_k^2}\\ \arctan\left(\dfrac{\boldsymbol{x}_k}{y_k}\right)\\ \arctan\left(\dfrac{z_k}{\sqrt{x_k^2+y_k^2}}\right)\end{bmatrix}+\boldsymbol{v}_k \tag{4-67}$$

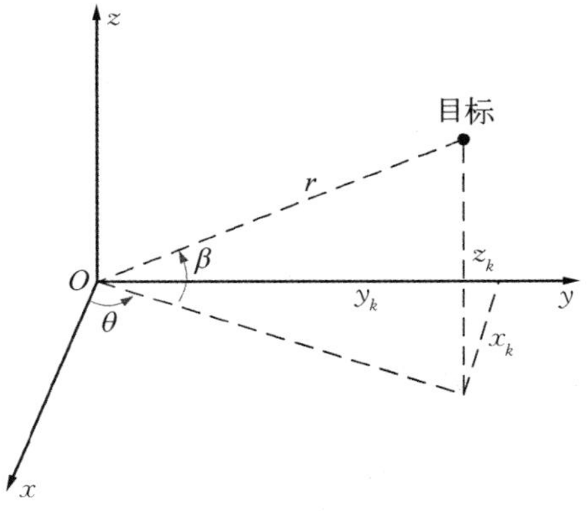

图 4-15　雷达观测模型

基于上一节的仿真环境，仿真跟踪无动力滑翔的飞行器飞行轨迹。目标跟踪结果如图 4-16 所示。

通常来说，对于这类飞行距离远且飞行高度相对于弹道导弹更低的目标，地基雷达受限于地球曲率的影响，探测能力受到很大的限制(只能探测到海平面以上的部分)，只能观测到飞行全程的一小部分。因此，若想实现对这类目标的全程探测和跟踪，必须依靠多种传感器的协同。

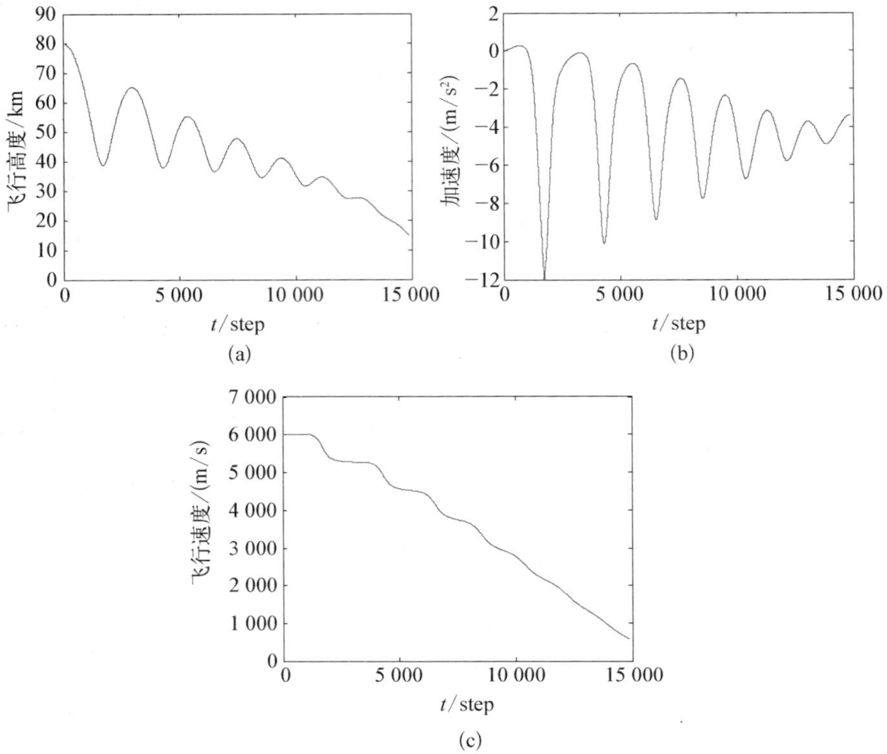

图 4-16　飞行轨迹及运动状态

(a) 飞行高度;(b) 飞行加速度;(c) 飞行速度

4.6　本章小结

本章介绍了目标跟踪算法的模型基础。首先分析了几类典型空中机动目标的机动性,然后提供了目标跟踪的基本模型,进而分别介绍了 Jerk 模型、Singer 模型与当前统计模型,最后给出了一种空中机动目标的单模型跟踪方法。

单模型的滤波算法具有先天的局限性。大部分机动目标的运动模式要么不可知,要么随时间变化,单一的模型难以全面地描述多变的机动运动模式。在单模型中,将过程噪声加大只是一个折中的方法,相当于增大模型的容错率,使其在机动阶段不至于丢失目标。对于模型完全不准确的机动目标来说,单模型则完全无法起到提高精确度的作用。当模型的结构或参数变化很大的时候,往往造成单模型算法的跟踪精度降低甚至发散。因此,多模型算法才是目前空中机动目标跟踪研究的主流。本章旨在为读者介绍空中机动目标跟踪的相关基础知识,后续会进一步探讨交互式多模型目标跟踪方法。

4.7 思考与讨论

4-1 如何区分机动与非机动?

4-2 当目标机动模型与实际运动情况不匹配时,会导致什么结果?

4-3 单模型的局限性体现在哪里?

参考文献

[1] 潘静岩,潘媚媚,魏勐,等.一种参数自适应变化的强机动目标跟踪算法[J].西安邮电大学学报,2019,24(3):76-97.

[2] 张燕,柳超,李云鹏.基于改进 Singer 模型的机动目标跟踪方法[J].火控雷达技术,2015,44(3):37-40.

[3] 雍恩米.高超声速滑翔式再入飞行器轨迹优化与制导方法研究[D].长沙:中国人民解放军国防科技大学,2008.

[4] 陈旭.基于变结构多模型算法的目标跟踪系统研究[D].南京:南京理工大学,2008.

[5] 高慧琴,高正红.典型过失速机动运动规律建模研究[J].飞行力学,2009,27(4):9-13.

[6] 梁小虎,朱武宣,郭海军,等.Jerk 模型用于高速机动飞行器跟踪的性能分析[J].飞行测控学报,2013,32(3):262-267.

[7] 李淑艳,任利霞,宋秋贵.临近空间高超音速武器防御综述[J].现代雷达,2014,36(6):13-15.

[8] 方群.航天飞行动力学[M].2 版.西安:西北工业大学出版社,2015:311-312.

[9] Xu M L, Chen K J, Liu L H, et al. Quasi-equilibrium glide adaptive guidance for hypersonic vehicles[J]. Science China Technological

Sciences, 2012, 55(3): 856 - 866.

[10] 李广华,张洪波,汤国建.高超声速滑翔飞行器典型弹道特性分析[J].宇航学报,2015,36(4): 397 - 403.

[11] Singer R A. Estimating optimal tracking filter performance for manned maneuvering targets [J]. IEEE Transactions on Aerospace & Electronic Systems, 1970, 6(4): 473 - 483.

[12] Mehrotra K, Mahapatra P R. A Jerk model for tracking highly maneuvering targets [J]. IEEE Transactions on Aerospace & Electronic Systems, 1997, 33(4): 1094 - 1105.

[13] 周宏仁.机动目标"当前"统计模型与自适应跟踪算法[J].航空学报,1983(1): 73 - 86.

[14] Farina A, Ristic B, Benvenuti D. Tracking a ballistic target: comparison of several nonlinear filters[J]. IEEE Transactions on Aerospace & Electronic Systems, 2002, 38(3): 851 - 867.

[15] 杨炳尉.标准大气参数的公式表示[J].宇航学报,1983,1(1): 83 - 86.

[16] 吴楠,陈磊.高超声速滑翔再入飞行器弹道估计的自适应卡尔曼滤波[J].航空学报,2013,34(8): 1960 - 1971.

[17] Chang C B, Athans M, Whiting R. On the state and parameter estimation for maneuvering reentry vehicles[J]. IEEE Transactions on Automatic Control, 1977, 22(1): 99 - 105.

[18] Lee S C, Liu C Y. Trajectory estimation of reentry vehicles by use of on-line input estimator [J]. Journal of Guidance Control & Dynamics, 1999, 22(6): 808 - 815.

[19] 梁勇奇,韩崇昭,孙耀杰,等.不变结构半弹道式再入飞行器的建模与多模型方法估计[J].自动化学报,2011,37(6): 700 - 712.

[20] 梁勇奇,韩崇昭,孙耀杰,等.不变结构半弹道式再入飞行器的混合状态估计与模型集设计[J].中国科学: 信息科学,2011,41(3): 311 - 323.

[21] 张树春,胡广大.跟踪机动再入飞行器的交互多模型Unscented卡尔曼滤波方法[J].自动化学报,2007,33(11): 1220 - 1225.

第 5 章
多模型目标跟踪算法

知识提纲

本章学习内容：

(1) 了解多模型跟踪理论基础，如马尔可夫系统、混杂系统的基本特征。

(2) 熟悉交互式多模型 / 变结构交互式多模型方法的原理和基本流程。

(3) 掌握几类典型的模型集自适应方法的原理，理解其异同和各自优缺点。

知识导图

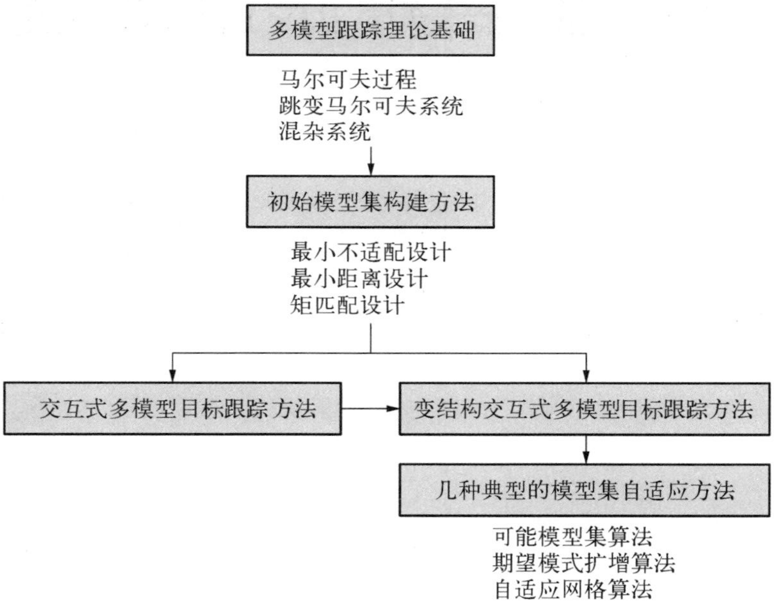

5.1 引言

随着科学技术的发展，在空空/地空作战等典型对抗性领域中，出现了各种强机动空中目标，它们具有未知或者是能够瞬时剧烈变化的运动状态，给目标跟踪带来了难题。在单模型目标跟踪算法中，模型的构建依赖于对目标运动状态或特性的一定了解，即使是第 4 章中介绍的空中机动目标模型也难以完全胜任对空中机动目标的跟踪。于是，基于多模型思想的目标跟踪算法应运而生。

多模型目标跟踪算法基于混杂系统理论，将机动目标运动模式的变化描述为马尔可夫过程，使用多个不同运动模型对目标进行状态估计，最终形成对目标状态的融合估计。多模型算法能够有效解决目标运动状态未知情况下对机动目标的跟踪问题，逐渐成为机动目标跟踪领域的主要研究方向之一。相比于传统的固定模型集的定结构多模型目标跟踪算法，能够根据跟踪效果在线调整模型集网格的变结构多模型算法也凭借其更强的灵活性和更高的跟踪精度广受青睐。除了几类经典的变结构多模型算法外，研究者进一步提出了基于混杂网格的 EMA 算法[1]、引入误差-分歧分解的 EAD - VSIMM 算法[2]、综合两类经典算法优点的 EMA - LMS 算法[3]、结合了再滤波和定间隔平滑方法的 SEIMM 和 LMS - SEIMM 算法[4]等；而模糊推理的引入[5-6]也为多模型的发展空间带来了更多的可能性。

EMA：期望模式扩增

VSIMM：变结构多模型

LMS：可能模型集

本章将介绍基于交互式多模型思想的机动目标跟踪算法，包括交互式多模型及变结构交互式多模型算法的基本原理、多模型框架下的初始模型集选择和设计方法。进一步介绍针对变结构交互式多模型算法的模型集自适应方法。

5.2 多模型跟踪理论基础

5.2.1 马尔可夫过程与跳变马尔可夫系统

随机过程是对一系列随机变量动态演化的统称，当随机过程满足马尔可夫性时，预测随机过程的未来状态不再需要全部历史信息，仅需要当前时刻状态即可。此类随机过程称为马尔可夫过程(Markov process)。马尔可夫过程是多模型目标跟踪算法的基础。与第2章所述一致，在这里为便于介绍跳变马尔可夫系统，重新给出马尔可夫性的描述。

【定义5-1】 设 $\{X(t), t \in T\}$ 为一随机过程，$\mathbb{E}$ 为其状态空间，若对任意的 $t_1 < t_2 < \cdots < t_n < t$，任意的 $\boldsymbol{x}_1, \boldsymbol{x}_2, \cdots, \boldsymbol{x}_n, \boldsymbol{x} \in \mathbb{E}$，随机变量 $\boldsymbol{X}(t)$ 在已知变量 $\boldsymbol{X}(\boldsymbol{t}_1)=\boldsymbol{x}_1, \cdots, \boldsymbol{X}(t_n)=\boldsymbol{x}_n$ 之下的条件分布函数只与 $\boldsymbol{X}(\boldsymbol{t}_n)=\boldsymbol{x}_n$ 有关，而与 $\boldsymbol{X}(t_1)=\boldsymbol{x}_1, \cdots, \boldsymbol{X}(t_{n-1})=\boldsymbol{x}_{n-1}$ 无关，即条件分布函数满足等式

$$\boldsymbol{F}(\boldsymbol{x}, t \mid \boldsymbol{x}_n, \boldsymbol{x}_{n-1}, \cdots, \boldsymbol{x}_2, \boldsymbol{x}_1, t_n, t_{n-1}, \cdots, t_2, t_1)=\boldsymbol{F}(\boldsymbol{x}, t \mid \boldsymbol{x}_n, t_n) \tag{5-1}$$

即

$$\boldsymbol{P}\{\boldsymbol{X}(t) \leqslant \boldsymbol{x} \mid \boldsymbol{X}(t_n)=\boldsymbol{x}_n, \cdots, \boldsymbol{X}(t_1)=\boldsymbol{x}_1\}=\boldsymbol{P}\{\boldsymbol{X}(t) \leqslant \boldsymbol{x} \mid \boldsymbol{X}(t_n)=\boldsymbol{x}_n\} \tag{5-2}$$

此性质称为马尔可夫性，亦称无后效性或无记忆性。

若 $\boldsymbol{X}(t)$ 为离散型随机变量，则马尔可夫性亦满足等式

$$\boldsymbol{P}\{\boldsymbol{X}(\boldsymbol{t})=\boldsymbol{x} \mid \boldsymbol{X}(t_n)=\boldsymbol{x}_n, \cdots, \boldsymbol{X}(t_1)=\boldsymbol{x}_1\}=\boldsymbol{P}\{\boldsymbol{X}(t)=\boldsymbol{x} \mid \boldsymbol{X}(t_n)=\boldsymbol{x}_n\} \tag{5-3}$$

【定义5-2】 若随机过程 $\{\boldsymbol{X}(t), t \in \boldsymbol{T}\}$ 满足马尔可夫性，则称为马尔可夫过程。进一步，可以给出离散时间马尔可夫跳变系统(discrete-time Markov jump system)的定义。

【定义5-3】 离散时间马尔可夫跳变系统的一般模型为

$$\boldsymbol{x}_{k+1}=\boldsymbol{A}(\boldsymbol{\theta}(k))\boldsymbol{x}_k+\boldsymbol{B}(\boldsymbol{\theta}(k))\boldsymbol{u}_k \tag{5-4}$$

式中，$\boldsymbol{x}(k) \in \mathbb{R}^n$ 是系统状态；$\boldsymbol{u}(k) \in \mathbb{R}^m$ 是系统输入；$\boldsymbol{A}(\boldsymbol{\theta}(k))$、$\boldsymbol{B}(\boldsymbol{\theta}(k))$ 是对应的参数矩阵。令 $(\boldsymbol{\Omega}, \boldsymbol{F}, \boldsymbol{P})$ 为完备的概率空间，$\{\boldsymbol{\theta}(k), k>0\}$ 是在 $(\boldsymbol{\Omega}, \boldsymbol{F}, \boldsymbol{P})$ 上的离散时间马尔可夫过程，其取值在有限模态集合 $\mathscr{R}=\{1, 2, \cdots, N\}$ 之中，$\boldsymbol{\theta}(k)$ 在不同模态之间切换的概率可以表示为

$$\boldsymbol{Pr}(\boldsymbol{r}_{k+1}=j \mid \boldsymbol{r}_k=i)=\boldsymbol{\phi}^{(ij)} \tag{5-5}$$

式中，$\boldsymbol{\phi}^{(ij)}$ 表示系统从模态 i 转移到模式 j 的概率。

5.2.2 混杂系统

在单模型算法中,模型来源于对目标运动状态的确切知晓。而机动目标的机动性就体现在其运动模式的未知和剧烈变化上。因此,单模型算法难以胜任机动目标跟踪任务。多模型估计(multiple model estimation, MME)[7]算法基于一种更为强大的机动目标描述方法——混杂系统(hybrid system),受到人们关注,是机动目标跟踪算法的研究前沿。

混杂系统作为一种更合理、强大的目标机动描述方法[7-8],有学者将目标跟踪问题定义为混杂系统估计问题[9]。混杂系统是一个同时具有连续和离散成员的系统。一个连续时间混杂系统可表示为

$$\begin{aligned}\dot{\boldsymbol{x}}(t)&=\boldsymbol{f}[\boldsymbol{x}(t),\boldsymbol{s}(t),\boldsymbol{w}(t),t]\\ \boldsymbol{z}(t)&=\boldsymbol{h}[\boldsymbol{x}(t),\boldsymbol{s}(t),\boldsymbol{v}(t),t]\end{aligned}\tag{5-6}$$

式中,$\boldsymbol{s}$ 表示系统的模式(mode),可能保持不变或在某个时刻突变,遵循着以概率描述的演化规律;$\boldsymbol{x}$ 称为基态,通常是连续的;$\boldsymbol{z}$ 表示测量;$\boldsymbol{w}$、$\boldsymbol{v}$ 分别为过程噪声和测量噪声。

将混杂系统所有可能模式组成的集合记为模式空间 $\mathbb{S}$。一般来说,基态 $\boldsymbol{x}$ 连续,而模式 $\boldsymbol{s}$ 是离散的。但在一些情况下,模式空间 $\mathbb{S}$ 也可以连续。比如令加速度为目标的运动模式,那就不能认为目标的加速度只能取几个值,它必定在一个连续范围内变化,此时模式空间就是连续的。混杂系统描述下,目标广义的状态可以记作 $\boldsymbol{\xi}=(\boldsymbol{x},\boldsymbol{s})$,于是对目标的状态估计就归结为对基态 $\boldsymbol{x}$ 和模式 $\boldsymbol{s}$,又或者是 $\boldsymbol{\xi}$ 的估计。如果 $\boldsymbol{s}$ 是一个马尔可夫链(Markov chain),那这个系统就可以称作马尔可夫跳变系统(Markov jump system)。大部分情况下都会把 $\boldsymbol{s}$ 假设为一个马尔可夫链,这也是交互式多模型和变结构多模型算法的理论假设。

目前大部分的状态估计算法都在离散时间下讨论,因此需要研究离散时间混杂系统。一种最简单的离散时间混杂系统可以表示为

$$\begin{aligned}\boldsymbol{x}_{k+1}&=\boldsymbol{F}_k(\boldsymbol{s}_k)\boldsymbol{x}_k+\boldsymbol{G}_k(\boldsymbol{s}_k)\boldsymbol{w}_k(\boldsymbol{s}_k)\\ \boldsymbol{z}_k&=\boldsymbol{H}_k(\boldsymbol{s}_k)\boldsymbol{x}_k+\boldsymbol{v}_k(\boldsymbol{s}_k)\end{aligned}\tag{5-7}$$

式(5-7)所描述的混杂系统其实是非线性的,但当系统模式 $\boldsymbol{s}$ 给定后,它就成为线性系统。$\boldsymbol{s}$ 随时间变化,如果 $\boldsymbol{s}$ 是一个马尔可夫链,这个系统就称作马尔可夫线性跳变系统(Markov jump-linear system, MJLS)。

混合估计(hybrid estimation)问题就是根据带有噪声的量测序列来估计基础状态和模式状态。

在混杂系统中,通过模型对一个真实系统进行描述。模型是数学上对

该理论认为任何时刻混杂系统的当前模型服从模型集中的某个模型。

系统模式的表示或描述。而对于目标的模式空间 $\mathbb{S}$，需要用一组模型，也就是模型集合 $\mathbb{M}$ 进行逼近。多模型方法是对混杂系统进行状态估计的常用方法，它使用一个以上模型(模型集)来解决由目标运动模式不确定带来的估计困难。它假设一组模型是当前时刻目标真实模式的候选，目标的真实模式遵循马尔可夫跳变，通过一组滤波器(每个滤波器使用模型集中的一个模型)的估计结果生成总体估计。一个简单的线性多模型系统的第 i 个模型可以描述为

$$\begin{aligned} \boldsymbol{x}_{k+1} &= \boldsymbol{F}_k^{(i)} \boldsymbol{x}_k + \boldsymbol{G}_k^{(i)} \boldsymbol{w}_k^{(i)} \\ \boldsymbol{z}_k &= \boldsymbol{H}_k^{(i)} \boldsymbol{x}_k + \boldsymbol{v}_k^{(i)} \end{aligned} \tag{5-8}$$

式中，$\boldsymbol{w}_k^{(i)}$ 表示过程噪声，$\mathrm{E}[\boldsymbol{w}_k^{(i)}] = \bar{\boldsymbol{w}}_k^{(i)}$，$\mathrm{cov}(\boldsymbol{w}_k^{(i)}) = \boldsymbol{Q}_k^{(i)}$；$\boldsymbol{v}_k^{(i)}$ 表示测量噪声，$\mathrm{E}[\boldsymbol{v}_k^{(i)}] = \bar{\boldsymbol{v}}_k^{(i)}$，$\mathrm{cov}(\boldsymbol{v}_k^{(i)}) = \boldsymbol{R}_k^{(i)}$；$(i)$ 表示模型集 $\mathbb{M}$ 中的第 i 个模型 $\boldsymbol{m}^{(i)}$。

模型变化遵循转移概率，即

$$\boldsymbol{P}\{\boldsymbol{m}_{k+1}^{(j)} \mid \boldsymbol{m}_k^{(i)}\} = \boldsymbol{\pi}^{(ij)} \tag{5-9}$$

$$\boldsymbol{m}_k^{(i)} \triangleq \{\boldsymbol{s}_k = \boldsymbol{m}^{(i)}\} \tag{5-10}$$

式中，$\boldsymbol{m}_k^{(i)}$ 表示模型 $\boldsymbol{m}^{(i)}$ 在 k 时刻与真实模式匹配。

针对机动目标跟踪问题，在混杂系统中可以用多个不同输入的运动模式对目标机动过程进行描述，即

$$\begin{aligned} \boldsymbol{x}_{k+1} &= \boldsymbol{F}_k^{(i)} \boldsymbol{x}_k + \boldsymbol{G}_k^{(i)} \boldsymbol{u}_k^{(i)} + \boldsymbol{\Gamma}_k^{(i)} \boldsymbol{w}_k^{(i)} \\ \boldsymbol{z}_k &= \boldsymbol{H}_k^{(i)} \boldsymbol{x}_k + \boldsymbol{v}_k^{(i)} \end{aligned} \tag{5-11}$$

式中，$\boldsymbol{u}_k^{(i)}$ 代表第 i 个模型的输入。

本章的仿真实验将基于上式模型展开，而在后续多模型方法的介绍中，将使用简单的基础模型展示其思想。

5.3 初始模型集构建方法

5.3.1 目标运动模式空间

为了提升交互式多模型跟踪的效果，除了设计高效、合理的模型集处理及交互算法之外，模型集的设计也值得注意。

模型集设计，即决定在特定问题下交互式多模型算法所需使用的初始模型集合。通常来说，模型集设计包括几个方面的问题。

(1) 模型集应该包含多少模型？如何知道合理的数量？

（2）在已知数量后，如何设计各具体模型？

（3）各模型和模型集整体的结构应该是如何的？

（4）各模型的具体参数应如何设定？

……

为了解决以上问题，模型集设计需包含两个过程：① 对若干候选的模型集进行比较；② 选定最合适的模型集。而有时，模型集设计也并不一定需要已知的候选模型集作为基础。

模型集是影响多模型算法性能的一个重要方面。想要获得好的跟踪效果，必须使模型集尽可能覆盖目标所有的运动模式。只有匹配上正确的模型，才能发挥出多模型算法的优势。但是对于交互式多模型来说，添加一个模型对于运算量的支出是巨大的，因此，如何设计有效而精简的模型集是十分重要的问题。一般来说，模型集的设计应遵循以下原则[10]：

（1）独立性原则。模型集内不同的模型之间应该相互独立，不能出现其中一个模型包含另一个模型的情况。这样不但造成了模型冗余，而且会出现两个模型同时匹配的状况，导致模型之间的竞争，造成估计器的不稳定。

（2）等概率划分原则。假定系统真实模式$\mathbb{S}$的概率分布函数$\boldsymbol{F}_s(\boldsymbol{x})$已知，在模型设计的时候，应通过合理设置模型在模式空间中的分布，从而保证每个模型能够得到相同的匹配概率。在这种原则的指导下，在等概率的每个子空间中，可以使设计的每个模型最大限度地覆盖模式子空间。

在常用的针对机动目标跟踪的交互式多模型中，一般将模型集中模型个数为2的交互式多模型算法称为IMM2，模型个数为3的交互式多模型算法称为IMM3。一般的IMM2采用无过程噪声的CV模型与有过程噪声的CA模型，IMM3则采用无噪声的CV模型、无噪声的CA模型以及有噪声的CA模型。而对于飞行器来说，常用的还有CA模型与CT模型的组合，或者低噪声的CA模型和高噪声的CA模型。CA模型与CT模型之间的转换一般使用状态量增广和置零处理[11]。

同时，由于加速度是机动目标的重要运动特性，并且可以突变，很多时候会把加速度视为目标的模式，将目标的加速度范围划为模式空间。对于这种具有连续模式空间的混杂系统，下面介绍三类模型集设计的方法[12-14]。

5.3.2 最小不适配设计

该设计方法的基本思路如下：获得一离散随机变量(模型)的累积分布函数(cumulative distribution function，CDF) $\boldsymbol{F}_m(\boldsymbol{x})$，以此近似任意随机变量(模型)的 CDF，$\boldsymbol{F}_s(\boldsymbol{x})$。

假设目标真实运动模式 $\boldsymbol{s}$ 的 CDF，即 $\boldsymbol{F}_s(\boldsymbol{x})$，是已知的。根据给定的容错量 ϵ，我们可以建立一离散随机变量(此处指模型集)的 CDF，即 $\boldsymbol{F}_m(\boldsymbol{x})$，并且使得所有的 $\boldsymbol{x}$ 满足 $|\boldsymbol{F}_s(\boldsymbol{x})-\boldsymbol{F}_m(\boldsymbol{x})|\leqslant\epsilon$。事实上，对于任意一个给定的 CDF，$\boldsymbol{F}_1(\boldsymbol{x})$，我们总可以找到若干随机变量的 CDF，$\boldsymbol{F}_2(\boldsymbol{x})$，基于以下距离定义在距离上任意地接近 $\boldsymbol{F}_1(\boldsymbol{x})$：

$$\mathrm{d}(\boldsymbol{F}_1, \boldsymbol{F}_2)=\sup_{x\in \boldsymbol{R}}|\boldsymbol{F}_1(\boldsymbol{x})-\boldsymbol{F}_2(\boldsymbol{x})| \tag{5-12}$$

式中，$\boldsymbol{R}=[-\infty, \infty]$。

换言之，我们所考虑的问题总是有解的。

【引理 5-1】 模型的最小数量：根据前述距离度量，给定一容错量 ϵ，所需的最小模型数量 $|\mathbb{M}|=\lceil 1/2\epsilon\rceil$，即不小于 $1/2\epsilon$ 的最小整数。

一个合理的容错量 ϵ 并非总是容易获取的，有时候模型的数量 $|\mathbb{M}|$ 是直接由可用的计算资源决定的。【定理 5-1】特别适用于该类情形。

【定理 5-1】 最小模型集设计：给定 $|\mathbb{M}|$，设最接近模型 $\boldsymbol{s}$ [CDF 为 $\boldsymbol{F}_s(\boldsymbol{x})$] 的随机模型由模型集 $\mathbb{M}^*$ 和概率质量函数 p^* 描述，即

$$\{\mathbb{M}^*, p^*\}=\arg\inf_{\substack{\text{给定}|\mathbb{M}|\text{时} \\ \text{inf大于}\{\boldsymbol{M}, \boldsymbol{p}\}}}\sup_{\boldsymbol{x}\in \boldsymbol{S}}|\boldsymbol{F}_s(\boldsymbol{x})-\boldsymbol{F}_m(\boldsymbol{x})| \tag{5-13}$$
$$\boldsymbol{m}\in\mathbb{M}$$

有

$$\mathbb{M}^*=\{\boldsymbol{m}^{(1)}, \boldsymbol{m}^{(2)}, \cdots, \boldsymbol{m}^{(|\mathbb{M}|)}\}$$
$$\boldsymbol{m}^{(i)}=\arg_{\boldsymbol{x}\in\mathbb{S}}\left[\boldsymbol{F}_s(\boldsymbol{x})=\frac{i-1/2}{|\mathbb{M}|}\right] \quad i=1, \cdots, |\mathbb{M}| \tag{5-14}$$

同时，有如下概率质量函数(初始模型概率)：

$$p_m(\boldsymbol{x})\big|_{x=\boldsymbol{m}^{(i)}}=P\{\boldsymbol{m}=\boldsymbol{m}^{(i)} \mid \boldsymbol{m}\in\mathbb{M}^*\}=\frac{1}{|\mathbb{M}|} \quad i=1, \cdots, |\mathbb{M}| \tag{5-15}$$

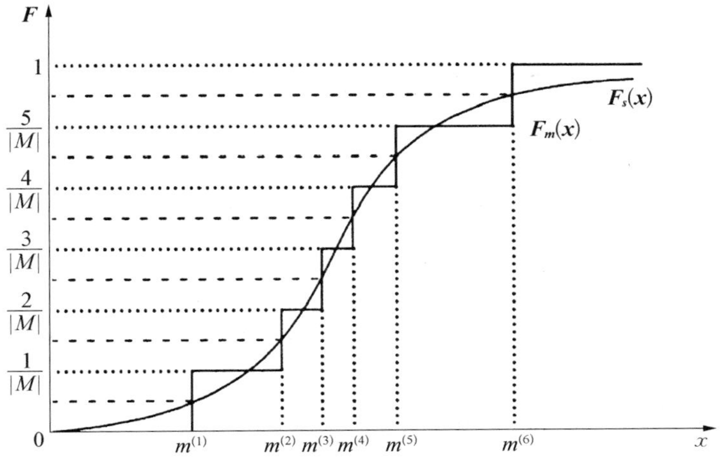

图 5-1 给定容错度下阶梯式近似 CDF

$\boldsymbol{m}^{(i)}$ 从 $\mathbb{S}$ 中选出，因此 $\mathbb{M} \in \mathbb{S}$。该模型集设计方法较为直观。它将模式空间划分为等可能的区域，并且在各个区域的中心设置一个模型。如此，各个模型具有相等的起效概率，也各自代表了等可能的一个区域。该方法利用了最小模型数量，也兼顾了给各个模型赋予相等的初始概率的思路。然而，该方法有若干缺点。首先，该方法仅在真实模式 $\boldsymbol{s}$ 的 CDF 已知的情况下可用。其次，部分模型 $\boldsymbol{m}^{(i)}$ 可能分布在概率密度低的区域，这种情况下各模型与起效模型的适配程度会下降，导致多模型算法的性能下降；换言之，部分模型可能需要代表低密度的大块模式区域，若真实模式恰巧落在这些区域，算法的效果将会不佳。最后，为获得较小的 CDF 误差容错量，在高概率密度的空间，各模型的区分难免会小，而这恰是多模型算法为节省计算资源而需避免的。如此一来，我们或维持低容错度（同时也维持低模型区分度），或放松对容错度的要求、提升模型区分度，从而减小模型集的规模。实际上，在 $|\boldsymbol{F}_s(\boldsymbol{x}) - \boldsymbol{F}_m(\boldsymbol{x})|$ 中略高的容错度并不一定导致多模型算法的性能过分恶化。

5.3.3 最小距离设计

前述的最小不适配设计方法基于概率分布函数的空间实现。此外，模型集的设计也可以基于随机变量的向量空间实现，即直接在向量空间中寻

找接近 $\boldsymbol{s}$ 的 $\boldsymbol{m}$。为了实现这一过程，首先定义模型 $\boldsymbol{m}$ 与模式 $\boldsymbol{s}$ 之间的接近程度度量。

随机变量向量空间中的距离度量常以均方根形式或马氏距离形式定义。此处定义一种更常使用的度量方式，参数 p 可任意选取。对于 $s \in \mathbb{S}$，$m \in \mathbb{M}$，有

$$\begin{aligned}\mathrm{E}[d(\boldsymbol{s},\boldsymbol{m})] &= \sum_{\boldsymbol{m}^{(i)} \in \mathbb{M}} P\{\boldsymbol{m}=\boldsymbol{m}^{(i)}\} \int_{\mathbb{S}} d(\boldsymbol{s},\boldsymbol{m}^{(i)}) \times f(\boldsymbol{s} \mid \boldsymbol{m}=\boldsymbol{m}^{(i)}) \mathrm{d}\boldsymbol{s} \\ &= \int_{\mathbb{S}} \sum_{\boldsymbol{m}^{(i)} \in \mathbb{M}} d(\boldsymbol{s},\boldsymbol{m}^{(i)}) \times P\{\boldsymbol{m}=\boldsymbol{m}^{(i)} \mid \boldsymbol{s}\} \boldsymbol{f}(\boldsymbol{s}) \mathrm{d}\boldsymbol{s}\end{aligned} \tag{5-16}$$

可看出，模型 $\boldsymbol{m}$ 与模式 $\boldsymbol{s}$ 之间的接近程度取决于 $\boldsymbol{\omega}^{(i)}(\boldsymbol{s})=P\{\boldsymbol{m}=\boldsymbol{m}^{(i)} \mid \boldsymbol{s}\}$，即以真实模式 $\boldsymbol{s}$ 为条件的模型概率。这一条件模型概率又称模型效力[15]。

此处进行一定简化，假设

$$P\{\boldsymbol{m}=\boldsymbol{m}^{(i)} \mid \boldsymbol{s}\}=1(\boldsymbol{s};\boldsymbol{S}^{(i)}) \triangleq \begin{cases}1, & s \in \boldsymbol{S}^{(i)} \\ 0, & s \notin \boldsymbol{S}^{(i)}\end{cases} \tag{5-17}$$

此即假设 $\{\boldsymbol{m}=\boldsymbol{m}^{(i)}\}=\{\boldsymbol{s}=\boldsymbol{S}^{(i)}\}$，$i=1, \cdots, N$ 构成了模式空间 $\mathbb{S}$ 的一个分区，亦即表示每个模型独立地代表模式空间的一个区域，如多模型算法应用中所通常认为的。在此假设下，式(5-16)转化为

$$\mathrm{E}[d(\boldsymbol{s},\boldsymbol{m})]=\sum_{i} \int_{\boldsymbol{S}^{(i)}} d(\boldsymbol{s},\boldsymbol{m}^{(i)}) f(\boldsymbol{s}) \mathrm{d}\boldsymbol{s} \tag{5-18}$$

【定理 5-2】

模型集最优条件：假设 $\mathcal{S}=\{S_1, \cdots, S_N\}$ 是模式空间 $\mathbb{S}$ 的一个分区，其中 S_i 由模型 $\boldsymbol{m}^{(i)}$ 独立地代表，即有 $\{\boldsymbol{s}=\boldsymbol{S}^{(i)}\}=\{\boldsymbol{m}=\boldsymbol{m}^{(i)}\}$。进而，在满足前述度量距离最小化的前提下，以下两个最优性条件成立。

（1）给定模式空间 $\mathbb{S}$ 的一任意分区 $\mathcal{S}=\{\boldsymbol{S}^{(1)}, \cdots, \boldsymbol{S}^{(N)}\}$，对于一个模型集 $\mathbb{M}=\{\boldsymbol{m}^{(i)}, \cdots, \boldsymbol{m}^{(N)}\}$，如果各模型 $\boldsymbol{m}^{(i)}$ 为对应分区成员 $\boldsymbol{S}^{(i)}$ 的平均质心，那么 $\mathbb{M}$ 是最优的，即

$$\boldsymbol{m}^{(i)}=(\boldsymbol{s}^{(i)})^{*} \triangleq \underset{\boldsymbol{m}}{\operatorname{argmin}} \mathrm{E}[d(\boldsymbol{s},\boldsymbol{m}) \mid \boldsymbol{s} \in \boldsymbol{S}^{(i)}] \tag{5-19}$$

（2）给定任意一模型集 $\mathbb{M}$，对于一个模式空间分区，当且仅当其成员的各点相比于任何 $\boldsymbol{m}_j$ 更接近 $\boldsymbol{m}_i$，且 $\boldsymbol{m}_i, \boldsymbol{m}_j \in \mathbb{M}$，即

$$\boldsymbol{S}^{(i)}=\{\boldsymbol{s}: d(\boldsymbol{s}, \boldsymbol{m}^{(i)})<d(\boldsymbol{s}, \boldsymbol{m}^{(j)}) \forall \boldsymbol{m}^{(j)} \neq \boldsymbol{m}^{(i)}\} \tag{5-20}$$

则一个点 $\boldsymbol{s}$ 必须被分配给最近邻的 $\boldsymbol{m}^{(i)}$；进一步，等距离点的集合 $\boldsymbol{S}^{(ij)}=\{\boldsymbol{s}: d(\boldsymbol{s}, \boldsymbol{m}^{(i)})=d(\boldsymbol{s}, \boldsymbol{m}^{(j)}) \leqslant d(\boldsymbol{s}, \boldsymbol{m}^{(k)}) \forall \boldsymbol{m}^{(k)} \in \mathbb{M}\}$ 中的点则可能被分配给 $\boldsymbol{S}^{(i)}$ 或 $\boldsymbol{S}^{(j)}$。

对【定理 5-2】的几点说明如下。

（1）该定理基本阐明，在假设前提下，如果存在一个最优模型集，那么该模型集存在于一个模型配置为模式空间分区成员中心的集合中。

（2）若 $d(\boldsymbol{s}, \boldsymbol{m})=(\boldsymbol{s}-\boldsymbol{m})^{\mathrm{T}}(\boldsymbol{s}-\boldsymbol{m})$，则质心降为其条件平均值，即 $(\boldsymbol{s}^{(i)})^{*}=\mathrm{E}[\boldsymbol{s} \mid \boldsymbol{s} \in \boldsymbol{S}^{(i)}]$；若 $d(\boldsymbol{s}, \boldsymbol{m})=|\boldsymbol{s}-\boldsymbol{m}|$，则质心降为条件中位值。

（3）两个条件都较直观。

（4）该定理未说明一个最小化上述度量的最佳模型集的存在性或唯一性，也未说明满足两个条件的解的存在性和唯一性。

（5）该定理的最优性条件实际上比先前定义的方式更广泛地适用于接近程度度量。

该定理为假设条件下获得最优模型集的迭代过程提供了理论基础。比如，我们可以从模型空间的一个初始分区出发，将各分区成员的质心作为模型集候选，利用最近邻规则获取对应分区（即更新），重复以上流程直到收敛。抑或者，我们可以从一个初始模型集出发，利用最近邻规则获取对应的分区，用分区成员的质心来更新模型集，重复直到收敛。

5.3.4 矩匹配设计

在一些实际场景中，我们能够知道真实模式 $\boldsymbol{s}$ 的部分矩（moment）信息，而非完整的分布信息。在有些场景中，我们很难选择合理的容错量，即 $|\boldsymbol{F}_s(\boldsymbol{x})-\boldsymbol{F}_m(\boldsymbol{x})| \leqslant \epsilon$，只希望能够让模型 $\boldsymbol{m}$ 的矩匹配真实模式 $\boldsymbol{s}$ 的部分矩信息。

对于 $\boldsymbol{s}$，给定最多 q 阶的矩信息，我们希望能够找到一离散变量 $\boldsymbol{m}$（即 $\boldsymbol{m}^{(i)}$ 的位置、数量以及对应的概率 $p^{(i)}$），使得 $\mathrm{E}[\boldsymbol{m}^n]=\mathrm{E}[\boldsymbol{s}^n]$，$n=1, \cdots, q$。出于篇幅以及实际应用的考虑，以下介绍仅考虑匹配均值和协方差的方法。

设 $\boldsymbol{m}$ 的概率质量函数为

$$p^{(i)} = \{\boldsymbol{m} = \boldsymbol{m}^{(i)} \mid \boldsymbol{m} \in \mathbb{M}\} > 0$$
$$\forall i \in \boldsymbol{J} = \{1, \cdots, |\mathbb{M}|\} \tag{5-21}$$
$$\mathbb{M} = \{\boldsymbol{m}^{(1)}, \cdots, \boldsymbol{m}^{(|\mathbb{M}|)}\}$$

可得 $\boldsymbol{m}$ 的均值和协方差分别为

$$\bar{\boldsymbol{m}} = \sum_{i \in \boldsymbol{J}} \boldsymbol{m}^{(i)} p^{(i)}$$
$$\boldsymbol{C}_m = \sum_{i \in \boldsymbol{J}} (\boldsymbol{m}^{(i)} - \bar{\boldsymbol{m}})(\boldsymbol{m}^{(i)} - \bar{\boldsymbol{m}})' p^{(i)} \tag{5-22}$$

1）最小模型集设计

以下定理可判断 $q=2$ 时的最小模型数量。

【定理 5-3】 最小模型集：令 $\boldsymbol{m}$ 匹配真实模式 $\boldsymbol{s}$ 的均值 $\bar{\boldsymbol{s}}$ 和协方差 $\boldsymbol{C}_s$ 所需的最小模型数量为

$$\text{最小模型数} = \text{rank}(\boldsymbol{C}_s) + 1$$

考虑设计模型集 $\{(\boldsymbol{m}^{(i)})^*,\ p^{(i)},\ i \in J\}$，以使

$$\sum_{i \in \boldsymbol{J}} \boldsymbol{p}^{(i)} = 1$$
$$\sum_{i \in J} (\boldsymbol{m}^{(i)})^* p^{(i)} = \bar{\boldsymbol{s}}$$
$$\sum_{i \in \boldsymbol{J}} [(\boldsymbol{m}^{(i)})^* - \bar{\boldsymbol{s}}][(\boldsymbol{m}^{(i)})^* - \bar{\boldsymbol{s}}]^{\mathrm{T}} p^{(i)} = C_s \tag{5-23}$$

实际上，我们只需设计 $\{\boldsymbol{m}^{(i)},\ p^{(i)},\ i \in J\}$，使得

$$\sum_{i \in J} p^{(i)} = 1$$
$$\sum_{i \in J} \boldsymbol{m}^{(i)} p^{(i)} = \boldsymbol{0}$$
$$\sum_{i \in J} \boldsymbol{m}^{(i)} (\boldsymbol{m}^{(i)})^{\mathrm{T}} p^{(i)} = \boldsymbol{I}_{n \times n} \tag{5-24}$$

式中，$n = \text{rank}(\boldsymbol{C}_s)$。

此处的所有设计都针对这一标准问题。若给定均值 $\bar{\boldsymbol{s}}$ 和协方差 $\boldsymbol{C}_s$，设计 $\{\boldsymbol{m}^{(i)},\ p^{(i)},\ i \in J\}$ 的任务可以转化为式(5-23)中设计 $\{\boldsymbol{m}^{(i)},\ p^{(i)},\ i \in J\}$ 的任务，只需利用以下变换：$(\boldsymbol{m}^{(i)})^* = \boldsymbol{A}[(\boldsymbol{m}^{(i)})^{\mathrm{T}},\ 0]^{\mathrm{T}} + \bar{\boldsymbol{s}}$，其中 $\boldsymbol{A}$ 满足 $\boldsymbol{C}_s = \boldsymbol{A}\,\text{diag}(\boldsymbol{I}_{n \times n},\ 0)\,\boldsymbol{A}^{\mathrm{T}}$。

【定理 5-4】 最小模型集设计：设有以下设计

$$\{\boldsymbol{m}^{(i)},\ p^{(i)}\}_{i=0}^{n+1} \tag{5-25}$$

其中

$$0<\boldsymbol{p}^{(0)}<1$$

$$\boldsymbol{p}_1^{(0)}=\boldsymbol{p}^{(0)}$$

$$\boldsymbol{p}_1^{(1)}=\boldsymbol{p}_1^{(2)}=(1-p^{(0)})/2$$

$$\boldsymbol{m}_1^{(0)}=0$$

$$\boldsymbol{m}_1^{(1)}=(1-\boldsymbol{p}^{(0)})^{-1/2}$$

$$\boldsymbol{m}_1^{(2)}=-(1-\boldsymbol{p}^{(0)})^{-1/2}$$

$$\cdots$$

$$\boldsymbol{p}_j^{(0)}=\boldsymbol{p}^{(0)}\boldsymbol{p}_j^{(i)}=\boldsymbol{p}_j^{(i-1)}/2 \qquad i=1,\ \cdots,\ j$$

$$\boldsymbol{p}_j^{(j+1)}=(1-\boldsymbol{p}^{(0)})/2$$

$$\boldsymbol{m}_j^{(0)}=0\boldsymbol{m}_j^{(i)}=[(\boldsymbol{m}_{j-1}^{(i)})^{\mathrm{T}},\ (1-\boldsymbol{p}^{(0)})^{-1/2}]^{\mathrm{T}} \qquad i=1,\ \cdots,\ j$$

$$\boldsymbol{m}_j^{(j+1)}=[0,\ -(1-\boldsymbol{p}^{(0)})^{-1/2}]^{\mathrm{T}} \tag{5-26}$$

以上设计满足式(5-24),即该设计模型与真实模式具有同样的均值和协方差,其中 $\boldsymbol{m}^{(i)}=\boldsymbol{m}_n^{(i)}$, $\boldsymbol{p}^{(i)}=\boldsymbol{p}_n^{(i)}$, $i=0,\ 1,\ \cdots,\ n+1$; n 维向量 $\boldsymbol{m}$ 表示为 $\boldsymbol{m}_n$。

图 5-2 分别展示了 $n=1,\ 2,\ 3$ 情况下的最小模型集设计。在 $n=3$ 的情况下,$\boldsymbol{m}^{(0)}$ 处于立方空间中心,而其他模型处于立方空间的表面,$\boldsymbol{m}^{(4)}$ 处于底部平面的中心。此处每个模型的坐标都为 0 或 $\pm(1-\boldsymbol{p}^{(0)})^{-1/2}$。 均值和协方差按以下概率质量匹配:$\sum_{i=1}^{i}\boldsymbol{p}_j^{(i)}=\boldsymbol{p}_j^{(i+1)}$。

此设计中,$0<p^{(0)}<1$ 的具体参数值可以自由决定。如果设 $p^{(0)}=0$,即去除 $\boldsymbol{m}^{(0)}$,那么我们将得到 $n+1$ 个模型,也正是【定理 5-3】中所述的匹配均值和协方差的最小模型数量。

最小模型集设计的结果并不是唯一的,图 5-3 展示了三维情况下的另一种设计。向更高维度扩展也是非常直接的。在该设计中,概率质量为 p 的模型被置于各正半轴上,并且与原点的距离都为 α;最后一个模型

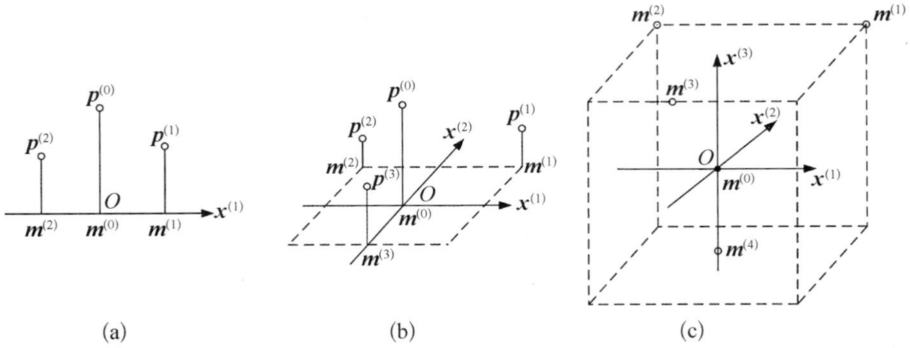

图 5-2　最小模型集设计

(a)一维情形；(b)二维情形；(c)三维情形

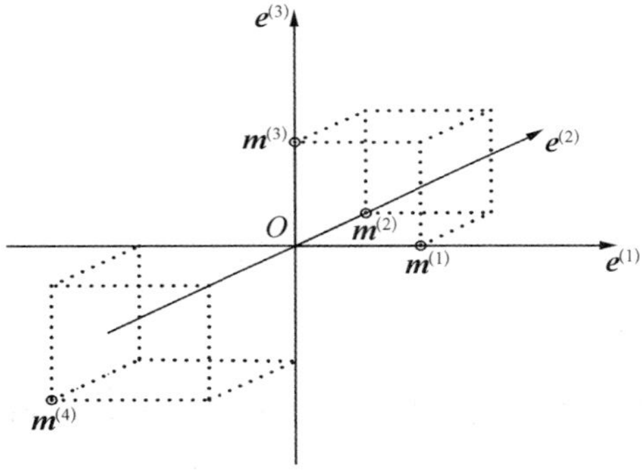

图 5-3　三维情形的另一种最小模型集设计

$\boldsymbol{m}^{(n+1)}=\beta[-1, -1, \cdots, -1]^{\mathrm{T}}$ 则有概率质量 q。显然，若 $q=p$ 且 $\alpha=\beta=1/\sqrt{p}$，则有均值 $\bar{\boldsymbol{m}}=0$ 和协方差 $\boldsymbol{C}_m=\boldsymbol{I}_{n\times n}$。与图 5-2 的设计类似，如果需要，可以在原点放置一个概率为 $p^{(0)}$ 的模型，对均值、协方差并无影响。在后续内容中，我们将讨论 $q\neq p$ 和 $\alpha\neq\beta$ 情况下的设计。

2）对称模型集设计

前文举例的最小模型集设计显然都具有空间和概率上的分布对称性。在实际中，我们往往希望各模型具有这样的对称分布特性，同时相对于人为构造的坐标系具有恒定性。因此，我们给出以下定理。

【定理 5-5】　最小对称集设计：设一模型集 $\{\boldsymbol{m}^{(i)}, p^{(i)}\}_{i=0}^{2n}$ 服从对称分布

$$0\leqslant p^{(0)}<1$$

$$p^{(i)}=(1-p^{(0)})/(2n) \qquad i=1, \cdots, 2n$$

$$\boldsymbol{m}^{(0)}=\boldsymbol{0}$$

$$\boldsymbol{m}^{(i)}=-\boldsymbol{m}^{(n+i)}=\boldsymbol{e}^{(i)}\sqrt{\frac{n}{1-p^{(0)}}} \qquad i=1, \cdots, n \tag{5-27}$$

且满足式(5-24),即 $\boldsymbol{m}$ 和 $\boldsymbol{s}$ 具有匹配的均值和协方差,其中 $\boldsymbol{e}^{(i)}$ 代表第 i 个坐标轴向量。

正如【定理 5-3】中的设计,$0<p^{(0)}<1$ 是一个可自由选择的参数,其值会对高阶矩产生影响。如果我们令 $p^{(0)}=0$(即删去 $\boldsymbol{m}^{(0)}$),将得到 $2n$ 个模型。然而在实际应用中,$\boldsymbol{m}^{(0)}$ 的存在对多模型方法将大有裨益。

图 5-4 (a)展示了 $n=3$ 情况下的对称集设计,其中 $\boldsymbol{m}^{(0)}$ 处于立方空间的中心,其余模型则位于立方空间表面的中心。如果不使用 $\boldsymbol{m}^{(0)}$,所有的模型将围绕一特征向量方向对称分布,并保持与原点距离一致;此时,模型均值是匹配的,各模型的概率质量相等,同时各轴上的模型总协方差都为 1。

在这一设计中,每个轴方向上除 $\boldsymbol{m}^{(0)}$ 外只有两个模型。在实际应用中,多模型估计需要更多的模型以保证效果。因此,我们对【定理 5-5】进行如下扩展。

【定理 5-6】

对称集设计:设一模型集 $\{\boldsymbol{m}^{(i)},\ p^{(i)}\}_{i=0}^{2kn}$ 服从对称分布

$$
\begin{aligned}
&0 \leqslant p^{(0)}<1 p^{[2(j-1)n+i]}=p^{[(2j-1)n+i]} \\
&\quad=(1-p^{(0)})/(2\alpha^{(j)}\beta^{(j)}n) \quad i=1, \cdots, n \quad j=1, \cdots, k
\end{aligned}
$$

$$
\boldsymbol{m}^{(0)}=\mathbf{0}
$$

$$
\boldsymbol{m}^{[2(j-1)n+i]}=-\boldsymbol{m}^{[(2j-1)n+i]}=\boldsymbol{e}^{(i)}\sqrt{\frac{\alpha^{(j)}n}{1-p^{(0)}}} \quad i=1, \cdots, n \quad j=1, \cdots, k \tag{5-28}
$$

且服从式(5-24),其中 $\alpha^{(k)} \geqslant \alpha^{(k-1)} \geqslant \cdots \geqslant \alpha^{(1)}>0$ 且 $\beta^{(j)}>0$ 满足

$$
\sum_{j=1}^{k} \frac{1}{\beta^{(j)}}=1
$$

$$
\sum_{j=1}^{k} \frac{1}{\alpha^{(j)}\beta^{(j)}}=1 \tag{5-29}
$$

$\alpha^{(j)}$ 和 $\beta^{(j)}$ 的值可简单取

$$
\alpha^{(j)}=j\alpha^{(1)}
$$

$$\beta^{(j)}=k$$

$$j=1,\ \cdots,\ k \tag{5-30}$$

使得 $k=2$ 时，$\alpha^{(1)}=3/4$，$\alpha^{(2)}=3/2$；$k=3$ 时，$\alpha^{(1)}=11/18$，$\alpha^{(2)}=22/18$，$\alpha^{(3)}=33/18$。图 5-4 (b)展示了 $n=2$ 和 $k=2$ 情况下的对称集设计。

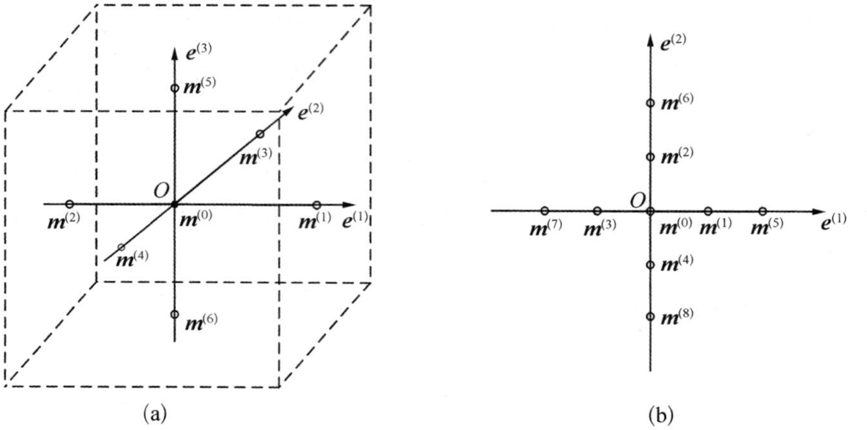

图 5-4 对称集设计图示

(a) 三维情形；(b) 二维情形

对称集设计可能导致模型在空间中分布相对不平均。下面举例的设计能够在一定程度上弥补这一缺点，该设计在 $j \geqslant 2$ 的情况下可通过模型 $\boldsymbol{m}^{[2(j-1)n+i]}$ 和 $\boldsymbol{m}^{[(2j-1)n+i]}$ 的旋转使分布更加平均化。我们考虑 $n=2$，$k=4$ 且 $\alpha^{(4)}=\alpha^{(3)}$ 的情形，如图 5-5 所示。

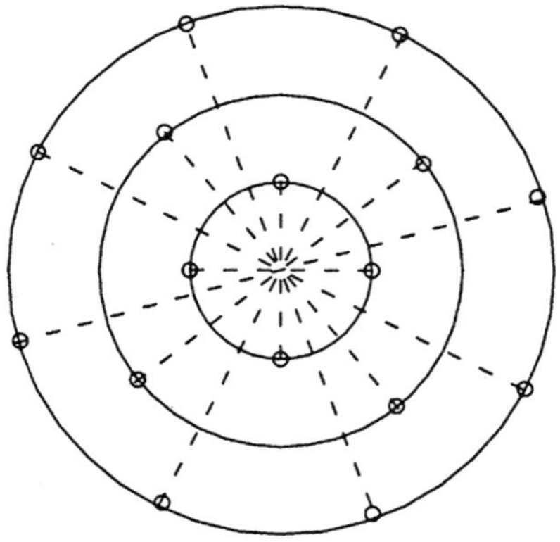

图 5-5 平均化分布对称集设计

令

$$\boldsymbol{e}_1^{(i)}=\boldsymbol{e}^{(i)}$$

$$\boldsymbol{e}_2^{(i)}=(\boldsymbol{e}_1^{(i)}+\boldsymbol{e}_1^{(i+1)})/\sqrt{2}$$

$$e_3^{(i)} = (e_1^{(i)} + e_2^{(i)})/\sqrt{2}$$

$$e_4^{(i)} = (e_1^{(i+1)} + e_2^{(i)})/\sqrt{2}$$

$$e_j^{(2+i)} = -e_j^{(i)}$$

$$i = 1,\ 2 \quad j = 1,\ 2,\ 3,\ 4 \tag{5-31}$$

对标【定理 5-6】,设计的关键在于

$$\begin{aligned}
\mathrm{cov}(\boldsymbol{m}) &= \sum_{i=1}^{n} \mathrm{diag}\left(0_{(i-1)\times(i-1)},\ \sum_{j=1}^{k} \frac{1}{\beta^{(j)}},\ 0_{(n-1)\times(n-1)}\right) \\
&= \boldsymbol{I} \sum_{j=1}^{k} \frac{1}{\beta^{(j)}} \\
&= \sum_{j=1}^{k} \frac{1}{\beta^{(j)}} [\boldsymbol{e}^{(1)},\ \cdots,\ \boldsymbol{e}^{(n)}] \\
&= \left[\sum_{j=1}^{k} \frac{1}{\beta^{(j)}} \boldsymbol{e}^{(1)},\ \cdots,\ \sum_{j=1}^{k} \frac{1}{\beta^{(j)}} \boldsymbol{e}^{(n)}\right]
\end{aligned} \tag{5-32}$$

在此处 $n = 2$, $k = 4$ 的设计例子中,应用

$$\mathrm{cov}(\boldsymbol{m}) = \left[\sum_{j=1}^{k} \frac{1}{\beta^{(j)}} \boldsymbol{e}^{(1)},\ \cdots,\ \sum_{j=1}^{k} \frac{1}{\beta^{(j)}} \boldsymbol{e}^{(n)}\right] \tag{5-33}$$

我们可以得到

$$\mathrm{cov}(\boldsymbol{m}) = \left[\frac{\boldsymbol{e}_1^{(1)}}{\beta^{(1)}} + \frac{\boldsymbol{e}_2^{(1)}}{\beta^{(2)}} + \frac{\boldsymbol{e}_3^{(1)}}{\beta^{(3)}} + \frac{\boldsymbol{e}_4^{(1)}}{\beta^{(4)}},\ \frac{\boldsymbol{e}_1^{(2)}}{\beta^{(1)}} + \frac{\boldsymbol{e}_2^{(2)}}{\beta^{(2)}} + \frac{\boldsymbol{e}_3^{(2)}}{\beta^{(3)}} + \frac{\boldsymbol{e}_4^{(2)}}{\beta^{(4)}}\right] \tag{5-34}$$

可以令

$$\alpha^{(1)} = 13/18$$

$$\alpha^{(2)} = 2\alpha^{(1)}$$

$$\alpha^{(4)} = \alpha^{(3)} = 3\alpha^{(1)}$$

$$\beta^{(j)} = 4 \qquad j = 1,\ 2,\ 3,\ 4$$

$$0 \leqslant p^{(0)} < 1$$

$$p^{[4(j-1)+i]} = p^{[2(2j-1)+i]} = (1 - p^{(0)})/(16\alpha^{(j)})$$

$$i=1,2 \quad j=1,2,3,4 \tag{5-35}$$

尽管该设计保证了零均值，但其协方差矩阵不再为单位矩阵。

3）等距离模型集设计

上述对称集设计未能使得模型在空间中均匀分布。有些时候，我们更看重分布的均匀性，譬如我们可能需要每个模型代表同样多的空间。因而接下来将讨论等距离模型设计的若干方法。

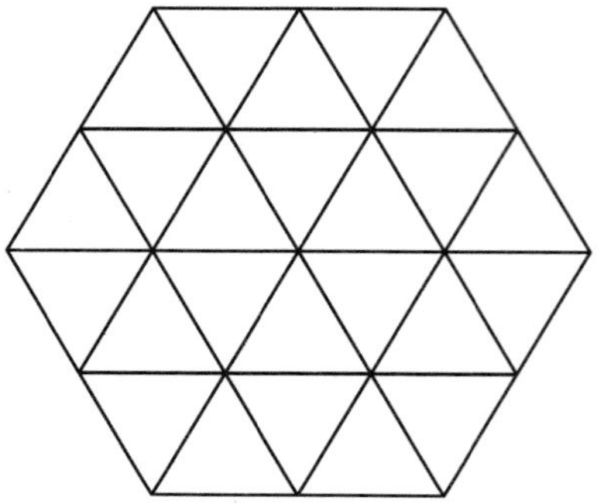

图 5－6　钻石模型集设计

二维情形下的钻石模型集如图 5－6 所示。“钻石”结构中的模型集由六边形模型层构成，各层由内向外递推：中心即第 0 层 1 个，第 1 层 6 个，第 2 层 12 个，第 3 层 18 个……该模型亦可以看作由多个等距模型层（圆形层）构成，同一层中的各模型与原点的距离相等，各层与原点的距离分别为 0，1，$\sqrt{3}$，2……各等距层的半径平方通式为

$$\boldsymbol{r}_2^{(ij)}=\begin{cases}(i\sqrt{3}/2)^2+[(2j-1)/2]^2, & i\ \text{为奇数}, 1\leqslant j\leqslant (i+1)/2\\ (i\sqrt{3}/2)^2+(j-1)^2, & i\ \text{为偶数}, 1\leqslant j\leqslant i/2+1\end{cases} \tag{5-36}$$

式中，上标 (ij) 代表穿过第 i 个六边形模型层的第 j 个圆，如

$$\boldsymbol{r}_2^{(11)}=(1\sqrt{3}/2)^2+(1/2)^2=1$$

$$\boldsymbol{r}_2^{(21)}=(2\sqrt{3}/2)^2+0^2=3$$

$$\boldsymbol{r}_2^{(22)}=(2\sqrt{3}/2)^2+1^2=2^2$$

$$\boldsymbol{r}_2^{(31)}=(3\sqrt{3}/2)^2+(1/2)^2=7$$

$$\boldsymbol{r}_2^{(32)}=(3\sqrt{3}/2)^2+(3/2)^2=3^2$$

$$\boldsymbol{r}_2^{(41)}=(4\sqrt{3}/2)^2+0^2=12$$

$$\boldsymbol{r}_2^{(42)}=(4\sqrt{3}/2)^2+1^2=13$$

$$r_2^{(43)} = (4\sqrt{3}/2)^2 + 2^2 = 4^2 \tag{5-37}$$

显然，钻石模型集是对称的，且其中任两个毗邻的模型间的距离相等。在此基础上，下述定理表明钻石模型集可匹配任意给定的模型均值和协方差，仅需简单地将相等的概率分配给同一六边形层或圆形层上的模型。

【定理 5-7】 钻石模型集设计：考虑如图 5-6 所示的钻石模型集。令第 l 层(六边形层或圆形层)上的各个模型分配相等的概率 p_l 且使得所有模型的概率质量和为 1；令第 l 层上模型的协方差总和为 $C^{(l)}$。若 $\sum_{l=1}^{k} C^{(l)} = \boldsymbol{I}$ (其中 k 为总层数)，该钻石模型集满足式(5-24)，即模型集与真实模式有相同的均值和协方差。

除了钻石模型集以外，还有多种等距离模型集。在三维情形下，可设计正四面体、立方体、正八面体等空间形状的模型集。钻石模型集在匀称之余还有多个优点，如易于设计(如【定理 5-7】中所指出的)、空间模型比高等。

不过，尽管钻石模型集作为等距离模型集优点突出，但它并不一定是一个最小模型集。考虑图 5-6 中的最小模型集，可以通过合理地选择参数 $\{p, q, \alpha, \beta\}$ 使其同时成为一个等距离模型集。显然，$\boldsymbol{m}^{(1)}, \cdots, \boldsymbol{m}^{(n)}$ 之间距离同为 $\sqrt{2}\alpha$。选择非负参数 $\{p, q, \alpha, \beta\}$ 满足

$$\begin{aligned} np + q + p^{(0)} &= 1 \quad \text{(单位概率)} \\ \alpha p - \beta q &= 0 \quad \text{(零均值)} \\ \alpha^2 p + \beta^2 q &= 1 \quad \text{(单位协方差)} \\ (\alpha + \beta)^2 + \beta^2 (n-1) &= 2\alpha^2 \quad \text{(等距离)} \end{aligned} \tag{5-38}$$

式(5-38)的最后一个方程来自 $\|\boldsymbol{m}^{(i)} - \boldsymbol{m}^{(n+1)}\|^2 = \|\boldsymbol{m}^{(i)} - \boldsymbol{m}^{(j)}\|^2, \forall i, j \leqslant n$，可得

$$\begin{aligned} q &= \frac{1 - p^{(0)}}{\sqrt{n+1}} \quad p = \frac{q + p^{(0)} - 1}{n} \\ \alpha &= \frac{1}{\sqrt{p(1 + p/q)}} \quad \beta = \frac{p}{q}\alpha \end{aligned} \tag{5-39}$$

经以上设计，图 5-6 所示的最小集设计在满足式(5-24)的同时也满足模型之间等距的条件。照此，该设计将各模型置于一个凸 $(n+1)$ 面体的顶点，并使得各边长度都为 $\sqrt{2}\boldsymbol{\alpha}$ (如二维情形下的等边三角形或三维空

间下的正四面体)。不过,由 $\|\boldsymbol{m}^{(n+1)}-0\|^2=n\boldsymbol{\beta}^2<\boldsymbol{\alpha}^2=\|\boldsymbol{m}^{(i)}-0\|^2$ 可知,$\boldsymbol{m}^{(n+1)}$ 与原点的距离要比 $\boldsymbol{m}^{(i)}(i\leqslant n)$ 更短。

5.4　交互式多模型目标跟踪方法

多模型方法在每个算法周期内同时采用多个模型对混杂系统的状态进行估计:① 假设模型集与未知的真实模式相匹配;② 同时运行多个滤波器,每个滤波器使用模型集中的一个模型进行滤波;③ 使用这些滤波器的估计结果计算最终状态估计。这是一种将决策与估计相结合的机动目标跟踪问题解决方法,具有以下四个步骤。

(1) 模型集确定。根据实际模式空间事先设计[12-14]或在线自适应模型集合。这个步骤也是多模型算法与单模型算法的本质区别,并且多模型估计算法性能很大程度上取决于模型集合。

(2) 协作策略。主要包括模型序列合并(merging)、裁剪(pruning)和最可能模型序列的挑选等。

(3) 条件滤波。基于各个模型进行状态(基态)估计。

(4) 输出处理。对条件滤波的估计结果进行融合或挑选,以给出最优的总体估计结果。

IMM 具有 GPB2 的性能和 GPB1 计算上的优势。
GPB:广义伪贝叶斯方法。
GPB1:一阶的 GPB 算法。
GPB2:二阶的 GPB 算法。

简要的 IMM 算法流程如图 5-7 所示。下面详细介绍 IMM 算法的流程。

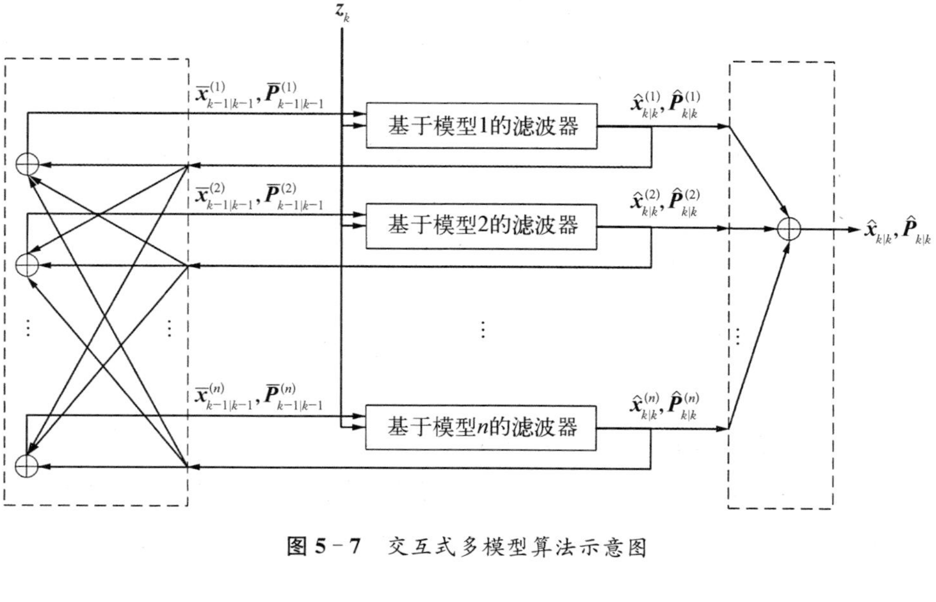

图 5-7　交互式多模型算法示意图

IMM 算法假设在每一个算法周期，目标以先验的概率 $\boldsymbol{\pi}^{(ij)}$ 从模型 i 转移到模型 j，并且使用固定的模型集 $\mathbb{M}$。因此需要事先确定模型的状态转移矩阵 $\boldsymbol{\Pi}$。在多模型算法研究中，很多时候会将模型之间的连通关系在连通图中形象化地表示。连通图 $\boldsymbol{G}=(\boldsymbol{V},\ \boldsymbol{E})$ 中的点表示模型，如果模型 i 和模型 j 的转移概率不为 0，则 $\boldsymbol{e}_{ij}\in\boldsymbol{E}$。以式(5-40)为例：

$$\boldsymbol{\Pi}=\begin{bmatrix}\boldsymbol{\pi}^{(11)} & \boldsymbol{\pi}^{(12)} & \boldsymbol{\pi}^{(13)} & \boldsymbol{\pi}^{(14)} & \boldsymbol{\pi}^{(15)}\\ \boldsymbol{\pi}^{(21)} & \boldsymbol{\pi}^{(22)} & \boldsymbol{\pi}^{(23)} & \boldsymbol{\pi}^{(24)} & \boldsymbol{\pi}^{(25)}\\ \boldsymbol{\pi}^{(31)} & \boldsymbol{\pi}^{(32)} & \boldsymbol{\pi}^{(33)} & \boldsymbol{\pi}^{(34)} & \boldsymbol{\pi}^{(35)}\\ \boldsymbol{\pi}^{(41)} & \boldsymbol{\pi}^{(42)} & \boldsymbol{\pi}^{(43)} & \boldsymbol{\pi}^{(44)} & \boldsymbol{\pi}^{(45)}\\ \boldsymbol{\pi}^{(51)} & \boldsymbol{\pi}^{(52)} & \boldsymbol{\pi}^{(53)} & \boldsymbol{\pi}^{(54)} & \boldsymbol{\pi}^{(55)}\end{bmatrix}=\begin{bmatrix}0.8 & 0.05 & 0.05 & 0.05 & 0.05\\ 0.1 & 0.8 & 0.05 & 0 & 0.05\\ 0.1 & 0.05 & 0.8 & 0.05 & 0\\ 0.1 & 0 & 0.05 & 0.8 & 0.05\\ 0.1 & 0.05 & 0 & 0.05 & 0.8\end{bmatrix} \tag{5-40}$$

式(5-40)对应的模型集拓扑结构如图 5-8 所示。

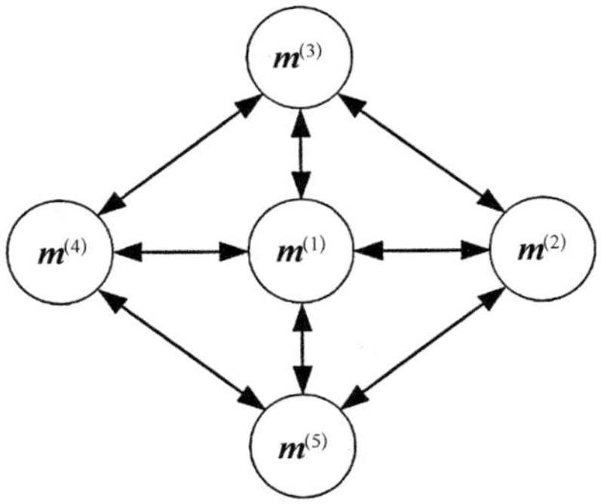

图 5-8　一个模型集拓扑结构（包含五个模型）

记模型转移概率 $P\{\boldsymbol{m}_{k+1}^{(j)}\mid\boldsymbol{m}_k^{(i)}\}=\boldsymbol{\pi}^{(ij)}$。显然，$\sum_j\boldsymbol{\pi}^{(ij)}=1$。

设一个多模型系统可以用 M 个模型来描述，即

$$\begin{aligned}\boldsymbol{x}_k^{(i)}&=\boldsymbol{F}_{k-1}^{(i)}\boldsymbol{x}_{k-1}^{(i)}+\boldsymbol{G}_{k-1}^{(i)}\boldsymbol{w}_{k-1}^{(i)}\\ \boldsymbol{z}_k^{(i)}&=\boldsymbol{H}_k^{(i)}\boldsymbol{x}_k^{(i)}+\boldsymbol{v}_k^{(i)}\\ i&=1,\ \cdots,\ M\end{aligned} \tag{5-41}$$

假设已得到上一时刻（$k-1$ 时刻）每个模型下的目标状态估计 $\hat{\boldsymbol{x}}_{k-1|k-1}^{(j)}$、状态估计协方差 $\boldsymbol{P}_{k-1|k-1}^{(j)}$、模型概率 $\boldsymbol{\mu}_{k-1}^{(j)}$。下面介绍 k 时刻一个周期的 IMM 算法流程。

1）输入交互

对于 $i=1,\ 2,\ \cdots,\ M$，模型预测概率为

$$\boldsymbol{\mu}_{k|k-1}^{(i)}\triangleq P\{\boldsymbol{m}_k^{(i)}\mid\boldsymbol{z}_{k-1}\}=\sum_j\boldsymbol{\pi}^{(ji)}\boldsymbol{\mu}_{k-1|k-1}^{(j)} \tag{5-42}$$

交互权值为

$$\boldsymbol{\mu}_{k-1}^{j|i} \triangleq P\{\boldsymbol{m}_{k-1}^{(j)} \mid \boldsymbol{m}_k^{(i)},\ \boldsymbol{z}_{k-1}\} = \frac{\boldsymbol{\pi}^{(ji)}\boldsymbol{\mu}_{k-1|k-1}^{(j)}}{\boldsymbol{\mu}_{k|k-1}^{(i)}} \tag{5-43}$$

交互估计和协方差分别为

$$\bar{\boldsymbol{x}}_{k-1|k-1}^{(i)} \triangleq \mathrm{E}\{\boldsymbol{x}_{k-1} \mid \boldsymbol{m}_k^{(i)},\ \boldsymbol{z}_{k-1}\} = \sum_j \hat{\boldsymbol{x}}_{k-1|k-1}^{(j)}\boldsymbol{\mu}_{k-1}^{j|i} \tag{5-44}$$

$$\begin{aligned}\bar{\boldsymbol{P}}_{k-1|k-1}^{(i)} = \sum_j [&\boldsymbol{P}_{k-1|k-1}^{(j)} + (\bar{\boldsymbol{x}}_{k-1|k-1}^{(i)} - \hat{\boldsymbol{x}}_{k-1|k-1}^{(j)}) \times \\ &(\bar{\boldsymbol{x}}_{k-1|k-1}^{(i)} - \hat{\boldsymbol{x}}_{k-1|k-1}^{(j)})^{\mathrm{T}}]\boldsymbol{\mu}_{k-1}^{j|i}\end{aligned} \tag{5-45}$$

2）模型条件滤波

对于模型 i，$i=1,\ 2,\ \cdots,\ M$，使用卡尔曼滤波器(按照实际需求，如果是非线性模型，可以使用扩展卡尔曼滤波、无迹卡尔曼滤波等)进行状态估计。

（1）状态预测：

$$\hat{\boldsymbol{x}}_{k|k-1}^{(i)} = \boldsymbol{F}_{k-1}^{(i)}\bar{\boldsymbol{x}}_{k-1|k-1}^{(i)} + \boldsymbol{G}_{k-1}^{(i)}\bar{\boldsymbol{w}}_{k-1}^{(i)} \tag{5-46}$$

（2）状态预测协方差：

$$\boldsymbol{P}_{k|k-1}^{(i)} = \boldsymbol{F}_{k-1}^{(i)}\bar{\boldsymbol{P}}_{k-1|k-1}^{(i)}(\boldsymbol{F}_{k-1}^{(i)})^{\mathrm{T}} + \boldsymbol{G}_{k-1}^{(i)}\boldsymbol{Q}_{k-1}^{(i)}(\boldsymbol{G}_{k-1}^{(i)})^{\mathrm{T}} \tag{5-47}$$

利用 k 时刻的测量 $\boldsymbol{z}_k$ 对状态预测值进行更新。

（1）测量残差：

$$\tilde{\boldsymbol{z}}_k^{(i)} = \boldsymbol{z}_k - \boldsymbol{H}_k^{(i)}\hat{\boldsymbol{x}}_{k|k-1}^{(i)} - \bar{\boldsymbol{v}}_k^{(i)} \tag{5-48}$$

（2）测量协方差：

$$\boldsymbol{S}_k^{(i)} = \boldsymbol{H}_k^{(i)}\boldsymbol{P}_{k|k-1}^{(i)}(\boldsymbol{H}_k^{(i)})^{\mathrm{T}} + \boldsymbol{R}_k^{(i)} \tag{5-49}$$

（3）滤波器增益：

$$\boldsymbol{K}_k^{(i)} = \boldsymbol{P}_{k|k-1}^{(i)}(\boldsymbol{H}_k^{(i)})^{\mathrm{T}}(\boldsymbol{S}_k^{(i)})^{-1} \tag{5-50}$$

（4）更新状态估计值和状态估计协方差矩阵：

$$\hat{\boldsymbol{x}}_{k|k}^{(i)} = \hat{\boldsymbol{x}}_{k|k-1}^{(i)} + \boldsymbol{K}_k^{(i)}\tilde{\boldsymbol{z}}_k^{(i)} \tag{5-51}$$

$$\boldsymbol{P}_{k|k}^{(i)} = \boldsymbol{P}_{k|k-1}^{(i)} - \boldsymbol{K}_k^{(i)}\boldsymbol{S}_k^{(i)}(\boldsymbol{K}_k^{(i)})^{\mathrm{T}} \tag{5-52}$$

3）模型概率更新

对于模型 i，$i=1, 2, \cdots, M$，更新模型概率。可通过多元正态分布公式计算模型似然，即

$$\boldsymbol{L}_k^{(i)} \triangleq p(\tilde{\boldsymbol{z}}_k^{(i)} \mid \boldsymbol{m}_k^{(i)}, \boldsymbol{z}_k) = \frac{\exp\left[-\frac{1}{2}(\tilde{\boldsymbol{z}}_k^{(i)})^{\mathrm{T}}(\boldsymbol{S}_k^{(i)})^{-1}\tilde{\boldsymbol{z}}_k^{(i)}\right]}{\sqrt{(2\pi)^{N^{(i)}} \left|\boldsymbol{S}_k^{(i)}\right|}} \tag{5-53}$$

式中，$N^{(i)}$ 为传感器维度；$|\cdot|$ 表示矩阵的行列式。

通过模型似然函数计算 k 时刻模型概率：

$$\boldsymbol{\mu}_k^{(i)} = \frac{\boldsymbol{\mu}_{k|k-1}^{(i)}\boldsymbol{L}_k^{(i)}}{\sum_j \boldsymbol{\mu}_{k|k-1}^{(j)}\boldsymbol{L}_k^{(j)}} \tag{5-54}$$

4）估计融合

计算总体估计结果。这个结果不会用到下一个时刻的滤波中，而是作为本时刻对目标的总体状态估计输出。

总体状态估计和状态估计协方差分别为

$$\hat{\boldsymbol{x}}_{k|k} = \sum_i \hat{\boldsymbol{x}}_{k|k}^{(i)}\boldsymbol{\mu}_k^{(i)} \tag{5-55}$$

$$\boldsymbol{P}_{k|k} = \sum_i \boldsymbol{\mu}_k^{(i)}[\boldsymbol{P}_{k|k}^{(i)} + (\hat{\boldsymbol{x}}_{k|k} - \hat{\boldsymbol{x}}_{k|k}^{(i)})(\hat{\boldsymbol{x}}_{k|k} - \hat{\boldsymbol{x}}_{k|k}^{(i)})^{\mathrm{T}}] \tag{5-56}$$

5.5 变结构交互式多模型目标跟踪方法

多模型算法比单模型算法具有更好的机动目标状态估计效果。基础的多模型算法假设模型集在预先设定之后不再发生变化，所以也称为定结构多模型（fixed-structure multiple-model，FSMM）算法。FSMM 算法的理论前提是模型集与真实模式完全匹配，然而在实际场景中，真实模式的集合可能非常大，甚至不可数，选用更多模型组成规模更大的模型集并不能确保跟踪效果的提升。原因有两个：一方面，更多模型导致算法计算量过大；另一方面，更多模型之间会产生竞争，跟踪效果不一定能够提高，甚至可能会降低[16]。对此，Li 等[17]提出变结构多模型（variable structure

多模型估计器的性能依赖于所用的模型集，但模型集内模型数量并不是越大越好。

multiple model，VSMM)算法。

变结构多模型(VSMM)滤波方法也称为变模型集多模型滤波方法。变结构多模型算法使用可变的多种不同模型集，模型集包含不同模型的组合，在每一个滤波时刻根据测量输入判断适合的模型集，使用广义伪贝叶斯或交互式多模型算法进行状态估计。

在变结构多模型中，我们用 $\boldsymbol{m}$ 来表示模型，$\boldsymbol{m}^{(i)}$ 代表模型集合中第 i 个模型，$\boldsymbol{m}_k$ 表示 k 时刻的模型，$\boldsymbol{M}_k$ 表示 k 时刻所有可能模型的集合。

我们用 $\boldsymbol{S}$ 来表示模型集，$\boldsymbol{S}^{(i)}$ 表示第 i 个模型集，定义所有模型集的总集合 $\mathbb{S}=\{\boldsymbol{S}^{(1)}, \boldsymbol{S}^{(2)}, \cdots, \boldsymbol{S}^{(N)}\}$。$\boldsymbol{S}_k$ 表示 k 时刻的模型集，$\boldsymbol{S}_k$ 必然是总集合 $\mathbb{S}$ 中的一员。每一个模型集都包含多个模型，而不同模型集所包含的模型会有重复，也有不同的模型。

用 $\boldsymbol{S}_{1:k}$ 表示从初始时刻到 k 时刻的模型集 $\boldsymbol{S}_k$ 序列，用 $\boldsymbol{m}_{1:k}$ 表示从初始时刻到 k 时刻的模型 $\boldsymbol{m}_k$ 序列，用 $\boldsymbol{M}_{1:k}$ 表示从初始时刻到 k 时刻的可能模型集 $\boldsymbol{M}_k$ 序列。

每一个时刻可能出现的模型集可根据以下方法判断：某一时刻的可能模型集由上一时刻所用模型的可转移模型组成，表示为

$$\boldsymbol{S}_{k+1}(\boldsymbol{m}_k)=\{\boldsymbol{m}_{k+1}:\boldsymbol{P}\{\boldsymbol{m}_{k+1}\mid\boldsymbol{m}_k, \boldsymbol{X}_k\}>\boldsymbol{0}\} \tag{5-57}$$

变结构多模型可基于图论进行分析，设 $\boldsymbol{D}$ 是有向图，$\boldsymbol{E}$ 和 $\boldsymbol{V}$ 分别是顶点集合和边集合，可将每一个模型 $\boldsymbol{m}_i$ 看作顶点，而将模型之间的转移路径看作边。在随机有向图中，模型间的转移概率代表边的权重。

邻接矩阵 $\boldsymbol{A}$ 定义为

$$\boldsymbol{A}=\{\boldsymbol{a}^{(ij)}\} \tag{5-58}$$

$$P\{\boldsymbol{m}_{k+1}^{(j)}\mid\boldsymbol{m}_k^{(i)}\}=\boldsymbol{a}^{(ij)} \tag{5-59}$$

式中，$\boldsymbol{a}^{(ij)}$ 是从顶点 $\boldsymbol{v}^{(i)}$ 到顶点 $\boldsymbol{v}^{(j)}$ 的边的权值。

由顶点 $\boldsymbol{v}_j$ 出来和到达顶点 $\boldsymbol{v}_j$ 的邻接集合分别定义为

$$\begin{aligned}\boldsymbol{F}_j&=\{\boldsymbol{v}_i:\boldsymbol{a}^{(ji)}\neq 0\}\\ \boldsymbol{T}_j&=\{\boldsymbol{v}_i:\boldsymbol{a}^{(ij)}\neq 0\}\end{aligned} \tag{5-60}$$

多模型算法可以用一个随机有向图来表示所使用的模型集及模型转换法则。

一般递推的变结构模型算法建立于 IMM 算法的基础上，并在算法流程中加入自适应调整模型集的步骤。递推自适应模型算法在每一时刻的运算一般由下面几个步骤构成。

(1) 模型集自适应：基于 $\{\boldsymbol{M}_{k-1}, \boldsymbol{Z}_k\}$ 确定模型集 $\boldsymbol{M}_k$。

(2) 初始化基于模型的滤波器：基于 $\boldsymbol{M}_k$ 计算每个滤波器的初始状态。$\boldsymbol{M}_k$ 包含多少个可能的模型就有多少个滤波器。类似于交互式多模型，初始状态包含模型的初始状态估计值和模型概率，都由上一时刻的 $\boldsymbol{M}_{k-1}$ 转移和加权得到。

(3) 模型匹配估计：$\boldsymbol{M}_k$ 中每个模型滤波器进行正常的滤波进程，求得对该时刻状态的最优估计。

(4) 模型概率计算：通过量测值，计算 $\boldsymbol{M}_k$ 每个模型 $\boldsymbol{m}_k$ 的后验概率 $P\{\boldsymbol{m}_k, \boldsymbol{M}_{k-1} \mid \boldsymbol{Z}_k\}$，以确定下一步中每个模型所占的权重。

(5) 估计融合：通过上一步所获得的权值将每一个滤波器的估计值加权融合。

其中，对于模型集的确定，模型的增加与删除都在步骤(1)中进行，因此步骤(1)是变结构多模型算法中关键的一步。步骤(1)中对模型集的增删处理方式，可分为动态有向图(active digraph, AD)、有向图转换(digraph switch, DS)、自适应网格(adaptive grid, AG)三种。

(1) 动态有向图。动态有向图(AD)法是比较自然和直接的一种动态确定模型集的方法。每一时刻的模型由上一时刻的模型所衍生，当衍生出的模型超过规定模型集的容纳数量时，则将模型概率较低的模型删除。动态有向图法在每一个时刻使用全体有向图的其中一个子图作为活跃有向图。具体流程如下。

a. 得到系统模型集的联合 $\boldsymbol{Y}=\bigcup_{m\in \boldsymbol{D}_{k-1}} \boldsymbol{S}_k(\boldsymbol{m})$。$\boldsymbol{D}_{k-1}$ 是 $k-1$ 时刻的活跃有向图，表示 $k-1$ 时刻的有向图集合，也即 $k-1$ 时刻所有可能模型的集合。$\boldsymbol{S}_k(\boldsymbol{m})$ 是由模型 $\boldsymbol{m}$ 所衍生出的模型集，由下式定义：

$$\boldsymbol{S}_k(\boldsymbol{m})=\{\boldsymbol{m}_k: P(\boldsymbol{m}_k \mid \boldsymbol{m}_{k-1}, \boldsymbol{X}_{k-1})>\boldsymbol{0}\} \tag{5-61}$$

因此，$\boldsymbol{S}_k(\boldsymbol{m})$ 的集合 $\boldsymbol{Y}$ 包含了 k 时刻有可能出现的模型。

b. 计算 $\boldsymbol{Y}$ 中每一个模型的概率，模型概率可通过后验概率 $P\{\boldsymbol{m}_k, \boldsymbol{M}_{k-1} \mid \boldsymbol{Z}_k\}$ 得到。

c. 形成有效模式集 $\boldsymbol{Y}'$。$\boldsymbol{Y}'$ 是 $\boldsymbol{Y}$ 的子集，由 $\boldsymbol{Y}$ 中概率较大的不超过 K 个模型组成。K 取决于大的计算负荷。

d. 对 $\boldsymbol{D}[\boldsymbol{Y}']$ 进行标准化，得到 $\boldsymbol{D}_k$，即计算出由 $\boldsymbol{Y}'$ 引起的子图 $\boldsymbol{D}$。

e. 使用 $\boldsymbol{D}_k$ 进行变结构算法中的步骤 b～e。

在动态有向图法所有衍生算法中，可能模型集法(likely model set, LMS)是应用广泛的方法之一。根据模型增删的顺序不同，有 LMS1、LMS2、LMS3 三种形式，具体算法流程可参考文献[18]。

(2) 有向图切换。在动态有向图法中，由于模型集是实时动态组合的，每个时刻可能出现的模型集组合非常多。有向图切换法(DS)则规定了一系列数目有限的模型集，每一时刻的模型集只能是其中之一，从这个意义上讲，有向图切换法可看作动态有向图的一种简化方法，通常用于拓扑结构较为对称、物理意义比较明确的有向图。

有向图切换法根据一定的规则在这些预定的模型集中切换。这些模型集不一定是不相交的，同一个模型有可能属于不同的模型集。不同的模型集(有向图)组成了整体有向图的全覆盖，即

$$\boldsymbol{V}(\mathbb{D}) = \bigcup_{i=1}^{N} \boldsymbol{V}(\boldsymbol{D}^{(i)}) \tag{5-62}$$

考虑图 5 - 9 所示的有向图，可设定 5 个模型集对它进行全覆盖，即

$$\begin{aligned}
\boldsymbol{V}(\boldsymbol{D}^{(1)}) &= \{\boldsymbol{m}^{(1)}, \boldsymbol{m}^{(2)}, \boldsymbol{m}^{(3)}, \boldsymbol{m}^{(4)}, \boldsymbol{m}^{(5)}\} \\
\boldsymbol{V}(\boldsymbol{D}^{(2)}) &= \{\boldsymbol{m}^{(1)}, \boldsymbol{m}^{(2)}, \boldsymbol{m}^{(6)}, \boldsymbol{m}^{(7)}, \boldsymbol{m}^{(11)}\} \\
\boldsymbol{V}(\boldsymbol{D}^{(3)}) &= \{\boldsymbol{m}^{(1)}, \boldsymbol{m}^{(3)}, \boldsymbol{m}^{(6)}, \boldsymbol{m}^{(8)}, \boldsymbol{m}^{(10)}\} \\
\boldsymbol{V}(\boldsymbol{D}^{(4)}) &= \{\boldsymbol{m}^{(1)}, \boldsymbol{m}^{(4)}, \boldsymbol{m}^{(7)}, \boldsymbol{m}^{(9)}, \boldsymbol{m}^{(13)}\} \\
\boldsymbol{V}(\boldsymbol{D}^{(5)}) &= \{\boldsymbol{m}^{(1)}, \boldsymbol{m}^{(5)}, \boldsymbol{m}^{(8)}, \boldsymbol{m}^{(9)}, \boldsymbol{m}^{(12)}\}
\end{aligned} \tag{5-63}$$

模型集之间的切换可通过多种方法，其中一种最简单的方法是根据不同模型集之间的相交模型概率的大小来判断是否发生转移。对图 5 - 9 中的有向图来说，假设 k 时刻的模型集为 $\boldsymbol{D}^{(2)}$，转移逻辑可设置为

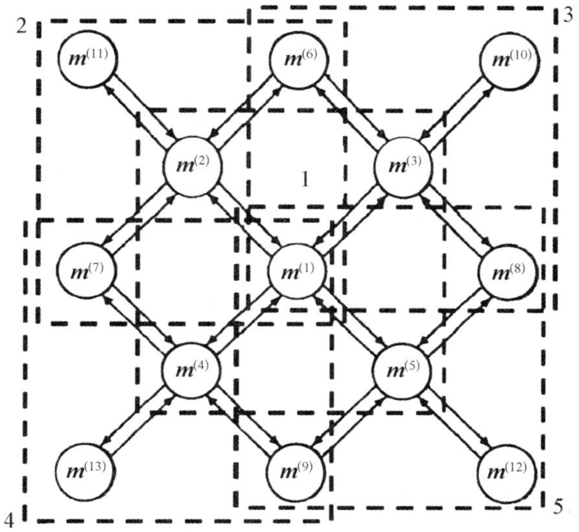

图 5-9　预设模型集示意图

$$\boldsymbol{D}_k=\begin{cases}\boldsymbol{D}^{(1)}, & P\{\boldsymbol{m}^{(1)}\mid\boldsymbol{Z}_k\}>t_1\\ \boldsymbol{D}^{(3)}, & P\{\boldsymbol{m}^{(1)}\mid\boldsymbol{Z}_k\}+P\{\boldsymbol{m}^{(6)}\mid\boldsymbol{Z}_k\}>t_2 \text{ 且 } P\{\boldsymbol{m}^{(1)}\mid\boldsymbol{Z}_k\}<t_1\\ \boldsymbol{D}^{(4)}, & P\{\boldsymbol{m}^{(1)}\mid\boldsymbol{Z}_k\}+P\{\boldsymbol{m}^{(7)}\mid\boldsymbol{Z}_k\}>t_2 \text{ 且 } P\{\boldsymbol{m}^{(1)}\mid\boldsymbol{Z}_k\}<t_1\\ \boldsymbol{D}^{(2)}, & \text{其他}\end{cases}\tag{5-64}$$

式中，t_1 和 t_2 为预先设定的阈值。

在二维运动模型中，一般网格都设置可变参数为当前统计模型的两方向加速度。在有向图切换法中，模型组切换法(model group switch, MGS)是其中应用比较广泛的方法之一，每一个时刻都同时使用两个模型集合进行滤波估计，保证不会出现模型集误切换的状况。MGS 的具体流程可参见文献[19]。

(3) 自适应网格。动态有向图法和有向图切换法都是使用已经设定好的模型，而自适应网格法(AG)能够自己根据系统状态生成可用的模型集。这一种方法对于模型空间很大或者趋于无穷的情况特别有利。在这种方法中，开始建立一个粗略的网格，根据当前状态、模型概率以及残差等参数修改模型，递归调整网格得到精确的模型集。一种典型的用于调整模型过程噪声方差的动态有向图法为

$$\begin{cases} \boldsymbol{D}_0 = \{2, 2, 0\} \\ \boldsymbol{D}_k = \{\boldsymbol{Q}_1, \boldsymbol{Q}_2, \boldsymbol{Q}_3\} \end{cases} \tag{5-65}$$

$$\begin{cases} \boldsymbol{Q}_1 = \max\left\{1, \frac{1}{2}\hat{\boldsymbol{Q}}_{k-1}\right\} \\ \boldsymbol{Q}_2 = \hat{\boldsymbol{Q}}_{k-1} \\ \boldsymbol{Q}_3 = \min\{30, 2\hat{\boldsymbol{Q}}_{k-1}\} \end{cases} \tag{5-66}$$

式中，$\hat{\boldsymbol{Q}}_{k-1}$ 为对模型过程噪声方差的估计值。

自适应网格法的优点在于其模型的数目是无限的，模型在每个时刻可自动生成；缺点在于自适应网格法只适用于单队列的网格结构，只有一个可调参数。

5.6 几种典型的模型集自适应方法

变结构多模型算法相比于固定模型集算法，能够根据跟踪效果在线调整模型集，因此具有更好的估计效果和灵活性。由于模型集时变，最优VSMM估计实际上计算不可行，因此需要在线找到一个较优的模型集合进行状态估计，即递归自适应模型集(recursive adaptive model-set, RAMS)方法[20]。该方法包含两部分：模型集自适应(model-set adaptation, MSA)和基于模型集序列的状态估计(model-set sequence-conditioned estimation)。

Li[20]将MSA的任务划分为两部分：激活一个新模型集合和终止一个当前模型集的子集。这两步分别对应模型集的扩增和删减。激活新模型是为了找到“更好”的模型，并将其加入当前模型集中。“更好”意味着这些模型在状态估计或量测、预测意义上比正在使用的模型集更能准确地描述目标实际模式。而终止一个模型子集有两个目的：① 移除不能很好地描述真实模式的模型；② 减少模型间不必要的竞争，从而提高多模型算法的性能并减少计算量。

将VSIMM算法与估计融合方法相结合，对基于模型序列的状态估计问题给出比较好的解决方案，因此目前VSMM算法之间的区别主要在于MSA方法的不同。一个通用的MSA方法应具有三个特征[8]：

(1) 该方法应提供模型激活与终止的标准。这个标准能够衡量真实模式与候选模型间的接近程度。

(2) 该方法应计算上可行,能够在可接受的计算量下易于应用。这个性质对于以连续参数为特征的模型尤为重要。这就需要该 MSA 方法能够提供一种从连续模式空间生成新模型的方法。

(3) 该方法应独立于滤波器。这种需求使得 MSA 算法只作用于模型集变化,而不干涉状态估计过程。

VSIMM 算法的 MSA 方法主要包括可能模型集(likely-model set, LMS)[18]算法、模型群切换(model-group switching, MGS)[21-22]、期望模式扩增(expected-mode augmentation, EMA)算法[23]、自适应网格算法[24]等。

5.6.1 可能模型集算法

多模型算法在每个算法周期同时运行多个状态估计器,每个状态估计器都基于一个模型,因此对计算能力的要求比较高。此外,更多模型不仅会导致算法计算量过大,还可能由于模型之间的竞争,降低状态估计效果。可能模型集(LMS)算法可以减少每个时刻参与状态估计的模型数量,减少多模型算法的运算量。

LMS 的大致原理如下:设置两个概率门限 t_1 和 t_2($0 < t_1 < t_2 < 1$),通过模型概率对模型进行分类,将其分为“主要(principle)模型($\mu^{(i)} \geqslant t_2$)”“重要(significant)模型($t_1 < \mu^{(i)} < t_2$)”和“不太可能(unlikely)模型($\mu^{(i)} \leqslant t_1$)”。每个算法周期中,激活与“主要模型”相邻的模型(相邻指的是两个模型之间的模型转移概率大于 0),并删除部分不太可能模型。然而,LMS 算法不能像 EMA 算法一样,激活先验定义基础模型集中不包含的模型,它只能从基础模型集中选择模型进行激活和删除。

文献[18]介绍了三种 LMS 算法(LMS1、LMS2 和 LMS3)的流程以及两种删除模型的逻辑“AND”和“OR”。这里只研究“AND”逻辑 LMS3 算法的流程,需要事先设定参数 K 以及两个概率门限 t_1 和 t_2($0 < t_1 < t_2 < 1$)。参数 K 用来让每个时刻参与滤波模型数量不少于 K,t_1 和 t_2 两个概率门限用来区分三种模型类型。LMS 一个周期的

算法流程如表 5-1 和图 5-10 所示。当 $t=0$ 时，$\mathbb{M}_0$ 包含所有基础模型。

表 5-1 具有 AND 逻辑的 LMS 算法流程

S1 时间计数 $k+1$，运行 VSIMM[$\mathbb{M}_k$, $\mathbb{M}_{k-1}$]，得到 $\{\mu_{k|k}^{(i)}\}_{\boldsymbol{m}^{(i)}\in\mathbb{M}_k}$。

S2 将 $\mathbb{M}_k$ 中的模型根据 $\{\mu_{k|k}^{(i)}\}_{\boldsymbol{m}^{(i)}\in\mathbb{M}_k}$ 分为主要模型（$\mu_{k|k}^{(i)}>t_2$）、不太可能模型（$\mu_{k|k}^{(i)}<t_1$）和重要模型（$t_1\leqslant\mu_{k|k}^{(i)}\leqslant t_2$）。将不太可能模型组成的集合记为 $\mathbb{M}_{\mathrm{u}}$，若 $\mathbb{M}_{\mathrm{u}}=\varnothing$ 而且不存在主要模型，则直接输出 $\{\hat{\boldsymbol{x}}_{k|k}^{(i)}, \hat{\boldsymbol{P}}_{k|k}^{(i)}, \mu_{k|k}^{(i)}\}_{\boldsymbol{m}^{(i)}\in\mathbb{M}_k}$，并令 $\mathbb{M}_{k+1}=\mathbb{M}_k$，转到 S1。

S3 如果不存在主要模型，令模型集 $\mathbb{M}_{\mathrm{a}}=\varnothing$，并转到 S4。否则，令模型集 $\mathbb{M}_{\mathrm{a}}$ 为所有与主要模型集相邻的模型。定义一个模型集 $\mathbb{M}_n=\mathbb{M}_{\mathrm{a}}\cap\bar{\mathbb{M}}_k$，$\bar{\mathbb{M}}_k$ 表示 $\mathbb{M}_k$ 的补集。然后运行 VSIMM[$\mathbb{M}_n$, $\mathbb{M}_{k-1}$]，得到 $\mathbb{M}_n$ 各模型状态估计值、协方差和模型概率：$\{\hat{\boldsymbol{x}}_{k|k}^{(i)}, \boldsymbol{P}_{k|k}^{(i)}, \mu_{k|k}^{(i)}\}_{\boldsymbol{m}^{(i)}\in(\mathbb{M}_k\cup\mathbb{M}_n)}$。然后计算 EF[$\mathbb{M}_n$, $\mathbb{M}_k$; $\mathbb{M}_{k-1}$]，获得全局状态估计、估计协方差和模型概率：$\{\hat{\boldsymbol{x}}_{k|k}^{(i)}, \boldsymbol{P}_{k|k}^{(i)}, \mu_{k|k}^{(i)}\}_{\boldsymbol{m}^{(i)}\in(\mathbb{M}_k\cup\mathbb{M}_n)}$。令 $\mathbb{M}_k=\mathbb{M}_k\cup\mathbb{M}_n$。

S4 输出 $\{\hat{\boldsymbol{x}}_{k|k}^{(i)}, \hat{\boldsymbol{P}}_{k|k}^{(i)}, \mu_{k|k}^{(i)}\}_{\boldsymbol{m}^{(i)}\in\mathbb{M}_k}$。

S5 定义可丢弃模型集 $\mathbb{M}_{\mathrm{d}}=\mathbb{M}_{\mathrm{u}}\cap\bar{\mathbb{M}}_{\mathrm{a}}$，也就是不与任何主要模型毗邻的不太可能模型。若 $\mathbb{M}_{\mathrm{d}}=\varnothing$，则转到 S1。

S6 令 $\mathbb{M}_{k+1}=\mathbb{M}_k-\mathbb{M}_{\mathrm{m}}$。$\mathbb{M}_{\mathrm{m}}\subset\mathbb{M}_{\mathrm{d}}$，$\mathbb{M}_{\mathrm{m}}$ 为 $\mathbb{M}_{\mathrm{d}}$ 中那些具有更小概率的模型集，且确保 $\mathbb{M}_{k+1}$ 至少剩下 K 个模型。

本章算法流程将使用如下记号。

(1) VSIMM[$\mathbb{M}_k$, $\mathbb{M}_{k-1}$] 表示分别以 $\mathbb{M}_k$ 和 $\mathbb{M}_{k-1}$ 为 k 和 $k-1$ 时刻模型集的 VSIMM 一个周期的算法流程，参考 5.4 节。

(2) EF[$\mathbb{M}_k^{(1)}$, $\mathbb{M}_k^{(2)}$; $\mathbb{M}_{k-1}$] 表示对 VSIMM[$\mathbb{M}_k^{(1)}$, $\mathbb{M}_{k-1}$] 和 VSIMM[$\mathbb{M}_k^{(2)}$, $\mathbb{M}_{k-1}$] 进行估计融合，得到基于 $\mathbb{M}_k^{(1)}\cup\mathbb{M}_k^{(2)}$ 的估计结果，参考 5.4 节。

(3) EF[$\mathbb{M}$; $\boldsymbol{M}^{(1)}$, …, $\boldsymbol{M}^{(q)}$] 表示对模型集 $\mathbb{M}$ 求加权和（加权系数为模型概率 $\boldsymbol{\mu}^{(i)}$, $\boldsymbol{m}^{(i)}\in\mathbb{M}$），计算得到期望模型集 $\mathbb{E}=[\boldsymbol{M}^{(1)}, \cdots, \boldsymbol{M}^{(q)}]$。

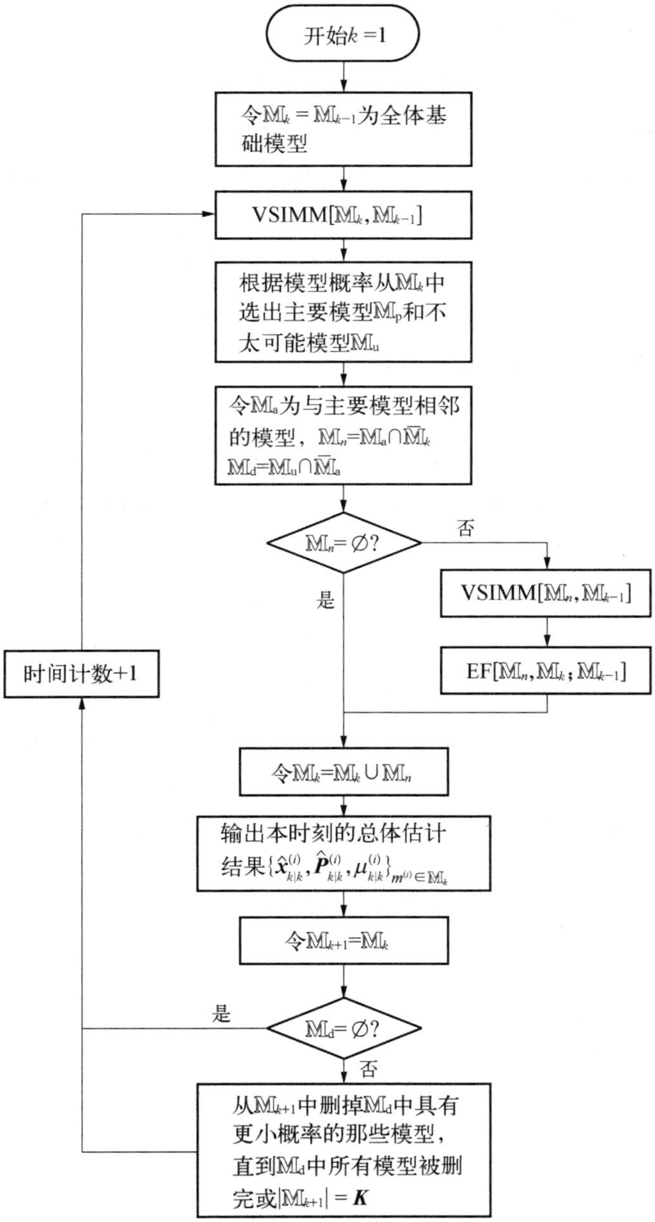

图 5-10 LMS 算法流程

5.6.2　期望模式扩增算法

加速度是机动目标的重要运动特性，并且可以突变，因此很多时候会把加速度视为目标的模式，将目标的加速度范围划为模式空间。然而，对于这种具有连续模式空间的混杂系统，模型集的设计成为一个难题。尽管已经有很多针对模型集设计的研究成果，但模型数量终归是有限的。在模型数量有限的情况下，不可以认为目标加速度只会落在事先给定的模型上，真实模式落在模型“间隙”才是大概率事件，此时 IMM 算法估计效果就会变差，期望模式扩增(expected-mode augmentation, EMA)[23]算法可以应对这种情况。

EMA 算法是一种激活模型的算法，这种方法将模型集分为两种：基础模型集和期望模型集。基础模型集是在算法开始之前就事先设计好的模型集，而期望模型集则是每个算法周期在线计算出来的模型集，并被扩增到每个算法周期中。这个扩增的模型在统计意义上与目标真实模式更接近(见图 5-11)，因此能很好地适应具有连续模式空间的机动目标。期望模式扩增算法实现简单，具有比较好的机动目标状态估计效果。Li 等[23]认为，记 $\mathbb{S}$ 为模式空间，对于一个原始模型集 $\mathbb{M}$($\mathbb{M}\subset\mathbb{S}$)，存在一些可以表示为 $\mathbb{M}$ 中模型凸组合的模型集 $\mathbb{C}$($\mathbb{C}\cap\mathbb{M}=\varnothing$，且 $(\mathbb{M}\cup\mathbb{C})\subset\mathbb{S}$)，基于模型集 $\mathbb{M}\cup\mathbb{C}$ 的状态估计结果比基于 $\mathbb{M}$ 的估计结果要好。并且认为，利用

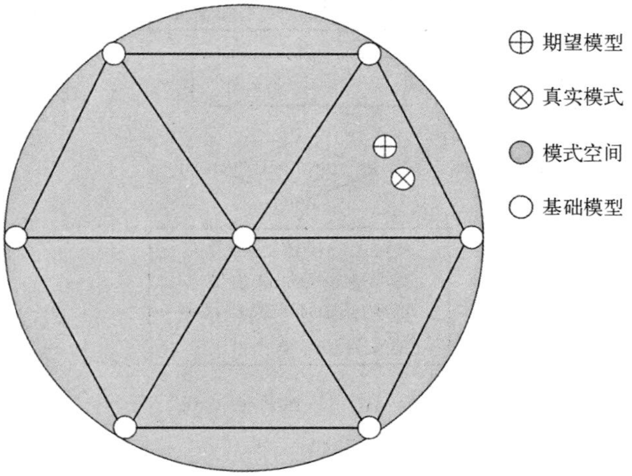

图 5-11　期望模式和目标真实模式

系统真实模式的期望值，也就是已有模型的加权和（权值为模型概率）得到的期望模型集 $\mathbb{C}$ 更有可能提高算法估计精度。

文献[23]给出了三种期望模式扩增算法，分别记为 EMA - A、EMA - B 和 EMA - C。EMA 算法要求模型参数具有相同的物理意义，也就是可加的。EMA - A、EMA - B 和 EMA - C 一个周期的算法流程如表 5 - 2～5 - 4 所示

当 $t=0$ 时，$\mathbb{M}_0$ 包含所有基础模型和 q 个期望模型。一般令 $q=1$。

表 5 - 2 EMA - A 一个周期的算法流程

S1 由 $\{\mu_{k|k-1}^{(i)}\}_{m^{(i)}\in\mathbb{M}_{k-1}}$，计算新的期望模型集 $\mathbb{E}_k=\mathrm{EF}[\mathbb{M}_{k-1};\ \mathbb{M}^1,\ \cdots,\ \mathbb{M}^q]$。

S2 得到 k 时刻模型集 $\mathbb{M}_k=\mathbb{E}_k\cup(\mathbb{M}_{k-1}-\mathbb{E}_{k-1})$，用 $\mathrm{VSIMM}[\mathbb{M}_k,\ \mathbb{M}_{k-1}]$ 得到全局状态估计、误差协方差、模型概率：$\{\hat{\boldsymbol{x}}_{k|k}^{(i)},\ \boldsymbol{P}_{k|k}^{(i)},\ \mu_{k|k}^{(i)}\}_{m^{(i)}\in\mathbb{M}_k}$。

表 5 - 3 EMA - B 一个周期的算法流程

S1 令 $\mathbb{M}_f=\mathbb{M}_{k-1}-\mathbb{E}_{k-1}$，$\mathbb{M}_f$ 指基础模型集。然后用 $\mathrm{VSIMM}[\mathbb{M}_f,\ \mathbb{M}_{k-1}]$ 获得基于基础模型集的状态估计值、协方差值和模型概率：$\{\hat{\boldsymbol{x}}_{k|k}^{(i)},\ \boldsymbol{P}_{k|k}^{(i)},\ \mu_{k|k}^{(i)}\}_{m^{(i)}\in\mathbb{M}_f}$。

S2 根据当前更新的模型概率值 $\{\boldsymbol{\mu}_{k|k}^{(i)}\}_{m^{(i)}\in\mathbb{M}_f}$，获得期望模型集 $\mathbb{E}_k=\mathrm{EF}[\mathbb{M}_f;\ M^1,\ \cdots,\ M^q]$。

S3 用 $\mathrm{VSIMM}[\mathbb{E}_k,\ \mathbb{M}_{k-1}]$ 获得基于期望模型的状态估计、协方差和模型概率：$\{\hat{\boldsymbol{x}}_{k|k}^{(i)},\ \boldsymbol{P}_{k|k}^{(i)},\ \mu_{k|k}^{(i)}\}_{m^{(i)}\in\mathbb{E}_k}$。

S4 用 $\mathrm{EF}[\mathbb{M}_f,\ \mathbb{E}_k;\ \mathbb{M}_{k-1}]$ 获得全局状态估计和估计协方差，以及模型概率 $\{\hat{\boldsymbol{x}}_{k|k}^{(i)},\ \boldsymbol{P}_{k|k}^{(i)},\ \mu_{k|k}^{(i)}\}_{m^{(i)}\in(\mathbb{M}_f\cup\mathbb{E}_k)}$。令 $\mathbb{M}_k=\mathbb{M}_{f,k}\cup\mathbb{E}_k$。

表 5 - 4 EMA - C 一个周期的算法流程

S1 根据模型预测概率 $\{\mu_{k|k-1}^{(i)}\}_{m^{(i)}\in\mathbb{M}_{k-1}}$，计算时刻 k 期望模型集 $\mathbb{E}'_k=\mathrm{EF}[\mathbb{M}_{k-1},\ M^{(1)},\ \cdots,\ M^{(q)}]$。

S2 获得时刻 k 的模型集 $\mathbb{M}'_k=\mathbb{E}'_k\cup(\mathbb{M}_{k-1}-\mathbb{E}_{k-1})$，然后用 $\mathrm{VSIMM}[\mathbb{M}'_k,\ \mathbb{M}_{k-1}]$ 计算各模型的概率 $\{\mu_{k|k}^{(i)}\}_{m^{(i)}\in\mathbb{M}'_k}$。

续 表

S3 根据 $\mathbb{M}'_k$ 的概率 $\{\mu_{k\|k}^{(i)}\}_{m^{(i)}\in \mathbb{M}'_k}$，计算新的期望模型集 $\mathbb{E}_k = \text{EF}[\mathbb{M}'_k; M^1, \cdots, M^q]$。 S4 计算 $\text{VSIMM}[\mathbb{E}_k, \mathbb{M}_{k-1}]$。 S5 根据 $\mathbb{M}_f = \mathbb{M}_{k-1} - \mathbb{E}_{k-1}$，计算 $\text{EF}[\mathbb{M}_f, \mathbb{E}_k; \mathbb{M}_{k-1}]$，获得全局状态估计、估计协方差和模型概率：$\{\hat{\boldsymbol{x}}_{k\|k}^{(i)}, \boldsymbol{P}_{k\|k}^{(i)}, \mu_{k\|k}^{(i)}\}_{m^{(i)}\in(\mathbb{M}_{f,k}\cup\mathbb{E}_k)}$。令 $\mathbb{M}_k = \mathbb{M}_{f,k} \cup \mathbb{E}_k$。

5.6.3 自适应网格算法

自适应网格算法在系统可能模型集很大的情况下较有利。

基于变结构多模型算法的思想，对交互式多模型进行改进，形成了自适应网格的多模型跟踪方法[24]。传统的自适应网格算法基于二维转弯模型建模，每个时刻更新中心模型的位置，计算左、右模型与中心模型的距离，实现模型集自适应。二维协同转弯(coordinated turning, CT)模型的状态转移矩阵只使用了目标转弯速率进行计算：

$$\boldsymbol{x}_k = \boldsymbol{F}(\omega)\boldsymbol{x}_{k-1} + \boldsymbol{G}_k^{(i)}\boldsymbol{w}_{k-1}^{(i)} \tag{5-67}$$

式中，$\boldsymbol{F}(\omega) = \begin{bmatrix} 1 & \dfrac{\sin\omega T}{\omega} & 0 & -\dfrac{1-\cos\omega T}{\omega} \\ 0 & \cos\omega T & 0 & -\sin\omega T \\ 0 & \dfrac{1-\cos\omega T}{\omega} & 1 & \dfrac{\sin\omega T}{\omega} \\ 0 & \sin\omega T & 0 & \cos\omega T \end{bmatrix}$；$\boldsymbol{T}$ 为采样间隔。

因此目标的模式空间是一维的。初始化网格 $\omega_{L,0} = -\omega_{\max}$，$\omega_{R,0} = \omega_{\max}$，$\omega_{C,0} = 0$，其中，$\omega_{\max}$ 为目标的最大转弯速率。基于目标转弯速率建模的网格自适应多模型算法流程如下所示。

假设已得到 $k-1$ 时刻的模型集 $\{\omega_{L,k-1}, \omega_{R,k-1}, \omega_{C,k-1}\}$ 和对应的模型概率 $\{\eta_{L,k-1}, \eta_{R,k-1}, \eta_{C,k-1}\}$，接下来确定 k 时刻的模型集。

(1) 更新中心模型。

$$\omega_{C,k} = \eta_{L,k-1}\omega_{L,k-1} + \eta_{R,k-1}\omega_{R,k-1} + \eta_{C,k-1}\omega_{C,k-1} \tag{5-68}$$

(2) 更新网格间距。

网格间距分为三种情况：

a. 模型中心不发生跳变。此时 $\eta_{C,k-1}=\max\{\eta_{L,k-1},\ \eta_{R,k-1},\ \eta_{C,k-1}\}$，则有

$$\omega_{L,k}=\begin{cases}\omega_{C,k}-L_{k-1}/2, & \eta_{L,k-1}<t_1\\ \omega_{C,k}-L_{k-1}, & \eta_{L,k-1}\geqslant t_1\end{cases} \tag{5-69}$$

$$\omega_{R,k}=\begin{cases}\omega_{C,k}+R_{k-1}/2, & \eta_{L,k-1}<t_1\\ \omega_{C,k}+R_{k-1}, & \eta_{L,k-1}\geqslant t_1\end{cases} \tag{5-70}$$

式中，ε 为网格变换的最小间距，即左右模型与中心模型的最小距离；t_1 为检测一个不太可能模型的阈值；$L_{k-1}=\max\{\omega_{C,k-1}-\omega_{L,k-1},\ \varepsilon\}$；$R_{k-1}=\max\{\omega_{R,k-1}-\omega_{C,k-1},\ \varepsilon\}$。

b. 模型中心发生左跳变。此时 $\eta_{L,k-1}=\max\{\eta_{L,k-1},\ \eta_{R,k-1},\ \eta_{C,k-1}\}$，则有

$$\omega_{L,k}=\begin{cases}\omega_{C,k}-2L_{k-1}, & \eta_{L,k-1}>t_2\\ \omega_{C,k}-L_{k-1}, & \eta_{L,k-1}\leqslant t_2\end{cases} \tag{5-71}$$

$$\omega_{R,k}=\omega_{C,k}+R_{k-1} \tag{5-72}$$

式中，t_2 为检测一个有效模型的阈值。

c. 模型中心发生右跳变。此时 $\eta_{R,k-1}=\max\{\eta_{L,k-1},\ \eta_{R,k-1},\ \eta_{C,k-1}\}$，则有

$$\omega_{L,k}=\omega_{C,k}-L_{k-1} \tag{5-73}$$

$$\omega_{R,k}=\begin{cases}\omega_{C,k}+2R_{k-1}, & \eta_{R,k-1}>t_2\\ \omega_{C,k}+R_{k-1}, & \eta_{R,k-1}\leqslant t_2\end{cases} \tag{5-74}$$

5.7 仿真实验

本节将展示 IMM 算法及基于 LMS、EMA 方法的两种 VSIMM 算法在机动目标跟踪场景中的应用。

5.7.1 仿真场景

假设目标为二维平面机动目标，目标的状态变量 $\boldsymbol{x}=[p_x\ v_x\ p_y\ v_y]^{\mathrm{T}}$，其中 p_x 和 p_y 分别表示目标在 x 轴、y 轴方向上的位置，v_x、v_y 分别表示目标在 x 轴、y 轴方向上的速度。目标状态转移方程为

$$\boldsymbol{x}_{k+1}=\boldsymbol{F}_k\boldsymbol{x}_k+\boldsymbol{G}_k\boldsymbol{u}_k+\boldsymbol{\Gamma}_k\boldsymbol{w}_k \tag{5-75}$$

式中，$\boldsymbol{u}_k=[a_x a_y]^{\mathrm{T}}$ 为目标加速度输入；机动目标的加速度输入未知，并且可以进行阶跃变化；$\boldsymbol{w}_k$ 为过程噪声，$\boldsymbol{w}_k\sim N[0,\ \boldsymbol{Q}_k]$；$\boldsymbol{F}_k$ 表示状态转移矩阵；$\boldsymbol{G}_k$ 为加速度输入矩阵；$\boldsymbol{\Gamma}_k$ 为噪声传递矩阵。

$\boldsymbol{F}_k$ 和 $\boldsymbol{G}_k$ 可以分别表示为

$$\boldsymbol{F}_k = \boldsymbol{I}_{2\times2} \otimes \boldsymbol{F},\ \boldsymbol{G}_k = \boldsymbol{\Gamma}_k = \boldsymbol{I}_{2\times2} \otimes \boldsymbol{G}$$

$$\boldsymbol{F} = \begin{bmatrix} 1 & T \\ 0 & 1 \end{bmatrix},\ \boldsymbol{G} = \begin{bmatrix} T^2/2 \\ T \end{bmatrix} \tag{5-76}$$

式中，$T = 1$ s 为采样周期；$\boldsymbol{I}_{2\times2}$ 表示二阶单位矩阵；$\otimes$ 表示矩阵的直积。

目标加速度大小不超过 40 m^2，因此目标的模式空间为

$$\boldsymbol{A}^c = \{(a_x,\ a_y) \mid \sqrt{a_x^2 + a_y^2} \leqslant 40\} \tag{5-77}$$

另外，目标加速度过程噪声方差 $\boldsymbol{Q}_k = \mathrm{diag}(0.01,\ 0.01)$。

将模型设置为具有固定加速度输入的二维运动模型，这样每个模型就对应二维加速度模式空间中的一个点。对于模型 j，目标状态方程和测量方程为

$$\boldsymbol{x}_{k+1} = \boldsymbol{F}_k^{(j)} \boldsymbol{x}_k + \boldsymbol{G}_k^{(j)} \boldsymbol{u}_k^{(j)} + \boldsymbol{\Gamma}_k^{(j)} \boldsymbol{w}_k^{(j)}$$

$$\boldsymbol{z}_k = \boldsymbol{H}_k^{(j)} \boldsymbol{x}_k + \boldsymbol{v}_k^{(j)} \tag{5-78}$$

式中，$\boldsymbol{w}_k^{(j)}$ 为过程噪声，$\boldsymbol{w}_k^{(j)} \sim N[0,\ \boldsymbol{Q}_k]$；$\boldsymbol{F}_k^{(j)}$、$\boldsymbol{G}_k^{(j)}$、$\boldsymbol{\Gamma}_k^{(j)}$ 的含义和表达式与式(5-2)相同；$\boldsymbol{v}_k^{(j)}$ 为测量噪声，$\boldsymbol{v}_k^{(j)} \sim N[0,\ \boldsymbol{R}_k^{(j)}]$；$\boldsymbol{H}_k^{(j)}$ 为测量矩阵。

$\boldsymbol{H}_k$ 表示为

$$\boldsymbol{H}_k^{(j)} = \begin{bmatrix} 1 & 0 & 0 & 0 \\ 0 & 0 & 1 & 0 \end{bmatrix}^{\mathrm{T}} \tag{5-79}$$

模型之间的区别只在于加速度 $\boldsymbol{u}_k^{(j)} = [a_x^{(j)} a_y^{(j)}]^{\mathrm{T}}$ 的取值不同。目标加速度的变化如表 5-5 所示。

表 5-5 算法仿真目标运动模式变化

时间 k/s	x 轴方向加速度 $a_{x,k}$/($\mathrm{m/s^2}$)	y 轴方向加速度 $a_{y,k}$/($\mathrm{m/s^2}$)
1～50	0	0
51～100	20	20
101～150	10	−10
151～200	−10	10
201～250	20	20
250～300	−10	−10

本节中 IMM 算法以及基于 LMS、EMA 的 VSIMM 算法都使用图 5-12 所示的包含 13 个模型的模型集作为基础模型集。

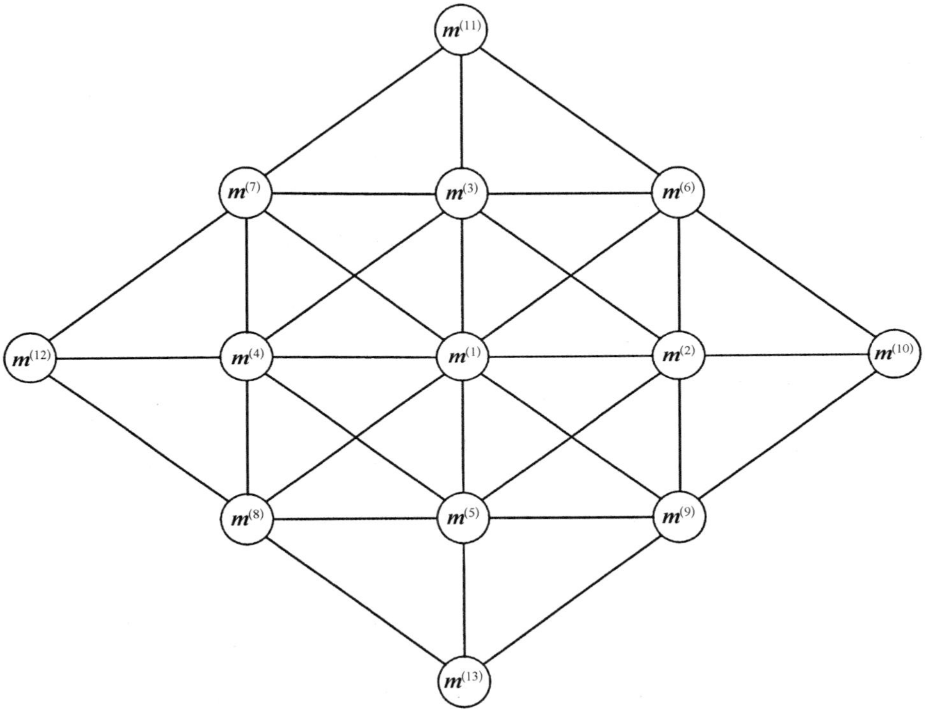

图 5-12 包含 13 个模型的模型集结构

上述基础模型集中，每个模型具体的加速度为

$$\left\{\begin{array}{llll} \boldsymbol{a}^{(1)}=(0,0) & \boldsymbol{a}^{(2)}=(20,0) & \boldsymbol{a}^{(3)}=(0,20) & \boldsymbol{a}^{(4)}=(-20,0) \\ \boldsymbol{a}^{(5)}=(0,-20) & \boldsymbol{a}^{(6)}=(20,20) & \boldsymbol{a}^{(7)}=(-20,20) & \boldsymbol{a}^{(8)}=(-20,-20) \\ \boldsymbol{a}^{(9)}=(20,-20) & \boldsymbol{a}^{(10)}=(40,0) & \boldsymbol{a}^{(11)}=(0,40) & \boldsymbol{a}^{(12)}=(-40,0) \\ \boldsymbol{a}^{(13)}=(0,-40) & & & \end{array}\right\} \tag{5-80}$$

IMM 算法和 LMS 算法的模型转移概率矩阵如式(5-81)所示，EMA 算法的模型转移概率矩阵如式(5-82)所示，期望模型的编号为 14。

$$
\boldsymbol{\Pi}_{13}=\begin{bmatrix}
\frac{348}{360} & \frac{2}{360} & \frac{2}{360} & \frac{2}{360} & \frac{2}{360} & \frac{1}{360} & \frac{1}{360} & \frac{1}{360} & \frac{1}{360} & 0 & 0 & 0 & 0 \\
\frac{2}{140} & 0.95 & \frac{1}{140} & 0 & \frac{1}{140} & \frac{1}{140} & 0 & 0 & \frac{1}{140} & \frac{1}{140} & 0 & 0 & 0 \\
\frac{2}{140} & \frac{1}{140} & 0.95 & \frac{1}{140} & 0 & \frac{1}{140} & \frac{1}{140} & 0 & 0 & 0 & \frac{1}{140} & 0 & 0 \\
\frac{2}{140} & 0 & \frac{1}{140} & 0.95 & \frac{1}{140} & 0 & \frac{1}{140} & \frac{1}{140} & 0 & 0 & 0 & \frac{1}{140} & 0 \\
\frac{2}{140} & \frac{1}{140} & 0 & \frac{1}{140} & 0.95 & 0 & 0 & \frac{1}{140} & \frac{1}{140} & 0 & 0 & 0 & \frac{1}{140} \\
\frac{6}{180} & \frac{2}{180} & \frac{2}{180} & 0 & 0 & \frac{28}{30} & 0 & 0 & 0 & \frac{1}{180} & \frac{1}{180} & 0 & 0 \\
\frac{6}{180} & 0 & \frac{2}{180} & \frac{2}{180} & 0 & 0 & \frac{28}{30} & 0 & 0 & 0 & \frac{1}{180} & \frac{1}{180} & 0 \\
\frac{6}{180} & 0 & 0 & \frac{2}{180} & \frac{2}{180} & 0 & 0 & \frac{28}{30} & 0 & 0 & 0 & \frac{1}{180} & \frac{1}{180} \\
\frac{6}{180} & \frac{2}{180} & 0 & 0 & \frac{2}{180} & 0 & 0 & 0 & \frac{28}{30} & \frac{1}{180} & 0 & 0 & \frac{1}{180} \\
0 & 0.05 & 0 & 0 & 0 & 0.025 & 0 & 0 & 0.025 & 0.9 & 0 & 0 & 0 \\
0 & 0 & 0.05 & 0 & 0 & 0.025 & 0.025 & 0 & 0 & 0 & 0.9 & 0 & 0 \\
0 & 0 & 0 & 0.05 & 0 & 0 & 0.025 & 0.025 & 0 & 0 & 0 & 0.9 & 0 \\
0 & 0 & 0 & 0 & 0.05 & 0 & 0 & 0.025 & 0.025 & 0 & 0 & 0 & 0.9
\end{bmatrix}
\tag{5-81}
$$

$$
\boldsymbol{\Pi}_{14}=\begin{bmatrix}
\frac{159}{180} & \frac{1}{180} & \frac{1}{180} & \frac{1}{180} & \frac{1}{180} & \frac{1}{360} & \frac{1}{360} & \frac{1}{360} & \frac{1}{360} & 0 & 0 & 0 & 0 & \frac{1}{9} \\
\frac{1}{70} & \frac{3}{4} & \frac{1}{140} & 0 & \frac{1}{140} & \frac{1}{140} & 0 & 0 & \frac{1}{140} & \frac{1}{140} & 0 & 0 & 0 & \frac{1}{5} \\
\frac{1}{70} & \frac{1}{140} & \frac{3}{4} & \frac{1}{140} & 0 & \frac{1}{140} & \frac{1}{140} & 0 & 0 & 0 & \frac{1}{140} & 0 & 0 & \frac{1}{5} \\
\frac{1}{70} & 0 & \frac{1}{140} & \frac{3}{4} & \frac{1}{140} & 0 & \frac{1}{140} & \frac{1}{140} & 0 & 0 & 0 & \frac{1}{140} & 0 & \frac{1}{5} \\
\frac{1}{70} & \frac{1}{140} & 0 & \frac{1}{140} & \frac{3}{4} & 0 & 0 & \frac{1}{140} & \frac{1}{140} & 0 & 0 & 0 & \frac{1}{140} & \frac{1}{5} \\
\frac{1}{30} & \frac{1}{90} & \frac{1}{90} & 0 & 0 & \frac{11}{15} & 0 & 0 & 0 & \frac{1}{180} & \frac{1}{180} & 0 & 0 & \frac{1}{5} \\
\frac{1}{30} & 0 & \frac{1}{90} & \frac{1}{90} & 0 & 0 & \frac{11}{15} & 0 & 0 & 0 & \frac{1}{180} & \frac{1}{180} & 0 & \frac{1}{5} \\
\frac{1}{30} & 0 & 0 & \frac{1}{90} & \frac{1}{90} & 0 & 0 & \frac{11}{15} & 0 & 0 & 0 & \frac{1}{180} & \frac{1}{180} & \frac{1}{5} \\
\frac{1}{30} & \frac{1}{90} & 0 & 0 & \frac{1}{90} & 0 & 0 & 0 & \frac{11}{15} & \frac{1}{90} & 0 & 0 & \frac{1}{180} & \frac{1}{5} \\
0 & \frac{1}{20} & 0 & 0 & 0 & \frac{1}{40} & 0 & 0 & \frac{1}{40} & \frac{7}{10} & 0 & 0 & 0 & \frac{1}{5} \\
0 & 0 & \frac{1}{20} & 0 & 0 & \frac{1}{40} & \frac{1}{40} & 0 & 0 & 0 & \frac{7}{10} & 0 & 0 & \frac{1}{5} \\
0 & 0 & 0 & \frac{1}{20} & 0 & 0 & \frac{1}{40} & \frac{1}{40} & 0 & 0 & 0 & \frac{7}{10} & 0 & \frac{1}{5} \\
0 & 0 & 0 & 0 & \frac{1}{20} & 0 & 0 & \frac{1}{40} & \frac{1}{40} & 0 & 0 & 0 & \frac{7}{10} & \frac{1}{5} \\
\frac{1}{100} & \frac{1}{100} & \frac{1}{100} & \frac{1}{100} & \frac{1}{100} & \frac{1}{100} & \frac{1}{100} & \frac{1}{100} & \frac{1}{100} & \frac{1}{100} & \frac{1}{100} & \frac{1}{100} & \frac{1}{100} & \frac{87}{100}
\end{bmatrix}
\tag{5-82}
$$

LMS 算法的参数设置：$K=4$，$t_1=0.1$，$t_2=0.9$。

5.7.2 结果分析

蒙特卡罗重复试验次数为 100 次，将基础的 IMM 算法和基于 LMS、EMA 的 VSIMM 算法进行跟踪误差和加速度估计的比对，仿真结果如

图 5 - 13～图 5 - 15 所示。

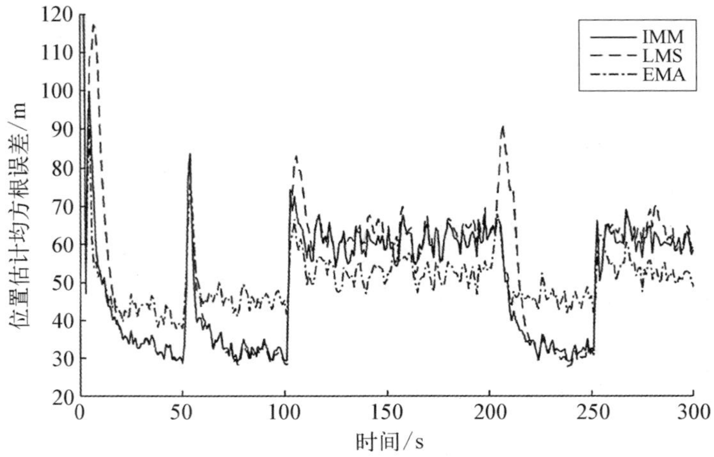

图 5 - 13　三种多模型算法的位置估计均方根误差

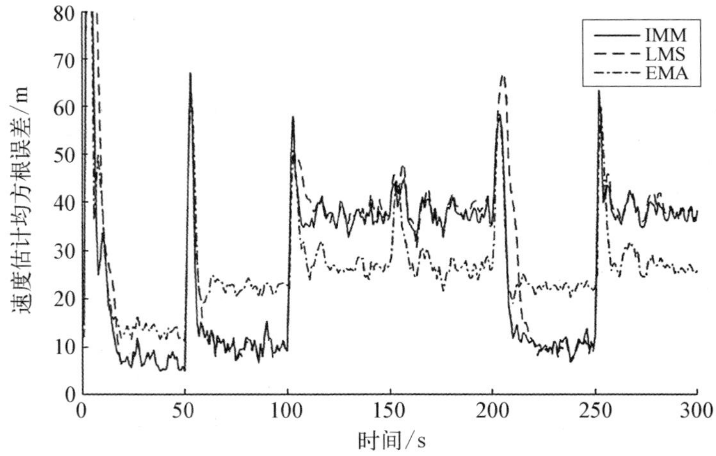

图 5 - 14　三种多模型算法的速度估计均方根误差

可以看出，在目标运动模式相对稳定时，IMM 和 LMS 算法的估计精度未体现出显著区别；而当运动模型发生突变时，这两种算法的估计误差都难以避免地变大，且 LMS 算法的动态误差比 IMM 算法更大。而仿真中，LMS 算法所运行的平均模型数量为 5.853 1 个，可以认为 LMS 虽牺牲了精度，却大大降低了多模型算法的复杂度。

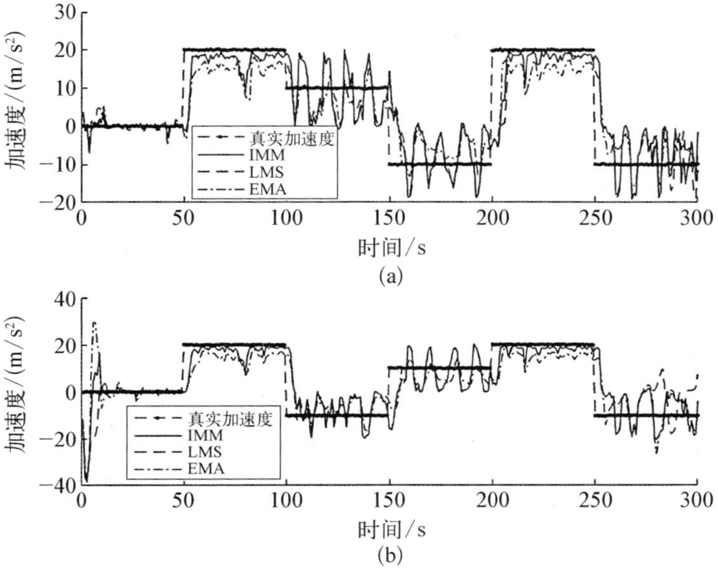

图 5-15 三种多模型算法的加速度估计情况对比

(a) x 方向加速度;(b) y 方向加速度

仿真结果同时表明,IMM 算法与 EMA 算法的差异体现在对连续模式空间目标的跟踪效果。在 1～150 个时刻,目标运动模式虽然突变,但对应于基础模型集中的某个模型,IMM 算法的估计精度比 EMA 算法更高;而在 151～300 个时刻,目标运动模式位于基础模型集的"间隙",EMA 算法的估计精度优于 IMM 算法,对加速度的估计也相对更加平滑,更接近真实模式。考虑到真实目标运动模式恰好落在基础模型上的可能性较小,可以认为 EMA 算法的机动目标状态估计效果比 IMM 算法更好。

5.8 本章小结

本章主要介绍了基于交互式多模型的机动目标跟踪算法。首先介绍了多模型算法的理论基础,即跳变马尔可夫系统及混杂系统理论。在多模型算法中,初始模型集的设计对算法的性能有至关重要的影响,本章介绍了多模型算法中初始模型集的选择和设计方法,包括最小不适配设计、最小距离设计、矩相关设计等。从定结构多模型算法存在的固有局限出发,本章进一步详细介绍了变结构多模型算法，特别是其核心的模型集自适应方法，包括基于图论的变结构基本方法如动态有向图、有向图切换、自适应网格等，以及典型的具体算法如可能模型集算法、期望模式扩增算法。

5.9 思考与讨论

5-1 请简述交互式多模型算法的单次迭代主要流程。

5-2 交互式多模型算法中，模型集中的模型是否越多越好，为什么？模型集的设计应遵循哪些主要原则？

5-3 变结构交互式多模型算法中，模型集自适应方法应遵循的主要原则有哪些？请简述经典 LMS、EMA 和 AG 方法的特点和局限。

参考文献

[1] Xu L, Li X R, Duan Z. Hybrid grid multiple-model estimation with application to maneuvering target tracking[J]. IEEE Transactions on Aerospace and Electronic Systems, 2016, 52(1): 122-136.

[2] Shen-Tu H, Luo J, Xue A, et al. A novel variable structure multi-model tracking algorithm based on error-ambiguity decomposition [C]//2018 21st International Conference on Information Fusion (FUSION), Cambridge, 2018: 32-38.

[3] 王昱淇，卢宙，蔡云泽. 基于一致性的分布式变结构多模型方法[J]. 自动化学报，2021，47(7): 1548-1557.

[4] Zhang B, Gao Y, Duan Z. Variable structure multiple model fixed-interval smoothing[J]. Chinese Journal of Aeronautics, 2023, 36 (2): 139-148.

[5] Eun Y, Jeon D. Fuzzy inference-based dynamic determination of IMM mode transition probability for multi-radar tracking [C]// Proceedings of the 16th International Conference on Information Fusion, Istanbul, 2013: 1520-1525.

[6] Li L Q, Zhao D, Luo C D. A novel interacting TS fuzzy multiple

model by using UKF for maneuvering target tracking[C]//2019 22th International Conference on Information Fusion, Hamilton, 2019: 1-7.

[7] Li X R, Jilkov V P. Survey of maneuvering target tracking part Ⅴ. multiple-model methods[J]. IEEE Transactions on Aerospace and Electronic Systems, 2005, 41(4): 1255-1321.

[8] 刘妹琴,兰剑. 目标跟踪前沿理论与应用[M]. 北京:科学出版社,2015.

[9] Li X R. Hybrid estimation techniques[J]. Control & Dynamic Systems, 1996, 76: 213-287.

[10] 刘建书,李人厚,张贞耀. 交互式多模型算法的模型集设计[J]. 控制与决策,2007,22(3): 326-332.

[11] Bar-Shalom Y, Li X R, Kirubarajan T. Estimation with applications to tracking and navigation[M]. Toronto: John Wiley & Sons Inc, 2001.

[12] Li X R, Zhao Z, Li X B. General model-set design methods for multiple-model approach[J]. IEEE Transactions on Automatic Control, 2005, 50(9): 1260-1276.

[13] Li X R. Model-set design for multiple-model method[C]//Proceedings of the Fifth International Conference on Information Fusion, Annapolis, 2002: 26-33.

[14] Liang Y, Li X R, Han C, et al. Model-set design: uniformly distributed models[C]//Proceedings of the 48th IEEE Conference on Decision and Control (CDC) held jointly with 2009 28th Chinese Control Conference, Shanghai, 2009: 39-44.

[15] Li X R, He C. Model-set design, choice, and comparison for multiple-model estimation[C]//Signal and Data Processing of Small Targets, Orlando, 1999: 501-513.

[16] Li X R. Multiple-model estimation with variable structure: some theoretical considerations[C]//Proceedings of 1994 33rd IEEE Conference on Decision and Control, San Antonie, 1994: 1199-1204.

[17] Li X R, Bar-Shalom Y. Multiple-model estimation with variable structure[J]. IEEE Transactions on Automatic Control, 1996, 41(4): 478 - 493.

[18] Li X R, Zhang Y. Multiple-model estimation with variable structure. Ⅴ. likely-model set algorithm[J]. IEEE Transactions on Aerospace and Electronic Systems, 2000, 36(2): 448 - 466.

[19] Li X R, Zhi X, Zhang Y. Multiple-model estimation with variable structure. Ⅲ. model-group switching algorithm [J]. IEEE Transactions on Aerospace and Electronic Systems, 1999, 35(1): 225 - 241.

[20] Li X R. Multiple-model estimation with variable structure. Ⅱ. model-set adaptation[J]. IEEE Transactions on Automatic Control, 2000, 45(11): 2047 - 2060.

[21] Li X R, Zhang Y, Zhi X. Multiple-model estimation with variable structure: model-group switching algorithm[C]//Proceedings of the IEEE Conference on Decision and Control, Kobe, 1996: 3114 - 3119.

[22] Li X R, Zhang Y, Zhi X. Design and evaluation of a model-group switching algorithm for multiple-model estimation with variable structure[C]//Optical Science, Engineering and Instrumentation, San Diego, 1997: 388 - 399.

[23] Li X R, Jilkov V P, Ru J. Multiple-model estimation with variable structure-part VI: expected-mode augmentation [J]. IEEE Transactions on Aerospace and Electronic Systems, 2005, 41(3): 853 - 867.

[24] Jilkov V P, Angelova D S, Semerdjiev T Z A. Design and comparison of mode-set adaptive IMM algorithms for maneuvering target tracking[J]. IEEE Transactions on Aerospace and Electronic Systems, 1999, 35(1): 343 - 350.

第 6 章
多传感器时空配准方法

知识提纲

本章学习内容：

（1）掌握多传感器时间配准的概念与方法。

（2）熟悉多传感器空间配准中的常用坐标系及其转换关系，理解传感器系统偏差的构成及影响。

（3）掌握两类多传感器空间配准算法，包括二维空间配准算法和基于地心地固坐标系的空间配准算法。

知识导图

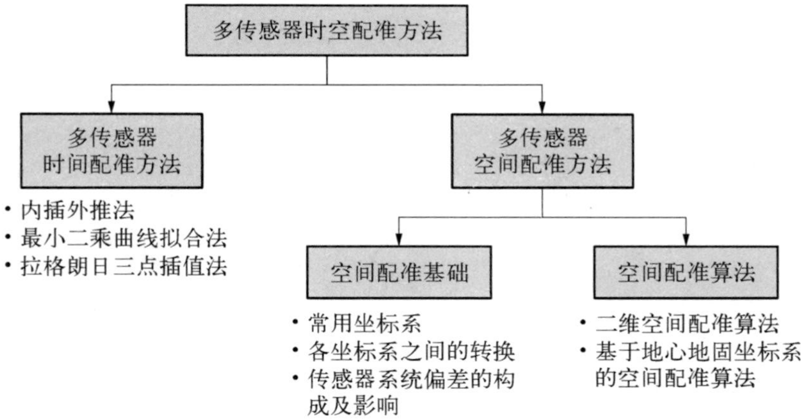

6.1 引言

在空中目标跟踪方法的研究中,多传感器目标跟踪系统与传统的单传感器监视、跟踪系统相比,可靠性更高,灵活性更好,同时跟踪系统监视跟踪的连续性以及反应的快速性更强,具有较强的生存能力。多传感器目标跟踪系统中,对不同传感器有关空中目标的量测数据进行处理和融合,能够降低虚警率,增大数据覆盖面,提高目标探测识别与跟踪能力,并具有增强系统故障容错和鲁棒性等优点[1]。前面章节对线性系统、非线性系统下的空中目标跟踪方法进行了分析和讨论,由于多传感器目标跟踪系统的高可靠性和灵活性,近年来在空中目标跟踪领域,随着空中作战场景的复杂化,越来越多的学者开展了基于多传感器系统的空中目标跟踪方法的研究。

在现代复杂的电子对抗环境下,对多传感器目标跟踪系统数据进行正确处理的前提条件是对各个传感器的量测数据进行预处理工作,有效的传感器量测数据预处理方法可以减少多传感器目标跟踪系统数据处理的计算量,提高目标跟踪精度。量测数据预处理技术主要包括时间配准、空间配准、野值剔除和数据压缩等[2]。

我们先对量测预处理技术的基本概念进行简要介绍。传感器观测模型的建立与坐标系的选择相关,坐标系的选择直接影响目标跟踪的精度和计算量。在多传感器目标跟踪系统中,目标量测所在的坐标系与数据处理所在的坐标系经常是不一致的,因此需要坐标转换技术将所有数据以及时间、空间信息格式统一到同一坐标系中[2-3]。由于传感器本身或者数据传输中的种种原因,给出的量测序列可能包含某些错误的量测量,这些量在工程上称为野值,这些野值或是在量级上与正常量测相差太大,或是在量级上没有明显差别,但是误差超越了传感器正常状态允许的误差范围,因此野值剔除可以避免多传感器系统数据处理存在误差较大的问题[4-6]。在多传感器系统中,传感器的数据压缩是与实际工程紧密结合的技术,因为多个传感器获得的信息量较为庞大,可能存在数据冗余,所以有效的数据压缩技术可以减少系统运算量并且有利于提高目标跟踪精度[7-8]。

多传感器目标跟踪系统中传感器的数量相对而言不会很多，传感器平台可以是地基雷达、机载雷达、弹载雷达或舰载雷达等。

针对空中目标跟踪，由于多传感器采样周期不同，并且存在无法避免的数据传输延迟和固定量测系统偏差等问题，量测信息会偏离目标的真实位置，直接将没有经过时空配准的量测数据转换到通用的参考系下进行融合处理，这不仅会降低估计精度，而且会导致数据的分离和冗余航迹的产生，严重影响数据融合的效果，难以发挥多传感器跟踪的优势。因此，多传感器目标跟踪系统时空配准方法是空中目标跟踪中信息融合的前提与基础，也是本章研究的重点。

本章将介绍多传感器的时空配准方法，包括基本的多传感器时间配准(time registration)方法和空间配准(spatial registration)方法。同时，介绍空间配准问题中涉及的各个坐标系及各坐标系之间的转换关系。进一步，本章还将建立多弹系统在地心地固坐标系下的量测偏差模型，给出基于伪量测方程和最大似然估计的空间配准算法，为实现基于多传感器数据融合的目标跟踪提供技术参考。

6.2 多传感器时间配准方法

时间配准，又称时间同步，是指将各传感器关于同一目标不同步的量测信息同步到同一时刻，主要用于解决多传感器数据融合中的时间同步问题。在多传感器目标跟踪系统中，传感器采样周期不同，各传感器对目标的量测相互独立进行，导致各传感器向系统融合中心报告量测数据的时刻不同。除此之外，由于通信网络中存在不同程度的延迟，各传感器与系统融合中心之间传输信息所需的时间也不同，各传感器报告的量测数据间存在时间差，所以目标跟踪过程中，对多传感器数据进行融合处理前需将不同步的量测数据进行时间配准。时间配准的一般做法是采用采样周期较长的传感器量测数据为基准，将各传感器量测数据向其对准。目前，常用的时间配准方法主要包括内插外推法、最小二乘法和拉格朗日三点插值法。本节将分别对这些时间配准方法进行介绍。

6.2.1 内插外推法

内插外推时间配准方法由王宝树等[9]提出，核心思路如下：在同一时间片 T 内，对各传感器采集的目标量测数据进行内插外推处理，将高精度观测时间点上的数据推算到低精度的观测时间点上，以此达到两个传感器的时间同步。

具体步骤如下：① 取定时间片，其中时间片的划分随具体运动目标而异。② 按照测量精度对各传感器的量测数据进行增量排序。③ 假设传感器 A 和传感器 B 对同一目标进行观测，在同一时间片内两传感器的采样序列如图 6-1 所示，传感器 A 在 $T_i^{(A)}$ 时刻的量测数据为 $(x_i^{(A)},\ y_i^{(A)},\ z_i^{(A)},\ vx_i^{(A)},\ vy_i^{(A)},\ vz_i^{(A)})$，传感器 B 在 $T_j^{(B)}$ 时刻的量测数据为 $(x_j^{(B)},\ y_j^{(B)},\ z_j^{(B)},\ vx_j^{(B)},\ vy_j^{(B)},\ vz_j^{(B)})$，假设由传感器 A 向传感器 B 的采样时刻进行时间配准，$(x_{ij}^{(A,B)},\ y_{ij}^{(A,B)},\ z_{ij}^{(A,B)},\ vx_{ij}^{(A,B)},\ vy_{ij}^{(A,B)},\ vz_{ij}^{(A,B)})$ 表示配准后的数据，则内插外推法的配准公式为

该方法对目标的运动模型做了匀速运动的假设，目标的状态可以分为静止、低速运动和高速运动，对应的融合时间片可以选为小时、分钟或者秒级。

图 6-1 内插外推法传感器在同一时间片内采样序列示意图

$$
\begin{bmatrix}
x_{11}^{(A,B)} & x_{21}^{(A,B)} & \cdots & x_{n1}^{(A,B)} \\
x_{12}^{(A,B)} & x_{22}^{(A,B)} & \cdots & x_{n2}^{(A,B)} \\
\vdots & \vdots & \ddots & \vdots \\
x_{1m}^{(A,B)} & x_{2m}^{(A,B)} & \cdots & x_{nm}^{(A,B)}
\end{bmatrix}
=
\begin{bmatrix}
x_1^{(A)} & x_2^{(A)} & \cdots & x_n^{(A)} \\
x_1^{(A)} & x_2^{(A)} & \cdots & x_n^{(A)} \\
\vdots & \vdots & \ddots & \vdots \\
x_1^{(A)} & x_2^{(A)} & \cdots & x_n^{(A)}
\end{bmatrix}
+
$$

$$
\begin{bmatrix}
T_1^{(B)} - T_1^{(A)} & T_1^{(B)} - T_2^{(A)} & \cdots & T_1^{(B)} - T_n^{(A)} \\
T_2^{(B)} - T_1^{(A)} & T_2^{(B)} - T_2^{(A)} & \cdots & T_2^{(B)} - T_n^{(A)} \\
\vdots & \vdots & \ddots & \vdots \\
T_m^{(B)} - T_1^{(A)} & T_m^{(B)} - T_2^{(A)} & \cdots & T_m^{(B)} - T_n^{(A)}
\end{bmatrix}
\times
$$

$$\begin{bmatrix} vx_1^{(A)} & 0 & \cdots & 0 \\ 0 & vx_2^{(A)} & \cdots & 0 \\ \vdots & \vdots & \ddots & \vdots \\ 0 & 0 & \cdots & vx_n^{(A)} \end{bmatrix} \tag{6-1}$$

$$\begin{bmatrix} y_{11}^{(A,B)} & y_{21}^{(A,B)} & \cdots & y_{n1}^{(A,B)} \\ y_{12}^{(A,B)} & y_{22}^{(A,B)} & \cdots & y_{n2}^{(A,B)} \\ \vdots & \vdots & \ddots & \vdots \\ y_{1m}^{(A,B)} & y_{2m}^{(A,B)} & \cdots & y_{nm}^{(A,B)} \end{bmatrix} = \begin{bmatrix} y_1^{(A)} & y_2^{(A)} & \cdots & y_n^{(A)} \\ y_1^{(A)} & y_2^{(A)} & \cdots & y_n^{(A)} \\ \vdots & \vdots & \ddots & \vdots \\ y_1^{(A)} & y_2^{(A)} & \cdots & y_n^{(A)} \end{bmatrix} +$$

$$\begin{bmatrix} T_1^{(B)} - T_1^{(A)} & T_1^{(B)} - T_2^{(A)} & \cdots & T_1^{(B)} - T_n^{(A)} \\ T_2^{(B)} - T_1^{(A)} & T_2^{(B)} - T_2^{(A)} & \cdots & T_2^{(B)} - T_n^{(A)} \\ \vdots & \vdots & \ddots & \vdots \\ T_m^{(B)} - T_1^{(A)} & T_m^{(B)} - T_2^{(A)} & \cdots & T_m^{(B)} - T_n^{(A)} \end{bmatrix} \times$$

$$\begin{bmatrix} vy_1^{(A)} & 0 & \cdots & 0 \\ 0 & vy_2^{(A)} & \cdots & 0 \\ \vdots & \vdots & \ddots & \vdots \\ 0 & 0 & \cdots & vy_n^{(A)} \end{bmatrix} \tag{6-2}$$

$$\begin{bmatrix} z_{11}^{(A,B)} & z_{21}^{(A,B)} & \cdots & z_{n1}^{(A,B)} \\ z_{12}^{(A,B)} & z_{22}^{(A,B)} & \cdots & z_{n2}^{(A,B)} \\ \vdots & \vdots & \ddots & \vdots \\ z_{1m}^{(A,B)} & z_{2m}^{(A,B)} & \cdots & z_{nm}^{(A,B)} \end{bmatrix} = \begin{bmatrix} z_1^{(A)} & z_2^{(A)} & \cdots & z_n^{(A)} \\ z_1^{(A)} & z_2^{(A)} & \cdots & z_n^{(A)} \\ \vdots & \vdots & \ddots & \vdots \\ z_1^{(A)} & z_2^{(A)} & \cdots & z_n^{(A)} \end{bmatrix} +$$

$$\begin{bmatrix} T_1^{(B)} - T_1^{(A)} & T_1^{(B)} - T_2^{(A)} & \cdots & T_1^{(B)} - T_n^{(A)} \\ T_2^{(B)} - T_1^{(A)} & T_2^{(B)} - T_2^{(A)} & \cdots & T_2^{(B)} - T_n^{(A)} \\ \vdots & \vdots & \ddots & \vdots \\ T_m^{(B)} - T_1^{(A)} & T_m^{(B)} - T_2^{(A)} & \cdots & T_m^{(B)} - T_n^{(A)} \end{bmatrix} \times$$

$$\begin{bmatrix} vz_1^{(A)} & 0 & \cdots & 0 \\ 0 & vz_2^{(A)} & \cdots & 0 \\ \vdots & \vdots & \ddots & \vdots \\ 0 & 0 & \cdots & vz_n^{(A)} \end{bmatrix} \tag{6-3}$$

在实际的多传感器目标跟踪系统中,有些传感器的量测数据不包括目标的运动速度信息,因为内插外推法基于目标做匀速运动的假设,可以通过量测数据位置信息和传感器采样间隔对目标运动速度进行估算。假设传感器在 T_i 时刻的量测数据为 $(x_i,\ y_i,\ z_i)$,基于上述其他假设,以 x 方向为例,内插外推配准公式如下:

$$\begin{bmatrix} x_{11}^{(A,B)} & x_{21}^{(A,B)} & \cdots & x_{n1}^{(A,B)} \\ x_{12}^{(A,B)} & x_{22}^{(A,B)} & \cdots & x_{n2}^{(A,B)} \\ \vdots & \vdots & \ddots & \vdots \\ x_{1m}^{(A,B)} & x_{2m}^{(A,B)} & \cdots & x_{nm}^{(A,B)} \end{bmatrix} = \begin{bmatrix} x_1^{(A)} & x_2^{(A)} & \cdots & x_n^{(A)} \\ x_1^{(A)} & x_2^{(A)} & \cdots & x_n^{(A)} \\ \vdots & \vdots & \ddots & \vdots \\ x_1^{(A)} & x_2^{(A)} & \cdots & x_n^{(A)} \end{bmatrix} +$$

$$\begin{bmatrix} T_1^{(B)} - T_1^{(A)} & T_1^{(B)} - T_2^{(A)} & \cdots & T_1^{(B)} - T_n^{(A)} \\ T_2^{(B)} - T_1^{(A)} & T_2^{(B)} - T_2^{(A)} & \cdots & T_2^{(B)} - T_n^{(A)} \\ \vdots & \vdots & \ddots & \vdots \\ T_m^{(B)} - T_1^{(A)} & T_m^{(B)} - T_2^{(A)} & \cdots & T_m^{(B)} - T_n^{(A)} \end{bmatrix} \times$$

$$\begin{bmatrix} \dfrac{x_2^{(A)} - x_1^{(A)}}{T_2^{(A)} - T_1^{(A)}} & 0 & \cdots & 0 \\ 0 & \dfrac{x_3^{(A)} - x_2^{(A)}}{T_3^{(A)} - T_2^{(A)}} & \cdots & 0 \\ \vdots & \vdots & \ddots & \vdots \\ 0 & 0 & \cdots & \dfrac{x_{n+1}^{(A)} - x_n^{(A)}}{T_{n+1}^{(A)} - T_n^{(A)}} \end{bmatrix} \tag{6-4}$$

6.2.2 最小二乘曲线拟合法

最小二乘时间配准方法由 Blair 等[10]提出,核心思路如下:当两个传感器的采样周期之比为整数时,通过最小二乘法将多个采样数据虚拟成同一个时刻的采样数据,实现时间同步。假设两个传感器(传感器 A 和传感器 B)的采样周期分别为 $T^{(A)}$ 和 $T^{(B)}$, $T^{(B)}$ 大于 $T^{(A)}$,并且两者之比为整数 N,记为 $T^{(B)} = NT^{(A)}$。两个传感器对目标量测的采样序列如图 6-2 所示。

已知目标状态最近一次更新的时刻为 $(k-1)T^{(B)}$,下次更新的时刻为

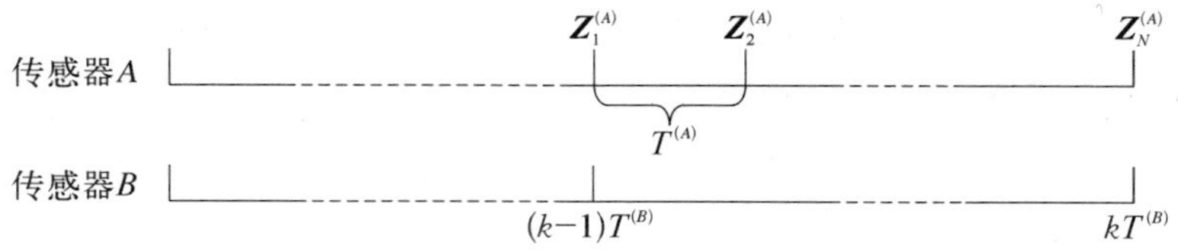

图 6-2 最小二乘法传感器采样序列示意图

$kT^{(B)}=(k-1)T^{(B)}+NT^{(A)}$，在传感器 B 对目标状态进行一次更新的时间内，传感器 A 共进行了 N 次量测，采用最小二乘准则，将传感器 A 的 N 次量测值融合为一个与传感器 B 采样时刻相同的虚拟量测值。假设 $\boldsymbol{Z}^{(A_N)}=[\boldsymbol{Z}_1^{(A)}, \boldsymbol{Z}_2^{(A)}, \cdots, \boldsymbol{Z}_N^{(A)}]^{\mathrm{T}}$ 表示传感器 A 在 $(k-1)$ 至 k 时刻的 N 个量测值集合，其中 $\boldsymbol{Z}_i^{(A)}=[x_i^{(A)}, y_i^{(A)}, z_i^{(A)}, vx_i^{(A)}, vy_i^{(A)}, vz_i^{(A)}]^{\mathrm{T}}$。已知 $\boldsymbol{Z}_N^{(A)}$ 与 k 时刻传感器 B 的量测值同步，如果用 $\boldsymbol{U}^{(A)}=[\boldsymbol{Z}^{(A)}, (\boldsymbol{Z}^{(A)})']^{\mathrm{T}}$ 表示 $\boldsymbol{Z}_1^{(A)}, \boldsymbol{Z}_2^{(A)}, \cdots, \boldsymbol{Z}_N^{(A)}$ 融合后的量测值及其导数，则传感器 A 的量测值 $\boldsymbol{Z}_i^{(A)}$ 可以表示为

$$\boldsymbol{Z}_i^{(A)}=\boldsymbol{Z}^{(A)}+(i-N)T^{(A)}(\boldsymbol{Z}^{(A)})'+\boldsymbol{v}_i \qquad i=1, 2, \cdots, N \tag{6-5}$$

式中，$\boldsymbol{v}_i$ 表示量测噪声。

将式(6-5)改写成向量形式，有

$$\boldsymbol{Z}^{(A_N)}=\boldsymbol{W}_N\boldsymbol{U}^{(A)}+\boldsymbol{V}_N \tag{6-6}$$

式中，量测噪声向量 $\boldsymbol{V}_N=[\boldsymbol{v}_1, \boldsymbol{v}_2, \cdots, \boldsymbol{v}_N]^{\mathrm{T}}$，其均值为零；协方差阵为 $\mathrm{cov}[\boldsymbol{V}_N]=\mathrm{diag}\{\sigma^2, \cdots, \sigma^2\}$，$\sigma^2$ 为融合以前的位置量测噪声方差。

同时

$$\boldsymbol{W}_N=\begin{bmatrix} 1 & 1 & \cdots & 1 \\ (1-N)T^{(A)} & (2-N)T^{(A)} & \cdots & (N-N)T^{(A)} \end{bmatrix} \tag{6-7}$$

通过最小二乘准则，可得目标函数

$$J=\boldsymbol{V}_N^{\mathrm{T}}\boldsymbol{V}_N=(\boldsymbol{Z}^{(A_N)}-\boldsymbol{W}_N\hat{\boldsymbol{U}}^{(A)})^{\mathrm{T}}(\boldsymbol{Z}^{(A_N)}-\boldsymbol{W}_N\hat{\boldsymbol{U}}^{(A)}) \tag{6-8}$$

为使 J 最小，上式两边对 $\hat{\boldsymbol{U}}^{(A)}$ 求偏导后可得

$$\frac{\partial J}{\partial \hat{\boldsymbol{U}}^{(A)}}=-2(\boldsymbol{W}_N^{\mathrm{T}}\boldsymbol{Z}^{(A_N)}-\boldsymbol{W}_N^{\mathrm{T}}\boldsymbol{W}_N\boldsymbol{U}^{(A)})=0 \tag{6-9}$$

求解可得

$$\hat{U}^{(A)}=[Z^{(A)},\ (Z^{(A)})']^{\mathrm{T}}=(W_N^{\mathrm{T}}W_N)^{-1}W_N^{\mathrm{T}}Z^{(A_N)} \tag{6-10}$$

其方差估计值为

$$R_{\hat{U}^{(A)}}=\sigma^2(W_N^{\mathrm{T}}W_N)^{-1} \tag{6-11}$$

由此可以得到融合之后传感器 A 在 k 时刻的虚拟量测值及其量测噪声方差：

$$\hat{Z}_k^{(A)}=-\frac{2}{N}\sum_{i=1}^{N}Z_i^{(A)}+\frac{6}{N(N+1)}\sum_{i=1}^{N}iZ_i^{(A)} \tag{6-12}$$

$$\mathrm{var}[\hat{Z}_k^{(A)}]=\frac{2\sigma^2(2N+1)}{N(N+1)} \tag{6-13}$$

6.2.3 拉格朗日三点插值法

利用插值法进行多传感器时间配准，主要是根据传感器已知采样点数据，得到近似函数表达式，然后由函数表达式得到配准时刻的数据。拉格朗日插值法通过拉格朗日插值多项式估算函数表达式，根据函数表达式计算需要配准时间点的量测数据。假设需要将传感器 A 的数据配准到传感器 B 的采样时间点上，已知传感器 A 在 $T_k^{(A)}$ 时刻的量测数据为 $X_k^{(A)}=[x_k^{(A)},\ y_k^{(A)},\ z_k^{(A)},\ vx_k^{(A)},\ vy_k^{(A)},\ vz_k^{(A)}]^{\mathrm{T}}$，假设传感器 A 在 $T_{k-1}^{(A)}$、$T_k^{(A)}$、$T_{k+1}^{(A)}$ 时刻的量测数据分别为 $X_{k-1}^{(A)}$、$X_k^{(A)}$、$X_{k+1}^{(A)}$，由拉格朗日三点插值法计算 $T_i^{(A)}$ 时刻（$T_{k-1}^{(A)}<T_i^{(A)}<T_{k+1}^{(A)}$）的量测值为

$$\begin{aligned}X_i^{(A)}=&X_{k-1}^{(A)}\times\frac{(T_i^{(A)}-T_k^{(A)})(T_i^{(A)}-T_{k+1}^{(A)})}{(T_{k-1}^{(A)}-T_k^{(A)})(T_{k-1}^{(A)}-T_{k+1}^{(A)})}+\\&X_k^{(A)}\times\frac{(T_i^{(A)}-T_{k-1}^{(A)})(T_i^{(A)}-T_{k+1}^{(A)})}{(T_k^{(A)}-T_{k-1}^{(A)})(T_k^{(A)}-T_{k+1}^{(A)})}+\\&X_{k+1}^{(A)}\times\frac{(T_i^{(A)}-T_{k-1}^{(A)})(T_i^{(A)}-T_k^{(A)})}{(T_{k+1}^{(A)}-T_{k-1}^{(A)})(T_{k+1}^{(A)}-T_k^{(A)})}\end{aligned} \tag{6-14}$$

如果（$T_{k-1}^{(A)}$，$X_{k-1}^{(A)}$）、（$T_k^{(A)}$，$X_k^{(A)}$）和（$T_{k+1}^{(A)}$，$X_{k+1}^{(A)}$）三点不在一条直线上，则通过上述插值公式得到的是一个二次函数，通过这三点的曲线是抛物线。

6.3 多传感器空间配准方法

空间配准是指借助各传感器关于同一目标的量测数据，对各传感器量测系统偏差进行估计补偿，将补偿后的量测数据转换到统一空间坐标系下，进行后续多传感器数据融合处理。在多传感器目标跟踪系统中，不同传感器存在的固定量测系统偏差会对目标的量测带来固定偏移或过大偏差。因此，在多传感器目标跟踪系统中，未经空间配准的量测数据往往无法直接应用。目前，针对多传感器的空间配准研究，首先建立多传感器量测偏差模型，其次研究各类传感器量测系统偏差估计方法。一类常用的空间配准方法基于立体投影在二维平面上实现空间配准，包括基于最小二乘法、最大似然法的空间配准方法等。此外，由于地球本身是一个椭球，基于地心地固坐标系的空间配准方法是近几年空间配准方法研究的重点。本节将分别对多传感器空间配准问题研究中涉及的常用坐标系及坐标系转换、传感器量测系统偏差分析、二维空间配准方法和基于地心地固坐标系的空间配准方法进行介绍。

6.3.1 常用坐标系

多传感器空间配准任务中，每个传感器都有自己的参考坐标系或参考框架，因此要分析多传感器对目标信息的量测数据并进行数据预处理，需要结合实际情况定义各传感器的测量坐标系以及数据处理过程中的公共坐标系。当量测传感器为雷达时，目标的量测通常在空间极坐标系中完成，而后续的目标量测数据处理则在直角坐标系中完成。本节将主要介绍雷达传感器的载体平台为导弹时，量测数据处理时涉及的常用坐标系。

当雷达安装在不同载体平台(如飞机、导弹、舰船等)上时，根据定义的不同，不同载体平台的雷达所采用的坐标系又可分为机体坐标系、弹体坐标系、舰船坐标系等。

1) 地心地固坐标系 $O_eX_eY_eZ_e$

地心地固(earth-center earth-fixed, ECEF)坐标系将地球看作一个具有曲率的球体，以地球质心为坐标原点 O_e，X_e 轴从地球质心指向本初子午线与地球赤道的交点，Z_e 轴指向地球北极方向，Y_e 轴由右手定则与 X_e 轴和 Z_e 轴垂直，如图 6-3 所示。

2) 平台地理坐标 $O_gX_gY_gZ_g$

平台地理坐标系又称平台北天东(local north - up - earth, LNUE)坐

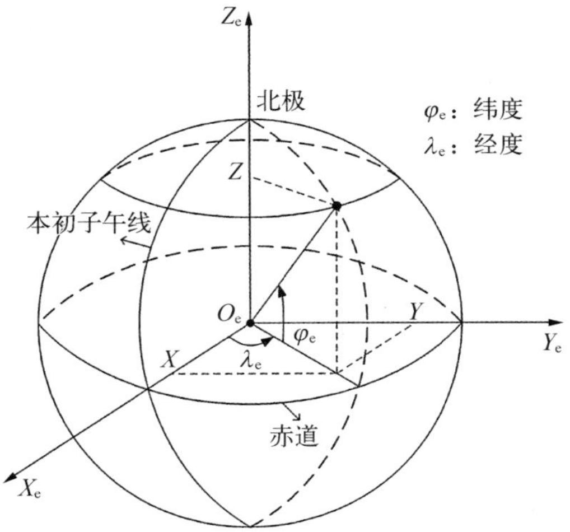

图 6-3 地心地固坐标系示意图

标系，是导航系统中常用的公共坐标系之一。当传感器平台为导弹时，定义该坐标系原点位于导弹质心在地球表面的投影，X_g 轴指向正北方向，Y_g 指向正天方向，Z_g 轴由右手定则与 X_g 轴和 Y_g 轴垂直指向正东，是一个局部切面坐标系。

3）传感器本体直角坐标系 $O_bX_bY_bZ_b$

当研究的传感器平台为导弹时，其姿态角发生变化。导弹平台与定义的公共直角坐标之间的夹角为姿态角。传感器为弹载雷达时，传感器本体坐标系为导弹弹体坐标系，定义原点位于导弹质心，X_b 轴与弹体纵轴重合，指向头部为正，Y_b 轴在弹体纵向平面内垂直于导弹纵轴，Z_b 轴由右手定则确定，如图 6-4 所示。

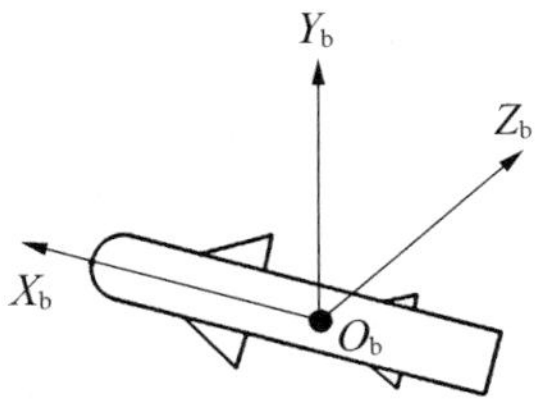

图 6-4 弹体坐标系示意图

4）传感器本体极坐标系

传感器本体极坐标系又称为球坐标系，因为传感器对目标信息的量测值大多为斜矩、方位角和高低角的极坐标表达形式，所以在多传感器信息融合系统中为量测坐标系。

空间配准任务中，当传感器为雷达、传感器平台为导弹时，算法需要的各坐标系间的关系如图 6-5 所示。

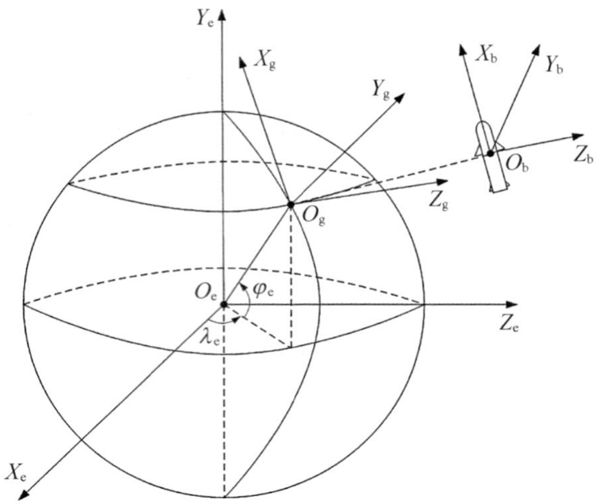

图6-5　空间配准各坐标系间的关系

6.3.2　各坐标系之间的转换

1）坐标系转换的通用表达式

坐标系转换的方法主要有直接投影法、旋转转换法、四元数法，在多传感器空间配准的研究中主要使用的是旋转转换法[2]。

要把某一坐标系 $S^{(q)}$ 中的矢量 $\boldsymbol{r}$ 转换到另一个坐标系 $S^{(p)}$ 中，只需将 $S^{(q)}$ 坐标系中的矢量 $\boldsymbol{r}$ 序列左乘两个坐标系之间的旋转矩阵即可。假设任意矢量 $\boldsymbol{r}$ 经过转换，在 $S^{(p)}$ 坐标系三个坐标轴上的投影表示的矢量为 $\boldsymbol{r}^{(p)}=[x^{(p)},\ y^{(p)},\ z^{(p)}]^{\mathrm{T}}$，同时该矢量 $\boldsymbol{r}$ 在 $S^{(q)}$ 坐标系的三个坐标轴上的投影表示的矢量记为 $\boldsymbol{r}^{(q)}=[x^{(q)},\ y^{(q)},\ z^{(q)}]^{\mathrm{T}}$。

用矢量 $\boldsymbol{e}^{(p)}$ 和 $\boldsymbol{e}^{(q)}$ 分别表示坐标系 $S^{(p)}$ 和 $S^{(q)}$ 的基，则矢量 $\boldsymbol{r}^{(p)}$ 与 $\boldsymbol{r}^{(q)}$ 之间的关系可以用坐标旋转矩阵 $\boldsymbol{C}_{pq}$ 表示：

$$\boldsymbol{r}^{(p)}=\boldsymbol{C}_{pq}\boldsymbol{r}^{(q)} \tag{6-15}$$

其中

$$\boldsymbol{C}_{pq}=\begin{bmatrix}\cos(x^{(p)},\ x^{(q)}) & \cos(x^{(p)},\ y^{(q)}) & \cos(x^{(p)},\ z^{(q)})\\ \cos(y^{(p)},\ x^{(q)}) & \cos(y^{(p)},\ y^{(q)}) & \cos(y^{(p)},\ z^{(q)})\\ \cos(z^{(p)},\ x^{(q)}) & \cos(z^{(p)},\ y^{(q)}) & \cos(z^{(p)},\ z^{(q)})\end{bmatrix} \tag{6-16}$$

式(6-16)即为坐标系 $S^{(q)}$ 到坐标系 $S^{(p)}$ 的旋转矩阵，该矩阵的各元素为相应坐标轴之间的方向余弦，因此也可以称 $\boldsymbol{C}_{pq}$ 为坐标系 $S^{(q)}$ 转换到坐标系 $S^{(p)}$ 的方向余弦矩阵。同时，方向余弦矩阵为正交矩阵，则坐标系 $S^{(p)}$ 转换到坐标系 $S^{(q)}$ 的旋转矩阵为

$$\boldsymbol{C}_{qp} = \boldsymbol{C}_{pq}^{\mathrm{T}} = \boldsymbol{C}_{pq}^{-1} \tag{6-17}$$

如果 $\boldsymbol{r}^{(p)} = \boldsymbol{C}_{pk}\boldsymbol{r}^{(k)}$，$\boldsymbol{r}^{(k)} = \boldsymbol{C}_{kq}\boldsymbol{r}^{(q)}$，由式(6-15)可得

$$\boldsymbol{C}_{pq} = \boldsymbol{C}_{pk}\boldsymbol{C}_{kq} \tag{6-18}$$

坐标旋转矩阵的取值可以由基本的旋转矩阵合成得到，即坐标系 $S^{(q)}$ 到坐标系 $S^{(p)}$ 的变换可以看作分别绕三个基旋转三个有限角度(欧拉角)得到，按三个轴的转动次序可以分为 $x-y-z$，$x-z-y$，$y-z-x$，$y-x-z$，$z-x-y$，$z-y-x$ 六种旋转次序。虽然每一种次序对应的欧拉角及其表达式是不同的，但旋转矩阵各元素的值是相同的。绕一个基旋转一个有限角度的单位旋转矩阵，可以由另外两个基的投影得到，如图 6-6 所示。

在 $S^{(q)}$ 坐标系中绕 y 轴逆时针旋转 β 角度，形成的单位旋转矩阵为

$$\boldsymbol{C}_y(\beta) = \begin{bmatrix} \cos\beta & 0 & -\sin\beta \\ 0 & 1 & 0 \\ \sin\beta & 0 & \cos\beta \end{bmatrix} \tag{6-19}$$

再绕 z 轴逆时针旋转 α 角度，形成的单位旋转矩阵为

$$\boldsymbol{C}_z(\alpha) = \begin{bmatrix} \cos\alpha & \sin\alpha & 0 \\ -\sin\alpha & \cos\alpha & 0 \\ 0 & 0 & 1 \end{bmatrix} \tag{6-20}$$

最后绕 x 轴逆时针旋转 γ 角度，形成的单位旋转矩阵为

$$\boldsymbol{C}_x(\gamma) = \begin{bmatrix} 1 & 0 & 0 \\ 0 & \cos\gamma & \sin\gamma \\ 0 & -\sin\gamma & \cos\gamma \end{bmatrix} \tag{6-21}$$

坐标系 $S^{(q)}$ 到坐标系 $S^{(p)}$ 按上述 $y-z-x$ 次序分别逆时针旋转 β、α 和 γ 角度后，得到的坐标旋转矩阵为

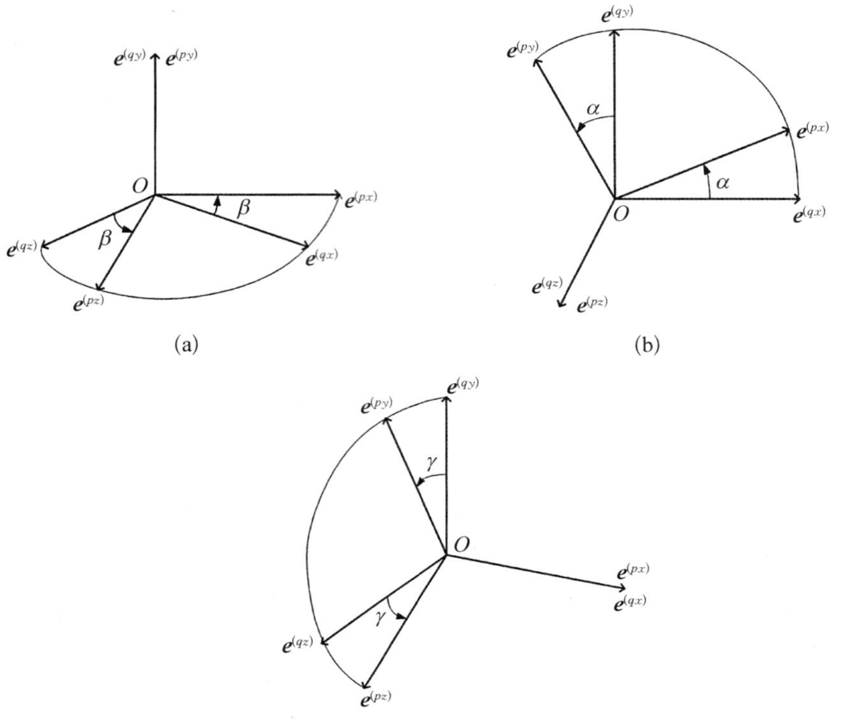

图 6-6 坐标系旋转变换示意图($y-z-x$)

(a) 绕 y 轴转 β;(b) 绕 z 轴转 α;(c) 绕 x 轴转 γ

$$
\begin{aligned}
\boldsymbol{C}_{pq} &= \boldsymbol{C}_x(\gamma)\,\boldsymbol{C}_z(\alpha)\,\boldsymbol{C}_y(\beta) \\
&= \begin{bmatrix} \cos\alpha\cos\beta & \sin\alpha & -\cos\alpha\sin\beta \\ -\cos\gamma\sin\alpha\cos\beta+\sin\gamma\sin\beta & \cos\gamma\cos\alpha & \cos\gamma\sin\alpha\sin\beta+\sin\gamma\cos\beta \\ \sin\gamma\sin\alpha\cos\beta+\cos\gamma\sin\beta & -\sin\gamma\cos\alpha & -\sin\gamma\sin\alpha\sin\beta+\cos\gamma\cos\beta \end{bmatrix}
\end{aligned}
\tag{6-22}
$$

通过上述方法可以得到任意两个坐标系间的坐标旋转矩阵,在旋转过程中各个坐标系的原点为重合状态;而对于坐标原点不重合的两个任意坐标系之间的相互转换,可以采用先旋转再平移的方法来完成。

2) LNUE 坐标系与 ECEF 坐标系之间的坐标旋转矩阵

对雷达传感器,λ、φ 和 h 表示雷达位于地球上某点的经度、纬度以及海拔高度。如果给定大地坐标系 (λ, φ, h),则其对应在地心地固

(ECEF)坐标系下的坐标($x^{(e)}$, $y^{(e)}$, $z^{(e)}$)可由下式得出:

$$
\begin{aligned}
x^{(e)} &= (C+h)\cos\varphi\cos\lambda \\
y^{(e)} &= (C+h)\cos\varphi\sin\lambda \\
z^{(e)} &= [C(1-e^2)+h]\sin\varphi \\
C &= \frac{E_q}{\sqrt{1-e^2\sin^2\varphi}}
\end{aligned}
\tag{6-23}
$$

式中,E_q 为地球的赤道半径;e 为地球的偏心率。

LNUE 坐标系到 ECEF 坐标系的变换如下:先绕 OX_g 轴逆时针旋转 φ,再绕 OY_g 轴逆时针旋转 $(90°-\lambda)$,最后绕 OZ_g 轴逆时针旋转 90° 得到 ECEF 坐标系。

LNUE 坐标系到 ECEF 坐标系的旋转矩阵记为 $\boldsymbol{C}_{eg}$,有

$$
\boldsymbol{C}_{eg} = \boldsymbol{C}_z(90°)\boldsymbol{C}_y(90°-\lambda)\boldsymbol{C}_x(\varphi) = \begin{bmatrix} -\sin\varphi\cos\lambda & \cos\varphi\cos\lambda & -\sin\lambda \\ -\sin\varphi\sin\lambda & \cos\varphi\sin\lambda & \cos\lambda \\ \cos\varphi & \sin\varphi & 0 \end{bmatrix}
\tag{6-24}
$$

ECEF 坐标系到 LNUE 坐标系的旋转矩阵记为 $\boldsymbol{C}_{ge}$,有

$$
\boldsymbol{C}_{ge} = \boldsymbol{C}_{eg}^{\mathrm{T}} \tag{6-25}
$$

3) 弹体坐标系与 LNUE 坐标系之间的坐标旋转矩阵

LNUE 坐标系相对于弹体坐标系可以通过三个姿态角(即偏航角 ψ、俯仰角 ϑ 和滚动角 γ)确定。

LNUE 坐标系到弹体坐标系的变换如下:首先,绕 O_gY_g 轴逆时针旋转 ψ 角;其次,绕 O_gZ_g 轴逆时针旋转 ϑ 角;最后,绕 O_gX_g 轴逆时针旋转 γ 角,转换得到弹体坐标系,如图 6-7 所示。

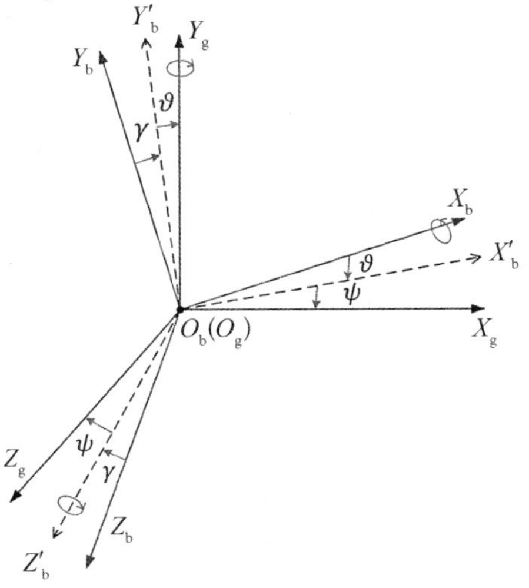

图 6-7 LNUE 坐标系到弹体坐标系旋转变换示意图

偏航角 ψ 定义为导弹纵轴

O_bX_b 在水平面上的投影 $O_bX'_b$ 与 LNUE 坐标系 O_gX_g 之间的夹角，由 O_gX_g 轴绕 O_gY_g 逆时针方向转动到 O_bX_b 轴的投影线 $O_bX'_b$ 时为正，反之为负。俯仰角 ϑ 定义为导弹纵轴 O_bX_b 与水平面 $O_gX_gZ_g$ 之间的夹角，若导弹纵轴 O_bX_b 在水平面之上，则该角为正，反之为负。滚动角 γ 定义为导弹的 O_bY_b 轴与包含导弹纵轴 O_bY_b 的铅垂面之间的夹角，沿 O_bX_b 轴观察，γ 顺时针时为正，反之为负。滚动角又称转动角、倾斜角。

LNUE 坐标系到弹体坐标系的旋转矩阵记为 $\boldsymbol{C}_{\text{bg}}$，有

$$\begin{aligned}\boldsymbol{C}_{\text{bg}} &= \boldsymbol{C}_x(\gamma)\boldsymbol{C}_z(\vartheta)\boldsymbol{C}_y(\psi)\\ &= \begin{bmatrix} \cos\psi\cos\vartheta & \sin\vartheta & -\sin\psi\cos\vartheta \\ -\cos\psi\sin\vartheta\cos\gamma+\sin\psi\sin\gamma & \cos\vartheta\cos\gamma & \sin\psi\sin\vartheta\cos\gamma+\cos\psi\sin\gamma \\ \cos\psi\sin\vartheta\sin\gamma+\sin\psi\cos\gamma & -\cos\vartheta\sin\gamma & -\sin\psi\sin\vartheta\sin\gamma+\cos\psi\cos\gamma \end{bmatrix}\end{aligned} \tag{6-26}$$

弹体坐标系到 LNUE 坐标系的旋转矩阵记为 $\boldsymbol{C}_{\text{gb}}$，有

$$\boldsymbol{C}_{\text{gb}} = \boldsymbol{C}_{\text{bg}}^{\text{T}} \tag{6-27}$$

6.3.3 传感器系统偏差的构成及影响

传感器的系统偏差使得不同传感器跟踪同一目标的过程中产生的航迹存在一定偏差，同一目标的航迹可能由于偏差较大而被认为是不同的目标，导致多传感器跟踪系统在融合处理时性能下降。

1）传感器系统偏差的构成

多传感器目标系统中主要存在传感器随机误差和传感器系统偏差（也称为传感器配准偏差）两种类型的误差。其中，传感器随机误差可以通过之前章节介绍的各种滤波方法消除，但是传感器系统偏差作为一种确定性误差，无法通过滤波方法消除，因此需要对传感器系统误差进行估计和补偿，这一过程称为传感器偏差配准。

根据传感器系统偏差的起源不同，传感器系统偏差主要可分为传感器定位偏差、传感器量测系统偏差和坐标系转换偏差。何友等[2]在文献中详细地介绍了当考虑的多传感器系统为雷达组网时，雷达传感器的定位偏差、量测系统偏差以及坐标转换偏差的特点与影响。其中，雷达的定位偏差是由于位置量测设备不精确，但随着 GPS 设备的广泛采用以及北斗卫星

导航系统的日渐成熟，雷达位置量测的精度会越来越高，因此雷达定位偏差对雷达组网系统的影响也越来越小。而对于三维雷达而言，雷达的量测系统偏差主要包括测距偏差、测方位角偏差和测俯仰角偏差，其中测距偏差是由于雷达内部线路延时、系统零点漂移以及时钟误差，表现为加性偏差慢变量以及与距离成正比的偏差增益量；测方位角偏差和测俯仰角偏差则分别是由雷达天线对准正北方向的偏差和雷达天线底座固定倾斜造成的，均表现为加性偏差慢变量。除此之外，雷达组网中坐标系转换产生的偏差则是由各雷达在不同坐标系之间存在的固有偏差造成的，可以通过组网雷达的部署情况选择合适的公共坐标系，减少该类型系统偏差对组网雷达系统的影响。

通过上述分析可以看出，对多传感器目标跟踪系统而言，传感器量测系统偏差与其他系统偏差相比，无法通过其他有效途径和手段直接消除影响，因此，对传感器量测系统偏差进行估计和补偿是目前空间配准研究的要点。

2）传感器量测系统偏差的影响

对于多传感器目标跟踪系统而言，如果传感器的量测系统偏差较大，会导致多传感器对来自同一个目标的多个量测关联失败，使得本来是同一目标的航迹由于偏差较大而被认为是不同目标，出现多个传感器的融合跟踪效果不如单个传感器跟踪的情况，使多传感器融合失去意义。以下举例说明传感器量测系统偏差对目标航迹的影响。

多传感器目标跟踪系统由传感器 A 和传感器 B 组成，两传感器坐标固定且已知，以传感器 A 为系统的融合中心并建立公共笛卡尔坐标系。在公共坐标系中，传感器 A 的位置坐标为 $(0,\ 0)$，传感器 B 的位置坐标为 $(x^{(B,s)},\ 0)$。在二维平面内，k 时刻目标在公共坐标系中的真实位置为 $(x'_k,\ y'_k)$，在公共坐标系中两传感器对同一个目标的量测值分别为 $(x_k^{(A)},\ y_k^{(A)})$ 和 $(x_k^{(B)},\ y_k^{(B)})$。假设目标相对两传感器的真实距离和角度分别为 $((r_k^{(A)})',(\theta_k^{(A)})')$ 和 $((r_k^{(B)})',(\theta_k^{(B)})')$，$(\Delta r^{(A)},\ \Delta\theta^{(A)})$ 和 $(\Delta r^{(B)},\ \Delta\theta^{(B)})$ 分别表示两传感器的测距和测角固定偏差，忽略两传感器的斜距和方位角量测噪声，则有

$$\begin{cases} x_k^{(A)} = [(r_k^{(A)})' + \Delta r^{(A)}]\sin[(\theta_k^{(A)})' + \Delta\theta^{(A)}] \\ y_k^{(A)} = [(r_k^{(A)})' + \Delta r^{(A)}]\cos[(\theta_k^{(A)})' + \Delta\theta^{(A)}] \end{cases} \tag{6-28}$$

$$\begin{cases} x_k^{(B)} = [(r_k^{(B)})' + \Delta r^{(B)}]\sin[(\theta_k^{(B)})' + \Delta\theta^{(B)}] + x^{(B,s)} \\ y_k^{(B)} = [(r_k^{(B)})' + \Delta r^{(B)}]\cos[(\theta_k^{(B)})' + \Delta\theta^{(B)}] \end{cases} \tag{6-29}$$

已知传感器 A 在公共坐标系中的位置坐标为 $(0, 0)$，可得

$$\begin{aligned} x_k^{(A)} &= [(r_k^{(A)})' + \Delta r_k^{(A)}]\sin[(\theta_k^{(A)})' + \Delta\theta_k^{(A)}] \\ &= (r_k^{(A)})'\sin[(\theta_k^{(A)})' + \Delta\theta^{(A)}] + \Delta r^{(A)}\sin[(\theta_k^{(A)})' + \Delta\theta^{(A)}] \\ &= (r_k^{(A)})'\sin(\theta_k^{(A)})'\cos\Delta\theta^{(A)} + (r_k^{(A)})'\cos(\theta_k^{(A)})'\sin\Delta\theta^{(A)} + \\ &\quad \Delta r^{(A)}\sin[(\theta_k^{(A)})' + \Delta\theta^{(A)}] \\ &= x'_k\cos\Delta\theta^{(A)} + y'_k\sin\Delta\theta^{(A)} + \Delta r^{(A)}\sin[(\theta_k^{(A)})' + \Delta\theta^{(A)}] \end{aligned} \tag{6-30}$$

$$\begin{aligned} y_k^{(A)} &= [(r_k^{(A)})' + \Delta r^{(A)}]\cos[(\theta_k^{(A)})' + \Delta\theta^{(A)}] \\ &= (r_k^{(A)})'\cos[(\theta_k^{(A)})' + \Delta\theta^{(A)}] + \Delta r^{(A)}\cos[(\theta_k^{(A)})' + \Delta\theta^{(A)}] \\ &= (r_k^{(A)})'\cos\theta_k^{(A)}\cos\Delta\theta^{(A)} - (r_k^{(A)})'\sin(\theta_k^{(A)})'\sin\Delta\theta^{(A)} + \\ &\quad \Delta r^{(A)}\cos[(\theta_k^{(A)})' + \Delta\theta^{(A)}] \\ &= -x'_k\sin\Delta\theta^{(A)} + y'_k\cos\Delta\theta^{(A)} + \Delta r^{(A)}\cos[(\theta_k^{(A)})' + \Delta\theta^{(A)}] \end{aligned} \tag{6-31}$$

整理式(6-30)和式(6-31)后，有

$$\begin{cases} x_k^{(A)} = x'_k\cos\Delta\theta^{(A)} + y'_k\sin\Delta\theta^{(A)} + \Delta r^{(A)}\sin[(\theta_k^{(A)})' + \Delta\theta^{(A)}] \\ y_k^{(A)} = -x'_k\sin\Delta\theta^{(A)} + y'_k\cos\Delta\theta^{(A)} + \Delta r^{(A)}\cos[(\theta_k^{(A)})' + \Delta\theta^{(A)}] \end{cases} \tag{6-32}$$

同理，已知传感器 B 在公共坐标系中的位置坐标为 $(x^{(B,s)}, 0)$，整理后可得

$$\begin{cases} x_k^{(B)} = x'_k\cos\Delta\theta^{(B)} + y'_k\sin\Delta\theta^{(B)} + \Delta r^{(B)}\sin[(\theta_k^{(B)})' + \Delta\theta^{(B)}] + \\ \qquad x^{(B,s)}(1 - \cos\Delta\theta^{(B)}) \\ y_k^{(B)} = -x'_k\sin\Delta\theta^{(B)} + y'_k\cos\Delta\theta^{(B)} + \Delta r^{(B)}\cos[(\theta_k^{(B)})' + \Delta\theta^{(B)}] + \\ \qquad x^{(B,s)}\sin\Delta\theta^{(B)} \end{cases} \tag{6-33}$$

联立式(6-32)和式(6-33),消除目标在公共坐标系的真实位置 (x'_k, y'_k),可得

$$\begin{cases} x_k^{(B)} = x_k^{(A)}\cos(\Delta\theta^{(B)} - \Delta\theta^{(A)}) + y_k^{(A)}\sin(\Delta\theta^{(B)} - \Delta\theta^{(A)}) - \\ \quad \{-\{\Delta r^{(A)}\sin[(\theta_k^{(A)})' + \Delta\theta^{(B)}] + \Delta r^{(B)}\sin[(\theta_k^{(B)})' + \Delta\theta^{(B)}] + \\ \quad x^{(B,s)}(1 - \cos\Delta\theta^{(B)})\}\} \\ y_k^{(B)} = -x_k^{(A)}\sin(\Delta\theta^{(B)} - \Delta\theta^{(A)}) + y_k^{(A)}\cos(\Delta\theta^{(B)} - \Delta\theta^{(A)}) - \\ \quad \{-\{\Delta r^{(A)}\cos[(\theta_k^{(A)})' + \Delta\theta^{(B)}] + \Delta r^{(B)}\cos[(\theta_k^{(B)})' + \Delta\theta^{(B)}] + \\ \quad x^{(B,s)}\sin\Delta\theta^{(B)}\}\} \end{cases} \tag{6-34}$$

根据参考文献[2]中的分析过程,可定义

$$\begin{cases} \Delta\theta = \Delta\theta^{(B)} - \Delta\theta^{(A)} \\ C_x \triangleq -\{\Delta r^{(A)}\sin[(\theta_k^{(A)})' + \Delta\theta^{(B)}] + \Delta r^{(B)}\sin[(\theta_k^{(B)})' + \Delta\theta^{(B)}] + \\ \quad x^{(B,s)}(1 - \cos\Delta\theta^{(B)})\} \\ C_y \triangleq -\{\Delta r^{(A)}\cos[(\theta_k^{(A)})' + \Delta\theta^{(B)}] + \Delta r^{(B)}\cos[(\theta_k^{(B)})' + \Delta\theta^{(B)}] + \\ \quad x^{(B,s)}\sin\Delta\theta^{(B)}\} \end{cases} \tag{6-35}$$

式(6-35)中,由于目标相对于各传感器的运动,仅有 $(\theta_k^{(A)})'$ 和 $(\theta_k^{(B)})'$ 是随着时间变化的,因为传感器的量测系统偏差通常为较小的常量或长时间内的缓慢漂移量,并且在一定时间内目标相对各传感器的方位变化一般不大,可以认为 C_x、C_y 大致为常量,$\Delta\theta$ 也为常量,所以有

$$\begin{bmatrix} x_k^{(B)} \\ y_k^{(B)} \end{bmatrix} = \begin{bmatrix} \cos\Delta\theta & \sin\Delta\theta \\ -\sin\Delta\theta & \cos\Delta\theta \end{bmatrix} \begin{bmatrix} x_k^{(A)} \\ y_k^{(A)} \end{bmatrix} - \begin{bmatrix} C_x \\ C_y \end{bmatrix} \tag{6-36}$$

通过式(6-35)和式(6-36)可以看出,多传感器目标跟踪系统中的测距偏差使得各传感器对目标的量测航迹发生平移,而测角偏差主要使得各传感器对目标的量测航迹之间产生旋转。

下面通过几种典型的空间配准算法说明空间配准问题的解决思路。

6.3.4　二维空间配准算法

1）二维空间配准问题描述

如图6-8所示，在二维平面上，传感器 A 和传感器 B 具有斜距偏差和方位角偏差（$\Delta r^{(A)}$，$\Delta\theta^{(A)}$）和（$\Delta r^{(B)}$，$\Delta\theta^{(B)}$），可以看到，由于传感器量测系统偏差的存在，两个传感器在平面上量测到两个目标，而实际上只有一个真实目标。

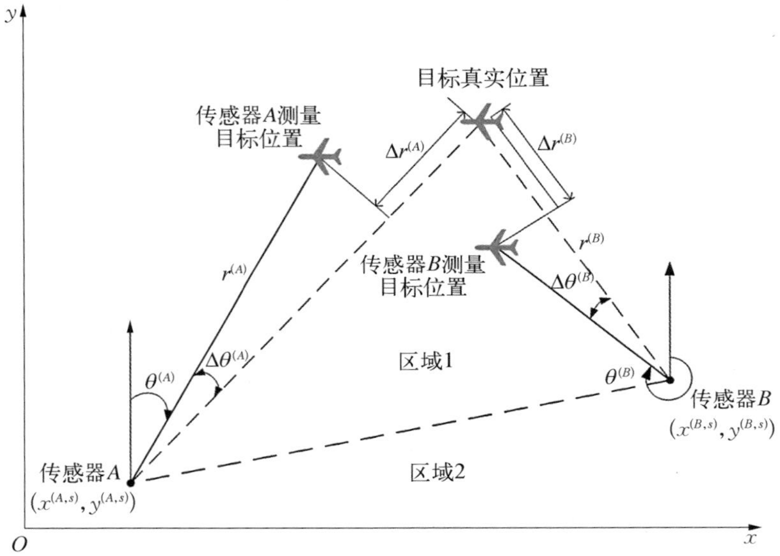

图6-8　二维平面两传感器对同一目标有偏差量测示意图

同时在图6-8中，（$r^{(A)}$，$\theta^{(A)}$）和（$r^{(B)}$，$\theta^{(B)}$）分别表示传感器 A 和 B 的斜距和方位角的量测值，（$x^{(A,s)}$，$y^{(A,s)}$）和（$x^{(B,s)}$，$y^{(B,s)}$）分别表示传感器 A 和 B 在公共坐标平面上的位置坐标，（$x^{(A)}$，$y^{(A)}$）和（$x^{(B)}$，$y^{(B)}$）分别表示传感器 A 和 B 在公共坐标平面上量测值的直角坐标，可以得到以下基本方程：

$$\begin{cases} x^{(A)} = x^{(A,s)} + r^{(A)}\sin\theta^{(A)} \\ y^{(A)} = y^{(A,s)} + r^{(A)}\cos\theta^{(A)} \\ x^{(B)} = x^{(B,s)} + r^{(B)}\sin\theta^{(B)} \\ y^{(B)} = y^{(B,s)} + r^{(B)}\cos\theta^{(B)} \end{cases} \tag{6-37}$$

通过之前的分析已知，传感器的量测系统偏差为可加性常量，忽略噪声项，有

$$\begin{cases} r^{(A)} = (r^{(A)})' + \Delta r^{(A)} \\ \theta^{(A)} = (\theta^{(A)})' + \Delta\theta^{(A)} \\ r^{(B)} = (r^{(B)})' + \Delta r^{(B)} \\ \theta^{(B)} = (\theta^{(B)})' + \Delta\theta^{(B)} \end{cases} \tag{6-38}$$

式中，$((r^{(A)})'$, $(\theta^{(A)})')$ 和 $((r^{(B)})'$, $(\theta^{(B)})')$ 分别表示目标相对于传感器 A 和传感器 B 的真实斜距和方位角；$(\Delta r^{(A)}$, $\Delta\theta^{(A)})$ 和 $(\Delta r^{(B)}$, $\Delta\theta^{(B)})$ 分别表示传感器 A 和传感器 B 的斜距和方位角偏差。

将式(6-38)代入式(6-37)，将得到的方程相对于 $\Delta r^{(A)}$、$\Delta\theta^{(A)}$、$\Delta r^{(B)}$ 和 $\Delta\theta^{(B)}$ 进行一阶泰勒级数展开，可以得到

$$\begin{cases} x^{(A)} - x^{(B)} \approx \Delta r^{(A)}\sin\theta^{(A)} - \Delta r^{(B)}\sin\theta^{(B)} + r^{(A)}\Delta\theta^{(A)}\cos\theta^{(A)} - \\ \qquad r^{(B)}\Delta\theta^{(B)}\cos\theta^{(B)} \\ y^{(A)} - y^{(B)} \approx \Delta r^{(A)}\cos\theta^{(A)} - \Delta r^{(B)}\cos\theta^{(B)} - r^{(A)}\Delta\theta^{(A)}\sin\theta^{(A)} + \\ \qquad r^{(B)}\Delta\theta^{(B)}\sin\theta^{(B)} \end{cases} \tag{6-39}$$

式(6-39)是二维空间配准问题的偏差模型，下面将基于该偏差模型，介绍几种与目标运动航迹无关的二维空间传感器量测系统偏差估计方法。

2）实时质量控制法

实时质量控制法（real time quality control，RTQC）是 Burke[11] 在1996年提出的一种基于球(极)投影的空间配准方法，是一个简单的平均方法。在 RTQC 方法中，由式(6-39)可得

$$\begin{aligned} &(x^{(A)} - x^{(B)})\sin\theta^{(A)} + (y^{(A)} - y^{(B)})\cos\theta^{(A)} \\ &= \Delta r^{(A)} - \Delta r^{(B)}\cos(\theta^{(A)} - \theta^{(B)}) - r^{(B)}\Delta\theta^{(B)}\sin(\theta^{(A)} - \theta^{(B)}) \end{aligned} \tag{6-40}$$

$$\begin{aligned} &(x^{(B)} - x^{(A)})\sin\theta^{(B)} + (y^{(B)} - y^{(A)})\cos\theta^{(B)} \\ &= -\Delta r^{(A)}\cos(\theta^{(A)} - \theta^{(B)}) + \Delta r^{(B)} + r^{(A)}\Delta\theta^{(A)}\sin(\theta^{(A)} - \theta^{(B)}) \end{aligned} \tag{6-41}$$

式(6-40)和式(6-41)组成了 RTQC 的基本方程，RTQC 以两传感器位置的连线为界，将二维平面划分为两个区域，以此改善控制估计的条件。如图 6-8 所示，假设区域 1 在两传感器连线的上方，区域 2 在两传感器连线的下方，通过 RTQC 的基本方程，可以得到以下形式的线性方程组：

$$\boldsymbol{A\beta} = \boldsymbol{\xi} \tag{6-42}$$

其中

$$A=\begin{bmatrix}1 & 0 & -\cos(\theta^{(1,A)}-\theta^{(1,B)}) & -r^{(1,B)}\sin(\theta^{(1,A)}-\theta^{(1,B)})\\ -\cos(\theta^{(1,A)}-\theta^{(1,B)}) & r^{(1,A)}\sin(\theta^{(1,A)}-\theta^{(1,B)}) & 1 & 0\\ 1 & 0 & -\cos(\theta^{(2,A)}-\theta^{(2,B)}) & -r^{(2,B)}\sin(\theta^{(2,A)}-\theta^{(2,B)})\\ -\cos(\theta^{(2,A)}-\theta^{(2,B)}) & r^{(2,B)}\sin(\theta^{(2,A)}-\theta^{(2,B)}) & 1 & 0\end{bmatrix}$$

$$\boldsymbol{\beta}=[\Delta r^{(A)},\ \Delta\theta^{(A)},\ \Delta r^{(B)},\ \Delta\theta^{(B)}]^{\mathrm{T}}$$

$$\boldsymbol{\xi}=\begin{bmatrix}(x^{(A)}-x^{(B)})\sin\theta^{(1,A)}+(y^{(A)}-y^{(B)})\cos\theta^{(1,A)}\\ (x^{(B)}-x^{(A)})\sin\theta^{(1,B)}+(y^{(B)}-y^{(A)})\cos\theta^{(1,B)}\\ (x^{(A)}-x^{(B)})\sin\theta^{(2,A)}+(y^{(A)}-y^{(B)})\cos\theta^{(2,A)}\\ (x^{(B)}-x^{(A)})\sin\theta^{(2,B)}+(y^{(B)}-y^{(A)})\cos\theta^{(2,B)}\end{bmatrix} \tag{6-43}$$

式中，($r^{(1,i)}$，$\theta^{(1,i)}$)表示区域1中传感器i对目标的量测数据；($r^{(2,i)}$，$\theta^{(2,i)}$)表示区域2中传感器i对目标的量测数据。它们均可以采用区域中各个量测数据的算术平均值，因此RTQC为一种平均方法。

可以看出，为了保证式(6-42)有解，需要保证系数矩阵$\boldsymbol{A}$满秩，RTQC方法要求传感器对目标的量测数据必须分布在连接两传感器的直线的两侧，并且不能距离直线太近或者偏离中心点太远。

3) 最小二乘法

RTQC方法的性能严重依赖于传感器对目标量测数据的分布情况，要求对目标的量测数据必须分布在连接两个传感器的直线的两侧。为了克服RTQC方法的局限性，人们提出了最小二乘(least square, LS)法[12]。

假设传感器A和传感器B对同一目标在一段时间内进行N次量测，在每个时刻$k(k=1, 2, \cdots, N)$，由式(6-39)可得

$$x_k^{(A)}-x_k^{(B)}=\Delta r^{(A)}\sin\theta_k^{(A)}-\Delta r^{(B)}\sin\theta_k^{(B)}+r_k^{(A)}\Delta\theta^{(A)}\cos\theta_k^{(A)}-r_k^{(B)}\Delta\theta^{(B)}\cos\theta_k^{(B)} \tag{6-44}$$

$$y_k^{(A)}-y_k^{(B)}=\Delta r^{(A)}\cos\theta_k^{(A)}-\Delta r^{(B)}\cos\theta_k^{(B)}-r_k^{(A)}\Delta\theta^{(A)}\sin\theta_k^{(A)}+r_k^{(B)}\Delta\theta^{(B)}\sin\theta_k^{(B)} \tag{6-45}$$

通过式(6-44)和式(6-45)可以看出，在N次量测之后，联立构成的方程组含有$2N$个方程和四个未知量，因此当$N\geqslant 2$时，满足估计条件可以求解未知量。通过将式(6-44)和式(6-45)相减，将估计问题变换为线性方程形式，即

$$\boldsymbol{A\beta}=\Delta\boldsymbol{Z} \tag{6-46}$$

式中

$$\Delta\boldsymbol{Z}=[x_1^{(A)}-x_1^{(B)},\ y_1^{(A)}-y_1^{(B)},\ \cdots,\ x_i^{(A)}-x_i^{(B)},\ y_i^{(A)}-y_i^{(B)},\ \cdots,\ x_N^{(A)}-x_N^{(B)},\ y_N^{(A)}-y_N^{(B)}]^{\mathrm{T}}\qquad i=1,\ 2,\ \cdots,\ N$$

$$\boldsymbol{\beta}=[\Delta r^{(A)},\ \Delta\theta^{(A)},\ \Delta r^{(B)},\ \Delta\theta^{(B)}]^{\mathrm{T}}$$

$$\boldsymbol{A}=\begin{bmatrix}\sin\theta_1^{(A)} & r_1^{(A)}\cos\theta_1^{(A)} & -\sin\theta_1^{(B)} & -r_1^{(B)}\cos\theta_1^{(B)}\\ \cos\theta_1^{(A)} & -r_1^{(A)}\sin\theta_1^{(A)} & -\cos\theta_1^{(B)} & r_1^{(B)}\sin\theta_1^{(B)}\\ \sin\theta_2^{(A)} & r_2^{(A)}\cos\theta_2^{(A)} & -\sin\theta_2^{(B)} & -r_2^{(B)}\cos\theta_2^{(B)}\\ \cos\theta_2^{(A)} & -r_2^{(A)}\sin\theta_2^{(A)} & -\cos\theta_2^{(B)} & r_2^{(B)}\sin\theta_2^{(B)}\\ \vdots & \vdots & \vdots & \vdots\\ \sin\theta_N^{(A)} & r_N^{(A)}\cos\theta_N^{(A)} & -\sin\theta_N^{(B)} & -r_N^{(B)}\cos\theta_N^{(B)}\\ \cos\theta_N^{(A)} & -r_N^{(A)}\sin\theta_N^{(A)} & -\cos\theta_N^{(B)} & r_N^{(B)}\sin\theta_N^{(B)}\end{bmatrix}\tag{6-47}$$

多次量测时,式(6-46)是超定的,传感器的量测系统偏差向量 $\boldsymbol{\beta}$ 的最小二乘估计为

$$\hat{\boldsymbol{\beta}}=(\boldsymbol{A}^{\mathrm{T}}\boldsymbol{A})^{-1}\boldsymbol{A}^{\mathrm{T}}\Delta\boldsymbol{Z}\tag{6-48}$$

4) 广义最小二乘法

与LS方法不同,广义最小二乘(generalized least square, GLS)法考虑了传感器的量测噪声[13]。假设二维平面上,传感器的量测误差不仅包括固定的传感器量测系统偏差,还包括传感器的量测随机噪声,因此可以得到与式(6-46)类似的含噪声的线性模型,即

$$\boldsymbol{A}(\boldsymbol{\beta}+\boldsymbol{v})=\boldsymbol{A\beta}+\boldsymbol{Av}=\Delta\boldsymbol{Z}\tag{6-49}$$

式中

$$\boldsymbol{v}=[v_r^{(A)},\ v_\theta^{(A)},\ v_r^{(B)},\ v_\theta^{(B)}]^{\mathrm{T}}\tag{6-50}$$

根据最小二乘估计,可得

$$\hat{\boldsymbol{\beta}}=(\boldsymbol{A}^{\mathrm{T}}\boldsymbol{\Sigma}^{-1}\boldsymbol{A})^{-1}\boldsymbol{A}^{\mathrm{T}}\boldsymbol{\Sigma}^{-1}\Delta\boldsymbol{Z}\tag{6-51}$$

式中,$(v_r^{(A)},\ v_\theta^{(A)})$ 和 $(v_r^{(B)},\ v_\theta^{(B)})$ 分别为两传感器的量测噪声,均值为零,方差分别为 $((\sigma_r^{(A)})^2,\ (\sigma_\theta^{(A)})^2)$ 和 $((\sigma_r^{(B)})^2,\ (\sigma_\theta^{(B)})^2)$ 的高斯白噪声。

式中

$$\boldsymbol{\Sigma}=\operatorname{diag}[\operatorname{cov}(\boldsymbol{A}_1\boldsymbol{v},(\boldsymbol{A}_1\boldsymbol{v})^{\mathrm{T}}),\cdots,\operatorname{cov}(\boldsymbol{A}_N\boldsymbol{v},(\boldsymbol{A}_N\boldsymbol{v})^{\mathrm{T}})]=\operatorname{diag}(\boldsymbol{\Sigma}_1,\cdots,\boldsymbol{\Sigma}_N)$$

$$\boldsymbol{\Sigma}_i=\boldsymbol{A}_i\cdot\operatorname{diag}[(\sigma_r^{(A)})^2,(\sigma_\theta^{(A)})^2,(\sigma_r^{(B)})^2,(\sigma_\theta^{(B)})^2]\cdot\boldsymbol{A}_i^{\mathrm{T}}\qquad i=1,\cdots,N \tag{6-52}$$

式中，$\boldsymbol{A}_i$ 为式(6-47)的矩阵 $\boldsymbol{A}$ 的第 $2i-1$ 行与第 $2i$ 行构成的分块阵。

可以看出，GLS 方法的估计精度不仅与传感器的量测噪声方差大小有关，还与目标量测数据相对传感器的分布有关[14]。

5）极大似然方法

极大似然(maximum likelihood, ML)方法同样需要考虑传感器的量测噪声[13]，当传感器量测噪声为高斯分布时，ML 方法得到的估计结果与广义最小二乘法得到的结果相似。已知线性 ML 估计的量测方程为

$$\boldsymbol{A}(\boldsymbol{\beta}+\boldsymbol{v})=\boldsymbol{A}\boldsymbol{\beta}+\boldsymbol{A}\boldsymbol{v}=\Delta\boldsymbol{Z} \tag{6-53}$$

通过 ML 方法得到的传感器量测系统偏差的估计结果为

$$\hat{\boldsymbol{\beta}}=(\boldsymbol{A}^{\mathrm{T}}\boldsymbol{\Sigma}^{-1}\boldsymbol{A})^{-1}\boldsymbol{A}^{\mathrm{T}}\boldsymbol{\Sigma}^{-1}\Delta\boldsymbol{Z} \tag{6-54}$$

式中

$$\boldsymbol{\Sigma}=\operatorname{diag}[(\sigma_r^{(A)})^2,(\sigma_\theta^{(A)})^2,(\sigma_r^{(B)})^2,(\sigma_\theta^{(B)})^2] \tag{6-55}$$

式中，$((\sigma_r^{(A)})^2, (\sigma_\theta^{(A)})^2)$ 和 $((\sigma_r^{(B)})^2, (\sigma_\theta^{(B)})^2)$ 分别为量测高斯白噪声方差。

通过对比可以看出，当传感器量测噪声为高斯分布时，ML 的估计结果与 GLS 相比只是在 $\boldsymbol{\Sigma}$ 的计算上有所不同。

6）基于卡尔曼滤波器的空间配准方法

仅仅考虑传感器 A 和 B 在 k 时刻对目标的量测值，则式(6-53)可以表示为

$$\Delta\boldsymbol{Z}_k=\boldsymbol{A}_k(\boldsymbol{\beta}_k+\boldsymbol{v}_k)=\boldsymbol{A}_k\boldsymbol{\beta}_k+\boldsymbol{A}_k\boldsymbol{v}_k \tag{6-56}$$

式中

$$\Delta\boldsymbol{Z}_k=[x_k^{(A)}-x_k^{(B)},\ y_k^{(A)}-y_k^{(B)}]^{\mathrm{T}}$$

$$\boldsymbol{A}_k=\begin{bmatrix}\sin\theta_k^{(A)} & r_k^{(A)}\cos\theta_k^{(A)} & -\sin\theta_k^{(B)} & -r_k^{(B)}\cos\theta_k^{(B)}\\ \cos\theta_{a,k} & -r_k^{(A)}\sin\theta_k^{(A)} & -\cos\theta_k^{(B)} & r_k^{(B)}\sin\theta_k^{(B)}\end{bmatrix}$$

$$\boldsymbol{\beta}_k=[\Delta r^{(A)},\ \Delta\theta^{(A)},\ \Delta r^{(B)},\ \Delta\theta^{(B)}]^{\mathrm{T}}$$

$$\boldsymbol{v}_k=[v_{r^{(A)}},\ v_{\theta^{(A)}},\ v_{r^{(B)}},\ v_{\theta^{(B)}}]^{\mathrm{T}} \tag{6-57}$$

假设传感器量测系统偏差向量为固定时不变的，并且与量测噪声无关，则可以构造如下状态方程：

$$\boldsymbol{\beta}_k=\boldsymbol{\beta}_{k-1} \tag{6-58}$$

利用式(6-56)的状态方程和式(6-58)的量测方程，就可以应用卡尔曼滤波器对传感器量测系统偏差向量进行估计，有

$$\begin{cases}\hat{\boldsymbol{\beta}}_{k|k-1}=\hat{\boldsymbol{\beta}}_{k-1|k-1}\\ \boldsymbol{P}_{k|k-1}=\boldsymbol{P}_{k-1|k-1}\\ \hat{\boldsymbol{\beta}}_{k|k}=\hat{\boldsymbol{\beta}}_{k|k-1}+\boldsymbol{K}_k(\Delta\boldsymbol{Z}_k-\boldsymbol{A}_k\hat{\boldsymbol{\beta}}_{k|k-1})\\ \boldsymbol{K}_k=\boldsymbol{P}_{k|k-1}\boldsymbol{A}_k^{\mathrm{T}}(\boldsymbol{A}_k\boldsymbol{P}_{k|k-1}\boldsymbol{A}_k^{\mathrm{T}}+\boldsymbol{C}_k)^{-1}\\ \boldsymbol{P}_{k|k}=(\boldsymbol{I}_4-\boldsymbol{K}_k\boldsymbol{A}_k)\boldsymbol{P}_{k|k-1}\end{cases} \tag{6-59}$$

式中

$$\boldsymbol{C}_k=\boldsymbol{A}_k\Sigma\boldsymbol{A}_k^{\mathrm{T}} \tag{6-60}$$

7) 精确极大似然方法

上述几种方法中，RTQC 方法和 LS 方法都忽略了传感器量测噪声的影响，ML 方法、GLS 方法和基于卡尔曼滤波器的方法虽然考虑到了量测噪声的影响，但是要求量测噪声较小。为了克服上述方法存在的局限性，可通过精确极大似然估计(exact maximum likelihood, EML)方法解决多传感器目标跟踪系统的空间配准问题[15]。同样，通过图 6-8 可以得到

$$\begin{cases}x_k^{(A)}=x^{(A,s)}+[(r_k^{(A)})'+\Delta r^{(A)}]\sin[(\theta_k^{(A)})'+\Delta\theta^{(A)}]+n_k^1\\ y_k^{(A)}=y^{(A,s)}+[(r_k^{(A)})'+\Delta r^{(A)}]\cos[(\theta_k^{(A)})'+\Delta\theta^{(A)}]+n_k^2\\ x_k^{(B)}=x^{(B,s)}+[(r_k^{(B)})'+\Delta r^{(B)}]\sin[(\theta_k^{(B)})'+\Delta\theta^{(B)}]+n_k^3\\ y_k^{(B)}=y^{(B,s)}+[(r_k^{(B)})'+\Delta r^{(B)}]\cos[(\theta_k^{(B)})'+\Delta\theta^{(B)}]+n_k^4\end{cases} \tag{6-61}$$

式中，$(n_k^{(1)},\ n_k^{(2)},\ n_k^{(3)},\ n_k^{(4)})$ 表示独立分布的高斯量测噪声，方差 $\boldsymbol{\sigma}_n^2=\mathrm{diag}[(\sigma_n^{(1)})^2,\ (\sigma_n^{(2)})^2,\ (\sigma_n^{(3)})^2,\ (\sigma_n^{(4)})^2]$。

当量测系统偏差较小时，对式(6－61)进行一阶线性展开，略去高阶项，可得

$$\begin{cases} x_k^{(A)} \approx x^{(A,s)} + (r_k^{(A)})'\sin(\theta_k^{(A)})' + \Delta r^{(A)}\sin(\theta_k^{(A)})' + (r_k^{(A)})'\cos(\theta_k^{(A)})'\Delta\theta^{(A)} + n_k^1 \\ y_k^{(A)} \approx y^{(A,s)} + (r_k^{(A)})'\cos(\theta_k^{(A)})' + \Delta r^{(A)}\cos(\theta_k^{(A)})' - (r_k^{(A)})'\sin(\theta_k^{(A)})'\Delta\theta^{(A)} + n_k^2 \\ x_k^{(B)} \approx x^{(B,s)} + (r_k^{(B)})'\sin(\theta_k^{(B)})' + \Delta r^{(B)}\sin(\theta_k^{(B)})' + (r_k^{(B)})'\cos(\theta_k^{(B)})'\Delta\theta^{(B)} + n_k^3 \\ y_k^{(B)} \approx y^{(B,s)} + (r_k^{(B)})'\cos(\theta_k^{(B)})' + \Delta r^{(B)}\cos(\theta_k^{(B)})' - (r_k^{(B)})'\sin(\theta_k^{(B)})'\Delta\theta^{(B)} + n_k^4 \end{cases} \tag{6-62}$$

目标在公共坐标系下的真实位置为

$$\begin{cases} x_k' = x^{(A,s)} + (r_k^{(A)})'\sin(\theta_k^{(A)})' = x^{(B,s)} + (r_k^{(B)})'\sin(\theta_k^{(B)})' \\ y_k' = y^{(A,s)} + (r_k^{(A)})'\cos(\theta_k^{(A)})' = y^{(B,s)} + (r_k^{(B)})'\cos(\theta_k^{(B)})' \end{cases} \tag{6-63}$$

将式(6－63)代入式(6－62)，可得

$$\begin{cases} x_k^{(A)} = x_k' + \dfrac{\Delta r^{(A)}(x_k' - x^{(A,s)})}{(r_k^{(A)})'} + (y_k' - y^{(A,s)})\Delta\theta^{(A)} + n_k^1 \\ y_k^{(A)} = y_k' + \dfrac{\Delta r^{(A)}(y_k' - y^{(A,s)})}{(r_k^{(A)})'} - (x_k' - x^{(A,s)})\Delta\theta^{(A)} + n_k^2 \\ x_k^{(B)} = x_k' + \dfrac{\Delta r^{(B)}(x_k' - x^{(B,s)})}{(r_k^{(B)})'} + (y_k' - y^{(B,s)})\Delta\theta^{(B)} + n_k^3 \\ y_k^{(B)} = y_k' + \dfrac{\Delta r^{(B)}(y_k' - y^{(B,s)})}{(r_k^{(B)})'} - (x_k' - x^{(B,s)})\Delta\theta^{(B)} + n_k^4 \end{cases} \tag{6-64}$$

矩阵表达形式为

$$\boldsymbol{X} = \boldsymbol{A\beta} + \boldsymbol{b} + \boldsymbol{n} \tag{6-65}$$

其中

$$\boldsymbol{X} = [x_k^{(A)},\ y_k^{(A)},\ x_k^{(B)},\ y_k^{(B)}]^{\mathrm{T}}$$

$$
\boldsymbol{A}=\begin{bmatrix}
y'_k-y^{(A,s)} & \dfrac{(x'_k-x^{(A,s)})}{(r_k^{(A)})'} & 0 & 0\\
-x'_k+x^{(A,s)} & \dfrac{(y'_k-y^{(A,s)})}{(r_k^{(A)})'} & 0 & 0\\
0 & 0 & y'_k-y^{(B,s)} & \dfrac{(x'_k-x^{(B,s)})}{(r_k^{(B)})'}\\
0 & 0 & -x'_k+x^{(B,s)} & \dfrac{(y'_k-y^{(B,s)})}{(r_k^{(B)})'}
\end{bmatrix}
$$

$$
\boldsymbol{\beta}=[\Delta\theta^{(A)},\ \Delta r^{(A)},\ \Delta\theta^{(B)},\ \Delta r^{(B)}]^{\mathrm{T}}
$$

$$
\boldsymbol{b}=[x'_k,\ y'_k,\ x'_k,\ y'_k]^{\mathrm{T}}
$$

$$
\boldsymbol{n}=[n_k^1,\ n_k^2,\ n_k^3,\ n_k^4]^{\mathrm{T}} \tag{6-66}
$$

可以看出，$\boldsymbol{A}$ 和 $\boldsymbol{b}$ 不依赖于传感器的量测系统偏差，仅由目标在公坐标系中的真实位置和传感器在公共坐标系中的位置确定。假设存在 K 次量测，根据式(6-65)建立似然函数，可得

$$
\begin{aligned}
&p(x_1,\ x_2,\ \cdots,\ x_K)\\
&=\prod_{k=1}^{K}\frac{1}{(2\pi)^2\boldsymbol{\sigma}_n^4}\exp\left[-\frac{1}{2\boldsymbol{\sigma}_n^2}(\boldsymbol{X}_k-\boldsymbol{A}_k\boldsymbol{\beta}-\boldsymbol{b}_k)^{\mathrm{T}}(\boldsymbol{X}_k-\boldsymbol{A}_k\boldsymbol{\beta}-\boldsymbol{b}_k)\right]
\end{aligned} \tag{6-67}
$$

负对数似然函数为

$$
J=-\lg p=2K\lg(2\pi\boldsymbol{\sigma}_n^2)+\frac{1}{2\boldsymbol{\sigma}_n^2}\sum_{k=1}^{K}\|\boldsymbol{X}_k-\boldsymbol{A}_k\boldsymbol{\beta}-\boldsymbol{b}_k\|_{\mathrm{F}}^2 \tag{6-68}
$$

式中，$\|\cdot\|_{\mathrm{F}}$ 表示 Frobenius 范数，极大似然估计的原理就是相对于未知参数对似然函数求极大化。

令 $\boldsymbol{\eta}_k=[x'_k,\ y'_k]^{\mathrm{T}}$ 表示待估计的目标状态值，可以看出，J 是$\boldsymbol{\eta}_k$、$\boldsymbol{\beta}$ 和 $\boldsymbol{\sigma}_n^2$ 的函数。在式(6-68)中，固定 $\boldsymbol{\eta}_k$ 和 $\boldsymbol{\beta}$，相对于 $\boldsymbol{\sigma}_n^2$ 极小化 J，即令 $\dfrac{\partial J}{\partial\sigma_n^2}=0$，可得

$$
\hat{\boldsymbol{\sigma}}_n^2=\frac{1}{4K}\sum_{k=1}^{K}\|\boldsymbol{X}_k-\boldsymbol{A}_k\boldsymbol{\beta}-\boldsymbol{b}_k\|_{\mathrm{F}}^2 \tag{6-69}
$$

然后，将 $\hat{\boldsymbol{\sigma}}_n^2$ 代入式(6-67)中，配准问题变为优化问题，求解 $\boldsymbol{\beta}$ 和 $\boldsymbol{\eta}_k$ 可得

$$[\boldsymbol{\beta},\ \boldsymbol{\eta}_k] = \arg\min_{\boldsymbol{\eta}_k,\ \boldsymbol{\beta}} J \tag{6-70}$$

$$J = \frac{1}{K}\sum_{k=1}^{K}\|\boldsymbol{X}_k - \boldsymbol{A}_k\boldsymbol{\beta} - \boldsymbol{b}_k\|_{\mathrm{F}}^2 \tag{6-71}$$

因为 $\boldsymbol{\beta}$ 和 $\boldsymbol{\eta}_k$ 是分离的，因此可以使用序贯搜索方法优化求解[14]。令 $\frac{\partial J}{\partial \boldsymbol{\beta}}=0$，可得

$$\frac{\partial J}{\partial \boldsymbol{\beta}} = -\frac{1}{\boldsymbol{\sigma}_n^2}\sum_{k=1}^{K}\boldsymbol{A}_k^{\mathrm{T}}(\boldsymbol{X}_k - \boldsymbol{A}_k\boldsymbol{\beta} - \boldsymbol{b}_k) = 0 \tag{6-72}$$

可以得到 $\boldsymbol{\beta}$ 的估计值，即

$$\hat{\boldsymbol{\beta}} = \left(\sum_{k=1}^{K}\boldsymbol{A}_k^{\mathrm{T}}\boldsymbol{A}_k\right)^{-1}\sum_{k=1}^{K}\boldsymbol{A}_k^{\mathrm{T}}(\boldsymbol{X}_k - \boldsymbol{b}_k) \tag{6-73}$$

将 $\boldsymbol{\beta}=\hat{\boldsymbol{\beta}}$ 代入目标函数，可以看出目标函数 J 仅仅是关于 $\boldsymbol{\eta}_k$ 的非负函数，$\boldsymbol{\eta}_k$ 的估计值为

$$\hat{\boldsymbol{\eta}}_k = \arg\min_{\boldsymbol{\eta}_k} J \tag{6-74}$$

上式是一个典型的非线性最优化问题，可以通过牛顿(Newton)迭代求解[14]。令 m 步的 $\hat{\boldsymbol{\eta}}_k$ 递推式为

$$\hat{\boldsymbol{\eta}}_k^{m+1} = \hat{\boldsymbol{\eta}}_k^m - \mu^m\boldsymbol{H}_k^{-1}\boldsymbol{G}_k \tag{6-75}$$

式中，μ^m 为 m 步迭代步长；$\boldsymbol{H}_k$ 为 J 相对于 $\boldsymbol{\eta}_k$ 的黑塞(Hessian)矩阵；$\boldsymbol{G}_k$ 为 $\hat{\boldsymbol{\eta}}_k^m$ 的位置梯度。

$\boldsymbol{G}_k$ 表示为

$$\boldsymbol{G}_k = 2\boldsymbol{R}_k\boldsymbol{\gamma}_k \tag{6-76}$$

式中

$$\boldsymbol{\gamma}_k = \boldsymbol{X}_k - \boldsymbol{A}_k\boldsymbol{\beta} - \boldsymbol{b}_k$$

$$\boldsymbol{R}_k=\begin{bmatrix} -1-\dfrac{\Delta r^{(A)}(y'_k-y^{(A,s)})^2}{[(r_k^{(A)})']^3} & -\Delta\theta_a+\dfrac{\Delta r^{(A)}(x'_k-x^{(A,s)})(y'_k-y^{(A,s)})}{[(r_k^{(A)})']^3} \\ \Delta\theta^{(A)}+\dfrac{\Delta r^{(A)}(x'_k-x^{(A,s)})(y'_k-y^{(A,s)})}{[(r_k^{(A)})']^3} & -1-\dfrac{\Delta r^{(A)}(x'_k-x^{(A,s)})^2}{[(r_k^{(A)})']^3} \\ -1-\dfrac{\Delta r^{(B)}(y'_k-y^{(B,s)})^2}{[(r_k^{(B)})']^3} & -\Delta\theta^{(B)}+\dfrac{\Delta r^{(B)}(x'_k-x^{(B,s)})(y'_k-y^{(B,s)})}{[(r_k^{(B)})']^3} \\ \Delta\theta^{(B)}+\dfrac{\Delta r^{(B)}(x'_k-x^{(B,s)})(y'_k-y^{(B,s)})}{[(r_k^{(B)})']^3} & -1-\dfrac{\Delta r^{(B)}(x'_k-x^{(B,s)})^2}{[(r_k^{(B)})']^3} \end{bmatrix} \tag{6-77}$$

已知，$\boldsymbol{R}_k$ 为 $\boldsymbol{\gamma}_k$ 相对于 $\boldsymbol{\eta}_k$ 的雅可比(Jacobian)矩阵，其中所有元素采用上一步计算得到的值近似。对于给定的 $\hat{\boldsymbol{\eta}}_k$，$J$ 的黑塞矩阵 $\boldsymbol{H}_k$ 为

$$\boldsymbol{H}_k=\frac{\partial^2 J}{\partial\boldsymbol{\eta}_k\partial\boldsymbol{\eta}_k}=2\left[\frac{\partial\boldsymbol{\gamma}_k}{\partial\boldsymbol{\eta}_k}\left(\frac{\partial\boldsymbol{\gamma}_k}{\partial\boldsymbol{\eta}_k}\right)^{\mathrm{T}}+\frac{\partial^2\boldsymbol{\gamma}_k}{\partial\boldsymbol{\eta}_k\partial\boldsymbol{\eta}_k}\boldsymbol{\gamma}_k\right] \tag{6-78}$$

牛顿迭代算法中，$\boldsymbol{H}_k$ 用于修正梯度以加速收敛，所以每次迭代中 $\boldsymbol{H}_k$ 必须正定。但是实际应用中，由于存在各种干扰，虽然总体上传感器的量测可以保持一致，但是并不能完全保证短时间内传感器的实际量测保持一致，所以需要通过一个半正定阵近似 $\boldsymbol{H}_k$ [1]，即

$$\boldsymbol{H}_k=2\boldsymbol{R}_k\boldsymbol{R}_k^{\mathrm{T}} \tag{6-79}$$

精确极大似然估计空间配准算法的计算流程如下：

算法 1：精确极大似然估计空间配准算法

---

(1) 初始化迭代终止阈值 ε，迭代次数 $p=0$。

(2) 初始化位置估计 $\gamma_k^{(0)}$，利用式(6-73)计算 $\hat{\boldsymbol{\beta}}^{(p)}$。

(3) 利用牛顿迭代求解式(6-74)，得到 $\hat{\boldsymbol{\eta}}_k^{(p)}$。

(4) 利用式(6-73)计算 $\hat{\boldsymbol{\beta}}^{(p+1)}$，如果满足 $\|\hat{\boldsymbol{\beta}}^{(p+1)}-\hat{\boldsymbol{\beta}}^{(p)}\|_{\mathrm{F}}\leqslant\varepsilon$，则 $\hat{\boldsymbol{\beta}}=\hat{\boldsymbol{\beta}}^{(p+1)}$；如果不满足，则令 $p=p+1$，返回(3)。

传统的 EML 方法假设公共坐标系中传感器在 x 轴和 y 轴的量测噪声是相同的，如式(6-61)所示，但是将所有方向上的量测噪声定义为相同的

值是不合理的[16]，因此通过修正方法保证 EML 的估计效果。修正方法是改写似然函数：

$$p(x_1, x_2, \cdots, x_K) = \prod_{k=1}^{K} \frac{1}{(2\pi)^2 |\boldsymbol{Q}_k|^{\frac{1}{2}}} \exp\left[-\frac{1}{2}(\boldsymbol{X}_k - \boldsymbol{A}_k\boldsymbol{\beta} - \boldsymbol{b}_k)^{\mathrm{T}} \boldsymbol{Q}_k^{-1} (\boldsymbol{X}_k - \boldsymbol{A}_k\boldsymbol{\beta} - \boldsymbol{b}_k)\right] \tag{6-80}$$

式中

$$\boldsymbol{Q}_k = \begin{bmatrix} (\sigma_x^{(A)})^2 & \sigma_{xy}^{(A)} & 0 & 0 \\ \sigma_{xy}^{(A)} & (\sigma_y^{(A)})^2 & 0 & 0 \\ 0 & 0 & (\sigma_x^{(B)})^2 & \sigma_{xy}^{(B)} \\ 0 & 0 & \sigma_{xy}^{(B)} & (\sigma_y^{(B)})^2 \end{bmatrix}$$

式中

$$\begin{cases} (\sigma_x^{(i)})^2 = (\sigma_r^{(i)})^2 [\cos(\theta_k^{(i)})']^2 + [(r_k^{(i)})']^2 (\sigma_\theta^{(i)})^2 [\sin(\theta_k^{(i)})']^2 \\ (\sigma_y^{(i)})^2 = (\sigma_r^{(i)})^2 [\sin(\theta_k^{(i)})']^2 + [(r_k^{(i)})']^2 (\sigma_\theta^{(i)})^2 [\cos(\theta_k^{(i)})']^2 \\ \sigma_{xy}^{(i)} = \{(\sigma_r^{(i)})^2 - [(r_k^{(i)})']^2 (\sigma_\theta^{(i)})^2\} \cos(\theta_k^{(i)})' \sin(\theta_k^{(i)})' \end{cases} \tag{6-81}$$

式中，$(\sigma_x^{(i)})^2$ 和 $(\sigma_y^{(i)})^2$ 分别表示传感器 i 在公共坐标系中 x 轴和 y 轴方向上的量测噪声方差；$\sigma_{xy}^{(i)}$ 表示传感器 i 在 x 轴和 y 轴方向上的量测噪声协方差；$(\sigma_r^{(i)})^2$ 和 $(\sigma_\theta^{(i)})^2$ 分别表示传感器 i 的斜矩和方位角量测噪声方差。

负对数似然函数为

$$J = -\lg p = \frac{1}{2}\sum_{k=1}^{K} \lg[(2\pi)^4 \ |\boldsymbol{Q}_k|] + \frac{1}{2}\sum_{k=1}^{K}[(\boldsymbol{X}_k - \boldsymbol{A}_k\boldsymbol{\beta} - \boldsymbol{b}_k)^{\mathrm{T}} \boldsymbol{Q}_k^{-1} (\boldsymbol{X}_k - \boldsymbol{A}_k\boldsymbol{\beta} - \boldsymbol{b}_k)] \tag{6-82}$$

基于上述目标函数，可以通过 EML 方法迭代求解传感器量测系统偏差 $\hat{\boldsymbol{\beta}}$ 和目标状态 $\hat{\boldsymbol{\eta}}_k$。

6.3.5 基于地心地固坐标系的空间配准算法

尽管 6.3.4 节介绍了多种不同的配准算法，但都是基于立体投影(stereographic projection)在一个二维区域平面上实现的。立体投影能够降低计算复杂度，但仍存在一些缺点。首先，立体投影给投影平面的量测引入了误差，尽管更高阶的近似可以将变换的精度保证到几米量级，但是由于地球本身是椭球形的，所以仍然存在变换误差。其次，立体投影扭曲了数据。值得注意的是，立体投影是保角的，但这一保角性只能保留方位角，而不能保留斜距，同时量测系统偏差将会依赖量测，而不再是不变的。因此，区域平面上的二维偏差模型不够准确[1]。下面介绍两种直接在三维空间中对传感器偏差进行估计的方法，它们称为基于 ECEF 坐标系的空间配准算法。

1）基于地心地固坐标系的有偏差量测方程的建立

已知在大地坐标系下，一个传感器在椭球形地球上的位置可以表示为经度 λ、纬度 φ 和高度 h。参考椭球是一个旋转椭球，通常用来表示平均海平面，ECEF 坐标系为笛卡尔坐标系，原点在地球中间。假设多传感器平台为导弹，研究多弹系统空间配准方法，建立弹载雷达包含固定量测系统偏差的量测方程时基于以下假设：① 导弹定位信息和姿态角测量信息可通过其他方式获得，认为导弹位置和姿态角量测无偏差，所以不考虑弹载雷达的定位偏差和姿态角偏差；② 认为弹载雷达的量测系统偏差（测距偏差、测方位角偏差、测高低角偏差）为可加性常量，并且各个偏差之间无耦合；③ 各弹载雷达的量测噪声之间相互独立。

大地坐标系与 ECEF 坐标系之间的转换关系在 6.3.3 节中有详细说明。

考虑两部弹载雷达，其中导弹 A 和导弹 B 为传感器平台。假设导弹 A 和导弹 B 在大地坐标系下的坐标分别为 $(\lambda^{(A)}, \varphi^{(A)}, h^{(A)})^{\mathrm{T}}$ 和 $(\lambda^{(B)}, \varphi^{(B)}, h^{(B)})^{\mathrm{T}}$，通过大地坐标系与 ECEF 坐标系的转换关系，即式(6－23)，可得 ECEF 坐标系下导弹 A 和导弹 B 的坐标分别为 $\boldsymbol{X}^{(A,s)}=[x^{(A,s)}, y^{(A,s)}, z^{(A,s)}]^{\mathrm{T}}$，$\boldsymbol{X}^{(B,s)}=[x^{(B,s)}, y^{(B,s)}, z^{(B,s)}]^{\mathrm{T}}$。$\boldsymbol{\beta}^{(A)}=[\Delta r^{(A)}, \Delta\theta^{(A)}, \Delta\eta^{(A)}]^{\mathrm{T}}$ 和 $\boldsymbol{\beta}^{(B)}=[\Delta r^{(B)}, \Delta\theta^{(B)}, \Delta\eta^{(B)}]^{\mathrm{T}}$ 分别表示导弹 A 和导弹 B 雷达的量测系统偏差，Δr 为斜距偏差，$\Delta\theta$ 为方位角偏差，$\Delta\eta$ 为高低角偏差。已知雷达 i 在各自弹体坐标系下对同一目标在 k 时刻有偏差的量测值为 $\boldsymbol{Z}_k^{(i,b)}=[r_k^{(i,b)}, \theta_k^{(i,b)}, \eta_k^{(i,b)}]^{\mathrm{T}}$（见图 6－9），$\boldsymbol{Z}_k^{(i,b)}$ 的具体表达式为

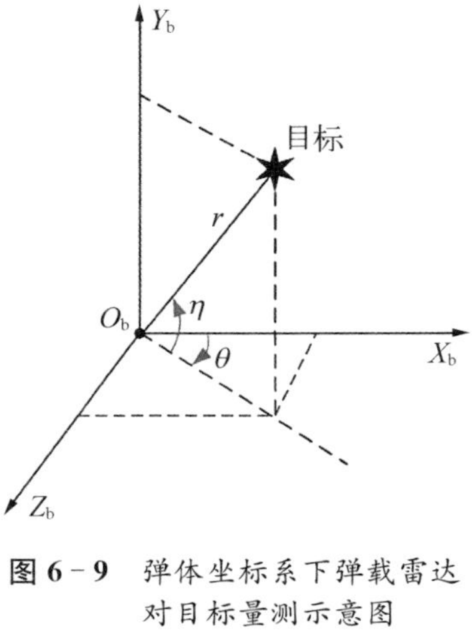

图 6－9 弹体坐标系下弹载雷达对目标量测示意图

$$\boldsymbol{Z}_k^{(i,b)} = h^{(i)}[(\boldsymbol{X}_k^{(i,b)})'] + \boldsymbol{\beta}^{(i)} + \boldsymbol{v}_k^{(i)} \tag{6-83}$$

式中，k 为离散时间序列，$k=1,2,\cdots,N$；$h^{(i)}(\cdot)$ 为导弹本体直角坐标到本体极坐标转换的非线性方程；$(\boldsymbol{X}_k^{(i,b)})' = [(x_k^{(i,b)})', (y_k^{(i,b)})', (z_k^{(i,b)})']^{\mathrm{T}}$ 为本体直角坐标系下目标状态的真实值；$[(r_k^{(i,b)})', (\theta_k^{(i,b)})', (\eta_k^{(i,b)})']^{\mathrm{T}}$ 为本体极坐标系下没有偏差的量测值；$\boldsymbol{v}_k^{(i)} = [v_{r,k}^{(i)}, v_{\theta,k}^{(i)}, v_{\eta,k}^{(i)}]^{\mathrm{T}}$ 为协方差 $\Sigma_{Z_k^{(i,b)}} = \mathrm{diag}[(\sigma_r^{(i)})^2, (\sigma_\theta^{(i)})^2, (\sigma_\eta^{(i)})^2]$ 的量测高斯白噪声。

并且

$$h^{(i)}[(\boldsymbol{X}_k^{(i,b)})'] = \begin{bmatrix} (r_k^{(i,b)})' \\ (\theta_k^{(i,b)})' \\ (\eta_k^{(i,b)})' \end{bmatrix} = \begin{bmatrix} \sqrt{[(x_k^{(i,b)})']^2 + [(y_k^{(i,b)})']^2 + [(z_k^{(i,b)})']^2} \\ \arctan \dfrac{(z_k^{(i,b)})'}{(x_k^{(i,b)})'} \\ \arctan \dfrac{(y_k^{(i,b)})'}{\sqrt{[(x_k^{(i,b)})']^2 + [(z_k^{(i,b)})']^2}} \end{bmatrix} \tag{6-84}$$

目标在雷达 i 本体直角坐标系下的真实值 $\boldsymbol{X}_k^{(i,b)}$ 通过坐标转换[即式(6-26)]可以得到 LNUE 坐标系下目标的真实值，之后通过 LNUE 坐标系与 ECEF 坐标系之间的转换关系[即式(6-24)]可以得到 ECEF 坐标系下目标的真实值。假设目标在 ECEF 坐标系下的真实值为 $(\boldsymbol{X}_k^{(t)})' = [(x^{(t)})', (y^{(t)})', (z^{(t)})']^{\mathrm{T}}$，则

$$(\boldsymbol{X}_k^{(t)})' = \boldsymbol{C}_{\mathrm{eg},k}^{(i)} \boldsymbol{C}_{\mathrm{gb},k}^{(i)} (\boldsymbol{X}_k^{(i,b)})' + \boldsymbol{X}_k^{(i,s)} \tag{6-85}$$

将式(6-85)代入式(6-83)可得

$$\boldsymbol{Z}_k^{(i,b)} = h^{(i)}\{(\boldsymbol{C}_{\mathrm{gb},k}^{(i)})^{-1} (\boldsymbol{C}_{\mathrm{eg},k}^{(i)})^{-1} [(\boldsymbol{X}_k^{(t)})' - \boldsymbol{X}_k^{(i,s)}]\} + \boldsymbol{\beta}^{(i)} + \boldsymbol{v}_k^{(i)} \tag{6-86}$$

因为

$$\begin{aligned} (\boldsymbol{C}_{\mathrm{gb},k}^{(i)})^{-1} &= (\boldsymbol{C}_{\mathrm{gb},k}^{(i)})^{\mathrm{T}} \\ (\boldsymbol{C}_{\mathrm{eg},k}^{(i)})^{-1} &= (\boldsymbol{C}_{\mathrm{eg},k}^{(i)})^{\mathrm{T}} \end{aligned} \tag{6-87}$$

令

$$(\boldsymbol{X}_k^{(i,b)})' = g^{(i)}[(\boldsymbol{X}_k^{(t)})'] = (\boldsymbol{C}_{\mathrm{gb},k}^{(i)})^{\mathrm{T}} (\boldsymbol{C}_{\mathrm{eg},k}^{(i)})^{\mathrm{T}} [(\boldsymbol{X}_k^{(t)})' - \boldsymbol{X}_k^{(i,s)}] \tag{6-88}$$

整理之后可以得到雷达 i 的偏差量测方程

$$\boldsymbol{Z}_k^{(i,b)} = h^{(i)}\{g^{(i)}[(\boldsymbol{X}_k^{(t)})']\} + \boldsymbol{\beta}^{(i)} + \boldsymbol{v}_k^{(i)} \tag{6-89}$$

式中，$\boldsymbol{X}_k^{(t)} = [x^{(t)}, y^{(t)}, z^{(t)}]^{\mathrm{T}}$ 和 $\boldsymbol{\beta}^{(i)} = [\Delta r^{(i)}, \Delta\theta^{(i)}, \Delta\eta^{(i)}]^{\mathrm{T}}$ 相互独立，为目标状态值和雷达 i 的量测系统偏差值。

将 n 个雷达的观测矢量合并，得到 ECEF 坐标系下的有偏差量测方程：

$$\boldsymbol{Z}_k^{(b)}=\boldsymbol{h}\{g[(\boldsymbol{X}_k^{(t)})']\}+\boldsymbol{\beta}+\boldsymbol{v}_k \tag{6-90}$$

式中

$$\boldsymbol{Z}_k^{(b)}=[(\boldsymbol{Z}_k^{(1,b)})^{\mathrm{T}},\ (\boldsymbol{Z}_k^{(2,)})^{\mathrm{T}},\ \cdots,\ (\boldsymbol{Z}_k^{(n,b)})^{\mathrm{T}}]^{\mathrm{T}}$$

$$\boldsymbol{h}(\boldsymbol{g})=\{[h^{(1)}(g^{(1)})]^{\mathrm{T}},\ [h^{(2)}(g^{(2)})]^{\mathrm{T}},\ \cdots,\ [h^{(n)}(g^{(n)})]^{\mathrm{T}}\}^{\mathrm{T}}$$

$$\boldsymbol{\beta}=[(\boldsymbol{\beta}^{(1)})^{\mathrm{T}},\ (\boldsymbol{\beta}^{(2)})^{\mathrm{T}},\ \cdots,\ (\boldsymbol{\beta}^{(n)})^{\mathrm{T}}]^{\mathrm{T}}$$

$$\boldsymbol{v}_k=[(\boldsymbol{v}_k^{(1)})^{\mathrm{T}},\ (\boldsymbol{v}_k^{(2)})^{\mathrm{T}},\ \cdots,\ (\boldsymbol{v}_k^{(n)})^{\mathrm{T}}]^{\mathrm{T}} \tag{6-91}$$

2）基于伪量测方程的空间配准算法

已知雷达 i 在各自本体极坐标系下对同一目标在 k 时刻有偏差的量测值 $\boldsymbol{Z}_k^{(i,b)}=[r_k^{(i,b)},\ \theta_k^{(i,b)},\ \eta_k^{(i,b)}]^{\mathrm{T}}$，量测系统偏差 $\boldsymbol{\beta}^{(i)}=[\Delta r^{(i)},\ \Delta\theta^{(i)},\ \Delta\eta^{(i)}]^{\mathrm{T}}$，量测噪声 $\boldsymbol{v}_k^{(i)}=[v_{r,k}^{(i)},\ v_{\theta,k}^{(i)},\ v_{\eta,k}^{(i)}]^{\mathrm{T}}$，参考式(6-84)(直角坐标到极坐标的转换关系)可得雷达本体直角坐标系下目标状态的量测值 $\boldsymbol{X}_k^{(i,b)}=[x_k^{(i,b)},\ y_k^{(i,b)},\ z_k^{(i,b)}]^{\mathrm{T}}$，对于弹载雷达 A 和弹载雷达 B 而言，分别有

$$\begin{cases} x_k^{(A,b)}=r_k^{(A,b)}\cos\theta_k^{(A,b)}\cos\eta_k^{(A,b)} \\ y_k^{(A,b)}=r_k^{(A,b)}\sin\eta_k^{(A,b)} \\ z_k^{(A,b)}=r_k^{(A,b)}\sin\theta_k^{(A,b)}\cos\eta_k^{(A,b)} \end{cases} \tag{6-92}$$

和

$$\begin{cases} x_k^{(B,b)}=r_k^{(B,b)}\cos\theta_k^{(B,b)}\cos\eta_k^{(B,b)} \\ y_k^{(B,b)}=r_k^{(B,b)}\sin\eta_k^{(B,b)} \\ z_k^{(B,b)}=r_k^{(B,b)}\sin\theta_k^{(B,b)}\cos\eta_k^{(B,b)} \end{cases} \tag{6-93}$$

同时，雷达本体直角坐标系下目标状态的真实值 $(\boldsymbol{X}_k^{(i,b)})'$ 分别有

$$\begin{cases} (x_k^{(A,b)})'=(r_k^{(A,b)}-\Delta r^{(A)}-v_{r,k}^{(A)})\cos(\theta_k^{(A,b)}-\Delta\theta^{(A)}-v_{\theta,k}^{(A)})\times \\ \qquad\qquad \cos(\eta_k^{(A,b)}-\Delta\eta^{(A)}-v_{\eta,k}^{(A)}) \\ (y_k^{(A,b)})'=(r_k^{(A,b)}-\Delta r^{(A)}-v_{r,k}^{(A)})\sin(\eta_k^{(A,b)}-\Delta\eta^{(A)}-v_{\eta,k}^{(A)}) \\ (z_k^{(A,b)})'=(r_k^{(A,b)}-\Delta r^{(A)}-v_{r,k}^{(A)})\sin(\theta_k^{(A,b)}-\Delta\theta^{(A)}-v_{\theta,k}^{(A)})\times \\ \qquad\qquad \cos(\eta_k^{(A,b)}-\Delta\eta^{(A)}-v_{\eta,k}^{(A)}) \end{cases} \tag{6-94}$$

和

$$\begin{cases}(x_k^{(B,b)})' = (r_k^{(B,b)} - \Delta r^{(B)} - v_{r,k}^{(B)})\cos(\theta_k^{(B,b)} - \Delta\theta^{(B)} - v_{\theta,k}^{(B)}) \times \\ \qquad\qquad \cos(\eta_k^{(B,b)} - \Delta\eta^{(B)} - v_{\eta,k}^{(B)}) \\ (y_k^{(B,b)})' = (r_k^{(B,b)} - \Delta r^{(B)} - v_{r,k}^{(B)})\sin(\eta_k^{(B,b)} - \Delta\eta^{(B)} - v_{\eta,k}^{(B)}) \\ (z_k^{(B,b)})' = (r_k^{(B,b)} - \Delta r^{(B)} - v_{r,k}^{(B)})\sin(\theta_k^{(B,b)} - \Delta\theta^{(B)} - v_{\theta,k}^{(B)}) \times \\ \qquad\qquad \cos(\eta_k^{(B,b)} - \Delta\eta^{(B)} - v_{\eta,k}^{(B)}) \end{cases} \tag{6-95}$$

对于小偏差系统，式(6-94)和式(6-95)可以一阶近似表示为

$$\begin{cases}(x_k^{(A,b)})' = r_k^{(A,b)}\cos\theta_k^{(A,b)}\cos\eta_k^{(A,b)} - \cos\theta_k^{(A,b)}\cos\eta_k^{(A,b)}\Delta r^{(A)} + \\ \qquad r_k^{(A,b)}\sin\theta_k^{(A,b)}\cos\eta_k^{(A,b)}\Delta\theta^{(A)} + r_k^{(A,b)}\cos\theta_k^{(A,b)}\sin\eta_k^{(A,b)}\Delta\eta^{(A)} - \\ \qquad \cos\theta_k^{(A,b)}\cos\eta_k^{(A,b)}v_{r,k}^{(A)} + r_k^{(A,b)}\sin\theta_k^{(A,b)}\cos\eta_k^{(A,b)}v_{\theta,k}^{(A)} + \\ \qquad r_k^{(A,b)}\cos\theta_k^{(A,b)}\sin\eta_k^{(A,b)}v_{\eta,k}^{(A)} \\ (y_k^{(A,b)})' = r_k^{(A,b)}\cos\eta_k^{(A,b)} - \sin\eta_k^{(A,b)}\Delta r^{(A)} - r_k^{(A,b)}\cos\eta_k^{(A,b)}\Delta\eta^{(A)} - \\ \qquad \sin\eta_k^{(A,b)}v_{r,k}^{(A)} + r_k^{(A,b)}\cos\eta_k^{(A,b)}v_{\eta,k}^{(A)} \\ (z_k^{(A,b)})' = r_k^{(A,b)}\sin\theta_k^{(A,b)}\cos\eta_k^{(A,b)} - \sin\theta_k^{(A,b)}\cos\eta_k^{(A,b)}\Delta r^{(A)} - \\ \qquad r_k^{(A,b)}\cos\theta_k^{(A,b)}\cos\eta_k^{(A,b)}\Delta\theta^{(A)} + r_k^{(A,b)}\sin\theta_k^{(A,b)}\sin\eta_k^{(A,b)}\Delta\eta^{(A)} - \\ \qquad \sin\theta_k^{(A,b)}\cos\eta_k^{(A,b)}v_{r,k}^{(A)} - r_k^{(A,b)}\cos\theta_k^{(A,b)}\cos\eta_k^{(A,b)}v_{\theta,k}^{(A)} + \\ \qquad r_k^{(A,b)}\sin\theta_k^{(A,b)}\sin\eta_k^{(A,b)}v_{\eta,k}^{(A)} \end{cases} \tag{6-96}$$

和

$$\begin{cases}(x_k^{(B,b)})' = r_k^{(B,b)}\cos\theta_k^{(B,b)}\cos\eta_k^{(B,b)} - \cos\theta_k^{(B,b)}\cos\eta_k^{(B,b)}\Delta r^{(B)} + \\ \qquad r_k^{(B,b)}\sin\theta_k^{(B,b)}\cos\eta_k^{(B,b)}\Delta\theta^{(B)} + r_k^{(B,b)}\cos\theta_k^{(B,b)}\sin\eta_k^{(B,b)}\Delta\eta^{(B)} - \\ \qquad \cos\theta_k^{(B,b)}\cos\eta_k^{(B,b)}v_{r,k}^{(B)} + r_k^{(B,b)}\sin\theta_k^{(B,b)}\cos\eta_k^{(B,b)}v_{\theta,k}^{(B)} + \\ \qquad r_k^{(B,b)}\cos\theta_k^{(B,b)}\sin\eta_k^{(B,b)}v_{\eta,k}^{(B)} \\ (y_k^{(B,b)})' = r_k^{(B,b)}\cos\eta_k^{(B,b)} - \sin\eta_k^{(B,b)}\Delta r^{(B)} - r_k^{(B,b)}\cos\eta_k^{(B,b)}\Delta\eta^{(B)} - \\ \qquad \sin\eta_k^{(B,b)}v_{r,k}^{(B)} + r_k^{(B,b)}\cos\eta_k^{(B,b)}v_{\eta,k}^{(B)} \\ (z_k^{(B,b)})' = r_k^{(B,b)}\sin\theta_k^{(B,b)}\cos\eta_k^{(B,b)} - \sin\theta_k^{(B,b)}\cos\eta_k^{(B,b)}\Delta r^{(B)} - \\ \qquad r_k^{(B,b)}\cos\theta_k^{(B,b)}\cos\eta_k^{(B,b)}\Delta\theta^{(B)} + r_k^{(B,b)}\sin\theta_k^{(B,b)}\sin\eta_k^{(B,b)}\Delta\eta^{(B)} - \\ \qquad \sin\theta_k^{(B,b)}\cos\eta_k^{(B,b)}v_{r,k}^{(B)} - r_k^{(B,b)}\cos\theta_k^{(B,b)}\cos\eta_k^{(B,b)}v_{\theta,k}^{(B)} + \\ \qquad r_k^{(B,b)}\sin\theta_k^{(B,b)}\sin\eta_k^{(B,b)}v_{\eta,k}^{(B)} \end{cases} \tag{6-97}$$

整理之后可以得到关于误差项的一阶线性形式：

$$(\boldsymbol{X}_k^{(A,b)})' = \begin{bmatrix} (x_k^{(A,b)})' \\ (y_k^{(A,b)})' \\ (z_k^{(A,b)})' \end{bmatrix} = \begin{bmatrix} x_k^{(A,b)} \\ y_k^{(A,b)} \\ z_k^{(A,b)} \end{bmatrix} + \boldsymbol{J}_k^{(A)} \begin{bmatrix} \Delta r^{(A)} \\ \Delta\theta^{(A)} \\ \Delta\eta^{(A)} \end{bmatrix} + \boldsymbol{J}_k^{(A)} \begin{bmatrix} v_{r,k}^{(A)} \\ v_{\theta,k}^{(A)} \\ v_{\eta,k}^{(A)} \end{bmatrix} \tag{6-98}$$

和

$$(\boldsymbol{X}_k^{(B,b)})' = \begin{bmatrix} (x_k^{(B,b)})' \\ (y_k^{(B,b)})' \\ (z_k^{(B,b)})' \end{bmatrix} = \begin{bmatrix} x_k^{(B,b)} \\ y_k^{(B,b)} \\ z_k^{(B,b)} \end{bmatrix} + \boldsymbol{J}_k^{(B)} \begin{bmatrix} \Delta r^{(B)} \\ \Delta\theta^{(B)} \\ \Delta\eta^{(B)} \end{bmatrix} + \boldsymbol{J}_k^{(B)} \begin{bmatrix} v_{r,k}^{(B)} \\ v_{\theta,k}^{(B)} \\ v_{\eta,k}^{(B)} \end{bmatrix} \tag{6-99}$$

式中，系数矩阵 $\boldsymbol{J}_k^{(i)}$ 是关于量测系统偏差 $\boldsymbol{\beta}^{(i)}$ 和量测噪声 $\boldsymbol{v}_k^{(i)}$ 的雅可比矩阵，整理后表示为

$$\boldsymbol{J}_k^{(A)} = \begin{bmatrix} -\cos\theta_k^{(A,b)}\cos\eta_k^{(A,b)} & r_k^{(A,b)}\sin\theta_k^{(A,b)}\cos\eta_k^{(A,b)} & r_k^{(A,b)}\cos\theta_k^{(A,b)}\sin\eta_k^{(A,b)} \\ -\sin\eta_k^{(A,b)} & 0 & -r_k^{(A,b)}\cos\eta_k^{(A,b)} \\ -\sin\theta_k^{(A,b)}\cos\eta_k^{(A,b)} & -r_k^{(A,b)}\cos\theta_k^{(A,b)}\cos\eta_k^{(A,b)} & r_k^{(A,b)}\sin\theta_k^{(A,b)}\sin\eta_k^{(A,b)} \end{bmatrix} \tag{6-100}$$

$$\boldsymbol{J}_k^{(B)} = \begin{bmatrix} -\cos\theta_k^{(B,b)}\cos\eta_k^{(B,b)} & r_k^{(B,b)}\sin\theta_k^{(B,b)}\cos\eta_k^{(B,b)} & r_k^{(B,b)}\cos\theta_k^{(B,b)}\sin\eta_k^{(B,b)} \\ -\sin\eta_k^{(B,b)} & 0 & -r_k^{(B,b)}\cos\eta_k^{(B,b)} \\ -\sin\theta_k^{(B,b)}\cos\eta_k^{(B,b)} & -r_k^{(B,b)}\cos\theta_k^{(B,b)}\cos\eta_k^{(B,b)} & r_k^{(B,b)}\sin\theta_k^{(B,b)}\sin\eta_k^{(B,b)} \end{bmatrix} \tag{6-101}$$

根据式(6-85)，将雷达本体直角坐标系下目标状态的真实值 $(\boldsymbol{X}_k^{(i,b)})'$ [见式(6-98)和式(6-99)]转换到 ECEF 坐标系下，得到 ECEF 坐标系下目标状态的真实值 $(\boldsymbol{X}_k^{(i,e)})'$，有

$$(\boldsymbol{X}_k^{(A,e)})' = \begin{bmatrix} (x_k^{(A,e)})' \\ (y_k^{(A,e)})' \\ (z_k^{(A,e)})' \end{bmatrix} = \boldsymbol{C}_{\mathrm{eg},k}^{(\boldsymbol{A})}\boldsymbol{C}_{\mathrm{gb},k}^{(\boldsymbol{A})} \begin{bmatrix} (x_k^{(A,b)})' \\ (y_k^{(A,b)})' \\ (z_k^{(A,b)})' \end{bmatrix} + \begin{bmatrix} x^{(A,s)} \\ y^{(A,s)} \\ z^{(A,s)} \end{bmatrix} \tag{6-102}$$

和

$$(\boldsymbol{X}_k^{(B,e)})' = \begin{bmatrix} (x_k^{(B,e)})' \\ (y_k^{(B,e)})' \\ (z_k^{(B,e)})' \end{bmatrix} = \boldsymbol{C}_{\text{eg},k}^{(\boldsymbol{B})}\boldsymbol{C}_{\text{gb},k}^{(\boldsymbol{B})} \begin{bmatrix} (x_k^{(B,b)})' \\ (y_k^{(B,b)})' \\ (z_k^{(B,b)})' \end{bmatrix} + \begin{bmatrix} x^{(B,s)} \\ y^{(B,s)} \\ z^{(B,s)} \end{bmatrix} \tag{6-103}$$

因为 $(\boldsymbol{X}_k^{(A,e)})'$ 和 $(\boldsymbol{X}_k^{(B,e)})'$ 都表示同一目标在 ECEF 坐标系中的真实位置 $(\boldsymbol{X}_k^{(t)})'$，可得

$$(\boldsymbol{X}_k^{(A,e)})' = (\boldsymbol{X}_k^{(B,e)})' = (\boldsymbol{X}_k^{(t)})' \tag{6-104}$$

$$\boldsymbol{C}_{\text{eg},k}^{(\boldsymbol{A})}\boldsymbol{C}_{\text{gb},k}^{(\boldsymbol{A})} \begin{bmatrix} (x_k^{(A,b)})' \\ (y_k^{(A,b)})' \\ (z_k^{(A,b)})' \end{bmatrix} + \begin{bmatrix} x^{(A,s)} \\ y^{(A,s)} \\ z^{(A,s)} \end{bmatrix} = \boldsymbol{C}_{\text{eg},k}^{(\boldsymbol{B})}\boldsymbol{C}_{\text{gb},k}^{(\boldsymbol{B})} \begin{bmatrix} (x_k^{(B,b)})' \\ (y_k^{(B,b)})' \\ (z_k^{(B,b)})' \end{bmatrix} + \begin{bmatrix} x^{(B,s)} \\ y^{(B,s)} \\ z^{(B,s)} \end{bmatrix} \tag{6-105}$$

整理后可得

$$\begin{aligned} &\boldsymbol{C}_{\text{eg},k}^{(\boldsymbol{A})}\boldsymbol{C}_{\text{gb},k}^{(\boldsymbol{A})}(\boldsymbol{X}_k^{(A,b)} + \boldsymbol{J}_k^{(A)}\boldsymbol{\beta}^{(A)} + \boldsymbol{J}_k^{(A)}\boldsymbol{v}_k^{(A)}) + \boldsymbol{X}^{(A,s)} \\ =&\boldsymbol{C}_{\text{eg},k}^{(\boldsymbol{B})}\boldsymbol{C}_{\text{gb},k}^{(\boldsymbol{B})}(\boldsymbol{X}_k^{(B,b)} + \boldsymbol{J}_k^{(B)}\boldsymbol{\beta}^{(B)} + \boldsymbol{J}_k^{(B)}\boldsymbol{v}_k^{(B)}) + \boldsymbol{X}^{(B,s)} \end{aligned} \tag{6-106}$$

即

$$\begin{aligned} &\boldsymbol{C}_{\text{eg},k}^{(\boldsymbol{A})}\boldsymbol{C}_{\text{gb},k}^{(\boldsymbol{A})}\boldsymbol{X}_k^{(A,b)} + \boldsymbol{X}^{(A,s)} - \boldsymbol{C}_{\text{eg},k}^{(\boldsymbol{B})}\boldsymbol{C}_{\text{gb},k}^{(\boldsymbol{B})}\boldsymbol{X}_k^{(B,b)} - \boldsymbol{X}^{(B,s)} \\ =& -\boldsymbol{C}_{\text{eg},k}^{(\boldsymbol{A})}\boldsymbol{C}_{\text{gb},k}^{(\boldsymbol{A})}\boldsymbol{J}_k^{(A)}\boldsymbol{\beta}^{(A)} + \boldsymbol{C}_{\text{eg},k}^{(\boldsymbol{B})}\boldsymbol{C}_{\text{gb},k}^{(\boldsymbol{B})}\boldsymbol{J}_k^{(B)}\boldsymbol{\beta}^{(B)} - \\ &\boldsymbol{C}_{\text{eg},k}^{(\boldsymbol{A})}\boldsymbol{C}_{\text{gb},k}^{(\boldsymbol{A})}\boldsymbol{J}_k^{(A)}\boldsymbol{v}_k^{(A)} + \boldsymbol{C}_{\text{eg},k}^{(\boldsymbol{B})}\boldsymbol{C}_{\text{gb},k}^{(\boldsymbol{B})}\boldsymbol{J}_k^{(B)}\boldsymbol{v}_k^{(B)} \end{aligned} \tag{6-107}$$

令

$$\begin{aligned} \Delta\boldsymbol{Z}_k &= \boldsymbol{C}_{\text{eg},k}^{(\boldsymbol{A})}\boldsymbol{C}_{\text{gb},k}^{(\boldsymbol{A})}\boldsymbol{X}_k^{(A,b)} + \boldsymbol{X}^{(A,s)} - \boldsymbol{C}_{\text{eg},k}^{(\boldsymbol{B})}\boldsymbol{C}_{\text{gb},k}^{(\boldsymbol{B})}\boldsymbol{X}_k^{(B,b)} - \boldsymbol{X}^{(B,s)} \\ &= -\boldsymbol{C}_{\text{eg},k}^{(\boldsymbol{A})}\boldsymbol{C}_{\text{gb},k}^{(\boldsymbol{A})}\boldsymbol{J}_k^{(A)}\boldsymbol{\beta}^{(A)} + \boldsymbol{C}_{\text{eg},k}^{(\boldsymbol{B})}\boldsymbol{C}_{\text{gb},k}^{(\boldsymbol{B})}\boldsymbol{J}_k^{(B)}\boldsymbol{\beta}^{(B)} - \\ &\quad \boldsymbol{C}_{\text{eg},k}^{(\boldsymbol{A})}\boldsymbol{C}_{\text{gb},k}^{(\boldsymbol{A})}\boldsymbol{J}_k^{(A)}\boldsymbol{v}_k^{(A)} + \boldsymbol{C}_{\text{eg},k}^{(\boldsymbol{B})}\boldsymbol{C}_{\text{gb},k}^{(\boldsymbol{B})}\boldsymbol{J}_k^{(B)}\boldsymbol{v}_k^{(B)} \end{aligned} \tag{6-108}$$

构建出关于两部弹载雷达量测系统偏差向量 $\boldsymbol{\beta}^{(i)}$ 的伪量测方程，在 k

时刻,伪量测方程表示为

$$\Delta \boldsymbol{Z}_k = \boldsymbol{H}_k \boldsymbol{\beta}_k + \boldsymbol{H}_k \boldsymbol{v}_k \tag{6-109}$$

$\Delta \boldsymbol{Z}_k$ 为伪量测值,$\boldsymbol{H}_k$ 为观测矩阵,$\boldsymbol{\beta}_k$ 为量测系统偏差向量,$\boldsymbol{v}_k$ 为量测噪声。

式中

$$\boldsymbol{H}_k = [-\boldsymbol{C}_{\mathrm{eg},k}^{(\boldsymbol{A})} \boldsymbol{C}_{\mathrm{gb},k}^{(\boldsymbol{A})} \boldsymbol{J}_k^{(A)} \quad \boldsymbol{C}_{\mathrm{eg},k}^{(\boldsymbol{B})} \boldsymbol{C}_{\mathrm{gb},k}^{(\boldsymbol{B})} \boldsymbol{J}_k^{(B)}]$$

$$\boldsymbol{\beta}_k = \begin{bmatrix} \boldsymbol{\beta}^{(A)} \\ \boldsymbol{\beta}^{(B)} \end{bmatrix} \quad \boldsymbol{v}_k = \begin{bmatrix} \boldsymbol{v}_k^{(A)} \\ \boldsymbol{v}_k^{(B)} \end{bmatrix} \tag{6-110}$$

通过上述推导,建立了基于 ECEF 坐标系空间配准问题的伪量测方程。因为雷达的量测系统偏差为常量,所以量测系统偏差状态转移方程为

$$\boldsymbol{\beta}_{k+1} = \boldsymbol{I}_{6\times 1} \boldsymbol{\beta}_k \tag{6-111}$$

式中,$\boldsymbol{\beta}_k = [\boldsymbol{\beta}^{(A)}, \boldsymbol{\beta}^{(B)}]^{\mathrm{T}}$,$\boldsymbol{\beta}^{(A)} = [\Delta r^{(A)}, \Delta\theta^{(A)}, \Delta \eta^{(A)}]^{\mathrm{T}}$,$\boldsymbol{\beta}^{(B)} = [\Delta r^{(B)}, \Delta\theta^{(B)}, \Delta\eta^{(B)}]^{\mathrm{T}}$。

式(6-111)和式(6-109)为基于伪量测方程的空间配准算法的基本方程,可以通过卡尔曼滤波器估计传感器的量测系统偏差,得到传感器量测系统偏差的估计值 $\hat{\boldsymbol{\beta}}$,基于伪量测的空间配准算法流程如下。

算法 2:基于伪量测的空间配准算法

输入:$\boldsymbol{Z}_k^{(i,b)} \boldsymbol{X}_k^{(i,s)}$,$\boldsymbol{C}_{\mathrm{eg},k}^{(\boldsymbol{i})}$,$\boldsymbol{C}_{\mathrm{gb},k}^{(\boldsymbol{i})}$ $(i = A, B)$;$\hat{\boldsymbol{\beta}}_{k-1|k-1}$,$\boldsymbol{P}_{k-1|k-1}$。

(1) 计算 $\boldsymbol{J}_k^{(i)}$:通过式(6-100)和式(6-101),其中 $\boldsymbol{Z}_k^{(i,b)} = [r_k^{(i,b)}, \theta_k^{(i,b)}, \eta_k^{(i,b)}]^{\mathrm{T}}$;

(2) 计算 $\Delta \boldsymbol{Z}_k$:通过式(6-109),其中 $\boldsymbol{H}_k = [-\boldsymbol{C}_{\mathrm{eg},k}^{(\boldsymbol{A})} \boldsymbol{C}_{\mathrm{gb},k}^{(\boldsymbol{A})} J_k^{(A)} \quad \boldsymbol{C}_{\mathrm{eg},k+}^{(\boldsymbol{B})} \boldsymbol{C}_{\mathrm{gb},k}^{(\boldsymbol{B})} J_k^{(B)}]$;

(3) 卡尔曼滤波:

$$\hat{\boldsymbol{\beta}}_{k|k-1} = \hat{\boldsymbol{\beta}}_{k-1|k-1}$$

$$\boldsymbol{P}_{k|k-1} = \boldsymbol{P}_{k-1|k-1}$$

$$\boldsymbol{K}_k = \boldsymbol{P}_{k|k-1} \boldsymbol{H}_k^{\mathrm{T}} (\boldsymbol{H}_k \boldsymbol{P}_{k|k-1} \boldsymbol{H}_k^{\mathrm{T}} + \boldsymbol{H}_k \Sigma_{\boldsymbol{Z}_k^{(i,b)}} \boldsymbol{H}_k^{\mathrm{T}})^{-1}$$

$$\hat{\boldsymbol{\beta}}_{k|k} = \hat{\boldsymbol{\beta}}_{k|k-1} + \boldsymbol{K}_k (\Delta \boldsymbol{Z}_k - \boldsymbol{H}_k \hat{\boldsymbol{\beta}}_{k|k-1})$$

$$\boldsymbol{P}_{k|k} = (\boldsymbol{I} - \boldsymbol{K}_k \boldsymbol{H}_k) \boldsymbol{P}_{k|k-1}$$

输出:$\hat{\boldsymbol{\beta}}_{k|k}$ 和 $\boldsymbol{P}_{k|k}$。

$\boldsymbol{P}_{k-1|k-1}$ 表示 $\hat{\boldsymbol{\beta}}_{k-1|k-1}$ 的协方差矩阵,描述了 $\hat{\boldsymbol{\beta}}_{k-1|k-1}$ 的准确程度

3) 基于最大似然估计的空间配准算法

最大似然估计是一种批处理方法,基于最大似然估计的空间配准问题

可以归结如下：基于弹载雷达的有偏差量测方程式(6-89)，给定所有弹载雷达 N 次的总量测 $\boldsymbol{Z}_K^{(b)}=\{\boldsymbol{Z}_k^{(b)};\ k=1,\ \cdots,\ N\}$，估计得到所有弹载雷达的量测系统偏差 $\boldsymbol{\beta}$，同时式(6-89)中的目标状态值 $\boldsymbol{X}_k^{(t)}$ 也是未知的，最大似然配准需要联合估计雷达量测系统偏差 $\boldsymbol{\beta}$ 和目标状态值 $\boldsymbol{X}_K^{(t)}=\{\boldsymbol{X}_k^{(t)};\ k=1,\ \cdots,\ N\}$。

已知有 n 部雷达，基于各雷达相互独立的假设，可知噪声序列 $\boldsymbol{v}_k^{(i)}$ 在不同时刻 k 之间相互独立。首先建立联合最大化似然函数 $p(\boldsymbol{Z}_K^{(b)}\mid \boldsymbol{X}_K^{(t)},\boldsymbol{\beta})$，有

$$\begin{aligned}\{\hat{\boldsymbol{X}}_K^{(t)},\ \hat{\boldsymbol{\beta}}\}&=\arg\max_{\boldsymbol{X}_K^{(t)},\ \boldsymbol{\beta}} p(\boldsymbol{Z}_K^{(b)}\mid \boldsymbol{X}_K^{(t)},\ \boldsymbol{\beta})\\&=\arg\max_{\boldsymbol{X}_K^{(t)},\ \boldsymbol{\beta}} p(\boldsymbol{Z}_1^{(b)},\ \boldsymbol{Z}_2^{(b)},\ \cdots,\ \boldsymbol{Z}_N^{(b)}\mid \boldsymbol{X}_K^{(t)},\ \boldsymbol{\beta})\\&=\arg\max_{\boldsymbol{\beta}}\{\prod_{k=1}^{N}\max_{\boldsymbol{X}_k^{(t)}} p(\boldsymbol{Z}_k^{(b)}\mid \boldsymbol{X}_k^{(t)},\ \boldsymbol{\beta})\}\end{aligned}\tag{6-112}$$

可以得到似然函数：

$$\begin{aligned}p(\boldsymbol{Z}_k^{(b)}\mid \boldsymbol{X}_k^{(t)},\ \boldsymbol{\beta})&=p(\boldsymbol{Z}_k^{(1,\ b)},\ \boldsymbol{Z}_k^{(2,\ b)},\ \cdots,\ \boldsymbol{Z}_k^{(n,\ b)}\mid \boldsymbol{X}_k^{(t)},\ \boldsymbol{\beta})\\&=\prod_{i=1}^{n} p(\boldsymbol{Z}_k^{(i,\ b)}\mid \boldsymbol{X}_k^{(t)},\ \boldsymbol{\beta})\\&=K_1\exp\Big[-\frac{1}{2}\sum_{i=1}^{n}(\boldsymbol{Z}_k^{(i,\ b)}-\bar{\boldsymbol{Z}}_k^{(i,\ b)})^{\mathrm{T}}\\&\quad\ \Sigma_{\boldsymbol{Z}_k^{(i,\ b)}}^{-1}(\boldsymbol{Z}_k^{(i,\ b)}-\bar{\boldsymbol{Z}}_k^{(i,\ b)})\Big]\end{aligned}\tag{6-113}$$

式中，$\bar{\boldsymbol{Z}}_k^{(i,\ b)}=h^{(i)}\{g^{(i)}[(\boldsymbol{X}_k^{(t)})']\}+\boldsymbol{\beta}^{(i)}$；$K_1$ 为常数项系数。

基于量测系统偏差 $\boldsymbol{\beta}^{(i)}$ 已知的假设，在 k 时刻将雷达 i 的量测值 $\boldsymbol{Z}_k^{(i,b)}$ 投影到目标状态空间，可以得到

$$\begin{aligned}\boldsymbol{X}_k^{(i,\ t)}&=(g^{(i)})^{-1}[(h^{(i)})^{-1}(\boldsymbol{Z}_k^{(i,\ b)}-\boldsymbol{\beta}^{(i)})]\\&=\boldsymbol{C}_{\mathrm{eg},\ k}^{(i)}\boldsymbol{C}_{\mathrm{gb},\ k}^{(i)}(h^{(i)})^{-1}(\boldsymbol{Z}_k^{(i,\ b)}-\boldsymbol{\beta}^{(i)})+\boldsymbol{X}_k^{(i,\ s)}\qquad i=1,\ 2,\ \cdots,\ n\end{aligned}\tag{6-114}$$

通过式(6-114)可知，$\boldsymbol{X}_k^{(i,\ t)}$ 是高斯随机变量通过非线性系统得到的随机变量。通过求解 $h^{(i)}(\cdot)$ 的泰勒一阶展开，可以得到 $\boldsymbol{X}_k^{(i,\ t)}$ 的协方差的逆为

$$(\Sigma_{\boldsymbol{X}_k^{(i,t)}})^{-1}=(\boldsymbol{H}_k^{(i)})^{\mathrm{T}}(\Sigma_{\boldsymbol{Z}_k^{(i,b)}})^{-1}\boldsymbol{H}_k^{(i)} \tag{6-115}$$

式中，$\boldsymbol{H}_k^{(i)}$ 为 $h^{(i)}(\cdot)$ 对 $\boldsymbol{X}_k^{(t)}$ 的雅可比矩阵。

通过式(6-84)和式(6-88)，可以将 $h^{(i)}(\cdot)$ 表示成复合函数的形式。根据复合函数求导的链式法则计算，可以得到

$$\begin{aligned}
\boldsymbol{H}_k^{(i)}&=\{\nabla_{\boldsymbol{X}_k^{(t)}}[h^{(i)}(\boldsymbol{X}_k^{(i,b)})]\}^{\mathrm{T}}=\{\nabla_{\boldsymbol{X}_k^{(t)}}[h^{(i)}(g^{(i)}(\boldsymbol{X}_k^{(i,b)}))]\}^{\mathrm{T}}\\
&=\{\nabla_{\boldsymbol{X}_k^{(t)}}[h^{(i)}((\boldsymbol{C}_{\mathrm{gb},k}^{(i)})^{\mathrm{T}}(\boldsymbol{C}_{\mathrm{eg},k}^{(i)})^{\mathrm{T}}(\boldsymbol{X}_k^{(t)}-\boldsymbol{X}_k^{(i,s)}))]\}^{\mathrm{T}}\\
&=\begin{bmatrix}
\dfrac{\partial h_1^{(i)}}{\partial x_k^{(i,b)}} & \dfrac{\partial h_1^{(i)}}{\partial y_k^{(i,b)}} & \dfrac{\partial h_1^{(i)}}{\partial z_k^{(i,b)}}\\
\dfrac{\partial h_2^{(i)}}{\partial x_k^{(i,b)}} & \dfrac{\partial h_2^{(i)}}{\partial y_k^{(i,b)}} & \dfrac{\partial h_2^{(i)}}{\partial z_k^{(i,b)}}\\
\dfrac{\partial h_3^{(i)}}{\partial x_k^{(i,b)}} & \dfrac{\partial h_3^{(i)}}{\partial y_k^{(i,b)}} & \dfrac{\partial h_3^{(i)}}{\partial z_k^{(i,b)}}
\end{bmatrix}\cdot
\begin{bmatrix}
\dfrac{\partial g_1^{(i)}}{\partial x_k^{(t)}} & \dfrac{\partial g_1^{(i)}}{\partial y_k^{(t)}} & \dfrac{\partial g_1^{(i)}}{\partial z_k^{(t)}}\\
\dfrac{\partial g_2^{(i)}}{\partial x_k^{(t)}} & \dfrac{\partial g_2^{(i)}}{\partial y_k^{(t)}} & \dfrac{\partial g_2^{(i)}}{\partial z_k^{(t)}}\\
\dfrac{\partial g_3^{(i)}}{\partial x_k^{(t)}} & \dfrac{\partial g_3^{(i)}}{\partial y_k^{(t)}} & \dfrac{\partial g_3^{(i)}}{\partial z_k^{(t)}}
\end{bmatrix}\\
&=\boldsymbol{G}_k^{(i)}\cdot(\boldsymbol{C}_{\mathrm{gb},k}^{(i)})^{\mathrm{T}}(\boldsymbol{C}_{\mathrm{eg},k}^{(i)})^{\mathrm{T}}
\end{aligned} \tag{6-116}$$

式中

$$\boldsymbol{G}_k^{(i)}=\begin{bmatrix}
\dfrac{\partial h_1^{(i)}}{\partial x_k^{(i,b)}} & \dfrac{\partial h_1^{(i)}}{\partial y_k^{(i,b)}} & \dfrac{\partial h_1^{(i)}}{\partial z_k^{(i,b)}}\\
\dfrac{\partial h_2^{(i)}}{\partial x_k^{(i,b)}} & \dfrac{\partial h_2^{(i)}}{\partial y_k^{(i,b)}} & \dfrac{\partial h_2^{(i)}}{\partial z_k^{(i,b)}}\\
\dfrac{\partial h_3^{(i)}}{\partial x_k^{(i,b)}} & \dfrac{\partial h_3^{(i)}}{\partial y_k^{(i,b)}} & \dfrac{\partial h_3^{(i)}}{\partial z_k^{(i,b)}}
\end{bmatrix}$$

$$\begin{cases}
\dfrac{\partial h_1^{(i)}}{\partial x_k^{(i,b)}}=\dfrac{x_k^{(i,b)}}{\sqrt{(x_k^{(i,b)})^2+(y_k^{(i,b)})^2+(z_k^{(i,b)})^2}}\\
\dfrac{\partial h_1^{(i)}}{\partial y_k^{(i,b)}}=\dfrac{y_k^{(i,b)}}{\sqrt{(x_k^{(i,b)})^2+(y_k^{(i,b)})^2+(z_k^{(i,b)})^2}}\\
\dfrac{\partial h_1^{(i)}}{\partial z_k^{(i,b)}}=\dfrac{z_k^{(i,b)}}{\sqrt{(x_k^{(i,b)})^2+(y_k^{(i,b)})^2+(z_k^{(i,b)})^2}}
\end{cases}$$

$$\begin{cases}\dfrac{\partial h_2^{(i)}}{\partial x_k^{(i,b)}}=\dfrac{-z_k^{(i,b)}}{(x_k^{(i,b)})^2+(z_k^{(i,b)})^2}\\[2ex]\dfrac{\partial h_2^{(i)}}{\partial y_k^{(i,b)}}=0\\[2ex]\dfrac{\partial h_2^{(i)}}{\partial z_k^{(i,b)}}=\dfrac{x_k^{(i,b)}}{(x_k^{(i,b)})^2+(z_k^{(i,b)})^2}\end{cases}$$

$$\begin{cases}\dfrac{\partial h_3^{(i)}}{\partial x_k^{(i,b)}}=\dfrac{-x_k^{(i,b)}y_k^{(i,b)}}{[(x_k^{(i,b)})^2+(y_k^{(i,b)})^2+(z_k^{(i,b)})^2]\sqrt{(x_k^{(i,b)})^2+(z_k^{(i,b)})^2}}\\[2ex]\dfrac{\partial h_3^{(i)}}{\partial y_k^{(i,b)}}=\dfrac{\sqrt{(x_k^{(i,b)})^2+(z_k^{(i,b)})^2}}{(x_k^{(i,b)})^2+(y_k^{(i,b)})^2+(z_k^{(i,b)})^2}\\[2ex]\dfrac{\partial h_3^{(i)}}{\partial z_k^{(i,b)}}=\dfrac{-z_k^{(i,b)}y_k^{(i,b)}}{[(x_k^{(i,b)})^2+(y_k^{(i,b)})^2+(z_k^{(i,b)})^2]\sqrt{(x_k^{(i,b)})^2+(z_k^{(i,b)})^2}}\end{cases}\tag{6-117}$$

在 k 时刻,式(6-113)在目标状态空间可以近似表示为

$$\begin{aligned}p(\boldsymbol{Z}_k^{(b)}\mid\boldsymbol{X}_k^{(t)},\boldsymbol{\beta})&\approx\boldsymbol{K}_2\exp\left[-\frac{1}{2}\sum_{i=1}^{n}(\boldsymbol{X}_k^{(t)}-\boldsymbol{X}_k^{(i,t)})^{\mathrm{T}}(\Sigma_{\boldsymbol{X}_k^{(i,t)}})^{-1}(\boldsymbol{X}_k^{(t)}-\boldsymbol{X}_k^{(i,t)})\right]\\&=K_2\exp\Big\{-\frac{1}{2}\Big[(\boldsymbol{X}_k^{(t)})^{\mathrm{T}}\Big(\sum_{i=1}^{n}(\Sigma_{\boldsymbol{X}_k^{(i,t)}})^{-1}\Big)\boldsymbol{X}_k^{(t)}-\\&\quad 2(\boldsymbol{X}_k^{(t)})^{\mathrm{T}}\Big(\sum_{i=1}^{n}(\Sigma_{\boldsymbol{X}_k^{(i,t)}})^{-1}\boldsymbol{X}_k^{(i,t)}\Big)+\\&\quad\Big(\sum_{i=1}^{n}(\boldsymbol{X}_k^{(t)})^{\mathrm{T}}(\Sigma_{\boldsymbol{X}_k^{(i,t)}})^{-1}\boldsymbol{X}_k^{(i,t)}\Big)\Big]\Big\}\end{aligned}\tag{6-118}$$

应用矩阵方程

$$\boldsymbol{X}^{\mathrm{T}}\boldsymbol{A}\boldsymbol{X}-2\boldsymbol{X}^{\mathrm{T}}\boldsymbol{B}+\boldsymbol{B}^{\mathrm{T}}\boldsymbol{A}^{-1}\boldsymbol{B}=(\boldsymbol{X}-\boldsymbol{A}^{-1}\boldsymbol{B})^{\mathrm{T}}\boldsymbol{A}(\boldsymbol{X}-\boldsymbol{A}^{-1}\boldsymbol{B})\tag{6-119}$$

对式(6-118)进行分解[17],可得

$$\begin{aligned}p(\boldsymbol{Z}_k^{(b)}\mid\boldsymbol{X}_k^{(t)},\boldsymbol{\beta})\approx K_2\exp\Big\{&-\frac{1}{2}\sum_{i=1}^{n}(\boldsymbol{X}_k^{(t)}-\hat{\boldsymbol{X}}_k^{(t)})^{\mathrm{T}}\Big[\sum_{i=1}^{n}(\Sigma_{\boldsymbol{X}_k^{(i,t)}})^{-1}\Big](\boldsymbol{X}_k^{(t)}-\hat{\boldsymbol{X}}_k^{(t)})-\\&\frac{1}{2}\Big[\Big(\sum_{i=1}^{n}(\boldsymbol{X}_k^{(i,t)})^{\mathrm{T}}(\Sigma_{\boldsymbol{X}_k^{(i,t)}})^{-1}\boldsymbol{X}_k^{(i,t)}\Big)-\end{aligned}$$

$$\left(\sum_{i=1}^{n}(\Sigma_{\boldsymbol{X}_k^{(i,t)}})^{-1}\boldsymbol{X}_k^{(i,t)}\right)^{\mathrm{T}}\times$$
$$\left(\sum_{i=1}^{n}(\Sigma_{\boldsymbol{X}_k^{(i,t)}})^{-1}\right)^{-1}\left(\sum_{i=1}^{n}(\Sigma_{\boldsymbol{X}_k^{(i,t)}})^{-1}\boldsymbol{X}_k^{(i,t)}\right)\Bigg]\Bigg\} \tag{6-120}$$

当式(6-120)中第一项为零时，$\boldsymbol{X}_k^{(t)}=\hat{\boldsymbol{X}}_k^{(t)}$，似然函数存在最大值，$k$ 时刻目标状态的最大似然估计为

$$\hat{\boldsymbol{X}}_k^{(t)}\underline{\underline{\mathrm{def}}}\left[\sum_{i=1}^{n}(\Sigma_{\boldsymbol{X}_k^{(t)}})^{-1}\right]^{-1}\left[\sum_{i=1}^{n}(\Sigma_{\boldsymbol{X}_k^{(t)}})^{-1}\boldsymbol{X}_k^{(i,t)}\right] \tag{6-121}$$

通过式(6-121)可知，目标状态的估计依赖于未知的量测系统偏差 $\boldsymbol{\beta}$，同样该估计值是对不同雷达 k 时刻量测的融合结果。

将 $\boldsymbol{X}_k^{(t)}=\hat{\boldsymbol{X}}_k^{(t)}$ 代入式(6-120)，可得

$$\begin{aligned}p(\boldsymbol{Z}_k^{(b)}\mid\hat{\boldsymbol{X}}_k^{(t)},\boldsymbol{\beta})&=K\exp\Bigg\{-\frac{1}{2}\Bigg[\left(\sum_{i=1}^{n}(\boldsymbol{X}_k^{(i,t)})^{\mathrm{T}}(\Sigma_{\boldsymbol{X}_k^{(i,t)}})^{-1}\boldsymbol{X}_k^{(i,t)}\right)-\\&\left(\sum_{i=1}^{n}(\Sigma_{\boldsymbol{X}_k^{(i,t)}})^{-1}\boldsymbol{X}_k^{(i,t)}\right)^{\mathrm{T}}\Bigg]\left(\sum_{i=1}^{n}(\Sigma_{\boldsymbol{X}_k^{(i,t)}})^{-1}\right)^{-1}\left(\sum_{i=1}^{n}(\Sigma_{\boldsymbol{X}_k^{(i,t)}})^{-1}\boldsymbol{X}_k^{(i,t)}\right)\Bigg\}\\&=K\exp\left[-\frac{1}{2}(\boldsymbol{X}_k^{(N)})^{\mathrm{T}}(\Sigma_k^{(t)})^{-1}\boldsymbol{X}_k^{(N)}\right]\end{aligned} \tag{6-122}$$

式中，$\boldsymbol{X}_k^{(N)}=[(\boldsymbol{X}_k^{(1,t)})^{\mathrm{T}},(\boldsymbol{X}_k^{(2,t)})^{\mathrm{T}},\cdots,(\boldsymbol{X}_k^{(n,t)})^{\mathrm{T}}]^{\mathrm{T}}$，归一化常量 $K=\dfrac{1}{|2\pi\,\Sigma_k^{(t)}|^{\frac{1}{2}}}$。

同时可得

$$\begin{aligned}(\boldsymbol{\Sigma}_k^{(t)})^{-1}=&\ \mathrm{blkdiag}[(\Sigma_{\boldsymbol{X}_k^{(1,t)}})^{-1},(\Sigma_{\boldsymbol{X}_k^{(2,t)}})^{-1},\cdots,(\Sigma_{\boldsymbol{X}_k^{(n,t)}})^{-1}]-\\&\left\{(\Sigma_{\boldsymbol{X}_k^{(i,t)}})^{-1}\left[\sum_{m=1}^{n}(\Sigma_{\boldsymbol{X}_k^{(m,t)}})^{-1}\right]^{-1}(\Sigma_{\boldsymbol{X}_k^{(j,t)}})^{-1}\right\}_{ij}\end{aligned} \tag{6-123}$$

式中，$\{\bullet\}_{ij}$ 表示尺寸为 $m\times m$ 的子矩阵所在位置为 (ij)，i，$j=1$，2，$\cdots$，n。

为了得到量测系统偏差 $\boldsymbol{\beta}$ 的估计值，考虑式(6-114)在 $\boldsymbol{X}_k^{(i,t)}$ 和 $\boldsymbol{\beta}^{(i)}$ 方向的微小扰动，在 $(\boldsymbol{X}_k^{(i,t)})'$ 和 $(\boldsymbol{\beta}^{(i)})'$ 附近进行线性化近似，可以得到

$$\boldsymbol{X}_k^{(i,t)}\approx(\boldsymbol{X}_k^{(i,t)})'+(\boldsymbol{H}_k^{(i)})^{-\mathrm{L}}[(\boldsymbol{\beta}^{(i)})'-\boldsymbol{\beta}^{(i)}] \tag{6-124}$$

式中，雅可比矩阵 $\boldsymbol{H}_k^{(i)}$ 由式(6-116)定义；上标 $-\mathrm{L}$ 表示左逆。

已知 $\boldsymbol{X}_k^{(N)}=[(\boldsymbol{X}_k^{(1,t)})^{\mathrm{T}},(\boldsymbol{X}_k^{(2,t)})^{\mathrm{T}},\cdots,(\boldsymbol{X}_k^{(n,t)})^{\mathrm{T}}]^{\mathrm{T}}$，从而有

$$\boldsymbol{X}_k^{(N)}=\begin{bmatrix}(\boldsymbol{X}_k^{(1,t)})'\\(\boldsymbol{X}_k^{(2,t)})'\\\vdots\\(\boldsymbol{X}_k^{(n,t)})'\end{bmatrix}+\begin{bmatrix}(\boldsymbol{H}_k^{(1)})^{-\mathrm{L}}(\boldsymbol{\beta}^{(1)})'\\(\boldsymbol{H}_k^{(2)})^{-\mathrm{L}}(\boldsymbol{\beta}^{(2)})'\\\vdots\\(\boldsymbol{H}_k^{(n)})^{-\mathrm{L}}(\boldsymbol{\beta}^{(n)})'\end{bmatrix}-\begin{bmatrix}(\boldsymbol{H}_k^{(1)})^{-\mathrm{L}}\boldsymbol{\beta}^{(1)}\\(\boldsymbol{H}_k^{(2)})^{-\mathrm{L}}\boldsymbol{\beta}^{(2)}\\\vdots\\(\boldsymbol{H}_k^{(n)})^{-\mathrm{L}}\boldsymbol{\beta}^{(n)}\end{bmatrix} \tag{6-125}$$

令 $\boldsymbol{Q}_k=\mathrm{blkdiag}[(\boldsymbol{H}_k^{(1)})^{-\mathrm{L}},(\boldsymbol{H}_k^{(2)})^{-\mathrm{L}},\cdots,(\boldsymbol{H}_k^{(n)})^{-\mathrm{L}}]$，可以得到

$$\boldsymbol{X}_k^{(N)}\approx(\bar{\boldsymbol{X}}_k^{(n,t)})'-\boldsymbol{Q}_k\boldsymbol{\beta} \tag{6-126}$$

$$(\bar{\boldsymbol{X}}_k^{(n,t)})'=(\boldsymbol{X}_k^{(n,t)})'+\boldsymbol{Q}_k\boldsymbol{\beta}' \tag{6-127}$$

式中，$(\boldsymbol{X}_k^{(n,t)})'=\{[(\boldsymbol{X}_k^{(1,t)})']^{\mathrm{T}},[(\boldsymbol{X}_k^{(2,t)})']^{\mathrm{T}},\cdots,[(\boldsymbol{X}_k^{(n,t)})']^{\mathrm{T}}\}^{\mathrm{T}}$ 为初始的目标状态估计值；$\boldsymbol{\beta}'=\{[(\boldsymbol{\beta}^{(1)})']^{\mathrm{T}},[(\boldsymbol{\beta}^{(2)})']^{\mathrm{T}},\cdots,[(\boldsymbol{\beta}^{(n)})']^{\mathrm{T}}\}^{\mathrm{T}}$ 为初始的量测系统偏差估计值。

估计量测系统偏差 $\boldsymbol{\beta}$ 使得似然函数式(6-112)达到最大值，等价于估计量测系统偏差 $\boldsymbol{\beta}$ 使得式(6-118)的积达到最大，即

$$\hat{\boldsymbol{\beta}}=\underset{\boldsymbol{\beta}}{\mathrm{argmax}}\,p(\boldsymbol{Z}_K^{(b)}\mid\hat{\boldsymbol{X}}_K^{(t)},\boldsymbol{\beta})=\underset{\boldsymbol{\beta}}{\mathrm{argmax}}\,p(\boldsymbol{Z}_1^{(b)},\boldsymbol{Z}_2^{(b)},\cdots,\boldsymbol{Z}_N^{(b)}\mid\hat{\boldsymbol{X}}_K^{(t)},\boldsymbol{\beta}) \tag{6-128}$$

通过式(6-122)、式(6-126)和式(6-128)，结合矩阵运算式(6-119)和各传感器噪声间的独立性假设，可得

$$p(\boldsymbol{Z}_K^{(b)}\mid\hat{\boldsymbol{X}}_K^{(t)},\boldsymbol{\beta})=\prod_{k=1}^{N}K\exp\left[-\frac{1}{2}(\boldsymbol{X}_k^{(N)})^{\mathrm{T}}(\boldsymbol{\Sigma}_k^{(t)})^{-1}\boldsymbol{X}_k^{(N)}\right] \tag{6-129}$$

将式(6-129)写为与式(6-120)相同的形式，可得

$$p(\boldsymbol{Z}_K^{(b)}\mid\hat{\boldsymbol{X}}_K^{(t)},\boldsymbol{\beta})=\bar{K}\exp\left\{-\frac{1}{2}\left[(\beta-\hat{\boldsymbol{\beta}})^{\mathrm{T}}\left(\sum_{k=1}^{N}\boldsymbol{Q}_k^{\mathrm{T}}(\boldsymbol{\Sigma}_k^{(t)})^{-1}\boldsymbol{Q}_k\right)(\boldsymbol{\beta}-\hat{\boldsymbol{\beta}})+C\right]\right\} \tag{6-130}$$

式中，C 是与量测系统偏差 $\boldsymbol{\beta}$ 无关的常量；$\bar{K}$ 为归一化常量。

因此，量测系统偏差 $\boldsymbol{\beta}$ 的最大似然估计为

$$\hat{\boldsymbol{\beta}}=\left[\sum_{k=1}^{N}\boldsymbol{Q}_k^{\mathrm{T}}(\boldsymbol{\Sigma}_k^{(t)})^{-1}\boldsymbol{Q}_k\right]^{-1}\left[\sum_{k=1}^{N}\boldsymbol{Q}_k^{\mathrm{T}}(\boldsymbol{\Sigma}_k^{(t)})^{-1}(\bar{\boldsymbol{X}}_k^{(n,t)})'\right] \tag{6-131}$$

由上述推导可知，基于最大似然估计的空间配准算法流程如下。

算法 3：基于最大似然估计的空间配准算法

输入：$\boldsymbol{Z}_k^{(i,b)}\boldsymbol{X}_k^{(i,s)}$，$\boldsymbol{C}_{\mathrm{eg},k}^{(i)}$，$\boldsymbol{C}_{\mathrm{gb},k}^{(i)}(i=A, B)$。

(1) 初始化 $\hat{\boldsymbol{\beta}}'=\{[(\boldsymbol{\beta}^{(1)})']^{\mathrm{T}}, [(\boldsymbol{\beta}^{(2)})']^{\mathrm{T}}, \cdots, [(\boldsymbol{\beta}^{(n)})']^{\mathrm{T}}\}^{\mathrm{T}}=0_{3n\times1}$。

(2) **for** $k=1:N$。

计算 $(\boldsymbol{X}_k^{(i,t)})'$：通过式(6-114)，其中 $\boldsymbol{\beta}^{(i)}=(\hat{\boldsymbol{\beta}}^{(i)})'$，$(\boldsymbol{X}_k^{(n,t)})'=\{[(\boldsymbol{X}_k^{(1,t)})']^{\mathrm{T}}, [(\boldsymbol{X}_k^{(2,t)})']^{\mathrm{T}}, \cdots, [(\boldsymbol{X}_k^{(n,t)})']^{\mathrm{T}}\}^{\mathrm{T}}$。

计算 $\boldsymbol{H}_k^{(i)}$：通过式(6-116)，其中 $\boldsymbol{Q}_k=\mathrm{blkdiag}[(\boldsymbol{H}_k^{(1)})^{-\mathrm{L}}, (\boldsymbol{H}_k^{(2)})^{-\mathrm{L}}, \cdots, (\boldsymbol{H}_k^{(n)})^{-\mathrm{L}}]$。

计算 $(\bar{\boldsymbol{X}}_k^{(n,t)})'$：通过式(6-127)，其中 $\boldsymbol{\beta}'=\hat{\boldsymbol{\beta}}'$。

end

(3) 计算 $\hat{\boldsymbol{\beta}}$：通过式(6-131)和式(6-123)。

(4) **if** $\|\hat{\boldsymbol{\beta}}-\hat{\boldsymbol{\beta}}'\|\leqslant\varepsilon$ ($\|\cdot\|$ 和 ε 分别为矩阵二范数和收敛阈值)。

计算 $\hat{\boldsymbol{X}}_k^{(t)}$：通过式(6-126)和式(6-121)。

else

$\hat{\boldsymbol{\beta}}'=\hat{\boldsymbol{\beta}}$，返回(2)。

end

输出：$\hat{\boldsymbol{\beta}}$，$\hat{\boldsymbol{X}}_k^{(t)}$。

6.4 仿真分析

选择基于 ECEF 坐标系的伪量测方程空间配准算法和最大似然估计空间配准算法进行仿真分析。仿真条件如下：考虑两个导弹(导弹 1 和导弹 2)和一个目标，认为两个导弹绕着自身 X_{b} 轴旋转前进。

已知目标的初始位置为经度 26°、纬度 78.1°、高度 6 km，导弹 1 的初始位置为经度 26°、纬度 78°、高度 8 km，导弹 2 的初始位置为经度 26°、纬度 78.3°、高度 4 km。目标做匀速直线运动，速度为 (0 m/s，180 m/s，0 m/s)；导弹 1 和导弹 2 先做匀速直线运动，之后做匀速转弯运动，运动速度分别为 (0 m/s，200 m/s，−20 m/s) 和 (0 m/s，200 m/s，20 m/s)，转弯角速度分别为 0.5°/s 和 −0.5°/s。地球模型是世界测地系统于 1984 年参考的椭圆，其地球赤道半径为 6 378.137 km，地球偏心率 $e=0.006\,7$。

目标和两个导弹在大地坐标系(经纬高坐标系)下的运动轨迹如图 6-10 所示。

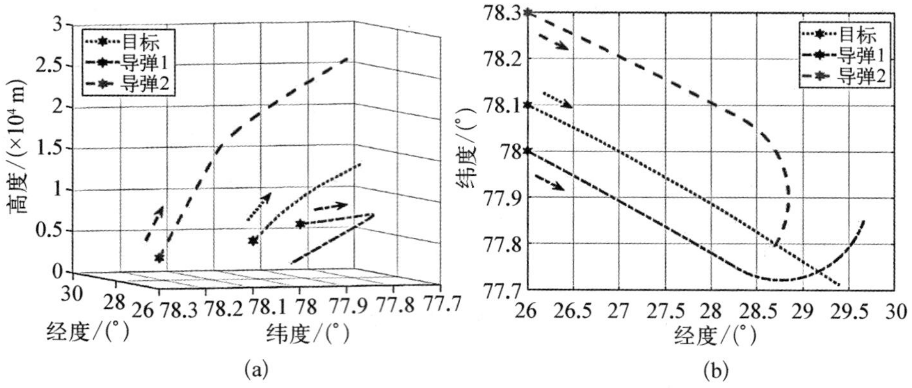

图 6-10　导弹和目标的运动轨迹示意图

(a) 三维平面示意图;(b) 经度-纬度平面示意图

假设导弹 1 弹载雷达的量测系统偏差为距离 1 000 m、方位角 0.5°、高低角 1°,导弹 2 弹载雷达的量测系统偏差为距离 500 m、方位角 1.5°、高低角 2°。两部弹载雷达的量测噪声方差均为 $\Sigma_{Z_{bi}}=\mathrm{diag}(\sigma_r^2,\ \sigma_\theta^2,\ \sigma_\eta^2)$ 的高斯白噪声,其中 $\sigma_r=50$ m、$\sigma_\theta=0.05°$、$\sigma_\eta=0.05°$。假设仿真时间为 500 s,采样周期为 0.1 s。

1) 基于伪量测方程的空间配准算法

基于伪量测方程的空间配准算法是实时处理算法,可以在每个时刻得到传感器量测系统偏差的估计值,图 6-11 所示为通过卡尔曼滤波器对传感器量测系统偏差的估计结果。通过图 6-11 可以看出,基于建立的量测系统偏差状态方程和伪量测方程,卡尔曼滤波器可以对传感器量测系统偏差进行有效估计。

通过之前的分析我们知道,基于伪量测方程的空间配准建立的仅仅是传感器量测系统偏差的状态方程和伪量测方程,只可以通过卡尔曼滤波器估计出传感器的量测系统偏差,并不能同时得到目标状态的估计结果,因此需要将估计出来的量测系统偏差值进行补偿,得到修正之后各传感器对目标的补偿后量测数据,之后再使用补偿后的量测值,通过目标跟踪系统对目标状态进行有效估计,具体算法流程如图 6-12 所示。因为弹载雷达对目标的量测是非线性的,因此我们选用 UKF 作为目标跟踪系统。

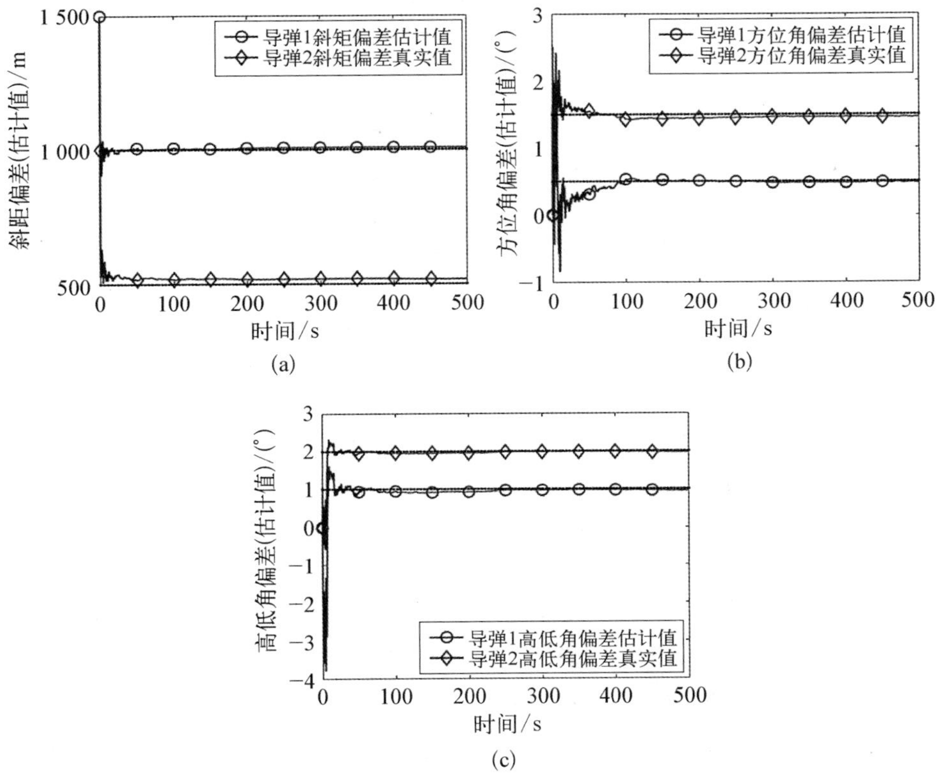

图 6-11 弹载传感器基于伪量测方程的量测配准误差估计结果

(a) 斜距偏差;(b) 方位角偏差;(c) 高低角偏差

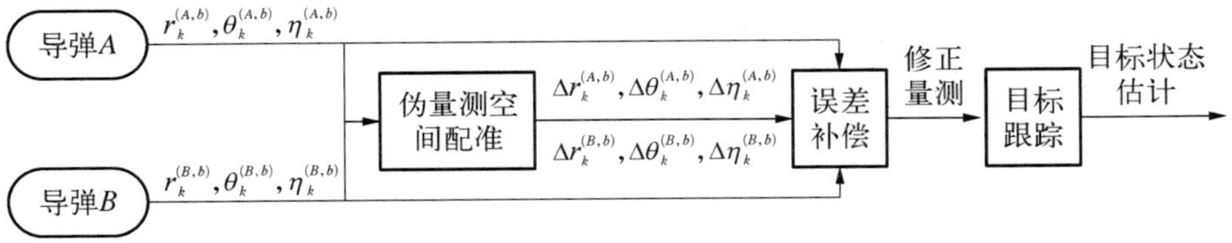

图 6-12 量测系统偏差补偿修正目标跟踪算法流程

图 6-13 所示为通过伪量测在线估计和补偿传感器量测系统偏差后，通过 UKF 方法得到的两部弹载雷达对目标状态的估计结果。由图 6-13 可以看出，传感器量测系统偏差的存在严重影响了多传感器目标跟踪系统的跟踪性能，因此在多传感器系统融合处理前，对传感器量测系统偏差进行有效的估计和补偿是十分重要的。

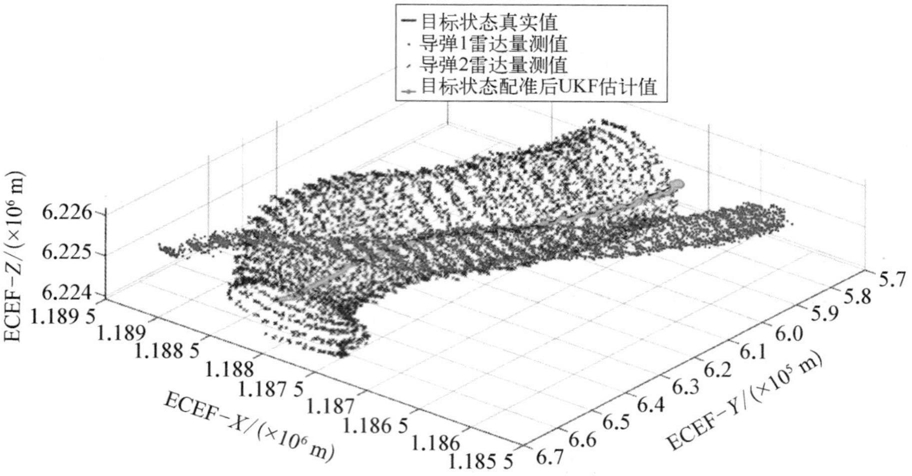

图 6-13 传感器量测及伪量测配准补偿后 UKF 目标跟踪结果

2）基于最大似然估计的空间配准算法

最大似然估计空间配准算法是批处理算法，在估计传感器量测系统偏差的同时可以给出配准后的目标状态估计值，可以通过图 6-14 来说明它对传感器量测系统偏差的估计性能。

图 6-14 所示是最大似然估计空间配准算法对导弹 1 弹载雷达和导弹 2 弹载雷达的偏差估计结果，其中实线为量测系统偏差的估计值，虚线为真实的量测系统偏差。通过结果可以看出，最大似然估计空间配准算法对两个传感器的量测系统偏差都可以进行有效估计，并且经过 3～4 步递归可实现算法的收敛。因此，最大似然估计空间配准算法对各个传感器的量测系统偏差具有良好的估计效果。

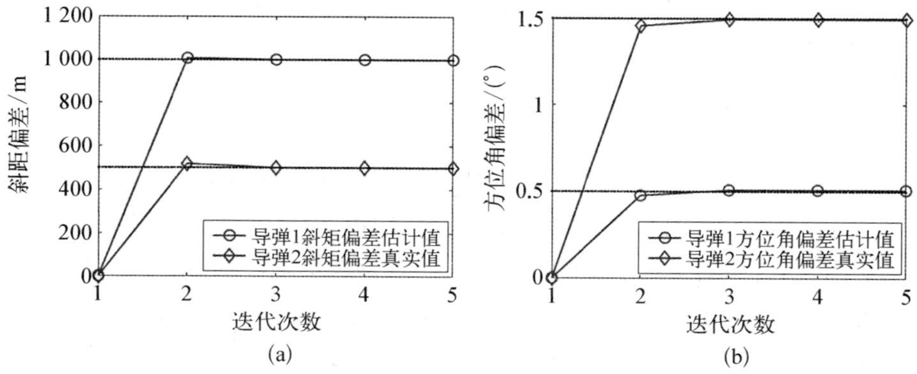

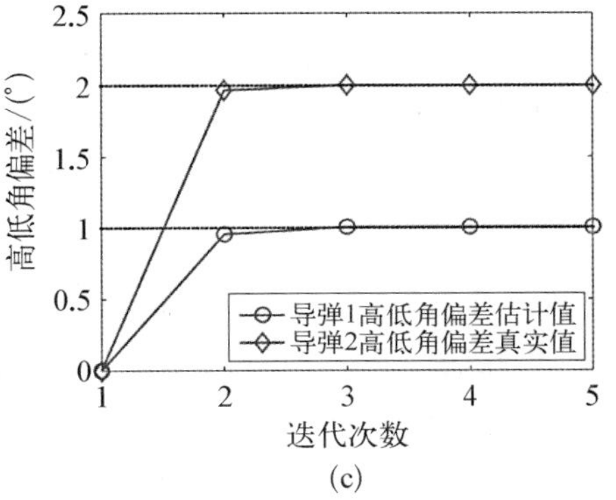

图 6-14 弹载传感器基于最大似然估计的量测系统偏差迭代估计结果

(a) 斜距偏差;(b) 方位角偏差;(c) 高低角偏差

图 6-15 所示为最大似然估计空间配准算法配准结果。通过图 6-15 可以看出,配准之后得到的目标状态估计值有效消除了传感器的量测系统偏差和移动平台(导弹)姿态角变化的影响,具有良好的配准效果。

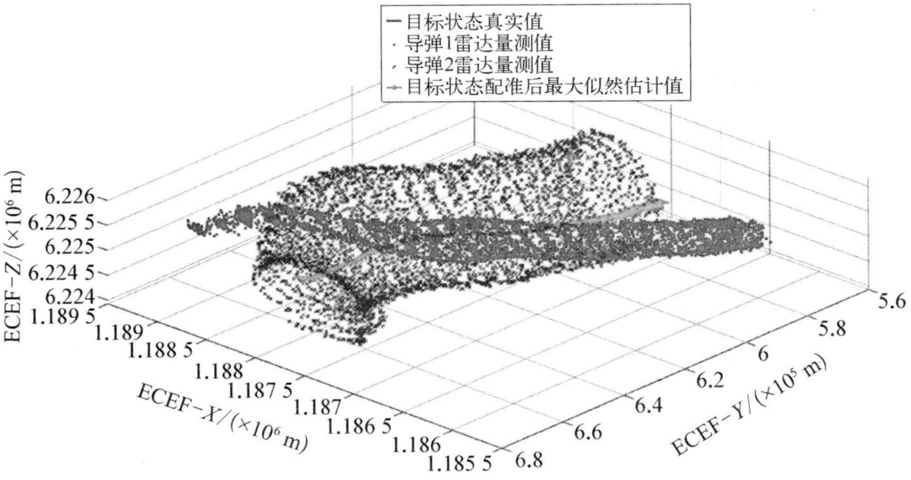

图 6-15 传感器量测及最大似然空间配准后目标状态结果

6.5 本章小结

量测数据预处理技术是多传感器系统信息融合过程中一个重要的技

术环节,有效的量测数据预处理方法可以减少计算量和提高目标的跟踪精度,对多传感器系统整体性能的提高将会有很大的帮助,起到事半功倍的效果。本章针对多传感器目标跟踪系统对空中目标跟踪传感器的时空配准问题,对主要的时间配准方法和空间配准方法进行分析和讨论,给出了相应的解决方法。

首先,介绍了时间配准方法,包括内插外推法、最小二乘法和拉格朗日三点插值法的时间配准方法。其次,针对空间配准问题,在介绍常用的坐标系的基础上,给出了不同坐标系之间的转换关系。最后,概述了基本的二维空间配准方法,针对地心地固坐标系的多弹系统空间配准问题,分别介绍了基于伪量测方程和最大似然估计的空间配准算法。基于伪量测方程的空间配准算法作为一种实时递归算法,对传感器的量测系统偏差进行有效估计,通过补偿量测系统偏差,可以消除传感器固定量测系统偏差的影响。基于最大似然估计的空间配准算法是一种离线批处理算法,估计精度较高,可以对多传感器量测系统偏差和目标状态进行联合估计,以此解决多传感器目标跟踪系统的空间配准问题。

6.6 思考与讨论

6-1 简要阐述拉格朗日三点插值时间配准算法的不足之处。

6-2 请自行推导 LNUE 坐标系与 ECEF 坐标系以及弹体坐标系与 LNUE 坐标系之间的转换矩阵。

6-3 常用的传感器平台除去本书介绍的导弹外,还有飞机、舰船等,传感器平台载体不同,对应的自身本体坐标系定义也不同,请简要阐述弹体坐标系、机体坐标系和舰体坐标系的区别。

参考文献

[1] 韩崇昭,朱洪艳,段战胜. 多源信息融合[M]. 2 版. 北京: 清华大学出版社,2010.

[2] 何友,修建娟,关欣. 雷达数据处理及应用[M]. 3 版. 北京: 电子工业出版社,2013.

[3] 周宏仁,敬忠良,王培德.机动目标跟踪[M].北京:国防工业出版社,1991.
[4] 衣晓,何友,关欣.一种新的坐标变换方法[J].武汉大学学报(信息科学版),2006,31(3):237-239.
[5] 邓志东,孙增圻.一种对成片连续野值不敏感的鲁棒 Kalman 滤波[J].清华大学学报(自然科学版),1994,34(1):54-61.
[6] 胡峰,孙国基.Kalman 滤波的抗野值修正[J].自动化学报,1999,25(5):692-696.
[7] You H, Wang G, Xiu J, et al. Redundant data compression and location accuracy analysis in T/R-Rbistatic radar system[C]// Proceedings of International Conference on Signal Processing (ICSP), Beijing, 2000: 1951-1955.
[8] 修建娟,何友,王国宏,等.关于双基地雷达冗余数据压缩煌一个定理[C]//第七届全国雷达学术年会,中国电子学会无线电定位技术分会,南京,1999:425-429.
[9] 王宝树,李芳社.基于数据融合技术的多目标跟踪算法研究[J].西安电子科技大学学报(自然科学版),1998,25(3):269-272.
[10] Blair W D, Rice T R, Alouani A T, et al. Asynchronous data fusion for target tracking with a multitasking radar and optical sensor[C]// Proceedings of the SPIE, Orlando, 1991: 234-245.
[11] Burke J J. The SAGE real quality control fraction and its interface with BUIC Ⅱ / BUIC Ⅲ[R]. San Francisco: MITRE Corp, 1996: 308.
[12] Leung H, Blanchette M, Harrison C. A least squares fusion of multiple radar data[C]// Proceedings of RADAR, Pairs, 1994: 364-369.
[13] Bar-Shalom Y. Multitarget-multisensor tracking: advanced applications [M]. Boston: Artech House, 1990.
[14] 赵宗贵,熊朝华,王珂,等.信息融合概念、方法与应用[M].北京:国防工业出版社,2012.
[15] Zhou Y F, Leung H, Yip P C. An exact maximum likelihood

registration algorithm for data fusion[J]. IEEE Transactions on Signal Processing, 1997, 45(6): 1560 - 1560.
[16] 董云龙,徐俊艳,何友,等. 一种修正的精确极大似然误差配准算法[J]. 哈尔滨工业大学学报,2006,38(3): 479 - 483.
[17] Okello N, Ristic B. Maximum likelihood registration for multiple dissimilar sensors [J]. IEEE Transactions on Aerospace & Electronic Systems, 2003, 39(3): 1074 - 1083.

第 7 章
多传感器估计融合方法

知识提纲

本章学习内容：

(1) 学习基于集中式的估计融合方法，包括集中式扩维估计融合和序贯估计融合。

(2) 学习联邦滤波方法，掌握各子滤波器估计相关/不相关时的融合方法。

(3) 学习基本一致性估计理论，掌握三种分布式一致性滤波算法。

知识导图

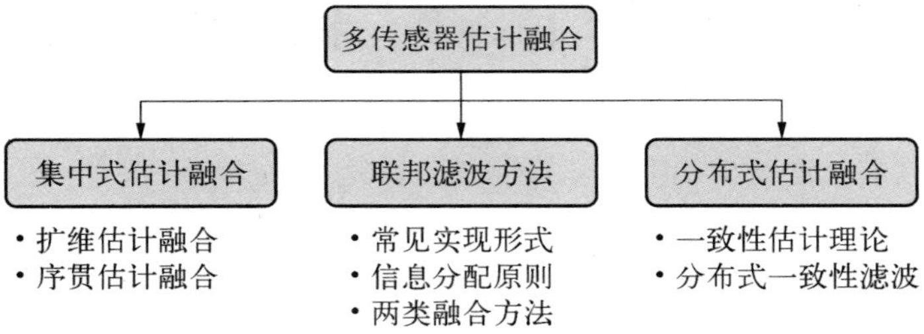

7.1 引言

目标跟踪需要对来自目标的量测值进行处理，以便保持对目标状态的实时估计[1]。在目前的技术条件下，虽然雷达、红外、可见光等探测手段已取得长足的进步，但由于传感器自身工艺、设计原理以及探测环境等客观条件的影响，单一传感器仍存在自身的局限性，不仅表现在量测信息往往包含大量的随机噪声，还表现在极易出现丢失目标等情形。因而，现代探测环境下愈发强调多传感器协同探测的重要性，这一过程离不开多传感器数据融合。

何为“多”？多传感器不仅表示多个传感器，同时暗含多种类型的传感器这一意味。多传感器数据融合旨在克服单一传感器的局限性，并基于多传感器信息，产生准确、稳定和可靠的现实状态估计[2]。这一技术不仅可以增强量测信息的置信度和可靠性，还可以扩展所探测时空间的覆盖面，同时减少数据缺陷[3]。在机动目标跟踪这一应用中，对多个传感器的探测维度、探测范围、探测精度等进行管理，能够形成多层次、多维度、大范围的探测效果。在此基础上，通过运用合适的跟踪技术，能够实现对空中机动目标更精确、更全面的估计。

按照融合系统中数据的抽象层次，可以将多传感器数据融合划分为数据级融合、特征级融合、决策级融合三个层次[4]。数据级融合直接面向传感器的量测端，由于处理的数据更贴近底层，因而精度损失较小，融合算法的精度最高。数据级融合的代表是集中式融合结构，有传输信道要求高、抗干扰能力差、对传感器故障较为敏感等特点。特征级融合属于融合的中间层次，每个传感器首先利用自身的量测信息和跟踪滤波算法获取目标的特征，通常使用特征向量的形式进行记录。在融合中心直接处理的是传感器提供的特征向量而非直接的观测。特征向量的引入使得通信量减少，并且由于传感器进行了一部分的特征信息计算工作，因此融合中心计算负荷减小。此外，统一的特征向量表示形式也给异类传感器的融合提供了支持，更符合现代探测系统的搭建要求。但由于在状态估计算法处理的同时有一定的精度损失，因而与数据级融合相比，特征级融合性能有所降低。分布式目标跟踪是特征级融合在目标跟踪中的典型应用，也是目前应用最广的融合结构（见图7-1）。决策级融合首先由传感器对目标进行决策，此后融合中心对局部决策进行融合。由于在局部决策时使用了模糊理论、专家推断系统等多种决策方法，因此与直接使用量测相比有较大的精度损失。但是决策级融合花费最少的通信量和计算量能对最大化的传感器系统提供支持，因而随着多传感器系统的日渐发展，决策级融合有良好的应用前景。

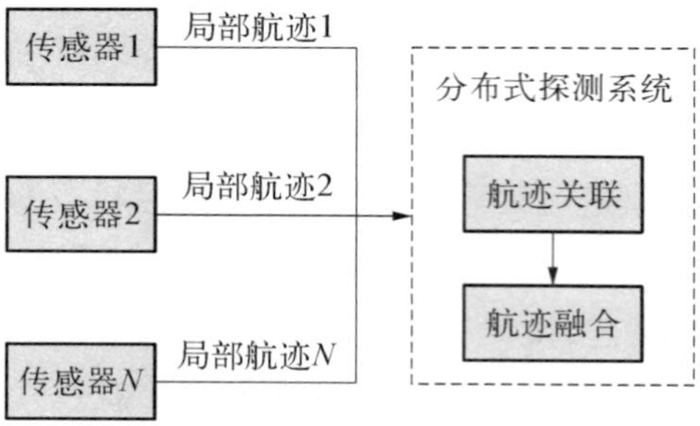

图7-1　分布式目标跟踪融合系统结构

目前，基于多传感器数据融合的目标跟踪相关研究集中于融合结构设计、滤波方法研究、非理想条件下的融合和多目标跟踪等几大类[5-12]。融合结构方面，以集中式融合与分布式融合两类结构为代表，研究重点在于如何提高系统鲁棒性和实时性[5-6]。滤波方法方面，根据系统方程与滤波器数量的不同，两大研究分支为非线性滤波方法与一致性滤波方法[7-9]。上述研究中，往往假设传感器处于理想状态，并不适用于实际情况。考虑到实际应用环境所带来的各种非理想条件，已有研究针对时延、丢包、通信拓扑改变等问题设计了多传感器目标跟踪算法[10-12]，但仍存在其他问题亟待解决，这些问题吸引了广泛关注。近年来，相关领域涌现出了大量研究成果。在集中式融合领域，文献[13]设计了基于高斯-埃尔米特(Gauss-Hermite)逼近的多传感器非线性加权观测融合算法；在分布式融合领域，考虑各种非理想条件成为研究主流，如带时间相关乘性噪声的多传感器分布式融合估计算法[14]，带有未知通信干扰、观测丢失和乘性噪声不确定性的多传感器网络化系统的分布式状态估计[15]，具有信息传输模型不确定性、随机时间延迟和数据丢包的网络化多传感器分布式融合估计方法[16]；此外，联邦滤波在导航领域中得到了广泛应用，如文献[17]提出了一种基于向量信息分配的容错联邦滤波算法，文献[18]提出了一种基于马氏距离的自适应联邦滤波算法。

本章将以融合结构为主线，主要介绍基于集中式的估计融合、联邦滤波方法和基于分布式的估计融合。需要说明的是，多传感器数据融合是一个非常宽泛的概念，包含多传感器数据预处理、传感器管理、异类传感器融合、图像融合等诸多方面的内容。本章仅介绍与空中目标跟踪直接相关的内容。

7.2 集中式多传感器估计融合方法

7.2.1 方法概述

在集中式融合结构下，融合中心可以得到所有传感器传送来的原始数据，数据量最大、最完整，所以往往可以提供最优的融合性能。集中式信息融合主要有三种处理算法[7]。

(1) 扩维滤波算法。这种算法在数据预处理后，各测量数据不再以单个矩阵的方式出现，而是被视为一个统一的观测序列，并合成一个观测矩阵，利用这个新矩阵进行滤波。这个算法利用增加滤波器量测矢量的维数进行滤波处理，同时不可避免地引入了高阶矩阵运算，使计算量增加。

(2) 复合量测滤波方法。首先将从不同传感器收集到的量测按设定的准则进行量测复合，再对复合的数据按照一定的算法进行滤波，需要特别注意的是，在量测复合的时候，不同传感器数据的维数必须匹配。然而，对于异类传感器融合而言，其观测矩阵、协方差矩阵都是不同维度的，无法直接复合使用，需要预先处理，算法复杂度较高。

(3) 序贯滤波算法。这种算法是指把各个传感器(如雷达、红外传感器)的量测值看作一个独立的新观测值，以序贯融合的方式进行滤波。与并行滤波相比，序贯融合方法不必对各个观测值进行扩维和合并的预处理，因此计算复杂度大大降低。同时，在序贯方式中，各个传感器对目标的观测和状态更新是相互独立的，所以也不存在传感器之间的观测矩阵、协方差矩阵不同维度的问题，无须预先处理。可见，序贯融合方式在目标跟踪滤波问题中具有不可忽视的优势[19]。

本节主要介绍集中式扩维融合算法和集中式序贯融合算法。

7.2.2　扩维估计融合

在多传感器目标跟踪系统中，假设离散系统的过程状态方程为

$$\boldsymbol{X}_{k+1}=\boldsymbol{F}_k\boldsymbol{X}_k+\boldsymbol{w}_k \tag{7-1}$$

系统共有 L 个传感器，量测方程为

$$\boldsymbol{Z}_k^{(i)}=\boldsymbol{H}_k^{(i)}\boldsymbol{X}_k+\boldsymbol{v}_k^{(i)} \tag{7-2}$$

式中，k 为离散时间；状态 $\boldsymbol{X}_k\in\mathbb{R}^n$ 为系统在 k 时刻的状态向量；$\boldsymbol{Z}_k^{(i)}\in\mathbb{R}^m$ 为第 i 个传感器在 k 时刻的观测值；$\boldsymbol{w}_k\in\mathbb{R}^n$ 为 k 时刻的过程噪声；$\boldsymbol{v}_k^{(i)}\in\mathbb{R}^m$ 为第 i 个传感器在 k 时刻的量测噪声；$\boldsymbol{F}_k$ 是系统的状态转移矩阵；$\boldsymbol{H}_k^{(i)}$ 是第 i 个传感器相应的观测矩阵。i 表示第 i 个传感器，L 表示传感器的个数。$i=1,\ 2,\ \cdots,\ L$ 时，$\boldsymbol{w}_k$ 和 $\boldsymbol{v}_k^{(i)}$ 均是零均值的高斯白噪声，方差分别为 $\boldsymbol{Q}_k\geqslant 0$，$\boldsymbol{R}_k^{(i)}\geqslant 0$，且当 $s\neq t$ 时，$\boldsymbol{w}_s$ 与$\boldsymbol{w}_t$，$\boldsymbol{v}_s^{(i)}$ 与 $\boldsymbol{v}_t^{(i)}$ 相互独立，$\boldsymbol{w}_k$ 与 $\boldsymbol{v}_k^{(i)}$、$\boldsymbol{v}_k^{(j)}$（$i\neq j$）相互独立。

对于该多传感器系统，集中式的融合方法是将式(7－2)的所有观测值集中起来，扩维成一个新的观测方程，再利用滤波算法对系统进行状态估计。因此，扩维后的观测值定义为

$$\boldsymbol{Z}_k=[(\boldsymbol{Z}_k^{(1)})^{\mathrm{T}},\ (\boldsymbol{Z}_k^{(2)})^{\mathrm{T}},\ \cdots,\ (\boldsymbol{Z}_k^{(N)})^{\mathrm{T}}]^{\mathrm{T}} \tag{7-3}$$

$$\boldsymbol{H}_k=[(\boldsymbol{H}_k^{(1)})^{\mathrm{T}},\ (\boldsymbol{H}_k^{(2)})^{\mathrm{T}},\ \cdots,\ (\boldsymbol{H}_k^{(N)})^{\mathrm{T}}]^{\mathrm{T}} \tag{7-4}$$

$$\boldsymbol{R}_k=\mathrm{diag}([\boldsymbol{R}_k^{(1)},\ \boldsymbol{R}_k^{(2)},\ \cdots,\ \boldsymbol{R}_k^{(N)}]) \tag{7-5}$$

多传感器系统集中式扩维融合的状态估计过程可以用以下方程描述。

（1）预测方程：

$$\hat{\boldsymbol{X}}_{k|k-1}=\mathrm{E}[\boldsymbol{X}_k\ |\boldsymbol{Z}_1,\ \boldsymbol{Z}_2,\ \cdots,\ \boldsymbol{Z}_{k-1}] \tag{7-6}$$

$$\hat{\boldsymbol{X}}_{k|k-1}=\boldsymbol{F}_{k-1}\hat{\boldsymbol{X}}_{k-1|k-1} \tag{7-7}$$

$$\boldsymbol{P}_{k|k-1}=\mathrm{E}[(\boldsymbol{X}_k-\hat{\boldsymbol{X}}_{k|k-1})(\boldsymbol{X}_k-\hat{\boldsymbol{X}}_{k|k-1})^{\mathrm{T}}] \tag{7-8}$$

$$\boldsymbol{P}_{k|k-1}=\boldsymbol{F}_{k-1}\boldsymbol{P}_{k-1|k-1}\boldsymbol{F}_{k-1}^{\mathrm{T}}+\boldsymbol{Q}_{k-1} \tag{7-9}$$

（2）更新方程：

$$\hat{\boldsymbol{X}}_{k|k}=\hat{\boldsymbol{X}}_{k|k-1}+\boldsymbol{K}_k(\boldsymbol{Z}_k-\boldsymbol{H}_k\hat{\boldsymbol{X}}_{k|k-1}) \tag{7-10}$$

$$\boldsymbol{P}_{k|k}=(\boldsymbol{I}-\boldsymbol{K}_k\boldsymbol{H}_k)\boldsymbol{P}_{k|k-1} \tag{7-11}$$

式中，I 是合适维数的单位矩阵；卡尔曼增益 $\boldsymbol{K}_k$ 的表达式为

$$\boldsymbol{K}_k=\boldsymbol{P}_{k|k-1}\boldsymbol{H}_k^{\mathrm{T}}(\boldsymbol{H}_k\boldsymbol{P}_{k|k-1}\boldsymbol{H}_k^{\mathrm{T}}+\boldsymbol{R}_k)^{-1} \tag{7-12}$$

如图 7-2 所示，由于传送到融合中心的数据保留了所有的原始信息，所以往往能够获得对系统的最优状态估计性能。该方法简单、直观，然而扩维后的观测方程中矩阵维数变大，而计算量随维数指数增长，给处理器带来很大的计算负担。同时，集中式结构中没有对传感器获得的数据做任何预处理，所以不便于对传感器进行故障检测和隔离，当某一传感器出现故障时，集中式融合的效果很差。

多传感器系统的集中式数据融合算法不对局部传感器采集的原始数据做任何处理，而是直接传送到融合中心。

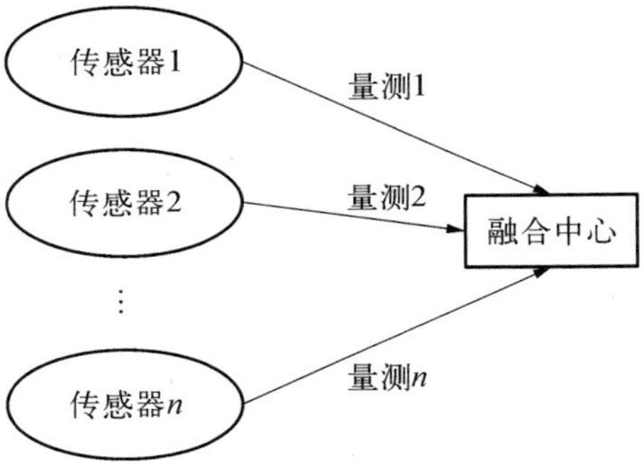

图 7-2 集中式数据融合系统结构

7.2.3 序贯估计融合

序贯融合方法是集中式数据融合的主要算法之一，该算法遵循“先到先处理”的原则，传感器的量测按照时间顺序线性排列，以队列的形式传送给融合中心进行处理，融合中心主要有三种工作方式。

（1）当前时刻没有任何量测时，使用滤波模型计算一步预测值，将时间线向下一个时刻递推。

（2）当前时刻仅有一个量测时，正常使用跟踪滤波算法。

（3）当前时刻有多个量测时，计算模型一步预测值，然后依次使用量测对一步预测的状态估计值及其协方差矩阵进行更新；将更新的输出值作为新的一步预测值，使用下一个量测继续计算更新，重复此过程至处理完所有量测。

以上过程说明，应用序贯融合时需要较快的滤波器更新计算速度，这对融合中心的计算能力提出了较高的要求。序贯滤波的集中式融合算法

与集中式扩维融合算法一致，均能取得最小均方误差意义上的最优估计精度。

在集中式融合结构下，对于式(7-1)和式(7-2)定义的多传感器系统，设融合中心上一时刻的融合结果已知，目标状态向量估计值记为$\hat{\boldsymbol{x}}_{k|k-1}$，对应的误差协方差矩阵为$\boldsymbol{P}_{k-1|k-1}$，在融合时刻$k$计算目标的一步预测值：

$$\hat{\boldsymbol{X}}_{k|k-1}=\boldsymbol{F}_{k-1}\hat{\boldsymbol{X}}_{k-1|k-1} \tag{7-13}$$

$$\boldsymbol{P}_{k|k-1}=\boldsymbol{F}_{k-1}\boldsymbol{P}_{k-1|k-1}\boldsymbol{F}_{k-1}^{\mathrm{T}}+\boldsymbol{Q}_{k-1} \tag{7-14}$$

假设同一时刻的各传感器量测互相独立，融合中心按照传感器的量测顺序对一步预测值进行更新，当前时刻有N个量测等待处理，融合中心首先使用第1个量测更新一步预测值，有

$$(\boldsymbol{P}_{k|k}^{(1)})^{-1}=\boldsymbol{P}_{k|k-1}^{-1}+(\boldsymbol{H}_k^{(1)})^{\mathrm{T}}(\boldsymbol{R}_k^{(1)})^{-1}\boldsymbol{H}_k^{(1)} \tag{7-15}$$

$$\boldsymbol{K}_k^{(1)}=\boldsymbol{P}_{k|k}^{(1)}(\boldsymbol{H}_k^{(1)})^{\mathrm{T}}(\boldsymbol{R}_k^{(1)})^{-1} \tag{7-16}$$

$$\hat{\boldsymbol{X}}_{k|k}^{(1)}=\hat{\boldsymbol{X}}_{k|k-1}+\boldsymbol{K}_k^{(1)}(\boldsymbol{z}_k^{(1)}-\boldsymbol{H}_k^{(1)}\hat{\boldsymbol{X}}_{k|k-1}) \tag{7-17}$$

对于队列中的第i个量测，使用其对新的预测值进行更新，有

$$(\boldsymbol{P}_{k|k}^{(i)})^{-1}=(\boldsymbol{P}_{k|k}^{(i-1)})^{-1}+(\boldsymbol{H}_k^{(i)})^{\mathrm{T}}(\boldsymbol{R}_k^{(i)})^{-1}\boldsymbol{H}_k^{(i)} \tag{7-18}$$

$$\boldsymbol{K}_k^{(i)}=\boldsymbol{P}_{k|k}^{(i)}(\boldsymbol{H}_k^{(i)})^{\mathrm{T}}(\boldsymbol{R}_k^{(i)})^{-1} \tag{7-19}$$

$$\hat{\boldsymbol{X}}_{k|k}^{(i)}=\hat{\boldsymbol{X}}_{k|k}^{(i-1)}+\boldsymbol{K}_k^{(i)}(\boldsymbol{z}_k^{(i)}-\boldsymbol{H}_k^{(i)}\hat{\boldsymbol{X}}_{k|k}^{(i-1)}) \tag{7-20}$$

因此，融合中心的输出为

$$\hat{\boldsymbol{X}}_{k|k}=\hat{\boldsymbol{X}}_{k|k}^{(N)} \tag{7-21}$$

$$\boldsymbol{P}_{k|k}=\boldsymbol{P}_{k|k}^{(N)} \tag{7-22}$$

以雷达和红外多传感器集中式融合为例，介绍序贯滤波流程。

红外/雷达序贯滤波算法基本流程如图7-3所示。

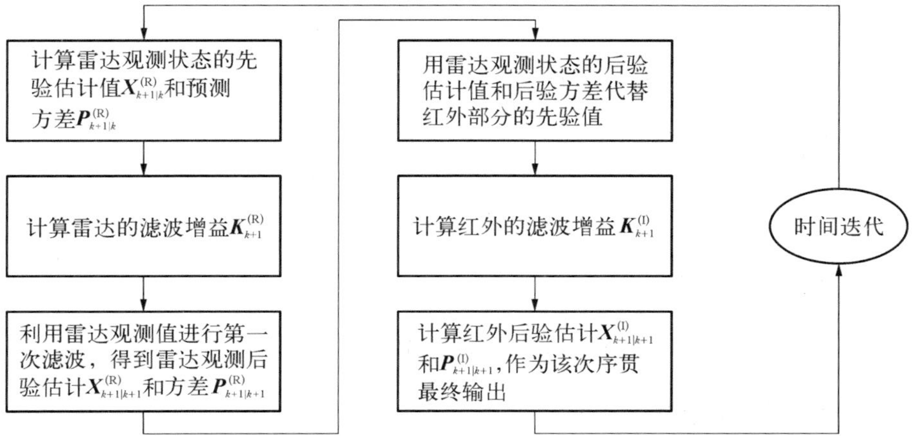

图 7-3 红外/雷达序贯滤波算法流程图

考虑跟踪空中机动目标，使用扩展卡尔曼滤波与 IMM 方法进行滤波跟踪。序贯融合方法将雷达滤波的结果作为红外滤波的输入，以 CV 模型为例，具体流程如下。

1）由 $\boldsymbol{X}_{01}$、$\boldsymbol{P}_{01}$ 分别计算时间更新一步预测

预测

$$\boldsymbol{X}_{k+1|k}^{(\mathrm{R1})}=\boldsymbol{F}_k\boldsymbol{X}_{01} \tag{7-23}$$

$$\boldsymbol{X}_{k+1|k}^{(\mathrm{I1})}=\boldsymbol{F}_k\boldsymbol{X}_{01} \tag{7-24}$$

令

$$\boldsymbol{X}_1=\boldsymbol{X}_{k+1|k}^{(\mathrm{R1})}=\boldsymbol{X}_{k+1|k}^{(\mathrm{I1})} \tag{7-25}$$

式中，$\boldsymbol{F}_k$ 为匀速运动模型的状态转移矩阵；$\boldsymbol{X}_{k+1|k}^{(\mathrm{R1})}$ 为雷达滤波的一步预测；$\boldsymbol{X}_{k+1|k}^{(\mathrm{I1})}$ 为红外滤波的一步预测。

2）滤波更新

（1）**雷达部分**滤波公式。

时间更新

状态预测协方差：

$$\boldsymbol{P}_{k+1|k}^{(\mathrm{R})}=\boldsymbol{F}_k\boldsymbol{P}_{01}\boldsymbol{F}_k^{\mathrm{T}}+\boldsymbol{\eta}_k\times\boldsymbol{Q}_k \tag{7-26}$$

状态更新

新息：

$$\boldsymbol{d}_{k+1}^{(\mathrm{R})}=\boldsymbol{Z}_{k+1}^{(\mathrm{R})}-\boldsymbol{Z}_{k+1|k}^{(\mathrm{R})} \tag{7-27}$$

新息协方差：

$$\boldsymbol{S}_{k+1}=\boldsymbol{H}_{k+1}^{(\mathrm{R})}\boldsymbol{P}_{k+1|k}^{(\mathrm{R})}(\boldsymbol{H}_{k+1}^{(\mathrm{R})})^{\mathrm{T}}+\boldsymbol{R}_{k} \tag{7-28}$$

卡尔曼增益：

$$\boldsymbol{K}_{k+1}^{(\mathrm{R})}=\boldsymbol{P}_{k+1|k}^{(\mathrm{R})}\boldsymbol{H}_{R}^{\mathrm{T}}\boldsymbol{S}_{k+1}^{-1} \tag{7-29}$$

匀速运动模型：

$$\boldsymbol{X}_{k+1|k+1}^{(\mathrm{R1})}=\boldsymbol{X}_{1}+\boldsymbol{K}_{k+1}^{(\mathrm{R})}\boldsymbol{d}_{k+1}^{(\mathrm{R})} \tag{7-30}$$

状态协方差更新：

$$\boldsymbol{P}_{k+1|k+1}^{(\mathrm{R})}=\boldsymbol{P}_{k+1|k}^{(\mathrm{R})}-\boldsymbol{K}_{k+1}^{(\mathrm{R})}\boldsymbol{H}_{R}\boldsymbol{P}_{k+1|k}^{(\mathrm{R})} \tag{7-31}$$

（2）**红外部分**：红外部分以雷达部分的输出作为输入，因此不再进行时间更新。

新息：

$$\boldsymbol{d}_{k+1}^{(\mathrm{I})}=\boldsymbol{Z}_{k+1}^{(\mathrm{I})}-\boldsymbol{Z}_{k+1|k}^{(\mathrm{I})} \tag{7-32}$$

新息协方差：

$$\boldsymbol{S}_{k+1}=\boldsymbol{H}_{k+1}^{(\mathrm{I})}\boldsymbol{P}_{k+1|k}^{(\mathrm{R})}(\boldsymbol{H}_{k+1}^{(\mathrm{I})})^{\mathrm{T}}+\boldsymbol{I}_{k} \tag{7-33}$$

卡尔曼增益：

$$\boldsymbol{K}_{k+1}^{(\mathrm{I})}=\boldsymbol{P}_{k+1|k}^{(\mathrm{R})}\boldsymbol{H}_{I}^{\mathrm{T}}\boldsymbol{S}_{k+1}^{-1} \tag{7-34}$$

状态更新

匀速运动模型(CV)：

$$\boldsymbol{X}_{k+1|k+1}^{(\mathrm{I1})}=\boldsymbol{X}_{k+1|k+1}^{(\mathrm{R1})}+\boldsymbol{K}_{k+1}^{(\mathrm{I})}\boldsymbol{d}_{k+1}^{(\mathrm{I})} \tag{7-35}$$

状态协方差更新：

$$\boldsymbol{P}_{k+1|k+1}^{(\mathrm{I})}=\boldsymbol{P}_{k+1|k+1}^{(\mathrm{R})}-\boldsymbol{K}_{k+1}^{(\mathrm{I})}\boldsymbol{H}_{I}\boldsymbol{P}_{k+1|k+1}^{(\mathrm{R})} \tag{7-36}$$

$\boldsymbol{X}_{k+1|k+1}^{(\mathrm{I1})}$ 即为最后该模型对应的子滤波器滤波结果：

$$\boldsymbol{X}_{k+1|k+1}^{(1)}=\boldsymbol{X}_{k+1|k+1}^{(\mathrm{I1})}\tag{7-37}$$

3）将所得结果进行输出交互

通过以上过程得到各模型对应的子滤波器的滤波结果，设各模型概率为 μ_1，μ_2，…，因此，最后的滤波结果为

$$\boldsymbol{X}_{k+1|k+1}=\mu_1\times\boldsymbol{X}_{k+1|k+1}^{(1)}+\mu_2\times\boldsymbol{X}_{k+1|k+1}^{(2)}+\cdots\tag{7-38}$$

7.2.4　仿真分析

在仿真中，以机动目标跟踪为背景，目标在二维平面内运动，系统变量 $\boldsymbol{X}=[x\quad \dot{x}\quad \ddot{x}\quad y\quad \dot{y}\quad \ddot{y}]^{\mathrm{T}}$ 表示运动目标的位置、速度和加速度。目标初始位置为[0，0]，做变加速转弯运动。过程噪声 $\boldsymbol{w}(t)$ 为方差 $q=1$ 的高斯白噪声，取 $T=0.1\ \mathrm{s}$。传感器个数 $N=2$，其中传感器 1 为雷达，传感器 2 为红外。雷达的量测噪声为方差 $\Sigma_{\boldsymbol{Z}_{bi}}=\mathrm{diag}(\sigma_r^2,\ \sigma_\theta^2)$ 的高斯白噪声，其中 $\sigma_r=10\ \mathrm{m}$，$\sigma_\theta=0.3°$。红外传感器的量测噪声为方差 $\sigma_\theta=0.06°$ 的高斯白噪声。仿真总时间为 60 s。雷达/红外序贯融合与单雷达跟踪效果的比较结果如图 7-4 所示。

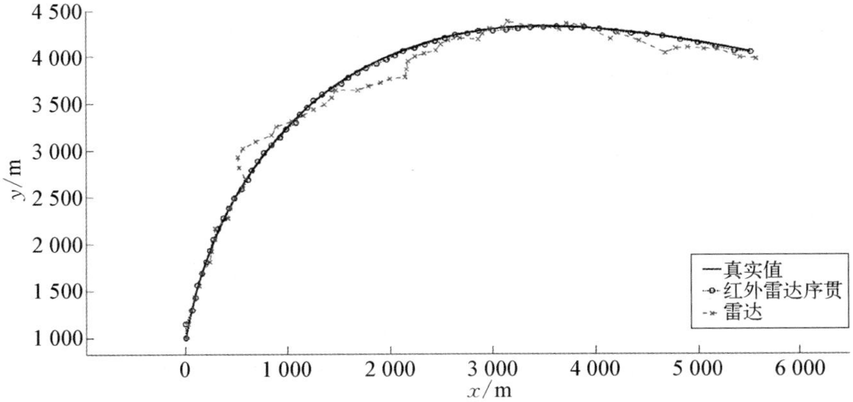

图 7-4　集中式序贯融合与单个传感器跟踪效果的比较

由图 7-4 可知，由于充分利用了多个传感器提供的量测信息，融合中心得到的目标估计比只使用单个雷达传感器量测的估计精度更高。这表明集中式序贯融合利用融合周期内的所有量测数据，在融合精度上具有明

显优势。

7.3 联邦滤波方法

多传感器目标跟踪系统中，如果采用集中式融合结构，就需要把各个传感器的量测信息送到跟踪系统中心进行集中处理，得到目标跟踪航迹。如前所述，集中式融合结构存在容错性差、计算负担重和通信负担大等缺点。随着计算机技术的飞速发展，计算负担对多传感器目标跟踪系统而言不再是亟待解决的首要问题，但多传感器目标跟踪系统对算法的容错性和估计精度的要求越来越高，这些因素推动了分布式融合结构的不断发展。

分布式融合结构对信道容量要求低，系统生命力强，并且在工程上易于实现，成为多传感器机动目标跟踪研究领域的重点。

Carlson 提出的联邦滤波器(federated filter)[21]，由于计算量小、容错性能好、实现简单以及设计的灵活性，在多传感器组合导航和机动目标跟踪等领域的研究中受到越来越多学者的关注。

联邦滤波器已被美国空军的容错导航系统“公共卡尔曼滤波器”计划选为基本算法[20-22]。

联邦滤波器结构包含一个主滤波器和若干个子滤波器，如图 7-5 所示。在多传感器目标跟踪系统中，每个传感器分别对应一个子滤波器，子滤波器是平行结构形式，独立进行时间更新和量测更新。主滤波器将各子滤波器的结果进行融合，产生目标状态的最优估计值，并且分配给各子滤波器作为下一处理周期的初值。同时，通过信息分配原则将系统中的动态

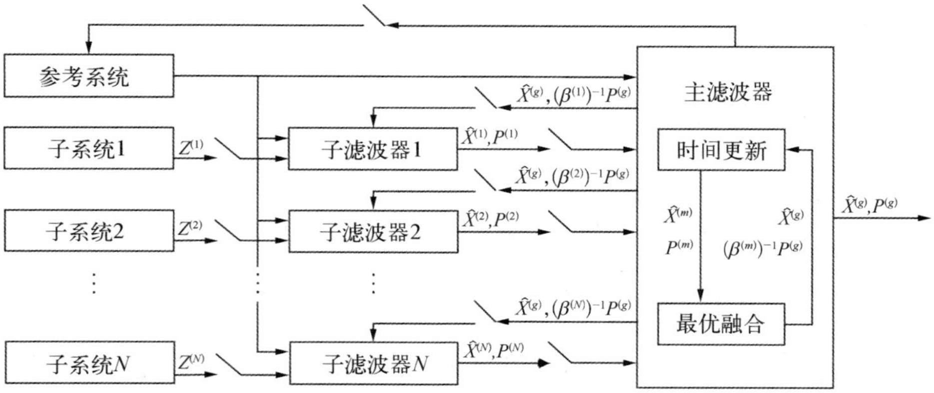

图 7-5 联邦滤波器一般结构示意图

量测噪声信息分配给每一个子滤波器和主滤波器。当各子滤波器估计结果相关时，利用方差上界技术消除相关性，在不改变子滤波器算法形式的前提下保持各个子滤波器之间的相互独立性。

考虑线性系统状态方程，假设各子滤波器和主滤波器的状态转移矩阵、过程噪声相同，则

$$\boldsymbol{X}_{k+1} = \boldsymbol{F}_k \boldsymbol{X}_k + \boldsymbol{w}_k \tag{7-39}$$

式中，k 为离散时间；状态 $\boldsymbol{X}_k$ 为系统在 k 时刻的状态向量；$\boldsymbol{F}_k$ 是系统的状态转移矩阵；$\boldsymbol{w}_k$ 为 k 时刻的过程噪声，方差为 $\boldsymbol{Q}_k$ 的高斯白噪声序列。

假设有 N 个传感器独立地对状态变量进行量测，相应的量测方程为

$$\boldsymbol{Z}_{k+1}^{(i)} = \boldsymbol{H}_{k+1}^{(i)} \boldsymbol{X}_{k+1} + \boldsymbol{v}_{k+1}^{(i)} \tag{7-40}$$

式中，$\boldsymbol{Z}_{k+1}^{(i)}$ 为第 i 个传感器在 $k+1$ 时刻的量测值；$\boldsymbol{H}_{k+1}^{(i)}$ 是第 i 个传感器在 $k+1$ 时刻相应的量测矩阵；$\boldsymbol{v}_{k+1}^{(i)}$ 为第 i 个传感器在 $k+1$ 时刻的量测噪声，即方差为 $\boldsymbol{R}_{k+1}^{(i)}$ 的高斯白噪声序列，假设 $\boldsymbol{v}_{k+1}^{(i)}$ 与 $\boldsymbol{w}_k$ 相互独立。

7.3.1 联邦滤波的工作流程

假设 $\hat{\boldsymbol{X}}_{k|k}^{(g)}$ 和 $\boldsymbol{P}_{k|k}^{(g)}$ 表示联邦滤波器融合中心的最优估计值和协方差阵，$\hat{\boldsymbol{X}}_{k|k}^{(i)}$ 和 $\boldsymbol{P}_{k|k}^{(i)}$ 表示第 i 个子滤波器的估计值和协方差阵（$i=1, 2, \cdots, N$），$\hat{\boldsymbol{X}}_{k|k}^{(m)}$ 和 $\boldsymbol{P}_{k|k}^{(m)}$ 表示主滤波器的估计值和协方差阵。

联邦滤波器的工作流程包括信息分配、信息的时间更新、信息的量测更新和信息融合四个过程，以下将对这四个过程加以阐述。

1）信息分配过程

信息分配就是将系统的过程信息按照信息分配原则在各子滤波器（$i=1, 2, \cdots, N$）和主滤波器（$i=m$）之间进行分配，即

$$\boldsymbol{Q}_k^{(i)} = (\beta^{(i)})^{-1} \boldsymbol{Q}_k \tag{7-41}$$

$$\boldsymbol{P}_{k|k}^{(i)} = (\beta^{(i)})^{-1} \boldsymbol{P}_{k|k}^{(g)} \tag{7-42}$$

$$\hat{\boldsymbol{X}}_{k|k}^{(i)} = \hat{\boldsymbol{X}}_{k|k}^{(g)} \tag{7-43}$$

式中，$\beta^{(i)} > 0$ 是信息分配系数，根据信息守恒定律，满足如下信息分配原则：

$$\sum_{i=1}^{N} \beta^{(i)} + \beta^{(m)} = 1 \tag{7-44}$$

2）信息的时间更新

信息的时间更新过程在各子滤波器（$i=1,2,\cdots,N$）和主滤波器（$i=m$）之间独立进行，各子滤波器和主滤波器的滤波算法为

$$\hat{\boldsymbol{X}}_{k+1|k}^{(i)}=\boldsymbol{F}_k\hat{\boldsymbol{X}}_{k|k}^{(i)} \tag{7-45}$$

$$\boldsymbol{P}_{k+1|k}^{(i)}=\boldsymbol{F}_k\boldsymbol{P}_{k|k}^{(i)}\boldsymbol{F}_k^{\mathrm{T}}+\boldsymbol{Q}_k^{(i)} \tag{7-46}$$

3）量测更新

由于主滤波器没有量测数据，所以没有量测更新。量测更新只在各个局部子滤波器（$i=1,2,\cdots,N$）中进行，量测更新通过下式起作用：

$$\boldsymbol{K}_{k+1|k+1}^{(i)}=\boldsymbol{P}_{k+1|k}^{(i)}(\boldsymbol{H}_{k+1}^{(i)})^{\mathrm{T}}(\boldsymbol{R}_{k+1}^{(i)})^{-1} \tag{7-47}$$

$$\hat{\boldsymbol{X}}_{k+1|k+1}^{(i)}=\hat{\boldsymbol{X}}_{k+1|k}^{(i)}+\boldsymbol{K}_{k+1|k+1}^{(i)}(\boldsymbol{Z}_{k+1}^{(i)}-\boldsymbol{H}_{k+1}^{(i)}\hat{\boldsymbol{X}}_{k+1|k}^{(i)}) \tag{7-48}$$

$$\boldsymbol{P}_{k+1|k+1}^{(i)}=(I-\boldsymbol{K}_{k+1|k+1}^{(i)}\boldsymbol{H}_{k+1}^{(i)})\boldsymbol{P}_{k+1|k}^{(i)} \tag{7-49}$$

4）信息融合

联邦滤波器核心算法是将各个局部子滤波器的局部估计信息按下式进行融合，以得到全局的最优估计：

$$\boldsymbol{P}_{k+1|k+1}^{(g)}=[(\boldsymbol{P}_{k+1|k+1}^{(1)})^{-1}+(\boldsymbol{P}_{k+1|k+1}^{(2)})^{-1}+\cdots+(\boldsymbol{P}_{k+1|k+1}^{(N)})^{-1}+(\boldsymbol{P}_{k+1|k+1}^{(m)})^{-1}]^{-1} \tag{7-50}$$

$$\begin{aligned}\hat{\boldsymbol{X}}_{k+1|k+1}^{(g)}=\boldsymbol{P}_{k+1|k+1}^{(g)}[&(\boldsymbol{P}_{k+1|k+1}^{(1)})^{-1}\hat{\boldsymbol{X}}_{k+1|k+1}^{(1)}+(\boldsymbol{P}_{k+1|k+1}^{(2)})^{-1}\hat{\boldsymbol{X}}_{k+1|k+1}^{(2)}+\cdots+\\&(\boldsymbol{P}_{k+1|k+1}^{(N)})^{-1}\hat{\boldsymbol{X}}_{k+1|k+1}^{(N)}+(\boldsymbol{P}_{k+1|k+1}^{(m)})^{-1}\hat{\boldsymbol{X}}_{k+1|k+1}^{(m)}]\end{aligned} \tag{7-51}$$

基于联邦滤波器工作流程，将在7.3.2节介绍联邦滤波器的常见实现形式及不同形式的信息分配系数和信息反馈过程的特点，在7.3.3节和7.3.4节分别介绍联邦滤波器各子滤波器的估计不相关和相关条件下的融合方法。

7.3.2 联邦滤波器的常见实现形式及信息分配原则

联邦滤波器中的信息分为状态方程信息和量测方程信息两类[4]。状

态方程信息包括状态估计误差协方差的信息 $\boldsymbol{P}_{k|k}^{-1}$ 和过程噪声方差的信息 $\boldsymbol{Q}_k^{-1}$。因为状态方程的信息量是与状态方程中的过程噪声的方差成反比，所以状态方程的信息量可以通过过程噪声协方差的逆 $\boldsymbol{Q}_k^{-1}$ 来表示。此外，状态初值和状态估计的信息量可以分别用初值估计误差的协方差阵的逆 $\boldsymbol{P}_{0|0}^{-1}$ 和状态估计误差协方差阵的逆 $\boldsymbol{P}_{k|k}^{-1}$ 来表示，量测方程的信息量可以用量测噪声协方差阵的逆 $\boldsymbol{R}_k^{-1}$ 来表示。当状态方程、量测方程以及 $\boldsymbol{P}_{0|0}$、$\boldsymbol{Q}_k$、$\boldsymbol{R}_k$ 选定后，可以完全确定状态估计值 $\hat{\boldsymbol{x}}_{k|k}$ 和状态估计误差协方差阵 $\boldsymbol{P}_{k|k}$。

过程噪声越弱，状态方程越精确。

对公共状态而言，它所对应的过程噪声包含在所有子滤波器和主滤波器中，因此，过程噪声信息存在重复使用的问题。但是各子滤波器的量测方程只包含对应传感器的量测噪声，所以可以认为各个局部滤波器的量测信息是自然分割的，不存在重复使用的问题。

假设过程噪声总的信息量 $\boldsymbol{Q}_k^{-1}$ 分配到各子滤波器和主滤波器中去，即

$$\boldsymbol{Q}_k^{-1} = \sum_{i=1}^{N} (\boldsymbol{Q}_k^{(i)})^{-1} + (\boldsymbol{Q}_k^{(m)})^{-1} \tag{7-52}$$

式中，$\boldsymbol{Q}_k^{(i)} = (\beta^{(i)})^{-1} \boldsymbol{Q}_k$，可以得到

$$\boldsymbol{Q}_k^{-1} = \sum_{i=1}^{N} [(\beta^{(i)})^{-1}\boldsymbol{Q}_k]^{-1} + [(\beta^{(m)})^{-1}\boldsymbol{Q}_k]^{-1} \tag{7-53}$$

同时，根据“信息守恒”原理，由式(7-53)可以得到式(7-44)。

设计联邦滤波器时，信息分配系数 $\beta^{(i)}$ 的确定十分重要，信息分配系数的不同取值会有不同的联邦滤波的结构和特性(容错性、最优性、计算量等)，以下介绍四种不同的联邦滤波器设计结构[20-21]。

(1) 第一类结构：零化重置 ($\beta^{(m)}=1$，$\beta^{(i)}=0$)，如图 7-6 所示。这类结构中，主滤波器分配到系统的全部(状态运动方程)信息，但因为子滤波器的过程噪声协方差阵无穷，子滤波器的状态方程没有信息，所以子滤波器不需要使用状态方程进行滤波，只需要用量测方程进行最小二乘估计，将这些估计值输给主滤波器作为量测值。此外，由于子滤波器状态信息只被重置到“零”(零化重置)，这样减少了主滤波器到子滤波器的数据传输，降低数据通信量。

各子滤波器误差协方差阵被重置为无穷，不需要时间更新计算，计算变得简单，工程实现比较容易。

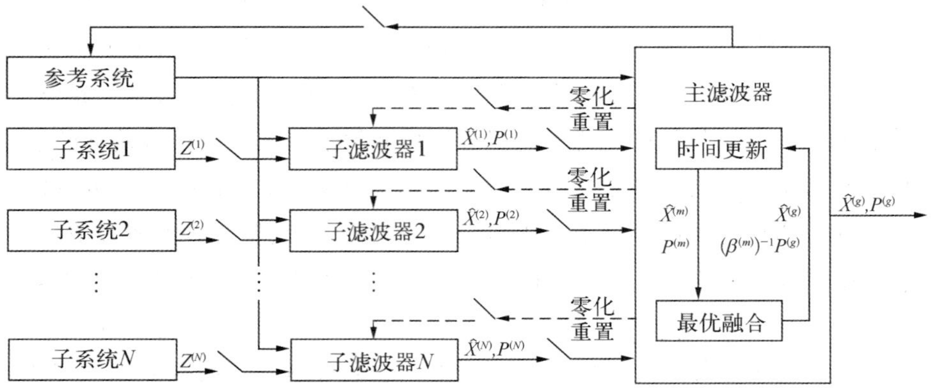

图 7-6 联邦滤波器第一类结构示意图

(2) 第二类结构：有重置$[\beta^{(m)}=\beta^{(i)}=1/(N+1)]$，如图7-7所示。

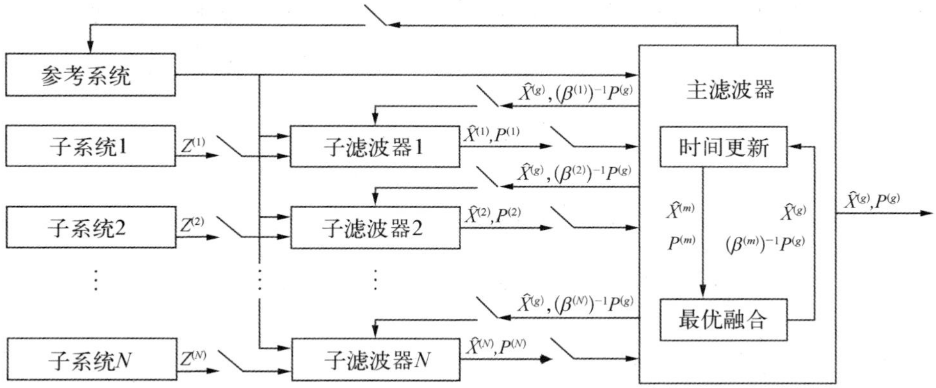

图 7-7 联邦滤波器第二类结构示意图

这类结构中，信息在主滤波器与子滤波器之间平均分配，各子滤波器独立进行时间更新和量测更新，主滤波器仅进行时间更新，子滤波器必须等到主滤波器的融合结果反馈回来之后才可以进行下一次滤波。此时融合后的全局滤波精度高，局部滤波因为有全局滤波的反馈重置，精度同样被提高。同时，这种结构还可以更好地进行故障检测：在某个传感器发生故障被隔离后，其他运行良好的局部滤波器的估计值可以重新在主滤波器中合成，并进行滤波估计。但是，发生故障的传感器未被隔离前可能会通过全局滤波的重置使其他没有故障的传感器的局部滤波受到污染，导致系统的容错能力下降。

(3) 第三类结构：有重置 ($\beta^{(m)}=0$，$\beta^{(i)}=1/N$)，如图 7-8 所示。

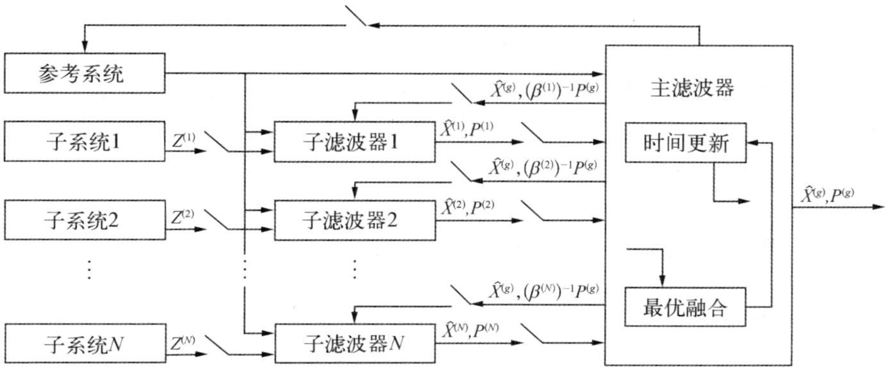

图 7-8 联邦滤波器第三类结构示意图

这类结构中主滤波器的状态方程没有信息分配，即 $(\beta^{(m)})^{-1}\boldsymbol{Q}_k\rightarrow\infty$，不需要使用主滤波器进行滤波，主滤波器只是将各子滤波器的估计信息融合而不保留这些信息。所以主滤波器的估计值就取为全局估计，根据式(7-51)可得

$$\hat{\boldsymbol{x}}_{k+1|k+1}^{(m)}=\hat{\boldsymbol{x}}_{k+1|k+1}^{(g)}=\boldsymbol{P}_{k+1|k+1}^{(g)}[(\boldsymbol{P}_{k+1|k+1}^{(1)})^{-1}\hat{\boldsymbol{x}}_{k+1|k+1}^{(1)}+(\boldsymbol{P}_{k+1|k+1}^{(2)})^{-1}\hat{\boldsymbol{x}}_{k+1|k+1}^{(2)}+\cdots+(\boldsymbol{P}_{k+1|k+1}^{(N)})^{-1}\hat{\boldsymbol{x}}_{k+1|k+1}^{(N)}] \tag{7-54}$$

由重置带来的问题同第二类结构。

(4) 第四类结构：无重置 ($\beta^{(m)}=0$，$\beta^{(i)}=1/N$)，如图 7-9 所示。

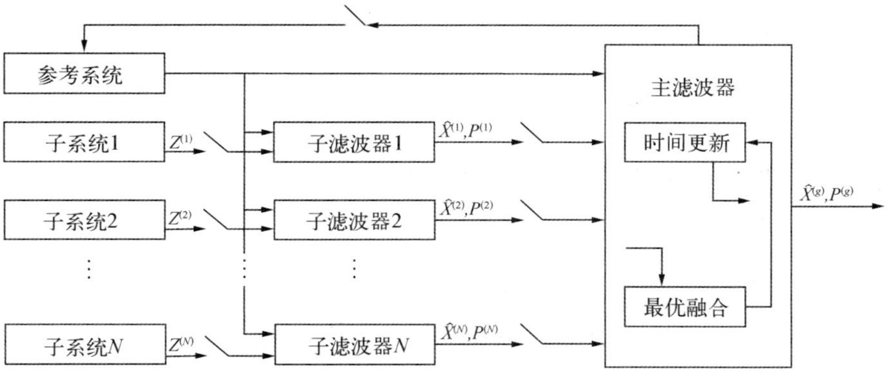

图 7-9 联邦滤波器第四类结构示意图

这类结构的设计与第三类结构相比只是没有重置，所以各子滤波器之间独立滤波，没有信息反馈重置带来的相互影响。无重置结构具有很强的容错能力，各子滤波器独立工作；同时，由于没有主滤波器到子滤波器的信息重置，所以各子滤波器之间没有污染能力、互不干扰。另外，主滤波器对局部滤波器拥有很强的故障检测、隔离和恢复能力，发生故障的滤波器被检测到之后，主滤波器可以很快地拒绝接收故障滤波器的估计信息，融合剩余子滤波器的信息，得到系统的最优估计。

虽然第四类结构的估计精度不如有重置的第二类结构，但是换来的是系统整体的容错性和可靠性提高。

7.3.3　各子滤波器的估计不相关时的融合方法

假设融合中心向各子滤波器无反馈，宜采用图 7-9 所示的第四类联邦滤波器结构。已知主滤波器和各子滤波器在 k 时刻的估计 $\hat{\boldsymbol{X}}_{k|k}^{(i)}$ 及其协方差矩阵 $\boldsymbol{P}_{k|k}^{(i)}(i=1, 2, \cdots, N, m)$。对于主滤波器，$k$ 时刻的数据融合过程完成后，有 $\hat{\boldsymbol{X}}_{k|k}^{(m)}=\hat{\boldsymbol{X}}_{k|k}$，$\boldsymbol{P}_{k|k}^{(m)}=\boldsymbol{P}_{k|k}$。

无反馈结构下，主滤波器没有进行滤波，只是将各子滤波器的估计信息融合，所以主滤波器的估计值就取为全局估计。已知传感器 i 对应的子滤波器既有时间更新，又有量测更新过程，所以子滤波器 $(i=1, 2, \cdots, N)$ 局部估计为

$$\hat{\boldsymbol{X}}_{k+1|k}^{(i)}=\boldsymbol{F}_k\hat{\boldsymbol{X}}_{k|k}^{(i)} \tag{7-55}$$

$$\boldsymbol{P}_{k+1|k}^{(i)}=\boldsymbol{F}_k\boldsymbol{P}_{k|k}^{(i)}\boldsymbol{F}_k^{\mathrm{T}}+\boldsymbol{Q}_k \tag{7-56}$$

$$\hat{\boldsymbol{X}}_{k+1|k+1}^{(i)}=\hat{\boldsymbol{X}}_{k+1|k}^{(i)}+\boldsymbol{K}_{k+1}^{(i)}(\boldsymbol{Z}_{k+1}^{(i)}-\boldsymbol{H}_{k+1}^{(i)}\hat{\boldsymbol{X}}_{k+1|k}^{(i)}) \tag{7-57}$$

$$\boldsymbol{K}_{k+1}^{(i)}=\boldsymbol{P}_{k+1|k}^{(i)}(\boldsymbol{H}_{k+1}^{(i)})^{\mathrm{T}}[\boldsymbol{H}_{k+1}^{(i)}\boldsymbol{P}_{k+1|k}^{(i)}(\boldsymbol{H}_{k+1}^{(i)})^{\mathrm{T}}+\boldsymbol{R}_{k+1}^{(i)}]^{-1} \tag{7-58}$$

$$\boldsymbol{P}_{k+1|k+1}^{(i)}=(\boldsymbol{I}-\boldsymbol{K}_{k+1}^{(i)}\boldsymbol{H}_{k+1}^{(i)})\boldsymbol{P}_{k+1|k}^{(i)} \tag{7-59}$$

对量测更新过程进行变换，对于传感器 i 的子滤波器 $(i=1, 2, \cdots, N)$ 而言，有

$$\begin{aligned}\hat{\boldsymbol{X}}_{k+1|k+1}^{(i)}&=\hat{\boldsymbol{X}}_{k+1|k}^{(i)}+\boldsymbol{K}_{k+1}^{(i)}(\boldsymbol{Z}_{k+1}^{(i)}-\boldsymbol{H}_{k+1}^{(i)}\hat{\boldsymbol{X}}_{k+1|k}^{(i)})\\&=\boldsymbol{F}_k\hat{\boldsymbol{X}}_{k|k}^{(i)}+\boldsymbol{K}_{k+1}^{(i)}(\boldsymbol{Z}_{k+1}^{(i)}-\boldsymbol{H}_{k+1}^{(i)}\boldsymbol{F}_k\hat{\boldsymbol{X}}_{k|k}^{(i)})\end{aligned} \tag{7-60}$$

因此，$k+1$ 时刻传感器 i 的子滤波器 $(i=1, 2, \cdots, N)$ 估计误差为

$$\begin{aligned}\widetilde{X}_{k+1|k+1}^{(i)} &= X_{k+1} - \hat{X}_{k+1|k+1}^{(i)} \\ &= F_k X_k + w_k - F_k \hat{X}_{k|k}^{(i)} - K_{k+1}^{(i)}[H_{k+1}^{(i)}(F_k X_k + w_k) + \\ &\quad v_{k+1}^{(i)} - H_{k+1}^{(i)} F_k \hat{X}_{k|k}^{(i)}] \\ &= (I - K_{k+1}^{(i)} H_{k+1}^{(i)}) F_k \widetilde{X}_{k|k}^{(i)} + (I - K_{k+1}^{(i)} H_{k+1}^{(i)}) w_k - K_{k+1}^{(i)} v_{k+1}^{(i)}\end{aligned} \tag{7-61}$$

进一步,可以通过估计误差协方差阵来衡量子滤波器估计的相关性。对于任意子滤波器 ($i=1, 2, \cdots, N$),有

$$\begin{aligned}P_{k+1|k+1}^{(i,i)} &= \mathrm{cov}[\widetilde{X}_{k+1|k+1}^{(i)}, \widetilde{X}_{k+1|k+1}^{(i)}] \\ &= (I - K_{k+1}^{(i)} H_{k+1}^{(i)}) F_k P_{k|k}^{(i,i)} F_k^{\mathrm{T}} (I - K_{k+1}^{(i)} H_{k+1}^{(i)})^{\mathrm{T}} \\ &\quad + (I - K_{k+1}^{(i)} H_{k+1}^{(i)}) Q_k (I - K_{k+1}^{(i)} H_{k+1}^{(i)})^{\mathrm{T}} + H_{k+1}^{(i)} R_{k+1}^{(i)} H_{k+1}^{(i)\mathrm{T}}\end{aligned} \tag{7-62}$$

式中,$R_{k+1}^{(i)}$ 为传感器 i 的量测噪声方差。

对于任意子滤波器之间 ($i \neq j$; $i, j=1, 2, \cdots, N$),有

$$\begin{aligned}P_{k+1|k+1}^{(i,j)} &= \mathrm{cov}[\widetilde{X}_{k+1|k+1}^{(i)}, \widetilde{X}_{k+1|k+1}^{(j)}] \\ &= (I - K_{k+1}^{(i)} H_{k+1}^{(i)}) F_k P_{k|k}^{(i,j)} F_k^{\mathrm{T}} (I - K_{k+1}^{(j)} H_{k+1}^{(j)})^{\mathrm{T}} + \\ &\quad (I - K_{k+1}^{(i)} H_{k+1}^{(i)}) Q_k (I - K_{k+1}^{(j)} H_{k+1}^{(j)})^{\mathrm{T}} \\ &= (I - K_{k+1}^{(i)} H_{k+1}^{(i)})(F_k P_{k|k}^{(i,j)} F_k^{\mathrm{T}} + Q_k)(I - K_{k+1}^{(j)} H_{k+1}^{(j)})^{\mathrm{T}}\end{aligned} \tag{7-63}$$

因为主滤波器没有进行滤波,所以没有时间更新和量测更新过程,此时主滤波器的估计值为全局估计值,由式(7-54)可知

$$\begin{aligned}\hat{X}_{k+1|k+1}^{(g)} = \hat{X}_{k+1|k+1}^{(m)} = P_{k+1|k+1}^{(g)}[&(P_{k+1|k+1}^{(1,1)})^{-1} \hat{X}_{k+1|k+1}^{(1)} + \\ &(P_{k+1|k+1}^{(2,2)})^{-1} \hat{X}_{k+1|k+1}^{(2)} + \cdots + (P_{k+1|k+1}^{(N,N)})^{-1} \hat{X}_{k+1|k+1}^{(N)}]\end{aligned} \tag{7-64}$$

综上,N 个传感器的子滤波器在 $k+1$ 时刻的局部状态估计结果为 ($\hat{X}_{k+1|k+1}^{(1)}$, $\hat{X}_{k+1|k+1}^{(2)}$, $\cdots$, $\hat{X}_{k+1|k+1}^{(N)}$),相应的估计误差协方差阵为 ($P_{k+1|k+1}^{(1,1)}$, $P_{k+1|k+1}^{(2,2)}$, $\cdots$, $P_{k+1|k+1}^{(N,N)}$),当各个子滤波器的局部估计互不相关时,约束条件如下:

$$P_{k+1|k+1}^{(i,j)} = 0 \qquad i \neq j \quad i, j = 1, 2, \cdots, N \tag{7-65}$$

当同时满足上述约束条件时,由式(7-51)和式(7-64)可得,联邦滤波

器全局估计结果是各个局部估计结果的线性组合，则全局最优估计可表示为[20]

$$\hat{\boldsymbol{X}}_{k+1|k+1}^{(g)}=\boldsymbol{P}_{k+1|k+1}^{(g)}\sum_{i=1}^{N}(\boldsymbol{P}_{k+1|k+1}^{(i,i)})^{-1}\hat{\boldsymbol{X}}_{k+1|k+1}^{(i)} \tag{7-66}$$

$$\boldsymbol{P}_{k+1|k+1}^{(g)}=\Big(\sum_{i=1}^{N}(\boldsymbol{P}_{k+1|k+1}^{(i,i)})^{-1}\Big)^{-1} \tag{7-67}$$

通过式(7－66)和式(7－67)可以看出，如果 $\hat{\boldsymbol{X}}_{k+1|k+1}^{(i)}$ 的估计精度低，即 $\boldsymbol{P}_{k+1|k+1}^{(i,i)}$ 大，那么它在全局估计中贡献的 $(\boldsymbol{P}_{k+1|k+1}^{(i,i)})^{-1}\ \hat{\boldsymbol{X}}_{k+1|k+1}^{(i)}$ 就比较小。所以当满足约束条件式(7－65)时，局部估计和全局估计都是最优的。

7.3.4　各子滤波器的估计相关时的融合方法

通过7.3.3节可以知道，融合中心向各子滤波器无反馈，联邦滤波器结构为无重置结构时，如果联邦滤波系统中各子滤波器的局部估计之间满足不相关的条件，全局最优估计可以表示为式(7－66)和式(7－67)的形式。但是在一般情况下，式(7－65)所示的约束条件都难以成立，各子滤波器之间存在的公共状态、局部状态估计是相关的。为了解决这种状态相关的情况，联邦滤波器通过方差上界技术对滤波过程进行适当的改造，使得局部估计状态实际不相关，这样就可以使用式(7－66)和式(7－67)得到联邦滤波器的全局估计结果。

已知联邦滤波器是一种两级滤波结构，一般考虑的是有重置联邦滤波器结构，如图7－8所示。公共参考系统的输出结果一方面直接给主滤波器，另一方面又可以输出给各传感器的子滤波器作为量测值，其中各传感器的输出只给到相应的子滤波器，各子滤波器的局部估计值(公共状态)及其协方差阵送入主滤波器，与主滤波器的估计值一起进行融合，得到全局最优估计。

通过7.3.3节可知各子滤波器(i，$j=1,2,\cdots,N$)的局部估计值和其协方差阵为

$$\hat{\boldsymbol{X}}_{k+1|k+1}^{(i)}=\boldsymbol{F}_k\hat{\boldsymbol{X}}_{k|k}^{(i)}+\boldsymbol{K}_{k+1}^{(i)}(\boldsymbol{Z}_{k+1}^{(i)}-\boldsymbol{H}_{k+1}^{(i)}\boldsymbol{F}_k\hat{\boldsymbol{X}}_{k|k}^{(i)}) \tag{7-68}$$

$$\begin{aligned}\boldsymbol{P}_{k+1|k+1}^{(i,i)}=&(\boldsymbol{I}-\boldsymbol{K}_{k+1}^{(i)}\boldsymbol{H}_{k+1}^{(i)})(\boldsymbol{F}_k\boldsymbol{P}_{k|k}^{(i,i)}\boldsymbol{F}_k^{\mathrm{T}}+\boldsymbol{Q}_k)(\boldsymbol{I}-\boldsymbol{K}_{k+1}^{(i)}\boldsymbol{H}_{k+1}^{(i)})^{\mathrm{T}}+\\&\boldsymbol{H}_{k+1}^{(i)}\boldsymbol{R}_{k+1}^{(i)}\boldsymbol{H}_{k+1}^{(i)\mathrm{T}}\end{aligned} \tag{7-69}$$

$$\boldsymbol{P}_{k+1|k+1}^{(i,j)}=(\boldsymbol{I}-\boldsymbol{K}_{k+1}^{(i)}\boldsymbol{H}_{k+1}^{(i)})(\boldsymbol{F}_k\boldsymbol{P}_{k|k}^{(i,j)}\boldsymbol{F}_k^{\mathrm{T}}+\boldsymbol{Q}_k)(\boldsymbol{I}-\boldsymbol{K}_{k+1}^{(j)}\boldsymbol{H}_{k+1}^{(j)})^{\mathrm{T}},\ i\neq j \tag{7-70}$$

同时,由式(7-61)可得 $k+1$ 时刻传感器 i 的子滤波器 $(i=1,2,\cdots,N)$ 估计误差:

$$\widetilde{\boldsymbol{X}}_{k+1|k+1}^{(i)}=(\boldsymbol{I}-\boldsymbol{K}_{k+1}^{(i)}\boldsymbol{H}_{k+1}^{(i)})\boldsymbol{F}_k\widetilde{\boldsymbol{X}}_{k|k}^{(i)}+(\boldsymbol{I}-\boldsymbol{K}_{k+1}^{(i)}\boldsymbol{H}_{k+1}^{(i)})\boldsymbol{w}_k-\boldsymbol{K}_{k+1}^{(i)}\boldsymbol{v}_{k+1}^{(i)} \tag{7-71}$$

主滤波器由于没有量测信息,所以只有时间更新过程,没有量测更新过程,因此主滤波器 $(i=m)$ 的一步预测为

$$\hat{\boldsymbol{X}}_{k+1|k}^{(m)}=\boldsymbol{F}_k\hat{\boldsymbol{X}}_{k|k} \tag{7-72}$$

$$\boldsymbol{P}_{k+1|k}^{(m)}=\boldsymbol{F}_k\boldsymbol{P}_{k|k}\boldsymbol{F}_k^{\mathrm{T}}+\boldsymbol{Q}_k \tag{7-73}$$

将主滤波器的时间更新结果(一步预测值)作为量测更新,可得

$$\hat{\boldsymbol{X}}_{k+1|k+1}^{(m)}=\hat{\boldsymbol{X}}_{k+1|k}^{(m)}=\boldsymbol{F}_k\hat{\boldsymbol{X}}_{k|k} \tag{7-74}$$

因此,$k+1$ 时刻主滤波器 $(i=m)$ 的估计误差为

$$\widetilde{\boldsymbol{X}}_{k+1|k+1}^{(m)}=\boldsymbol{X}_{k+1}-\hat{\boldsymbol{X}}_{k+1|k+1}^{(m)}=\boldsymbol{F}_k\boldsymbol{X}_k+\boldsymbol{w}_k-\boldsymbol{F}_k\hat{\boldsymbol{X}}_{k|k}=\boldsymbol{F}_k\widetilde{\boldsymbol{X}}_{k|k}+\boldsymbol{w}_k \tag{7-75}$$

由式(7-68)和式(7-74)可得任一子滤波器 i $(i=1,2,\cdots,N)$ 和主滤波器 $(i=m)$ 之间的估计误差协方差阵为

$$\begin{aligned}\boldsymbol{P}_{k+1|k+1}^{(i,m)}&=\mathrm{cov}[\widetilde{\boldsymbol{X}}_{k+1|k+1}^{(i)},\widetilde{\boldsymbol{X}}_{k+1|k+1}^{(m)}]\\&=(\boldsymbol{I}-\boldsymbol{K}_{k+1}^{(i)}\boldsymbol{H}_{k+1}^{(i)})\boldsymbol{F}_k\boldsymbol{P}_{k|k}^{(i,m)}\boldsymbol{F}_k^{\mathrm{T}}+(\boldsymbol{I}-\boldsymbol{K}_{k+1}^{(i)}\boldsymbol{H}_{k+1}^{(i)})\boldsymbol{Q}_k\end{aligned} \tag{7-76}$$

假设各子滤波器状态估计之间相关,各子滤波器与主滤波器状态估计之间相关,即式(7-70)和式(7-76)都不为零。令 $\boldsymbol{B}_{k+1}^{(i)}=(\boldsymbol{I}-\boldsymbol{K}_{k+1}^{(i)}\boldsymbol{H}_{k+1}^{(i)})\boldsymbol{F}_k$,$\boldsymbol{C}_{k+1}^{(i)}=(\boldsymbol{I}-\boldsymbol{K}_{k+1}^{(i)}\boldsymbol{H}_{k+1}^{(i)})(i=1,2,\cdots,N)$ [4],则

$$\begin{bmatrix}\boldsymbol{P}_{k+1|k+1}^{(1,1)} & \cdots & \boldsymbol{P}_{k+1|k+1}^{(1,N)} & \boldsymbol{P}_{k+1|k+1}^{(1,m)}\\ \vdots & \ddots & \vdots & \vdots\\ \boldsymbol{P}_{k+1|k+1}^{(N,1)} & \cdots & \boldsymbol{P}_{k+1|k+1}^{(N,N)} & \boldsymbol{P}_{k+1|k+1}^{(N,m)}\\ \boldsymbol{P}_{k+1|k+1}^{(m,1)} & \cdots & \boldsymbol{P}_{k+1|k+1}^{(m,N)} & \boldsymbol{P}_{k+1|k+1}^{(m,m)}\end{bmatrix}$$

$$
=\begin{bmatrix} \boldsymbol{B}_{k+1}^{(1)}\boldsymbol{P}_{k|k}^{(1,1)}(\boldsymbol{B}_{k+1}^{(1)})^{\mathrm{T}} & \cdots & \boldsymbol{B}_{k+1}^{(1)}\boldsymbol{P}_{k|k}^{(1,N)}(\boldsymbol{B}_{k+1}^{(N)})^{\mathrm{T}} & \boldsymbol{B}_{k+1}^{(1)}\boldsymbol{P}_{k|k}^{(1,m)}\boldsymbol{F}_k^{\mathrm{T}} \\ \vdots & \ddots & \vdots & \vdots \\ \boldsymbol{B}_{k+1}^{(N)}\boldsymbol{P}_{k|k}^{(N,1)}(\boldsymbol{B}_{k+1}^{(1)})^{\mathrm{T}} & \cdots & \boldsymbol{B}_{k+1}^{(N)}\boldsymbol{P}_{k|k}^{(N,N)}(\boldsymbol{B}_{k+1}^{(N)})^{\mathrm{T}} & \boldsymbol{B}_{k+1}^{(N)}\boldsymbol{P}_{k|k}^{(N,m)}\boldsymbol{F}_k^{\mathrm{T}} \\ \boldsymbol{F}_k\boldsymbol{P}_{k|k}^{(m,1)}(\boldsymbol{B}_{k+1}^{(1)})^{\mathrm{T}} & \cdots & \boldsymbol{F}_k\boldsymbol{P}_{k|k}^{(m,N)}(\boldsymbol{B}_{k+1}^{(N)})^{\mathrm{T}} & \boldsymbol{F}_k\boldsymbol{P}_{k|k}^{(m,m)}\boldsymbol{F}_k^{\mathrm{T}} \end{bmatrix}
$$

$$
+\begin{bmatrix} \boldsymbol{C}_{k+1}^{(1)}\boldsymbol{Q}_k(\boldsymbol{C}_{k+1}^{(1)})^{\mathrm{T}} & \cdots & \boldsymbol{C}_{k+1}^{(1)}\boldsymbol{Q}_k(\boldsymbol{C}_{k+1}^{(N)})^{\mathrm{T}} & \boldsymbol{C}_{k+1}^{(1)}\boldsymbol{Q}_k \\ \vdots & \ddots & \vdots & \vdots \\ \boldsymbol{C}_{k+1}^{(N)}\boldsymbol{Q}_k(\boldsymbol{C}_{k+1}^{(1)})^{\mathrm{T}} & \cdots & \boldsymbol{C}_{k+1}^{(N)}\boldsymbol{Q}_k(\boldsymbol{C}_{k+1}^{(N)})^{\mathrm{T}} & \boldsymbol{C}_{k+1}^{(N)}\boldsymbol{Q}_k \\ \boldsymbol{Q}_k(\boldsymbol{C}_{k+1}^{(1)})^{\mathrm{T}} & \cdots & \boldsymbol{Q}_k(\boldsymbol{C}_{k+1}^{(N)})^{\mathrm{T}} & \boldsymbol{Q}_k \end{bmatrix}
$$

$$
=\begin{bmatrix} \boldsymbol{B}_{k+1}^{(1)} & \cdots & 0 & 0 \\ \vdots & \ddots & \vdots & \vdots \\ 0 & \cdots & \boldsymbol{B}_{k+1}^{(N)} & 0 \\ 0 & \cdots & 0 & \boldsymbol{F}_k \end{bmatrix} \begin{bmatrix} \boldsymbol{P}_{k|k}^{(1,1)} & \cdots & \boldsymbol{P}_{k|k}^{(1,N)} & \boldsymbol{P}_{k|k}^{(1,m)} \\ \vdots & \ddots & \vdots & \vdots \\ \boldsymbol{P}_{k|k}^{(N,1)} & \cdots & \boldsymbol{P}_{k|k}^{(N,N)} & \boldsymbol{P}_{k|k}^{(N,m)} \\ \boldsymbol{P}_{k|k}^{(m,1)} & \cdots & \boldsymbol{P}_{k|k}^{(m,N)} & \boldsymbol{P}_{k|k}^{(m,m)} \end{bmatrix}
$$

$$
\begin{bmatrix} (\boldsymbol{B}_{k+1}^{(1)})^{\mathrm{T}} & \cdots & 0 & 0 \\ \vdots & \ddots & \vdots & \vdots \\ 0 & \cdots & (\boldsymbol{B}_{k+1}^{(N)})^{\mathrm{T}} & 0 \\ 0 & \cdots & 0 & \boldsymbol{F}_k^{\mathrm{T}} \end{bmatrix} + \begin{bmatrix} \boldsymbol{C}_{k+1}^{(1)} & \cdots & 0 & 0 \\ \vdots & \ddots & \vdots & \vdots \\ 0 & \cdots & \boldsymbol{C}_{k+1}^{(N)} & 0 \\ 0 & \cdots & 0 & \boldsymbol{I} \end{bmatrix}
$$

$$
\begin{bmatrix} \boldsymbol{Q}_k & \cdots & \boldsymbol{Q}_k & \boldsymbol{Q}_k \\ \vdots & \ddots & \vdots & \vdots \\ \boldsymbol{Q}_k & \cdots & \boldsymbol{Q}_k & \boldsymbol{Q}_k \\ \boldsymbol{Q}_k & \cdots & \boldsymbol{Q}_k & \boldsymbol{Q}_k \end{bmatrix} \begin{bmatrix} (\boldsymbol{C}_{k+1}^{(1)})^{\mathrm{T}} & \cdots & 0 & 0 \\ \vdots & \ddots & \vdots & \vdots \\ 0 & \cdots & (\boldsymbol{C}_{k+1}^{(N)})^{\mathrm{T}} & 0 \\ 0 & \cdots & 0 & \boldsymbol{I} \end{bmatrix} \tag{7-77}
$$

通过式(7－77)可以看出,联邦滤波器中各子滤波器和主滤波器的相关性与共同的过程噪声 $\boldsymbol{w}_k$ 同样有关,因此可以使用“方差上界”技术来消除这种相关性[21]。通过矩阵理论可以知道,式(7－77)右端由 $\boldsymbol{Q}_k$ 组成的方阵有以下上界:

$$
\begin{bmatrix} \boldsymbol{Q}_k & \cdots & \boldsymbol{Q}_k & \boldsymbol{Q}_k \\ \vdots & \ddots & \vdots & \vdots \\ \boldsymbol{Q}_k & \cdots & \boldsymbol{Q}_k & \boldsymbol{Q}_k \\ \boldsymbol{Q}_k & \cdots & \boldsymbol{Q}_k & \boldsymbol{Q}_k \end{bmatrix} \leqslant \begin{bmatrix} (\beta^{(1)})^{-1}\boldsymbol{Q}_k & \cdots & 0 & 0 \\ \vdots & \ddots & \vdots & \vdots \\ 0 & \cdots & (\beta^{(N)})^{-1}\boldsymbol{Q}_k & 0 \\ 0 & \cdots & 0 & (\beta^{(m)})^{-1}\boldsymbol{Q}_k \end{bmatrix} \tag{7-78}
$$

式中

$$\begin{aligned}&\beta^{(1)}+\cdots+\beta^{(N)}+\beta^{(m)}=1\\&0\leqslant\beta^{(i)}\leqslant 1\quad i=1,\ 2,\ \cdots,\ N,\ m\end{aligned}\tag{7-79}$$

可以看出,式(7-78)中上界比原始矩阵的正定性更强,即上界矩阵与原始矩阵之差为半正定[4]。对于初始状态协方差阵,也可以设置类似的上界,即

$$\begin{bmatrix}\boldsymbol{P}_{0|0}^{(1,\ 1)} & \cdots & \boldsymbol{P}_{0|0}^{(1,\ N)} & \boldsymbol{P}_{0|0}^{(1,\ m)}\\ \vdots & \ddots & \vdots & \vdots\\ \boldsymbol{P}_{0|0}^{(N,\ 1)} & \cdots & \boldsymbol{P}_{0|0}^{(N,\ N)} & \boldsymbol{P}_{0|0}^{(N,\ m)}\\ \boldsymbol{P}_{0|0}^{(m,\ 1)} & \cdots & \boldsymbol{P}_{0|0}^{(m,\ N)} & \boldsymbol{P}_{0|0}^{(m,\ m)}\end{bmatrix}$$

$$\leqslant\begin{bmatrix}(\beta^{(1)})^{-1}\boldsymbol{P}_{0|0}^{(1,\ 1)} & \cdots & 0 & 0\\ \vdots & \ddots & \vdots & \vdots\\ 0 & \cdots & (\beta^{(N)})^{-1}\boldsymbol{P}_{0|0}^{(N,\ N)} & 0\\ 0 & \cdots & 0 & (\beta^{(m)})^{-1}\boldsymbol{P}_{0|0}^{(m,\ m)}\end{bmatrix}\tag{7-80}$$

将各子滤波器和主滤波器自身的初始协方差放大之后就可以忽略各子滤波器之间、各子滤波器与主滤波器之间的初始估计误差的相关性。

可以直观地看出,式(7-80)的右端没有相关项。观察式(7-70)和式(7-76)可以发现,通过放大各子滤波器和主滤波器自身的初始协方差消除各子滤波器之间、各子滤波器与主滤波器之间的初始估计误差的相关性,因此 $\boldsymbol{P}_{k|k}^{(i,\ j)}=0\ (i\neq j;\ i,\ j=1,\ 2,\ \cdots,\ N,\ m)$。

将式(7-78)和式(7-80)代入式(7-77)中,可得

$$\begin{bmatrix}\boldsymbol{P}_{k+1|k+1}^{(1,\ 1)} & \cdots & \boldsymbol{P}_{k+1|k+1}^{(1,\ N)} & \boldsymbol{P}_{k+1|k+1}^{(1,\ m)}\\ \vdots & \ddots & \vdots & \vdots\\ \boldsymbol{P}_{k+1|k+1}^{(N,\ 1)} & \cdots & \boldsymbol{P}_{k+1|k+1}^{(N,\ N)} & \boldsymbol{P}_{k+1|k+1}^{(N,\ m)}\\ \boldsymbol{P}_{k+1|k+1}^{(m,\ 1)} & \cdots & \boldsymbol{P}_{k+1|k+1}^{(m,\ N)} & \boldsymbol{P}_{k+1|k+1}^{(m,\ m)}\end{bmatrix}$$

$$\leqslant\begin{bmatrix}\boldsymbol{B}_{k+1}^{(1)} & \cdots & 0 & 0\\ \vdots & \ddots & \vdots & \vdots\\ 0 & \cdots & \boldsymbol{B}_{k+1}^{(N)} & 0\\ 0 & \cdots & 0 & \boldsymbol{F}_{k}\end{bmatrix}\begin{bmatrix}\boldsymbol{P}_{k|k}^{(1,\ 1)} & \cdots & 0 & 0\\ \vdots & \ddots & \vdots & \vdots\\ 0 & \cdots & \boldsymbol{P}_{k|k}^{(N,\ N)} & 0\\ 0 & \cdots & 0 & \boldsymbol{P}_{k|k}^{(m,\ m)}\end{bmatrix}\times$$

$$\begin{bmatrix} (\boldsymbol{B}_{k+1}^{(1)})^{\mathrm{T}} & \cdots & 0 & 0 \\ \vdots & \ddots & \vdots & \vdots \\ 0 & \cdots & (\boldsymbol{B}_{k+1}^{(N)})^{\mathrm{T}} & 0 \\ 0 & \cdots & 0 & \boldsymbol{F}_k^{\mathrm{T}} \end{bmatrix} + \begin{bmatrix} \boldsymbol{C}_{k+1}^{(1)} & \cdots & 0 & 0 \\ \vdots & \ddots & \vdots & \vdots \\ 0 & \cdots & \boldsymbol{C}_{k+1}^{(N)} & 0 \\ 0 & \cdots & 0 & \boldsymbol{I} \end{bmatrix} \times$$

$$\begin{bmatrix} (\beta^{(1)})^{-1}\boldsymbol{Q}_k & \cdots & 0 & 0 \\ \vdots & \ddots & \vdots & \vdots \\ 0 & \cdots & (\beta^{(N)})^{-1}\boldsymbol{Q}_k & 0 \\ 0 & \cdots & 0 & (\beta^{(m)})^{-1}\boldsymbol{Q}_k \end{bmatrix} \begin{bmatrix} (\boldsymbol{C}_{k+1}^{(1)})^{\mathrm{T}} & \cdots & 0 & 0 \\ \vdots & \ddots & \vdots & \vdots \\ 0 & \cdots & (\boldsymbol{C}_{k+1}^{(N)})^{\mathrm{T}} & 0 \\ 0 & \cdots & 0 & \boldsymbol{I} \end{bmatrix} \tag{7-81}$$

在式(7-81)中取等号,即放大估计误差协方差阵(所得结果比较保守),实现各子滤波器和主滤波器估计结果不相关,因为

$$\begin{aligned} \boldsymbol{P}_{k+1|k+1}^{(i,i)} = & (\boldsymbol{I} - \boldsymbol{K}_{k+1}^{(i)} \boldsymbol{H}_{k+1}^{(i)}) \boldsymbol{F}_k \boldsymbol{P}_{k|k}^{(i,i)} \boldsymbol{F}_k^{\mathrm{T}} (\boldsymbol{I} - \boldsymbol{K}_{k+1}^{(i)} \boldsymbol{H}_{k+1}^{(i)})^{\mathrm{T}} \\ & + (\boldsymbol{I} - \boldsymbol{K}_{k+1}^{(i)} \boldsymbol{H}_{k+1}^{(i)}) \boldsymbol{Q}_k (\boldsymbol{I} - \boldsymbol{K}_{k+1}^{(i)} \boldsymbol{H}_{k+1}^{(i)})^{\mathrm{T}} + \boldsymbol{H}_{k+1}^{(i)} \boldsymbol{R}_{k+1}^{(i)} \boldsymbol{H}_{k+1}^{(i)\mathrm{T}} \end{aligned} \tag{7-82}$$

$$\begin{aligned} \boldsymbol{P}_{k+1|k+1}^{(i,j)} = & (\boldsymbol{I} - \boldsymbol{K}_{k+1}^{(i)} \boldsymbol{H}_{k+1}^{(i)}) \boldsymbol{F}_k \boldsymbol{P}_{k|k}^{(i,j)} \boldsymbol{F}_k^{\mathrm{T}} (\boldsymbol{I} - \boldsymbol{K}_{k+1}^{(j)} \boldsymbol{H}_{k+1}^{(j)})^{\mathrm{T}} + \\ & (\boldsymbol{I} - \boldsymbol{K}_{k+1}^{(i)} \boldsymbol{H}_{k+1}^{(i)}) \boldsymbol{Q}_k (\boldsymbol{I} - \boldsymbol{K}_{k+1}^{(j)} \boldsymbol{H}_{k+1}^{(j)})^{\mathrm{T}} \\ & i, j = 1, 2, \cdots, N \quad i \neq j \end{aligned} \tag{7-83}$$

$$\boldsymbol{P}_{k+1|k+1}^{(i,m)} = (\boldsymbol{I} - \boldsymbol{K}_{k+1}^{(i)} \boldsymbol{H}_{k+1}^{(i)}) \boldsymbol{F}_k \boldsymbol{P}_{k|k}^{(i,m)} \boldsymbol{F}_k^{\mathrm{T}} + (\boldsymbol{I} - \boldsymbol{K}_{k+1}^{(i)} \boldsymbol{H}_{k+1}^{(i)}) \boldsymbol{Q}_k \tag{7-84}$$

所以可以得到

$$\begin{cases} \boldsymbol{P}_{k+1|k+1}^{(i,i)} = \boldsymbol{B}_{k+1}^{(i)} \boldsymbol{P}_{k|k}^{(i,i)} (\boldsymbol{B}_{k+1}^{(i)})^{\mathrm{T}} + (\beta^{(i)})^{-1} \boldsymbol{C}_{k+1}^{(i)} \boldsymbol{Q}_k (\boldsymbol{C}_{k+1}^{(i)})^{\mathrm{T}} + \\ \qquad \boldsymbol{H}_{k+1}^{(i)} \boldsymbol{R}_{k+1}^{(i)} \boldsymbol{H}_{k+1}^{(i)\mathrm{T}} \qquad i = 1, 2, \cdots, N \\ \boldsymbol{P}_{k+1|k+1}^{(m,m)} = \boldsymbol{F}_k \boldsymbol{P}_{k|k}^{(m,m)} \boldsymbol{F}_k^{\mathrm{T}} + (\beta^{(i)})^{-1} \boldsymbol{Q}_k \\ \boldsymbol{P}_{k+1|k+1}^{(i,j)} = 0 \qquad i \neq j \quad i, j = 1, 2, \cdots, N, m \end{cases} \tag{7-85}$$

代入 $\boldsymbol{B}_{k+1}^{(i)}$ 和 $\boldsymbol{C}_{k+1}^{(i)}$ 的表达式,可得

$$\begin{aligned}\boldsymbol{P}_{k+1|k+1}^{(i,i)}=&(\boldsymbol{I}-\boldsymbol{K}_{k+1}^{(i)}\boldsymbol{H}_{k+1}^{(i)})\boldsymbol{F}_k\boldsymbol{P}_{k|k}^{(i,j)}\boldsymbol{F}_k^{\mathrm{T}}(\boldsymbol{I}-\boldsymbol{K}_{k+1}^{(j)}\boldsymbol{H}_{k+1}^{(j)})^{\mathrm{T}}+\\&(\beta^{(i)})^{-1}(\boldsymbol{I}-\boldsymbol{K}_{k+1}^{(i)}\boldsymbol{H}_{k+1}^{(i)})\boldsymbol{Q}_k(\boldsymbol{I}-\boldsymbol{K}_{k+1}^{(j)}\boldsymbol{H}_{k+1}^{(j)})^{\mathrm{T}}+\\&\boldsymbol{H}_{k+1}^{(i)}\boldsymbol{R}_{k+1}^{(i)}\boldsymbol{H}_{k+1}^{(i)\mathrm{T}}\qquad i=1,2,\cdots,N\end{aligned}\tag{7-86}$$

$$\boldsymbol{P}_{k+1|k+1}^{(m,m)}=\boldsymbol{F}_k\boldsymbol{P}_{k|k}^{(m,m)}\boldsymbol{F}_k^{\mathrm{T}}+(\beta^{(i)})^{-1}\boldsymbol{Q}_k\tag{7-87}$$

$$\boldsymbol{P}_{k+1|k+1}^{(i,j)}=0\qquad i\neq j\quad i,j=1,2,\cdots,N,m\tag{7-88}$$

将式(7-86)和式(7-87)代入不相关全局估计式(7-66)和式(7-67)中，可得

此时满足估计不相关时的融合算法。

$$\hat{\boldsymbol{X}}_{k+1|k+1}^{(g)}=\boldsymbol{P}_{k+1|k+1}^{(g)}\sum_{i=1}^{N,m}(\boldsymbol{P}_{k+1|k+1}^{(i,i)})^{-1}\hat{\boldsymbol{X}}_{k+1|k+1}^{(i)}\tag{7-89}$$

$$\boldsymbol{P}_{k+1|k+1}^{(g)}=\left[\sum_{i=1}^{N,m}(\boldsymbol{P}_{k+1|k+1}^{(i,i)})^{-1}\right]^{-1}\tag{7-90}$$

需要注意的是，在 7.1.1 节得到的联邦滤波器中，$\boldsymbol{P}_{k|k}^{(i,i)}$ 和 $\boldsymbol{P}_{k|k}^{(m,m)}$ 的最终表达式分别为

$$\boldsymbol{P}_{k+1|k+1}^{(i)}=(\boldsymbol{I}-\boldsymbol{K}_{k+1|k+1}^{(i)}\boldsymbol{H}_{k+1}^{(i)})(\boldsymbol{F}_k\boldsymbol{P}_{k|k}^{(i)}\boldsymbol{F}_k^{\mathrm{T}}+\boldsymbol{Q}_k^{(i)})\qquad i=1,2,\cdots,N\tag{7-91}$$

$$\boldsymbol{P}_{k+1|k+1}^{(m)}=\boldsymbol{P}_{k+1|k}^{(m)}=\boldsymbol{F}_k\boldsymbol{P}_{k|k}^{(m)}\boldsymbol{F}_k^{\mathrm{T}}+\boldsymbol{Q}_k^{(m)}\tag{7-92}$$

而式(7-86)和式(7-87)与联邦滤波器的最终表达式在 $\boldsymbol{P}_{k|k}^{(i,i)}$ 和 $\boldsymbol{P}_{k|k}^{(m,m)}$ 处还是有差别的。可以这样来理解，在最终的联邦滤波器表达式中，每一步完成融合过程后，融合中心完成对主滤波器和各子滤波器的重置，此时各子滤波器与主滤波器之间又变得相关了，可以再次仿照式(7-80)去除这种相关性。这样式(7-86)和式(7-87)的 $\boldsymbol{P}_{k|k}^{(i,i)}$ 和 $\boldsymbol{P}_{k|k}^{(m,m)}$ 就会变成 $(\beta^{(i)})^{-1}\boldsymbol{P}_{k|k}^{(g)}$，与最终联邦滤波器的表达式完全一致[4]。

7.3.5 仿真分析

本节对联邦滤波算法进行仿真分析。仿真背景如下：三个雷达跟踪同一目标，已知雷达 1 位置为 (0 m, 0 m, 0 m)，雷达 2 位置为 (0 m, 1 000 m, 0 m)，雷达 3 位置为 (0 m, 2 000 m, 0 m)。空中目标初始位置为 (100 m, 50 m, 300 m)，前 120 s 内做匀速直线运动，速度为 (150 m/s,

150 m/s，50 m/s)；120～240 s 内做匀速转弯运动，转弯角速度为 1°/s；240～360 s 内做匀速转弯运动，转弯角速度为 1.5°/s；360～480 s 内做匀速直线运动。假设三个雷达的量测噪声均为方差 $\Sigma=\mathrm{diag}(\sigma_r^2,\ \sigma_\theta^2,\ \sigma_\eta^2)$ 的高斯白噪声，其中 $\sigma_r=100\ \mathrm{m}$，$\sigma_\theta=0.3°$，$\sigma_\eta=0.3°$。仿真时间为 480 s，采样周期为 1 s。

采用交互式联邦多模型融合算法进行目标跟踪。该方法结合了联邦滤波与交互式多模型滤波算法，各雷达有相同的滤波模型集合，在统一模型下产生的滤波结果先采用联邦滤波算法进行融合，再利用交互式多模型算法对模型融合结果进行综合，产生目标状态的全局估计。算法结构如图 7-10 所示[23]。

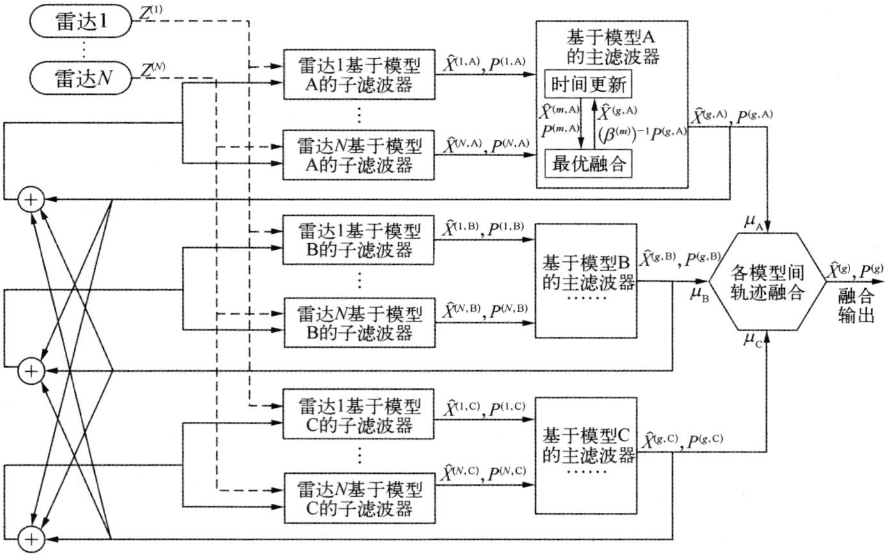

图 7-10 交互式联邦多模型融合算法结构示意图

在模型方面，采用一个匀速模型和两个匀速转弯模型，匀速转弯模型角速度分别为 1°/s 和 1.5°/s。过程噪声协方差矩阵均为 $\boldsymbol{Q}=\mathrm{diag}(\sigma_x^2,\ \sigma_y^2,\ \sigma_z^2)$，其中 $\sigma_x=0.1\ \mathrm{m}$，$\sigma_y=0.1\ \mathrm{m}$，$\sigma_z=0.1\ \mathrm{m}$。模型概率转移矩阵 $\boldsymbol{\pi}=\begin{bmatrix}0.93 & 0.02 & 0.02\\ 0.02 & 0.93 & 0.02\\ 0.02 & 0.02 & 0.93\end{bmatrix}$。联邦滤波器选择第二类结构，即有重置 [$\beta^{(m)}=$

$\beta^{(i)}=1/(N+1)=1/4]$。

图 7-11 是交互式联邦多模型融合算法目标跟踪结果示意图。

三个雷达都能对目标进行量测，为简洁起见，只画出了雷达 1 的量测值。

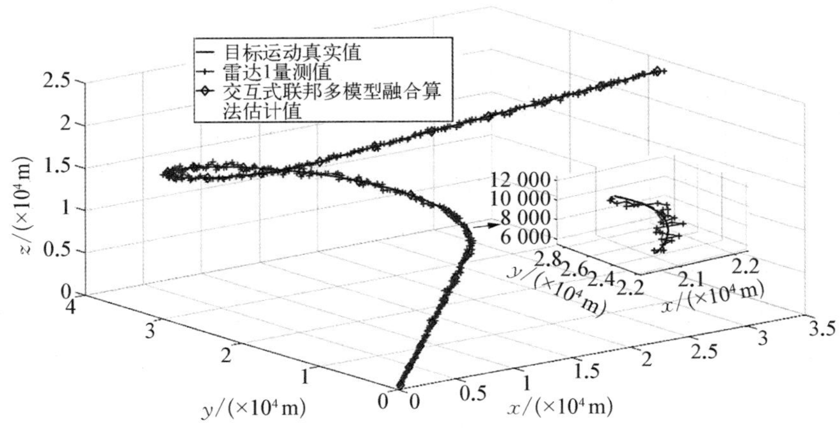

图 7-11 交互式联邦多模型融合算法目标跟踪结果示意图

蒙特卡罗仿真次数 30 次，平均均方根误差如表 7-1 所示。由仿真结果可知，交互式联邦多模型融合算法的估计值与原始量测值相比，平均 RMSE 显著降低，该算法能够融合多雷达和多模型的滤波结果，具有良好的目标跟踪效果。

表 7-1 雷达量测和目标状态平均 RMSE 结果

类 别	雷达 1 量测	雷达 2 量测	雷达 3 量测	交互式联邦多模型融合算法
平均 RMSE/m	238.15	235.21	229.53	61.00

7.4 分布式多传感器估计融合方法

7.4.1 一致性估计理论基础

一致性滤波是实现传感器网络分布式估计的重要方法，广泛应用于机动目标跟踪领域。在分布式估计中，如何通过一致性协议，使传感器节点与通信邻域节点交换信息，实现网络总体对目标状态趋于一致的估计，是一致性滤波的主要研究内容。目前对一致性滤波的研究主要基于卡尔曼滤波框架或信息滤波框架。本节对分布式一致性估计中涉及的图论基础和一致性估计算法理论进行介绍。

1）图论基础

多传感器网络的拓扑结构可以用基于图论的网络节点模型描述，网络节点代表传感器，网络连边代表两个传感器可以互相通信（进行信息交互）。当网络中传感器的通信距离相同时，网络可简化为无向图网络，即雷达之间的连边是无向的。

假设有无向图 $\mathbb{G}=\langle\mathbb{R},\mathbb{C}\rangle$。其中，$\mathbb{R}=\{1,\cdots,d\}$ 为网络中共计 d 个雷达的非空集合；$\mathbb{C}\subseteq\{(m,n):m\neq n,m\in\mathbb{R},n\in\mathbb{R}\}$ 为可以互相通信的传感器节点对组成的集合，(m,n) 和 (n,m) 为无向图的同一条连边。

设有邻接矩阵 $\boldsymbol{E}=[\boldsymbol{e}^{(mn)}]$，$m,n=1,\cdots,d$ 可以用来表示传感器节点间的通信关系，则有

$$\boldsymbol{e}^{(mn)}=\begin{cases}1 & (m,n)\in\mathbb{C}\\0 & (m,n)\notin\mathbb{C}\end{cases}\tag{7-93}$$

另外，任何节点不与自身进行通信，即 $\boldsymbol{e}^{(mm)}=0$。

若有 $(m,n)\in\mathbb{C}$，则称传感器 m 为传感器 n 的邻域传感器。设传感器节点 m 的邻域 $\mathbb{A}^{(m)}=\{n\in\mathbb{R}:(m,n)\in\mathbb{C}\}$，表示节点 m 所有邻域传感器的集合。记节点 m 的度为 $\boldsymbol{g}^{(m)}$，表示集合 $\mathbb{A}^{(m)}$ 中节点的个数，也即 $\boldsymbol{g}^{(m)}=\sum_{n=1}^{d}\boldsymbol{e}^{(mn)}$。记所有传感器组成的对角阵为度矩阵，即

$$\boldsymbol{G}=\mathrm{diag}(\boldsymbol{g}^{(1)},\cdots,\boldsymbol{g}^{(d)})\tag{7-94}$$

则多传感器网络的拉普拉斯矩阵为

$$\boldsymbol{L}=\boldsymbol{G}-\boldsymbol{E}=\begin{cases}\sum_{n=1}^{d}\boldsymbol{e}^{(mn)} & m=n\\-\boldsymbol{e}^{(mn)} & m\neq n\end{cases}\tag{7-95}$$

无向图的拉普拉斯矩阵 $\boldsymbol{L}$ 是对称的半正定矩阵，故其特征值均为非负

实数，且满足 $\lambda^{(1)}=0\leqslant\lambda^{(2)}\leqslant\cdots\leqslant\lambda^{(d)}$。矩阵 $\boldsymbol{L}$ 的秩为 $n-1$，也即 $\lambda^{(2)}>0$ 是无向图连通的充分必要条件，因此，$\lambda^{(2)}$ 也称为图的代数连通度，可用来描述多传感器网络的连通程度。

对于无向图 $\mathbb{G}$ 来说，如果任意两个节点均满足 $(m,n)\in\mathbb{C}$，则称该无向图为强连通网络。如果一个无向图不是强连通网络，但是任意两个节点可以通过若干邻域节点进行多跳通信，则称该无向图为弱连通网络；否则称该无向图为不连通网络。本节主要研究保持弱连通条件的多传感器网络跟踪问题。

如图 7-12 所示，以一个包含六个传感器的传感器网络为例，该网络是一个无向图。

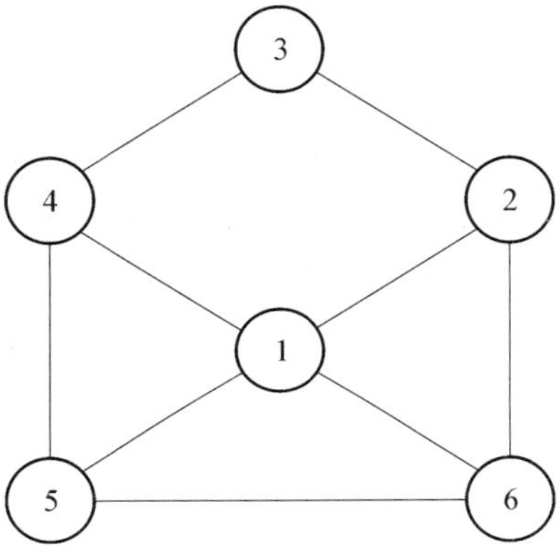

图 7-12 包含六个节点的无向图

图 7-12 所示的无向图的邻接矩阵、度矩阵和拉普拉斯矩阵分别为

$$\boldsymbol{A}=\begin{bmatrix}0&1&0&1&1&1\\1&0&1&0&0&1\\0&1&0&1&0&0\\1&0&1&0&1&0\\1&0&0&1&0&1\\1&1&0&0&1&0\end{bmatrix}$$

$$\boldsymbol{D}=\begin{bmatrix}4&0&0&0&0&0\\0&3&0&0&0&0\\0&0&2&0&0&0\\0&0&0&3&0&0\\0&0&0&0&3&0\\0&0&0&0&0&3\end{bmatrix}$$

$$L = D - A = \begin{bmatrix} 4 & -1 & 0 & -1 & -1 & -1 \\ -1 & 3 & -1 & 0 & 0 & -1 \\ 0 & -1 & 2 & -1 & 0 & 0 \\ -1 & 0 & -1 & 3 & -1 & 0 \\ -1 & 0 & 0 & -1 & 3 & -1 \\ -1 & -1 & 0 & 0 & -1 & 3 \end{bmatrix}$$

2）一致性状态估计算法基础

设传感器 m 获得的传感器状态估计为 $\boldsymbol{X}^{(m)}$，给定任意初始状态 $\boldsymbol{X}_0^{(m)}$，当多传感器网络中的任意两个传感器 m 和 n 满足

$$\lim_{k\to\infty} \| \boldsymbol{X}_k^{(m)} - \boldsymbol{X}_k^{(n)} \| = 0 \qquad \forall m \neq n \tag{7-96}$$

或者满足

$$\lim_{k\to\infty} \| \boldsymbol{X}_k^{(m)} \| = \boldsymbol{X}^* \tag{7-97}$$

则称多传感器网络达到了一致性。当满足 $\boldsymbol{X}^* = \frac{1}{d}\sum_{m=1}^{d} \boldsymbol{X}_0^{(m)}$ 时，则称多传感器网络达到了初始值平均一致性。

针对离散时间场景下的一致性算法，传统的传感器间信息迭代的通式为

$$\boldsymbol{X}_k^{(m)} = \boldsymbol{X}_{k-1}^{(m)} + \zeta \sum_{(m,\ n)\in \boldsymbol{C}} \boldsymbol{e}^{(mn)} (\boldsymbol{X}_{k-1}^{(n)} - \boldsymbol{X}_{k-1}^{(m)}) \tag{7-98}$$

式中，一致性增益 ζ 满足 $0 < \zeta < \dfrac{1}{\max\{\boldsymbol{g}^{(m)}\}}$。

令 $\boldsymbol{X}_k = [\boldsymbol{X}_k^{(1)}, \cdots, \boldsymbol{X}_k^{(d)}]^{\mathrm{T}}$，则式(7-98)可以表示为

$$\boldsymbol{X}_k = [I - \zeta \boldsymbol{L}] \boldsymbol{X}_{k-1} \tag{7-99}$$

通过一致性迭代，连通条件下的每个传感器 m 的信息与自己邻域传感器的信息趋于一致，从而使整个传感器网络的信息趋于一致。

文献[24]给出了无向图理论建模下的经典一致性策略。对式(7-98)进行化简，得

$$\begin{aligned} \boldsymbol{X}_k^{(m)} &= \boldsymbol{\omega}_{k-1}^{(mm)} \boldsymbol{X}_{k-1}^{(m)} + \sum_{(m,\ n)\in \boldsymbol{C}} \boldsymbol{\omega}_{k-1}^{(mn)} \boldsymbol{X}_{k-1}^{(n)} \\ &= \boldsymbol{X}_{k-1}^{(m)} + \sum_{(m,\ n)\in \mathbb{C}} \boldsymbol{\omega}_{k-1}^{(mn)} (\boldsymbol{X}_{k-1}^{(n)} - \boldsymbol{X}_{k-1}^{(m)}) \end{aligned} \tag{7-100}$$

式中，$\boldsymbol{\omega}$ 为一致性加权系数。

常见的两种一致性加权系数如下。

（1）最大度加权系数（maximum-degree weights）：

$$\omega_k^{(mn)}=\begin{cases}\dfrac{1}{d} & (m, n)\in\mathbb{C}\\ 1-\dfrac{g_k^{(m)}}{d} & m=n\\ 0 & 其他\end{cases} \tag{7-101}$$

（2）Metropolis 加权系数（Metropolis weights）

$$\omega_k^{(mn)}=\begin{cases}\dfrac{1}{1+\max(g_k^{(m)}, g_k^{(n)})} & (m, n)\in\mathbb{C}\\ 1-\sum\limits_{(m, n)\in C}\omega_k^{(mn)} & m=n\\ 0 & 其他\end{cases} \tag{7-102}$$

7.4.2 基于一致性的分布式目标跟踪算法

基于一致性的分布式状态估计可通过卡尔曼滤波器或信息滤波器实现对目标的有效估计跟踪。本节以信息滤波器为例，介绍三种一致性目标跟踪算法：基于先验信息的一致性目标跟踪算法，基于信息贡献的一致性目标跟踪算法和基于后验信息的一致性目标跟踪算法。

（1）首先介绍基于先验信息的一致性目标跟踪算法。该算法的基本思想为令每个传感器对本地先验信息向量和对应的信息矩阵 $\hat{\boldsymbol{y}}_{k|k-1}$ 和 $\boldsymbol{Y}_{k|k-1}$ 执行加权平均一致性算法，让各节点的状态估计趋于一致。

记 $N_i=\{j: (v_i, v_j)\in E\}$ 为传感器节点 i 的通信邻域节点。$k=1$ 时，每个传感器节点都将信息矩阵和信息向量初始化：$\hat{\boldsymbol{y}}_{0|0}^{(i)}=\hat{\boldsymbol{y}}_0=\boldsymbol{P}_0^{-1}\boldsymbol{x}_0$，$\boldsymbol{Y}_{0|0}^{(i)}=\boldsymbol{Y}_0=\boldsymbol{P}_0^{-1}$，$i\in V$。基于先验信息的一致性目标跟踪算法流程如表 7-2 所示。

表 7-2 基于先验信息的一致性目标跟踪算法流程

对传感器节点 i： （1）预测。计算本地先验信息向量和信息矩阵：

续 表

$$\hat{\boldsymbol{y}}_{k\|k-1}^{(i)} \leftarrow \hat{\boldsymbol{X}}_{k\|k-1}^{(i)} \leftarrow \hat{\boldsymbol{X}}_{k-1\|k-1}^{(i)}$$ $$\boldsymbol{Y}_{k\|k-1}^{(i)} \leftarrow \boldsymbol{P}_{k\|k-1}^{(i)} \leftarrow \boldsymbol{P}_{k-1\|k-1}^{(i)}$$ (2) 一致性更新。向通信邻域节点发送 ($\hat{\boldsymbol{y}}_{k\|k-1}^{(i)}$, $\boldsymbol{Y}_{k\|k-1}^{(i)}$)，并与通信邻域节点传来的先验信息向量和信息矩阵进行一致性加权融合，即 $$\begin{aligned}\hat{\boldsymbol{y}}_{k\|k-1}^{(i)}(\tau+1) &= w_{ii}(\tau)\hat{\boldsymbol{y}}_{k\|k-1}^{(i)}(\tau) + \sum_{j\in N_i} w_{ij}(\tau)\hat{\boldsymbol{y}}_{k\|k-1}^{(i)}(\tau) \\ &= \hat{\boldsymbol{y}}_{k\|k-1}^{(i)}(\tau) - \sum_{j\in N_i} w_{ij}(\tau)[\hat{\boldsymbol{y}}_{k\|k-1}^{(i)}(\tau) - \hat{\boldsymbol{y}}_{k\|k-1}^{(j)}(\tau)]\end{aligned}$$ $$\begin{aligned}\boldsymbol{Y}_{k\|k-1}^{(i)}(\tau+1) &= w_{ii}(\tau)\boldsymbol{Y}_{k\|k-1}^{(i)}(\tau) + \sum_{j\in N_i} w_{ij}(\tau)\boldsymbol{Y}_{k\|k-1}^{(j)}(\tau) \\ &= \boldsymbol{Y}_{k\|k-1}^{(i)}(\tau) - \sum_{j\in N_i} w_{ij}(\tau)[\boldsymbol{Y}_{k\|k-1}^{(i)}(\tau) - \boldsymbol{Y}_{k\|k-1}^{(j)}(\tau)]\end{aligned}$$ $$\tau \leftarrow \tau + 1$$ (3) 测量更新。计算本地信息状态贡献 $\boldsymbol{i}_k^{(i)}$ 和对应的信息矩阵 $\boldsymbol{I}_k^{(i)}$，并计算后验信息向量和信息矩阵： $$\hat{\boldsymbol{y}}_{k\|k}^{(i)} = \hat{\boldsymbol{y}}_{k\|k-1}^{(i)} + \boldsymbol{i}_k^{(i)}$$ $$\boldsymbol{Y}_{k\|k}^{(i)} = \boldsymbol{Y}_{k\|k-1}^{(i)} + \boldsymbol{I}_k^{(i)}$$ (4) 得到本地状态估计和状态估计协方差： $$\boldsymbol{P}_{k\|k}^{(i)} = (\boldsymbol{Y}_{k\|k}^{(i)})^{-1}$$ $$\hat{\boldsymbol{X}}_{k\|k}^{(i)} = (\boldsymbol{Y}_{k\|k}^{(i)})^{-1}\hat{\boldsymbol{y}}_{k\|k}^{(i)}$$

(2) 基于信息贡献的一致性目标跟踪算法基本思想为对每个传感器的信息状态贡献 $\boldsymbol{i}_k^{(i)}$ 和对应的信息矩阵 $\boldsymbol{I}_k^{(i)}$ 执行加权一致性算法。算法流程总结归纳如表 7-3 所示。

表 7-3 基于信息贡献的一致性目标跟踪算法流程

对传感器节点 i： (1) 预测。计算本地先验信息向量和信息矩阵： $$\hat{\boldsymbol{y}}_{k\|k-1}^{(i)} \leftarrow \hat{\boldsymbol{X}}_{k\|k-1}^{(i)} \leftarrow \hat{\boldsymbol{X}}_{k-1\|k-1}^{(i)}$$ $$\boldsymbol{Y}_{k\|k-1}^{(i)} \leftarrow \boldsymbol{P}_{k\|k-1}^{(i)} \leftarrow \boldsymbol{P}_{k-1\|k-1}^{(i)}$$ (2) 计算信息状态贡献 $\boldsymbol{i}_k^{(i)}$ 和对应的信息矩阵 $\boldsymbol{I}_k^{(i)}$。向通信邻域节点发送 ($\boldsymbol{i}_k^{(i)}$, $\boldsymbol{I}_k^{(i)}$)，并与通信邻域节点传来的信息状态贡献和对应的信息矩阵进行一致性加权融合：

续 表

$$\begin{aligned}\boldsymbol{I}_k^{(i)}(\tau+1) &= w_{ii}(\tau)\boldsymbol{I}_k^{(i)}(\tau)+\sum_{j\in N_i}w_{ij}(\tau)\boldsymbol{I}_k^{(j)}(\tau)\\ &=\boldsymbol{I}_k^{(i)}(\tau)-\sum_{j\in N_i}w_{ij}(\tau)[\boldsymbol{I}_{k\|k}^{(i)}(\tau)-\boldsymbol{I}_k^{(j)}(\tau)]\end{aligned}$$ $$\begin{aligned}\boldsymbol{i}_k^{(i)}(\tau+1) &= w_{ii}(\tau)\boldsymbol{i}_k^{(i)}(\tau)+\sum_{j\in N_i}w_{ij}(\tau)\boldsymbol{i}_k^{(j)}(\tau)\\ &=\boldsymbol{i}_k^{(i)}(\tau)-\sum_{j\in N_i}w_{ij}(\tau)[\boldsymbol{i}_k^{(i)}(\tau)-\boldsymbol{i}_k^{(j)}(\tau)]\end{aligned}$$ $$\tau\leftarrow\tau+1$$
(3) 测量更新。计算后验信息向量和信息矩阵： $$\hat{\boldsymbol{y}}_{k\|k}^{(i)}=\hat{\boldsymbol{y}}_{k\|k-1}^{(i)}+\boldsymbol{i}_k^{(i)}$$ $$\boldsymbol{Y}_{k\|k}^{(i)}=\boldsymbol{Y}_{k\|k-1}^{(i)}+\boldsymbol{I}_k^{(i)}$$
(4) 得到本地状态估计和状态估计协方差： $$\boldsymbol{P}_{k\|k}^{(i)}=(\boldsymbol{Y}_{k\|k}^{(i)})^{-1}$$ $$\hat{\boldsymbol{x}}_{k\|k}^{(i)}=(\boldsymbol{Y}_{k\|k}^{(i)})^{-1}\hat{\boldsymbol{y}}_{k\|k}^{(i)}$$

(3) 基于后验信息的一致性目标跟踪算法基本思想如下：对本地节点的后验估计进行一致性加权融合，以充分利用先验和量测信息，实现对状态的一致性估计。该算法流程如表 7-4 所示。

表 7-4 基于后验信息的一致性目标跟踪算法流程

对传感器节点 i：
(1) 预测。计算本地先验信息向量和信息矩阵： $$\hat{\boldsymbol{y}}_{k\|k-1}^{(i)}\leftarrow\hat{\boldsymbol{x}}_{k\|k-1}^{(i)}\leftarrow\hat{\boldsymbol{x}}_{k-1\|k-1}^{(i)}$$ $$\boldsymbol{Y}_{k\|k-1}^{(i)}\leftarrow\boldsymbol{P}_{k\|k-1}^{(i)}\leftarrow\boldsymbol{P}_{k-1\|k-1}^{(i)}$$
(2) 测量更新。计算信息状态贡献 $\boldsymbol{i}_k^{(i)}$ 和对应的信息矩阵 $\boldsymbol{I}_k^{(i)}$，并得到本地后验的信息向量和信息矩阵： $$\hat{\boldsymbol{y}}_{k\|k}^{(i)}=\hat{\boldsymbol{y}}_{k\|k-1}^{(i)}+\boldsymbol{i}_k^{(i)}$$ $$\boldsymbol{Y}_{k\|k}^{(i)}=\boldsymbol{Y}_{k\|k-1}^{(i)}+\boldsymbol{I}_k^{(i)}$$
(3) 一致性更新。向通信邻域节点发送 $(\hat{\boldsymbol{y}}_{k\|k}^{(i)},\boldsymbol{Y}_{k\|k}^{(i)})$，并与通信邻域节点传来的后验信息向量和信息矩阵进行一致性加权融合： $$\begin{aligned}\boldsymbol{Y}_{k\|k}^{(i)}(\tau+1)&=w_{ii}(\tau)\boldsymbol{Y}_{k\|k}^{(i)}(\tau)+\sum_{j\in N_i}w_{ij}(\tau)\boldsymbol{Y}_{k\|k}^{(j)}(\tau)\\&=\boldsymbol{Y}_{k\|k}^{(i)}(\tau)-\sum_{j\in N_i}w_{ij}(\tau)[\boldsymbol{Y}_{k\|k}^{(i)}(\tau)-\boldsymbol{Y}_{k\|k}^{(j)}(\tau)]\end{aligned}$$

续 表

$$\hat{\boldsymbol{y}}_{k|k}^{(i)}(\tau+1)=w_{ii}(\tau)\hat{\boldsymbol{y}}_{k|k}^{(i)}(\tau)+\sum_{j\in N_i}w_{ij}(\tau)\hat{\boldsymbol{y}}_{k|k}^{(j)}(\tau)$$
$$=\hat{\boldsymbol{y}}_{k|k}^{(i)}(\tau)-\sum_{j\in N_i}w_{ij}(\tau)[\hat{\boldsymbol{y}}_{k|k}^{(i)}(\tau)-\hat{\boldsymbol{y}}_{k|k}^{(j)}(\tau)]$$
$$\tau\leftarrow\tau+1$$

(4) 计算本地状态估计和状态估计协方差:

$$\boldsymbol{P}_{k|k}^{(i)}=(\boldsymbol{Y}_{k|k}^{(i)})^{-1}$$
$$\hat{\boldsymbol{x}}_{k|k}^{(i)}=(\boldsymbol{Y}_{k|k}^{(i)})^{-1}\hat{\boldsymbol{y}}_{k|k}^{(i)}$$

7.4.3 仿真分析

本节对前述三种分布式一致性目标跟踪算法的有效性进行仿真验证。

考虑目标在二维平面做匀速直线运动,使用一个包含雷达和红外传感器的分布式传感器网络对目标状态进行观测。状态变量 $\boldsymbol{X}_k=[x_k \quad \dot{x}_k \quad y_k \quad \dot{y}_k]^{\mathrm{T}}$,目标状态方程为

$$\boldsymbol{X}_k=\boldsymbol{F}_{k-1}\boldsymbol{X}_{k-1}+\boldsymbol{G}_{k-1}\boldsymbol{w}_{k-1} \tag{7-103}$$

$$\boldsymbol{F}_k=\boldsymbol{I}_{2\times2}\otimes\begin{bmatrix}1 & T\\0 & 1\end{bmatrix},\ \boldsymbol{G}_k=\boldsymbol{I}_{2\times2}\otimes\begin{bmatrix}T^2/2\\T\end{bmatrix} \tag{7-104}$$

式中,$\boldsymbol{I}_{2\times2}$ 表示二阶单位矩阵;$\otimes$ 表示矩阵的直积。

雷达传感器坐标(x^S, y^S)测量方程如下:

$$\rho=\sqrt{(x_k-x^{(S)})^2+(y_k-y^{(S)})^2} \tag{7-105}$$

$$\theta=\begin{cases}\tan^{-1}\dfrac{y_k-y^{(S)}}{x_k-x^{(S)}}, & x_k-x^{(S)}>0,\ y_k-y^{(S)}\geqslant0\\ \tan^{-1}\dfrac{y_k-y^{(S)}}{x_k-x^{(S)}}+2\pi, & x_k-x^{(S)}>0,\ y_k-y^{(S)}<0\\ \tan^{-1}\dfrac{y_k-y^{(S)}}{x_k-x^{(S)}}+\pi, & x_k-x^{(S)}<0\\ \dfrac{\pi}{2}, & x_k-x^{(S)}=0,\ y_k-y^{(S)}>0\\ \dfrac{3\pi}{3}, & x_k-x^{(S)}=0,\ y_k-y^{(S)}<0\\ \text{未定义} & \end{cases} \tag{7-106}$$

红外传感器测量角度，其量测方程与雷达量测角度类似。此外，雷达传感器位置和角度标准差分别为 50 m 和 0.5°；红外传感器角度标准差为 0.5°。

目标运动轨迹和传感器网络结构如图 7-13 所示。进行 50 次蒙特卡罗试验，将表 7-2、表 7-3、表 7-4 对应的 3 种分布式一致性算法进行对比，使用平均位置估计误差和速度估计误差来衡量算法效果，有

$$E_{\mathrm{p}}(k)=\sqrt{\frac{1}{N}\sum_{i\in V}[(\hat{X}_{k|k}^{(i)}-X_k)^2+(\hat{y}_{k|k}^{(i)}-y_k)]} \tag{7-107}$$

$$E_{\mathrm{v}}(k)=\sqrt{\frac{1}{N}\sum_{i\in V}[(\hat{\dot{x}}_{k|k}^{(i)}-\dot{x}_k)^2+(\hat{\dot{y}}_{k|k}^{(i)}-\dot{y}_k)]} \tag{7-108}$$

式中，N 为传感器节点数量；x、y 和 $\dot{x}$、$\dot{y}$ 分别表示状态向量中的位置和速度。

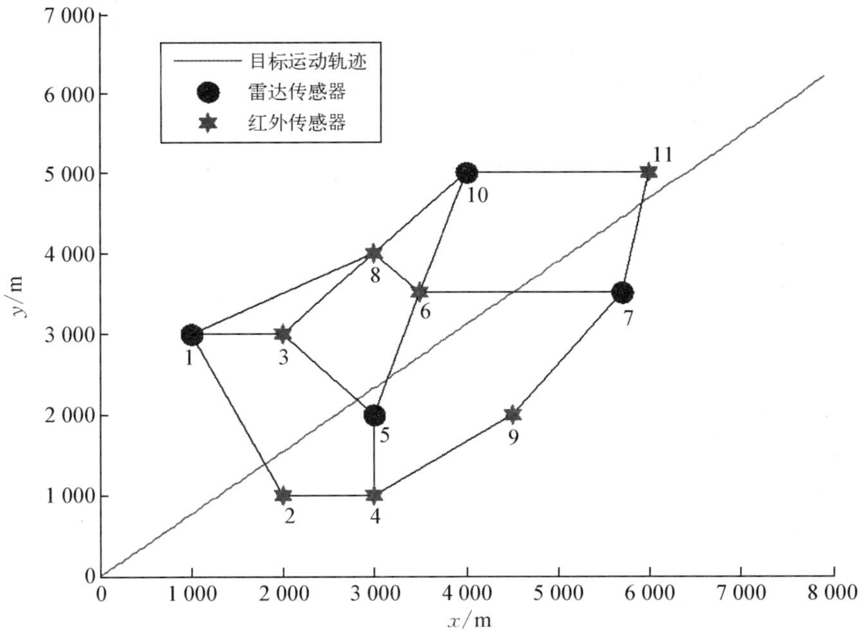

图 7-13 目标运动轨迹和传感器网络结构

各算法位置误差和速度误差结果如图 7-14 和图 7-15 所示。将表 7-2、表 7-3、表 7-4 的算法分别记为 DUIF1、DUIF2、DUIF3。仿真结果表明，基于后验信息的一致性滤波算法的状态估计对位置的跟踪精度最高，基于先验信息、信息贡献的一致性滤波算法分别次之。各算法平均位置

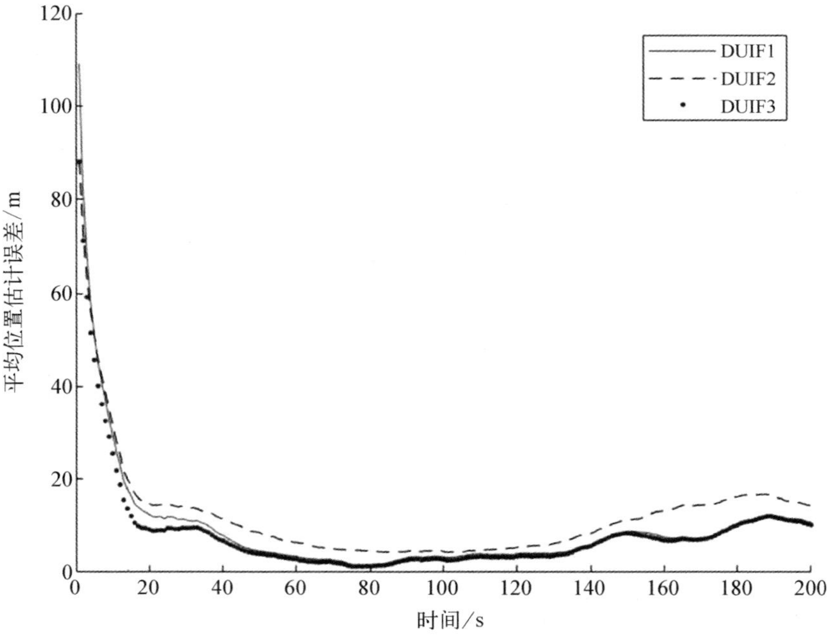

图 7－14　平均位置估计误差

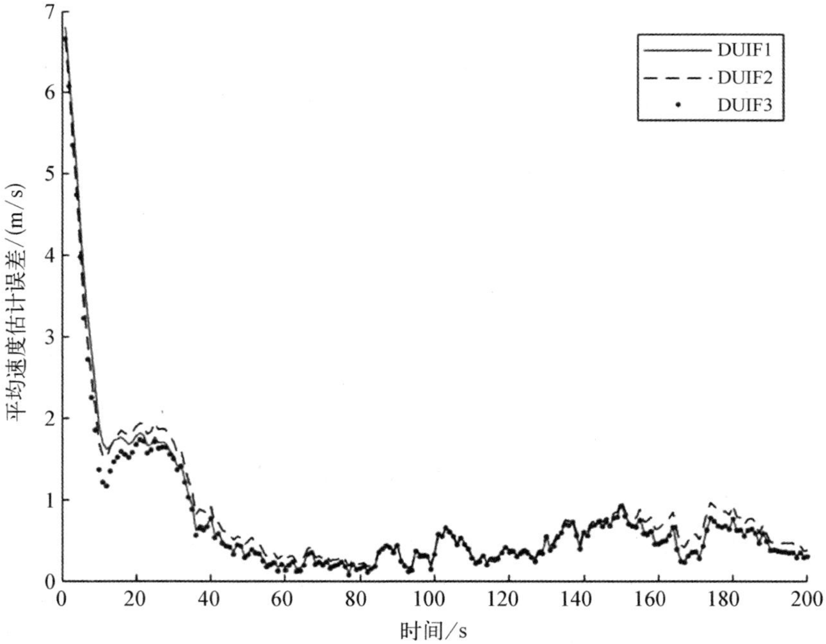

图 7－15　平均速度估计误差

和速度误差如表 7-5 所示。从表 7-5 可知，DUIF3 对位置的估计精度比 DUIF1 和 DUIF2 分别提高 13%和 33%，对速度的估计精度比 DUIF1 和 DUIF2 分别提高 6%和 13%。

表 7-5　各算法位置和速度平均误差

滤 波 器	DUIF1	DUIF2	DUIF3
位置误差/m	9.32	12.13	8.06
速度误差/(m/s)	0.78	0.84	0.73

7.5　本章小结

本章基于不同的融合结构，介绍了基于集中式的估计融合方法、联邦滤波方法和基于分布式的估计融合方法。其中，基于集中式的估计融合方法包括集中式扩维融合和序贯估计融合；针对联邦滤波方法，主要介绍了基本的联邦滤波结构和工作流程，并介绍了各子滤波器估计相关/不相关时的融合方法；针对基于分布式的估计融合方法，主要介绍了基本一致性估计理论和三种分布式一致性滤波算法，最后给出各融合方法在目标跟踪场景中的仿真和分析。本章的估计融合方法为空中目标跟踪提供了理论与算法支撑。

7.6　思考与讨论

7-1　请简要分析集中式融合可能面临的问题。

7-2　请简述联邦滤波器的四种常见实现形式以及特点。

7-3　请给出下图的邻接矩阵。

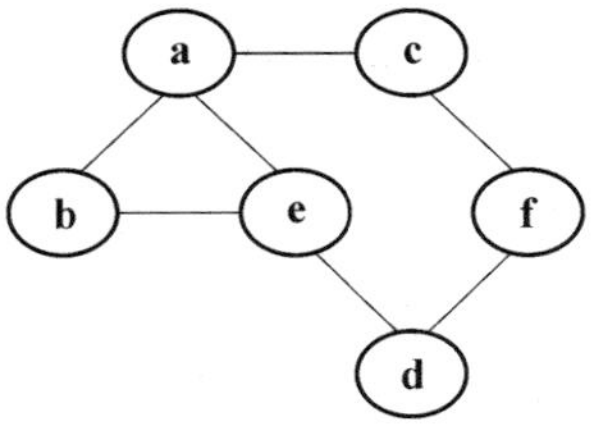

7-4　请说明 7.4.2 节给出的三种一致性滤波算法分别对什么进行一致性估计。

参考文献

[1] Bar-Shalom Y, Fortmann T E, Cable P G. Tracking and data association[J]. The Journal of the Acoustical Society of American, 1990, 87(2): 918-919.

[2] Hu H, Gan J Q. Sensors and data fusion algorithms in mobile robotics [R]. Colchester: Department of Computer Science, University of Essex, 2005.

[3] Mitchell H B. Multi-sensor data fusion: an introduction[M]. New York: Springer Science & Business Media, 2007.

[4] 韩崇昭. 多源信息融合[M]. 北京：清华大学出版社，2010.

[5] 葛泉波，李文斌，孙若愚，等. 基于 EKF 的集中式融合估计研究[J]. 自动化学报，2013，39(6)：816-825.

[6] 龙慧. 无线传感器网络分布式目标跟踪问题研究[D]. 长沙：中南大学，2013.

[7] 胡振涛，曹志伟，李松，等. 基于容积卡尔曼滤波的异质多传感器融合算法[J]. 光电子·激光，2014，25(4)：697-703.

[8] 郑斌琪，李宝清，刘华巍，等. 采用自适应一致性 UKF 的分布式目标跟踪[J]. 光学精密工程，2019，27(1)：260-270.

[9] 邓露，崔世麒. 基于量测一致性的分布式多传感器多目标跟踪算法[J]. 海军航空工程学院学报，2019，34(6)：505-510.

[10] 曹利，李宇，黄勇. 基于修正时延粒子滤波的水声传感器网络目标跟踪[J]. 声学技术，2012，31(1)：67-71.

[11] 高晓光，李飞，万开方. 数据丢包环境下的多传感器协同跟踪策略研究[J]. 系统工程与电子技术，2018，40(11)：2450-2458.

[12] 丁自然，刘瑜，曲建跃，等. 基于节点通信度的信息加权一致性滤波[J]. 系统工程与电子技术，2020，42(10)：2181-2188.

[13] 李云，孙书利，郝钢. 基于 Gauss-Hermite 逼近的非线性加权观测融合

无迹 Kalman 滤波器[J]. 自动化学报,2019,45(3):593-603.
[14] 马静,杨晓梅,孙书利. 带时间相关乘性噪声多传感器系统的分布式融合估计[J]. 自动化学报,2021,47:1-13.
[15] 祁波,孙书利. 带未知通信干扰和丢包补偿的多传感器网络化不确定系统的分布式融合滤波[J]. 自动化学报,2018,44(6):1107-1114.
[16] 韩旭,王元鑫,程显超,等. 基于有限存储空间的分布式传感器融合估计器[J]. 北京航空航天大学学报,2022,49(2):335-343.
[17] 何广军,康旭超. 基于矢量分配的组合导航容错联邦滤波算法[J]. 国防科技大学学报,2020,42(5):98-106.
[18] 高社生,洪根元,高广乐,等. 基于马氏距离的联邦卡尔曼滤波在 SINS/SRS/CNS 导航中的应用[J]. 中国惯性技术学报,2021,29(2):141-146.
[19] Bahaari M H, Karsaz A, Khaloozadeh H. High maneuver target tracking based on combined Kalman filter and fuzzy logic[C]//IEEE Conference on Decision and Control, Adelaide, 2007: 59-64.
[20] 秦永元,张洪钺,汪叔华. 卡尔曼滤波与组合导航原理[M]. 2 版. 西安:西北工业大学出版社,2012.
[21] Carlson N A. Federated filter for fault-tolerant integrated navigation systems[C]// IEEE Position Location and Navigation Symposium Record 'Navigation into the 21st Century', New York, 1988: 110-119.
[22] Loomis P, Carlson N, Berarducci M P. Common Kalman filter: fault-tolerant navigation for next generation aircraft[C]// Proceedings of the 1988 National Technical Meeting of the Institute of Navigation, Santa Barbara, 1988: 38-45.
[23] 刘春旭,张永利. 基于交互式联邦多模型的多传感器融合算法[J]. 中国电子科学研究院学报,2013,8(5):496-500.
[24] Olfati-Saber R, Murray R M. Consensus problems in networks of agents with switching topology and time-delays [J]. IEEE Transactions on Automatic Control, 2004, 49(9): 1520-1533.

第 8 章
空中多目标跟踪算法

知识提纲

本章学习内容：

（1）了解多目标跟踪的基本概念和多目标场景下的多传感器航迹关联问题。

（2）了解三类航迹关联方法，并熟悉这三类方法的几种典型算法。

（3）了解基于数据关联和基于随机集理论的多目标跟踪方法的基本概念，熟悉几种典型算法，并理解其异同和特点。

知识导图

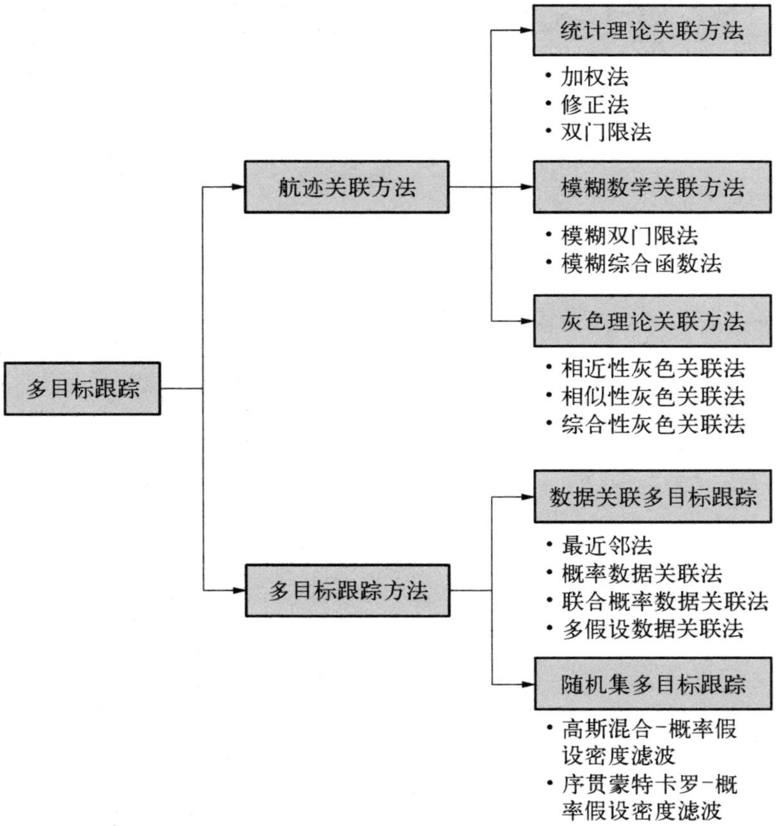

8.1 引言

从出现目标跟踪的命题开始,研究者的目光就注定不能只聚焦于对单一目标的跟踪。随着体系化、协同化作战的概念愈发普及,在空空/地空作战场景中,同时对抗多枚导弹或多台战机的场景已成为常态,对多个空中目标的同时跟踪成为难以忽视的问题。而与多目标对抗伴生的多弹/多平台协同作战需求,也使得多传感器分布式系统的多目标跟踪问题研究变得更加重要。

多目标跟踪需要解决两个重要问题:目标的不确定性和量测的不确定性。前者由目标数目变化(新生/衍生/消亡)、杂波干扰以及传感器漏检等引起,后者体现为各量测与各目标的对应关系不确定。而对于面向多目标的多传感器分布式系统,在对来自不同传感器的同一目标的局部航迹进行融合之前,还需进行航迹关联,即对来自不同传感器的同一目标局部航迹进行匹配。有效的多目标跟踪算法形成可靠的多目标航迹,而有效的航迹关联则是航迹融合与目标跟踪的基础。多传感器目标跟踪与航迹关联的关系如图 8-1 所示。

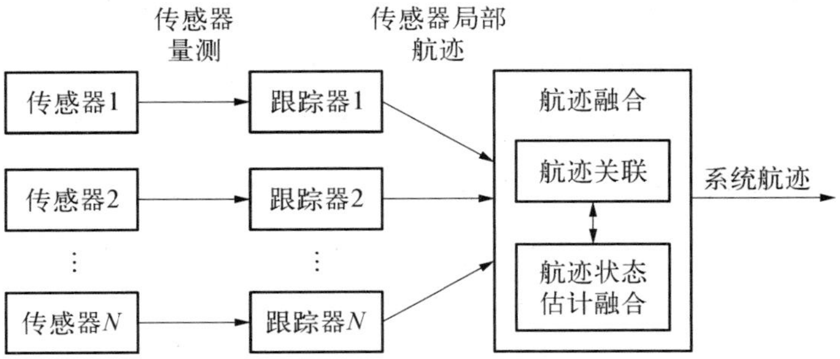

图 8-1 多传感器目标跟踪与航迹关联的关系

当前,在航迹关联领域,除了较为传统的关联方法,参考拓扑(reference topology)、多维次序匹配和时需离散度、深度学习等新指标与新方法也得到引入[1-4],研究者们也展现出对传感器时间异步、量测不完全、航迹误差类型不同等非理想条件的关注。在多目标跟踪领域，一部分研究者同样关注针对非理想条件的滤波器扩展，如针对模型失配问题，对 GM - PHD 引入 RNN 神经网络[5]；针对密集杂波下的 GM - PHD 滤波，重新设计带惩罚的权重更新过程[6]；针对厚尾噪声条件下的多伯努利滤波，引入基于学生 t 分布的鲁棒容积滤波[7]等。另外，多传感器多目标跟踪滤波器的研究也方兴未艾[8-9]。

本章分为两部分，分别介绍航迹关联算法和多目标跟踪算法。在航迹关联算法方面，本章将介绍基于统计学、模糊理论和灰色理论的关联算法；在多目标跟踪算法方面，本章将介绍基于数据关联的跟踪算法和基于随机集理论的跟踪算法。

8.2 基于统计理论的航迹关联方法

在统计学上，主要是通过状态估计差进行统计检验，判断是否来自同一个目标。加权、修正、最近邻和双门限等都是较为常见的基于统计学的航迹关联方法。

8.2.1 加权法

1971 年，Singer 等[10]将加权法应用到航迹关联中。设 k 时刻待关联航迹点为 $\boldsymbol{X}_k^{(i)}$，本地候选航迹点为 $\boldsymbol{X}_k^{(j_n)}$，其滤波值分别为 $\hat{\boldsymbol{X}}_k^{(i)}$ 和 $\hat{\boldsymbol{X}}_k^{(j_n)}$，滤波误差服从均值为零、协方差分别为 $\boldsymbol{P}_k^{(i)}$ 和 $\boldsymbol{P}_k^{(j_n)}$ 的正态分布，其中 $n=1, 2, \cdots, N$，N 表示本地候选航迹总数。两航迹的差异值可用 $\boldsymbol{D}_k^{(n)}=\hat{\boldsymbol{X}}_k^{(i)}-\hat{\boldsymbol{X}}_k^{(j_n)}$ 表示；在两航迹误差相互独立的情况下，$\boldsymbol{D}_k^{(n)}$ 服从均值 $\boldsymbol{m}_k^{(n)}=\boldsymbol{X}_k^{(i)}-\boldsymbol{X}_k^{(j_n)}$，协方差 $\boldsymbol{P}_k^{(n)}=\boldsymbol{P}_k^{(i)}+\boldsymbol{P}_k^{(j_n)}$ 的正态分布。只考虑一个时刻时，$X_i^*(k)$ 与 $X_{j_n}^*(k)$ 的差异度可由下式得到：

$$(\boldsymbol{M}_k^{(n)})^2=(\boldsymbol{D}_k^{(n)})^{\mathrm{T}}(\boldsymbol{P}_k^{(n)})^{-1}\boldsymbol{D}_k^{(n)} \tag{8-1}$$

可证明该差异度服从自由度 χ^2 分布，因而在关联规则中也可以加入 χ^2 检验。

关联规则如下：对所有的 $\boldsymbol{X}_k^{(j_n)}(1<n<N)$ 与 $\boldsymbol{X}_k^{(i)}$ 计算差异度，选取差异度最小的 $\boldsymbol{X}_k^{(j_n)}$ 作为与 $\boldsymbol{X}_k^{(i)}$ 关联的航迹。

当考虑 s 个连续时刻的序列时，关联概率可由下式得到：

$$\boldsymbol{S}_s^{(n)}=\frac{1}{s}\sum_{k=1}^{s}(\boldsymbol{D}_k^{(n)})^{\mathrm{T}}(\boldsymbol{P}_k^{(n)})^{-1}\boldsymbol{D}_k^{(n)} \tag{8-2}$$

8.2.2 修正法

上述加权法航迹关联的前提之一是来自不同传感器的同一目标的状态估计误差是相互独立的。但 Bar-shalom 等[11-12]提出，如果考虑同一时刻航迹点的关联，由于目标过程噪声的影响，实际上不同传感器对同一目标的状态估计误差是相关的。于是 Bar-shalom 等提出了针对加权法进行改进的修正法航迹关联。

设 k 时刻航迹点为 $\boldsymbol{X}_k$，滤波值 $\hat{\boldsymbol{X}}_k^{(i)}$ 和 $\hat{\boldsymbol{X}}_k^{(j)}$ 分别来自传感器 i 和 j，滤波误差服从均值为零、协方差分别为 $\boldsymbol{P}_k^{(i)}$ 和 $\boldsymbol{P}_k^{(j)}$ 的正态分布。

航迹点间差为

$$\boldsymbol{D}_k^{(ij)}=\hat{\boldsymbol{X}}_k^{(i)}-\hat{\boldsymbol{X}}_k^{(j)} \tag{8-3}$$

$\boldsymbol{D}_k^{(ij)}$ 的协方差为

$$\begin{aligned}&\mathrm{E}\{\boldsymbol{D}_k\,\boldsymbol{D}_k^{-1}\}\\=&\mathrm{E}\{[\hat{\boldsymbol{X}}_k^{(i)}-\boldsymbol{X}_k-(\hat{\boldsymbol{X}}_k^{(j)}-\boldsymbol{X}_k)][\hat{\boldsymbol{X}}_k^{(i)}-\boldsymbol{X}_k-(\hat{\boldsymbol{X}}_k^{(j)}-\boldsymbol{X}_k)]^{\mathrm{T}}\}\\=&\boldsymbol{P}_k^{(i)}+\boldsymbol{P}_k^{(j)}-\boldsymbol{P}_k^{(ij)}-\boldsymbol{P}_k^{(ji)}\end{aligned} \tag{8-4}$$

$\hat{\boldsymbol{X}}_k^{(i)}$ 和 $\hat{\boldsymbol{X}}_k^{(j)}$ 的差异度为

$$\begin{aligned}(\boldsymbol{M}_k^{(ij)})^2&=(\boldsymbol{D}_k^{(ij)})^{\mathrm{T}}(\boldsymbol{P}_k^{(ij)})^{-1}\,\boldsymbol{D}_k^{(ij)}\\&=(\hat{\boldsymbol{X}}_k^{(i)}-\hat{\boldsymbol{X}}_k^{(j)})^{\mathrm{T}}(\boldsymbol{P}_k^{(i)}+\boldsymbol{P}_k^{(j)}-\boldsymbol{P}_k^{(ij)}-\boldsymbol{P}_k^{(ji)})^{-1}(\hat{\boldsymbol{X}}_k^{(i)}-\hat{\boldsymbol{X}}_k^{(j)})\end{aligned} \tag{8-5}$$

式中

$$\begin{aligned}\boldsymbol{P}_k^{(ij)}&=\mathrm{E}(\tilde{\boldsymbol{X}}_k^{(i)}\;\tilde{\boldsymbol{X}}_k^{(j)})\\&=(\boldsymbol{I}-\boldsymbol{K}_k^{(i)}\,\boldsymbol{H}_k)(\boldsymbol{\phi}_{k-1}\,\boldsymbol{P}_{k-1}^{(ij)}\,\boldsymbol{\phi}_{k-1}^{-1}+\boldsymbol{G}_{k-1}\,\boldsymbol{Q}_{k-1}^{(i)}\,\boldsymbol{G}_{k-1}^{-1})(\boldsymbol{I}-\boldsymbol{K}_k^{(j)}\,\boldsymbol{H}_k)^{\mathrm{T}}\end{aligned}$$

8.2.3 双门限法

在前述方法中，加权法、修正法和最近邻法是三种基本方法。但在实践中，它们暴露了问题，特别是在密集目标环境下，或当出现较多的交叉、分岔和机动航迹时，它们的关联效果明显下降。因而，何友等[13-14]针对加权和修正法的问题，将信号检测中的双门限检测思想应用到航迹关联中。具体如下：假定 $\hat{\boldsymbol{X}}_k^{(i)}$ 和 $\hat{\boldsymbol{X}}_k^{(j)}$ 为来自不同传感器的航迹估计。首先设定事件 H_0 和 H_1。

(1) H_0：$\hat{\boldsymbol{X}}_k^{(i)}$ 和 $\hat{\boldsymbol{X}}_k^{(j)}$ 为相同目标的航迹状态估计事件。

(2) H_1：$\hat{\boldsymbol{X}}_k^{(i)}$ 和 $\hat{\boldsymbol{X}}_k^{(j)}$ 为不同目标的航迹状态估计事件。

双门限法即指对于来自两个不同传感器的 K 个估计样本，设置一初值为 0 的检验计数器。首先对样本逐个基于 χ^2 分布门限进行假设检验，若判定接受 H_0，则计数器的值加 1，否则不变。在 K 次检验内，如果计数器的值不小于计数门限 L，则判定航迹关联。

在每次假设检验中：

(1) 若使用加权法统计距离进行检验，则称为独立双门限法。

(2) 若使用修正法统计距离进行检验，则称为相关双门限法。

8.3　基于模糊数学的航迹关联方法

当目标数目比较密集或者误差较大时，统计学算法关联的效果明显下降。实际应用中，在航迹相关判决中存在较大的模糊性。基于模糊数学理论，何友等提出了模糊双门限法[15]和模糊综合函数法[16]航迹关联。

8.3.1　模糊双门限法

航迹关联中的模糊性可以用模糊数学中的隶属度函数来表示，即用隶属度概念来描述两航迹的相似程度。

设模糊因素集 $\mathbf{V}=\{v^{(1)},\ v^{(2)},\ \cdots,\ v^{(n)},\ \cdots,\ v^{(N)}\}$，式中 $v^{(n)}$ 表示对判决起作用的第 n 个模糊因素。这里考虑三类模糊因素集：第一类集包括两目标位置、速度、航向之间的欧氏距离等模糊因素；第二类集包含两目标 x 轴、y 轴方向上的位置，速度和航向之间的欧氏距离等模糊因素；第三类集包括两目标 x、y、z 轴方向上的位置、速度、方向余弦角之间的欧氏距离等模糊因素。

对上述模糊因素集的权重分配为模糊集 $\boldsymbol{A}=\{a^{(1)},\ a^{(2)},\ \cdots,\ a^{(n)},\ \cdots,\ a^{(N)}\}$，式中 $a^{(n)}$ 为第 n 个模糊因素 $v^{(n)}$ 所对应的权重，一般规定 $\sum_{n=1}^{N} a^{(n)}=1$。一般来说，通常选 $a^{(1)} \geqslant a^{(2)} \geqslant a^{(3)} \geqslant \cdots \geqslant a^{(N)}$，并且最后几个因素的权重均较小。

设 k 时刻，来自不同传感器的待关联航迹 i $(i \in \boldsymbol{T}_1)$ 和 j $(j \in \boldsymbol{T}_2)$ 的航迹点为 $\boldsymbol{X}_k^{(i)}$ 和 $\boldsymbol{X}_k^{(j)}$，滤波值为

$$\hat{\boldsymbol{X}}_k^{(i)}=[\hat{x}_k^{(i)},\ \hat{y}_k^{(i)},\ \hat{z}_k^{(i)},\ \hat{\dot{x}}_k^{(i)},\ \hat{\dot{y}}_k^{(i)},\ \hat{\dot{z}}_k^{(i)},\ \hat{\ddot{x}}_k^{(i)},\ \hat{\ddot{y}}_k^{(i)},\ \hat{\ddot{z}}_k^{(i)}] \tag{8-6}$$

$$\hat{\boldsymbol{X}}_k^{(j)}=[\hat{x}_k^{(j)},\ \hat{y}_k^{(j)},\ \hat{z}_k^{(j)},\ \hat{\dot{x}}_k^{(j)},\ \hat{\dot{y}}_k^{(j)},\ \hat{\dot{z}}_k^{(j)},\ \hat{\ddot{x}}_k^{(j)},\ \hat{\ddot{y}}_k^{(j)},\ \hat{\ddot{z}}_k^{(j)}] \tag{8-7}$$

滤波误差服从均值为零、协方差分别为 $\boldsymbol{P}_i(k)$ 和 $\boldsymbol{P}_j(k)$ 的正态分布。

对第一类模糊因素集，取 $N=3$，根据定义，有

$$\begin{cases} v_k^{(1)}=[(\hat{x}_k^{(i)}-\hat{x}_k^{(j)})^2+(\hat{y}_k^{(i)}-\hat{y}_k^{(j)})^2]^{1/2} \\ v_k^{(2)}=[(\hat{\dot{x}}_k^{(i)}+\hat{\dot{y}}_k^{(i)})^2-(\hat{\dot{x}}_k^{(j)}+\hat{\dot{y}}_k^{(j)})^2]^{1/2} \\ v_k^{(3)}=\theta_k^{(ij)}=|\tan^{-1}(\hat{\dot{y}}_k^{(i)}/\hat{\dot{x}}_k^{(i)})-\tan^{-1}(\hat{\dot{y}}_k^{(j)}/\hat{\dot{x}}_k^{(j)})| \end{cases} \tag{8-8}$$

与之对应的权向量初值取 $a^{(1)}=0.55$，$a^{(2)}=0.35$，$a^{(3)}=0.10$。

对第二类模糊因素集，取 $N=5$，根据定义，有

$$\begin{cases} v_k^{(1)}=|\hat{x}_k^{(i)}-\hat{x}_k^{(j)}| \\ v_k^{(2)}=|\hat{y}_k^{(i)}-\hat{y}_k^{(j)}| \\ v_k^{(3)}=|\hat{\dot{x}}_k^{(i)}-\hat{\dot{x}}_k^{(j)}| \\ v_k^{(4)}=|\hat{\dot{y}}_k^{(i)}-\hat{\dot{y}}_k^{(j)}| \\ v_k^{(5)}=\theta_k^{(ij)} \end{cases} \tag{8-9}$$

与之对应的权向量初值取 $a^{(1)}=0.3$，$a^{(2)}=0.3$，$a^{(3)}=0.15$，$a^{(4)}=0.15$，$a^{(5)}=0.1$。

对第三类模糊因素集，取 $N=9$，根据定义，有

$$
\begin{cases}
v_k^{(1)} = |\hat{x}_k^{(i)} - \hat{x}_k^{(j)}|, v_k^{(2)} = |\hat{y}_k^{(i)} - \hat{y}_k^{(j)}| \\
v_k^{(3)} = |\hat{z}_k^{(i)} - \hat{z}_k^{(j)}|, v_k^{(4)} = |\hat{\dot{x}}_k^{(i)} - \hat{\dot{x}}_k^{(j)}| \\
v_k^{(5)} = |\hat{\dot{y}}_k^{(i)} - \hat{\dot{y}}_k^{(j)}|, v_k^{(6)} = |\hat{\dot{z}}_k^{(i)} - \hat{\dot{z}}_k^{(j)}| \\
v_k^{(7)} = |\cos^{-1}(\hat{\dot{x}}_k^{(i)}/\rho_k^{(i)}) - \cos^{-1}(\hat{\dot{x}}_k^{(j)}/\rho_k^{(j)})| \\
v_k^{(8)} = |\cos^{-1}(\hat{\dot{y}}_k^{(i)}/\rho_k^{(i)}) - \cos^{-1}(\hat{\dot{y}}_k^{(j)}/\rho_k^{(j)})| \\
v_k^{(9)} = |\cos^{-1}(\hat{\dot{z}}_k^{(i)}/\rho_k^{(i)}) - \cos^{-1}(\hat{\dot{z}}_k^{(j)}/\rho_k^{(j)})|
\end{cases}
\tag{8-10}
$$

式中，$\rho_k^{(T)} = \sqrt{(\hat{\dot{x}}_k^{(T)})^2 + (\hat{\dot{y}}_k^{(T)})^2 + (\hat{\dot{z}}_k^{(T)})^2}$（$T$ 为 i 或 j），并且与之对应的权向量初值取 $a^{(1)}=0.2$，$a^{(2)}=0.2$，$a^{(3)}=0.2$，$a^{(4)}=0.1$，$a^{(5)}=0.1$，$a^{(6)}=0.1$，$a^{(7)}=1/30$，$a^{(8)}=1/30$，$a^{(9)}=1/30$。权向量的初值由经验确定。

在实际应用中，可以根据目标的状况动态地对权向量值进行调整，譬如可以简单地对速度进行区间划分，制订速度区间-模糊集对应表，在关联过程中根据速度选取对应的权向量。

选取正态隶属度函数，基于第 n 个模糊因素判定航迹相似的隶属度为

$$
\mu^{(n)}(v^{(n)}) = \exp\{-a^{(n)}[(v^{(n)})^2/(\sigma^{(n)})^2]\} \qquad n = 1, 2, \cdots, N \tag{8-11}
$$

综合相似度为

$$
f_k^{(ij)} = \sum_{n=1}^{N} a_k^{(n)} \mu^{(n)} \qquad i \in \boldsymbol{T}_1,\ j \in \boldsymbol{T}_2 \tag{8-12}
$$

进一步可得到模糊相关矩阵为

$$
\boldsymbol{F}_k = \begin{bmatrix}
f_k^{(11)} & f_k^{(12)} & \cdots & f_k^{(1t_2)} \\
f_k^{(21)} & f_k^{(22)} & \cdots & f_k^{(2t_2)} \\
\vdots & \vdots & \vdots & \vdots \\
f_k^{(t_1 1)} & f_k^{(t_1 2)} & \cdots & f_k^{(t_1 t_2)}
\end{bmatrix} \tag{8-13}
$$

航迹相关检验如下：在矩阵 $\boldsymbol{F}_k$ 中找出最大元素 $f_k^{(ij)}$，如果 $f_k^{(ij)} > \varepsilon$，则判定航迹 i 和 j 相关，并从 $\boldsymbol{F}_k$ 中划去 $f_k^{(ij)}$ 对应的行和列，得到降阶相关矩阵 $\boldsymbol{F}_{1,k}$，但行、列号不变，不断重复上述过程，直到得到的 $F_{n,k}$ 元素都小于 ε。如是则完成了 k 时刻的相似性检验。

基于信号检测中的双门限准则，为了控制航迹关联检验的终止，引入航迹关联质量指标 $Q_k^{(ij)}$，并取两个正整数 I 和 K。如果在时刻 $k=1, 2, \cdots, K$，在检验过程中相关检验成功，则有

$$Q_k^{(ij)}=Q_{k-1}^{(ij)}+1 \tag{8-14}$$

式中，$Q_0^{(ij)}=0$。

如果在 K 次相关检验完成后，有

$$Q_K^{(ij)} \geqslant I \tag{8-15}$$

则判决航迹 i 和 j 为固定相关对，停止后续的相关检验。

8.3.2 模糊综合函数法

模糊综合函数算法主要是基于模糊集理论的思想，根据隶属度函数和综合函数的具体模型选择来计算综合相似度，同时引入航迹关联质量进行关联判断。

设 k 时刻，来自不同传感器的待关联航迹 i ($i \in \boldsymbol{T}_1$) 和 j ($j \in \boldsymbol{T}_2$) 的航迹点为 $\boldsymbol{x}_k^{(i)}$ 和 $\boldsymbol{x}_k^{(j)}$，滤波值为 $\hat{\boldsymbol{x}}_k^{(i)}$ 和 $\hat{\boldsymbol{x}}_k^{(j)}$，滤波误差服从均值为零、协方差分别为 $\boldsymbol{P}_k^{(i)}$ 和 $\boldsymbol{P}_k^{(j)}$ 的正态分布，航迹长度为 K。两航迹点 $\hat{\boldsymbol{x}}_k^{(i)}$ 和 $\hat{\boldsymbol{x}}_k^{(j)}$ 的差异度为

$$(\boldsymbol{M}_k^{(ij)})^2=(\hat{\boldsymbol{x}}_k^{(i)}-\hat{\boldsymbol{x}}_k^{(j)})^{\mathrm{T}}(\boldsymbol{P}_k^{(i)}+\boldsymbol{P}_k^{(j)})^{-1}(\hat{\boldsymbol{x}}_k^{(i)}-\hat{\boldsymbol{x}}_k^{(j)}) \tag{8-16}$$

选取正态隶属度函数描述两航迹点的相似度，有

$$u_k^{(ij)}=\exp[-b(\boldsymbol{M}_k^{(ij)})^2]=\exp[-b(\hat{\boldsymbol{x}}_k^{(i)}-\hat{\boldsymbol{x}}_k^{(j)})^{\mathrm{T}}(\boldsymbol{P}_k^{(i)}+\boldsymbol{P}_k^{(j)})^{-1}(\hat{\boldsymbol{x}}_k^{(i)}-\hat{\boldsymbol{x}}_k^{(j)})] \tag{8-17}$$

航迹 i 和 j 的相似性向量可表示为

$$\boldsymbol{U}_k^{(ij)}=(u_1^{(ij)},\ u_2^{(ij)},\ \cdots,\ u_K^{(ij)})^{\mathrm{T}} \tag{8-18}$$

用模糊综合函数来计算综合相似度。常见的模糊综合函数为

$$\boldsymbol{S}_k(\boldsymbol{U}_k^{(ij)})=\left[\frac{1}{K}\sum_{k=1}^{K}(\boldsymbol{u}_k^{(ij)})^q\right]^{\frac{1}{q}} \qquad q>0 \tag{8-19}$$

$$\boldsymbol{S}_k(\boldsymbol{U}_k^{(ij)})=(\prod_{k=1}^{K}\boldsymbol{u}_k^{(ij)})^{\frac{1}{K}} \tag{8-20}$$

$$\boldsymbol{S}_k(\boldsymbol{U}_k^{(ij)})=\frac{1}{2}(\wedge_{k=1}^{K}u_k^{(ij)}+\vee_{k=1}^{K}u_k^{(ij)}) \tag{8-21}$$

综合相似度为

$$\mu_k^{(ij)} = \boldsymbol{S}_k(\boldsymbol{U}_k^{(ij)}) = \boldsymbol{S}_k[(u_1^{(ij)}, u_2^{(ij)}, \cdots, u_K^{(ij)})^{\mathrm{T}}] \tag{8-22}$$

得到航迹的综合相似度后，为了给出相似性判决，需要去模糊化。关联准则基于最大综合相似度和阈值判别原则，令

$$\mu_k^{(ij^*)} = \max_{j \in \boldsymbol{T}_2} \boldsymbol{S}_k(\boldsymbol{U}_k^{(ij)}) \qquad i \in \boldsymbol{T}_1$$

如果

$$\mu_k^{(ij^*)} > \varepsilon \tag{8-23}$$

式中，ε 是阈值参数，取 $0.5 \leqslant \varepsilon \leqslant 1$。

则判定航迹 i 和 j^* 在 k 时刻关联，且 j^* 在这一时刻不再与其他航迹关联；否则判定这两个航迹不关联，且此时航迹 i 为漏关联航迹。

为了控制航迹关联检验的终止，引入航迹关联质量指标 $Q_{ij}(k)$。如果在 k 时刻根据式(8-23)判定航迹 i 和 j^* 关联，则

$$Q_k^{(ij^*)} = Q_{k-1}^{(ij^*)} + 1$$

否则

$$Q_k^{(ij^*)} = Q_{k-1}^{(ij^*)} - 1$$

式中，$Q_0^{(ij^*)} = 0$。

如果 $Q_k^{(ij^*)} \geqslant 6$，则判定航迹 i 和 j^* 为固定关联对，终止关联检验。

8.4　基于灰色理论的航迹关联方法

受传感器精度受限、杂波干扰等因素影响，多传感器航迹信息往往不准确。基于统计学的关联方法需要已知典型的分布和较大的样本；基于模糊理论的关联方法中，隶属度函数的选择和参数设置又较大地依赖经验。在这种信息不完备的情况下，灰色关联分析方法体现出了很大的适用性。

灰色航迹关联算法可以从相近性、相似性、综合性三个不同的视角来研究，本节将分别介绍其内涵和具体方法。

8.4.1　相近性灰色关联法

相近性是指两航迹的关联程度由航迹位置的接近程度衡量。基于相近性的灰色关联算法主要有邓氏一般关联算法、广义关联算法。邓氏一般

关联算法主要是以点与点之间的欧式距离衡量相近程度。广义关联算法包括广义绝对关联和广义相对关联，以序列曲线所夹面积多少或者矩阵曲面所夹体积大小来衡量相近程度。本节以邓氏一般关联算法[17]中的一元序列灰色关联为例进行介绍。

设 $\boldsymbol{U}^{(1)}=\{\boldsymbol{X}^{(i)}\}(i=1, 2, \cdots, N_1)$，$\boldsymbol{U}^{(2)}=\{\boldsymbol{X}^{(j)}\}(j=1, 2, \cdots, N_2)$ 是传感器 1 和传感器 2 的航迹集合，航迹为长度 K 的一元序列。以传感器 1 中的航迹 $\boldsymbol{X}^{(o)}$ 作为参考序列，传感器 2 的所有航迹 $\{\boldsymbol{X}^{(j)}\}$ 作为比较序列。对 $\boldsymbol{X}^{(o)}$ 和所有 $\boldsymbol{X}^{(j)}$ 进行归一化处理，有

$$\boldsymbol{X}^{(j,k)}=\frac{\boldsymbol{X}^{(j,k)}-\min\limits_{k}\boldsymbol{X}^{(j,k)}}{\max\limits_{k}\boldsymbol{X}^{(j,k)}-\min\limits_{k}\boldsymbol{X}^{(j,k)}}\quad k=1, 2, \cdots, K\quad j=1, 2, \cdots, N_2 \tag{8-24}$$

$$\boldsymbol{X}^{(o,k)}=\frac{\boldsymbol{X}^{(o,k)}-\min\limits_{k}\boldsymbol{X}^{(j,k)}}{\max\limits_{k}\boldsymbol{X}^{(j,k)}-\min\limits_{k}\boldsymbol{X}^{(j,k)}}\quad k=1, 2, \cdots, K\quad j=1, 2, \cdots, N_2 \tag{8-25}$$

进而有灰色关联系数：

$$\gamma(\boldsymbol{X}^{(o,k)}, \boldsymbol{X}^{(j,k)})=\frac{\min\limits_{j}\min\limits_{k}|\boldsymbol{X}^{(o,k)}-\boldsymbol{X}^{(j,k)}|+\rho\max\limits_{j}\max\limits_{k}|\boldsymbol{X}^{(o,k)}-\boldsymbol{X}^{(j,k)}|}{|\boldsymbol{X}^{(o,k)}-\boldsymbol{X}^{(j,k)}|+\rho\max\limits_{j}\max\limits_{k}|\boldsymbol{X}^{(o,k)}-\boldsymbol{X}^{(j,k)}|} \tag{8-26}$$

式中，ρ 为分辨系数，分辨系数越小，分辨力越大，通常取 $\rho=0.5$。

$\boldsymbol{X}^{(o)}$ 和 $\boldsymbol{X}^{(j)}$ 的灰色关联度为

$$\gamma^{(oj)}=\gamma(\boldsymbol{X}^{(o)}, \boldsymbol{X}^{(j)})=\frac{1}{K}\sum_{k=1}^{K}\gamma(\boldsymbol{X}^{(o,k)}, \boldsymbol{X}^{(j,k)}) \tag{8-27}$$

求得灰色关联度后，航迹关联准则可参照前述章节中的方法。

上述关联度计算采用的是平均加权法，即认为每个属性的重要性是均等的。当认为各个属性对关联度的影响程度有区别时，可以为每一个属性分配不同的权重 $\beta^{(n)}\left(\sum\beta^{(n)}=1\right)$，关联度计算式为

$$\gamma^{(oj)}=\sum_{k=1}^{K}\beta^{(k)}\gamma(\boldsymbol{X}^{(o,k)}, \boldsymbol{X}^{(j,k)}) \tag{8-28}$$

此外，还可以采用熵值法加权，即通过各个属性含有的信息量来确定

各个属性的信息熵,进而确定各个属性的权重。

设一个航迹向量共有 N 个属性,每个属性的长度为 M,可以构造决策矩阵 $\boldsymbol{X}=(x^{(mn)})_{M\times N}$ 对决策矩阵进行预处理,转换为标准矩阵 $\boldsymbol{Y}=(y^{(mn)})_{M\times N}$,其中

$$y^{(mn)}=\frac{x^{(mn)}}{n^{*}} \qquad 1\leqslant m\leqslant M,\ 1\leqslant n\leqslant N \tag{8-29}$$

$$n^{*}=\max(x^{(mn)}) \qquad 1\leqslant m\leqslant M \tag{8-30}$$

进而对 Y 进行归一化,得 $\boldsymbol{P}=(p^{(mn)})_{M\times N}$,其中

$$p^{(mn)}=\frac{y^{(mn)}}{\sum_{m=1}^{M}y^{(mn)}} \qquad 1\leqslant n\leqslant N \tag{8-31}$$

各个属性对应的熵值为

$$e^{(n)}=-(\ln M)^{-1}\sum_{m=0}^{M}p^{(mn)}\ln p^{(mn)} \tag{8-32}$$

熵值越小,差异系数越大,则该属性应分配的权重就越大。各个属性的差异系数 $h^{(n)}=1-e^{(n)}(1\leqslant n\leqslant N)$,各个属性的权重为

$$\beta^{(n)}=\frac{h^{(n)}}{\sum_{n=1}^{N}h^{(n)}} \qquad 1\leqslant n\leqslant N \tag{8-33}$$

8.4.2 相似性灰色关联法

相似性是指从整体形态发展趋势的相似程度比较关联度的大小。相似性灰色航迹关联主要的算法包括斜率关联度[18]、T 型关联度[19]等。趋势的相似程度是以各个对应时间段内“斜率”(增量)之间的差异性度量的。本节以斜率关联度灰色关联为例进行介绍。

差异性越小,发展趋势越相似,则关联度越高。

设 $\boldsymbol{U}^{(1)}=\{\boldsymbol{X}^{(i)}\}(i=1,2,\cdots,N_1)$,$\boldsymbol{U}^{(2)}=\{\boldsymbol{X}^{(j)}\}(j=1,2,\cdots,N_2)$ 是传感器 1 和传感器 2 的航迹集合,航迹长度为 K。以传感器 1 中的航迹 $\boldsymbol{X}^{(o)}$ 作为参考序列,以传感器 2 的所有航迹 $\{\boldsymbol{X}^{(j)}\}$ 作为比较序列。$\boldsymbol{X}^{(o)}$ 和 $\boldsymbol{X}^{(j)}$ 的斜率关联度为

$$\gamma^{(oj)}=\gamma(\boldsymbol{X}^{(o)},\boldsymbol{X}^{(j)})=\frac{1}{K-1}\sum_{k=1}^{K-1}\frac{1+\left|\frac{\Delta x_k^{(o)}}{\bar{x}_0}\right|}{1+\left|\frac{\Delta x_k^{(o)}}{\bar{x}^{(o)}}\right|+\left|\frac{\Delta x_k^{(o)}}{\bar{x}^{(o)}}-\frac{\Delta x_k^{(j)}}{\bar{x}^{(j)}}\right|}$$

式中

$$\bar{x}^{(o)}=\frac{1}{K}\sum_{k=1}^{K}x_k^{(o)},\quad \bar{x}^{(j)}=\frac{1}{K}\sum_{k=1}^{K}x_k^{(j)}$$

$$\Delta x_k^{(o)}=x_{k+1}^{(o)}-x_k^{(o)},\quad \Delta x_k^{(j)}=x_{k+1}^{(j)}-x_k^{(j)}$$

式中，$x_k^{(j)}$ 代表 $\boldsymbol{X}^{(j)}$ 在第 k 个时刻的数据。

8.4.3 综合性灰色关联法

综合性是指从接近程度和相似程度两方面综合考虑航迹的关联程度。综合关联度同时度量两曲线之间距离的接近程度和每个时间段内斜率差异的相似程度。综合性灰色关联算法主要包括 B 型关联度[20]、点斜灰色关联度以及 LHD 灰色关联度。本节以 B 型关联度为例介绍。

B 型关联度中，两航迹之间的接近程度和相似程度分别由位移差以及一阶和二阶斜率差来衡量。依然设 $\boldsymbol{U}^{(1)}=\{\boldsymbol{X}^{(i)}\}(i=1,2,\cdots,N_1)$，$\boldsymbol{U}^{(2)}=\{\boldsymbol{X}^{(j)}\}(j=1,2,\cdots,N_2)$ 是传感器 1 和传感器 2 的航迹集合，航迹长度为 K。以传感器 1 中的航迹 $\boldsymbol{X}^{(o)}$ 作为参考序列，以传感器 2 的所有航迹 $\{\boldsymbol{X}^{(j)}\}$ 作为比较序列。$\boldsymbol{X}^{(o)}$ 和 $\boldsymbol{X}^{(j)}$ 的 B 型关联度为

$$\gamma^{(oj)}=\gamma(\boldsymbol{X}^{(o)},\boldsymbol{X}^{(j)})=\frac{1}{1+\frac{1}{K}d_{(0)}^{(oj)}+\frac{1}{K-1}d_{(1)}^{(oj)}+\frac{1}{K-2}d_{(2)}^{(oj)}}\tag{8-34}$$

式中

$$d_{(0)}^{(oj)}=\sum_{k=1}^{K}\left|x_k^{(o)}-x_k^{(j)}\right|\tag{8-35}$$

$$d_{(1)}^{(oj)}=\sum_{k=1}^{K-1}\left|x_{k+1}^{(o)}-x_k^{(o)}-x_{k+1}^{(j)}+x_k^{(j)}\right|\tag{8-36}$$

$$d_{(2)}^{(oj)}=\frac{1}{2}\sum_{k=2}^{K-1}\left|(x_{k+1}^{(o)}-x_{k+1}^{(j)})-2(x_k^{(o)}-x_k^{(j)})+(x_{k-1}^{(o)}+x_{k-1}^{(j)})\right|\tag{8-37}$$

8.5 基于数据关联的多目标跟踪算法

1955 年，Wax 率先提出了多目标跟踪（multiple target tracking, MTT）的基本概念。基于基本的滤波思想，面对场景中来源未知的多个量测，数据关联过程成为传统多目标跟踪算法的核心，即将场景中的各个量测“分配”给各个已知目标。代表性的数据关联多目标跟踪算法包括最近邻（nearest neighbor, NN）算法、概率数据关联（probability data association, PDA）算法、联合概率数据关联（joint probability data association, JPDA）算法和多假设跟踪（multiple hypothesis track, MHT）算法。

8.5.1 最近邻法

1973 年，Singer 等[21]提出了最近邻法，该算法利用先验信息估计量测与目标状态相关性。最近邻法的基本原理如下：选取各有效量测中距离波门中心统计距离最小的量测，视之为目标的真实回波。

简要来说，在时刻 k，根据标准卡尔曼滤波器对目标 $\boldsymbol{T}^{(n)}$ 的状态进行观测值的一步预测，得到观测预测值 $\hat{\boldsymbol{z}}_{k+1|k}^{(n)}$。对场景中任一量测 $\boldsymbol{z}^{(j)}$，计算其新息加权范数

$$d^2(\boldsymbol{z}^{(j)})=(\boldsymbol{z}^{(j)}-\hat{\boldsymbol{z}}_{k+1|k}^{(n)})^{\mathrm{T}}S_{k+1}^{-1}(\boldsymbol{z}^{(j)}-\hat{\boldsymbol{z}}_{k+1|k}^{(n)}) \tag{8-38}$$

式中，S_{k+1} 是目标 $\boldsymbol{T}^{(n)}$ 的新息协方差矩阵，根据卡尔曼滤波得到。

计算新息加权范数 $d^2(\boldsymbol{z}^{(j)})$ 后，使用 $d^2(\boldsymbol{z}^{(j)})$ 最小的量测作为真实回波，用于对该目标进行后续的状态更新等。

最近邻法原理简单、计算量小、易于实现，在工程上得到了一定的应用。

8.5.2 概率数据关联法

最近邻法实现简单，适用于杂波较少的环境，当环境中杂波较多时，容易出现数据关联错误。为了克服这一缺点，解决杂波环境下的数据关联问题，Bar-Shalom 等[22]提出了概率数据关联（PDA）法。

PDA 方法考虑了落入相关波门内的所有确认量测，根据不同的相关情况计算出各个回波来自目标的概率，然后利用这些概率对波门内的不同回

波进行加权，作为等效回波，以对目标的状态进行更新。利用概率数据互联算法对杂波环境下的单目标进行跟踪的优点是误跟踪和丢失目标的概率较小，虽然计算量稍大于卡尔曼滤波器，但依然相对较小。

PDA算法与卡尔曼滤波器在预测阶段的方程相同，不同之处在于状态更新和协方差更新的位置考虑了波门内所有回波的影响。考虑 $\boldsymbol{Z}_k$ 表示 k 时刻落入某个目标相关波门内的候选回波集合，$\boldsymbol{Z}_{1:k}$ 表示直到 k 时刻的确认量测的累积集合，即有

$$\boldsymbol{Z}_{1:k}=\{\boldsymbol{Z}_j\}_{j=1}^{k} \tag{8-39}$$

其中

$$\boldsymbol{Z}_k=\{\boldsymbol{z}_k^{(i)}\}_{i=1}^{m_k} \tag{8-40}$$

式中，m_k 是相关波门内的候选回波数。

定义如下事件：

(1) 定义 $\theta_k^{(i)}$ 表示事件：$\boldsymbol{z}_k^{(i)}$ 是源于目标的量测，$i=1,\ 2,\ \cdots,\ m_k$。

(2) 定义 $\theta_k^{(0)}$ 表示事件：在 k 时刻没有源于目标的量测。

以确认量测的累积集合 $\boldsymbol{Z}_{1:k}$ 为条件，第 i 个量测 $\boldsymbol{z}_k^{(i)}$ 源于目标的条件概率为

$$\beta_k^{(i)}=\Pr\{\theta_k^{(i)}\mid\boldsymbol{Z}_{1:k}\} \tag{8-41}$$

由于这些事件假设是互斥且完备的，所以 $\sum_{i=0}^{m_k}\beta_k^{(i)}=1$，则 k 时刻目标状态的条件均值可以表示为

$$\begin{aligned}\hat{\boldsymbol{X}}_{k|k}&=\sum_{i=0}^{m_k}\beta_k^{(i)}\hat{\boldsymbol{X}}_{k|k}^{(i)}\\&=\hat{\boldsymbol{X}}_{k|k-1}+\boldsymbol{K}_k\sum_{i=0}^{m_k}\beta_k^{(i)}\boldsymbol{v}_k^{(i)}\\&=\hat{\boldsymbol{X}}_{k|k-1}+\boldsymbol{K}_k\boldsymbol{v}_k\end{aligned} \tag{8-42}$$

与更新状态估计对应的误差协方差为

$$\boldsymbol{P}_{k|k}=\boldsymbol{P}_{k|k-1}\beta_k^{(0)}+(1-\beta_k^{(0)})\boldsymbol{P}_{k|k}^{c}+\widetilde{\boldsymbol{P}}_k \tag{8-43}$$

式中

$$\boldsymbol{P}_{k|k}^{c}=(\boldsymbol{I}-\boldsymbol{K}_k\boldsymbol{H}_k)\boldsymbol{P}_{k|k-1} \tag{8-44}$$

$$\widetilde{\boldsymbol{P}}_k=\boldsymbol{K}_k\left[\sum_{i=1}^{m_k}\boldsymbol{\beta}_k^{(i)}\boldsymbol{v}_k^{(i)}(\boldsymbol{v}_k^{(i)})^{\mathrm{T}}-\boldsymbol{v}_k\boldsymbol{v}_k^{\mathrm{T}}\right]\boldsymbol{K}_k^{\mathrm{T}} \tag{8-45}$$

式(8-41)中,互联概率 $\beta_k^{(i)}$ 的计算如下：首先把量测集合 $\boldsymbol{Z}_{1:k}$ 分为过去累积数据 $\boldsymbol{Z}_{1:k-1}$ 和最新数据 $\boldsymbol{Z}_k$，即

$$\beta_k^{(i)}=\Pr\{\theta_k^{(i)}\mid\boldsymbol{Z}_k\}=\Pr\{\theta_k^{(i)}\mid\boldsymbol{Z}_k,\ m_k,\ \boldsymbol{Z}_{1:k-1}\} \tag{8-46}$$

利用贝叶斯准则,式(8-46)可以改写为

$$\begin{aligned}\beta_k^{(i)}&=\Pr\{\theta_k^{(i)}\mid\boldsymbol{Z}_k,\ m_k,\ \boldsymbol{Z}_{1:k-1}\}\\&=\frac{p[\boldsymbol{Z}_k\mid\theta_k^{(i)},\ m_k,\ \boldsymbol{Z}_{1:k-1}]\Pr\{\theta_k^{(i)}\mid m_k,\ \boldsymbol{Z}_{1:k-1}\}}{\sum_{j=0}^{m_k}p[\boldsymbol{Z}_k\mid\theta_k^{(j)},\ m_k,\ \boldsymbol{Z}_{1:k-1}]\Pr\{\theta_k^{(j)}\mid m_k,\ \boldsymbol{Z}_{1:k-1}\}}\end{aligned} \tag{8-47}$$

具有泊松杂波模型的概率为

$$\begin{aligned}\beta_k^{(i)}&=\frac{\mathrm{N}[\boldsymbol{v}_k^{(i)};\ 0,\ \boldsymbol{S}_k]}{\lambda(1-\boldsymbol{P}_{\mathrm{D}}\boldsymbol{P}_{\mathrm{G}})/\boldsymbol{P}_{\mathrm{D}}+\sum_{j=1}^{m_k}\mathrm{N}[\boldsymbol{v}_k^{(j)};\ 0,\ \boldsymbol{S}_k]}\\&=\frac{\exp\left[-\frac{1}{2}(\boldsymbol{v}_k^{(i)})^{\mathrm{T}}\boldsymbol{S}_k^{-1}\boldsymbol{v}_k^{(i)}\right]}{\lambda\mid 2\pi\boldsymbol{S}_k\mid^{\frac{1}{2}}(1-\boldsymbol{P}_{\mathrm{D}}\boldsymbol{P}_{\mathrm{G}})/\boldsymbol{P}_{\mathrm{D}}+\sum_{j=1}^{m_k}\exp\left[-\frac{1}{2}(\boldsymbol{v}_k^{(j)})^{\mathrm{T}}S(k)^{-1}\boldsymbol{v}_k^{(j)}\right]}\\&i=1,\ 2,\ \cdots,\ m_k\end{aligned} \tag{8-48}$$

式中，$\boldsymbol{P}_{\mathrm{G}}$ 是门概率；$\boldsymbol{P}_{\mathrm{D}}$ 是目标检测概率，也就是正确量测完全被检测的概率。

$$\beta_k^{(0)}=\frac{\lambda\mid 2\pi\boldsymbol{S}_k\mid^{\frac{1}{2}}(1-\boldsymbol{P}_{\mathrm{D}}\boldsymbol{P}_{\mathrm{G}})/\boldsymbol{P}_{\mathrm{D}}}{\lambda\mid 2\pi\boldsymbol{S}_k\mid^{\frac{1}{2}}(1-\boldsymbol{P}_{\mathrm{D}}\boldsymbol{P}_{\mathrm{G}})/\boldsymbol{P}_{\mathrm{D}}+\sum_{j=1}^{m_k}\exp\left[-\frac{1}{2}(\boldsymbol{v}_k^{(j)})^{\mathrm{T}}S(k)^{-1}\boldsymbol{v}_k^{(j)}\right]} \tag{8-49}$$

PDA 算法将所有量测回波通过互联概率进行加权处理,转换为等效回波参与计算,适用于对单目标或者稀疏多目标的航迹维持。整个算法流程如图 8-2 所示。

8.5.3　联合概率数据关联法

联合概率数据关联(JPDA)法[23]原理与 PDA 类似,JPDA 也是基于确认门内的所有量测计算一个加权残差用于航迹更新,不同之处在于当有回

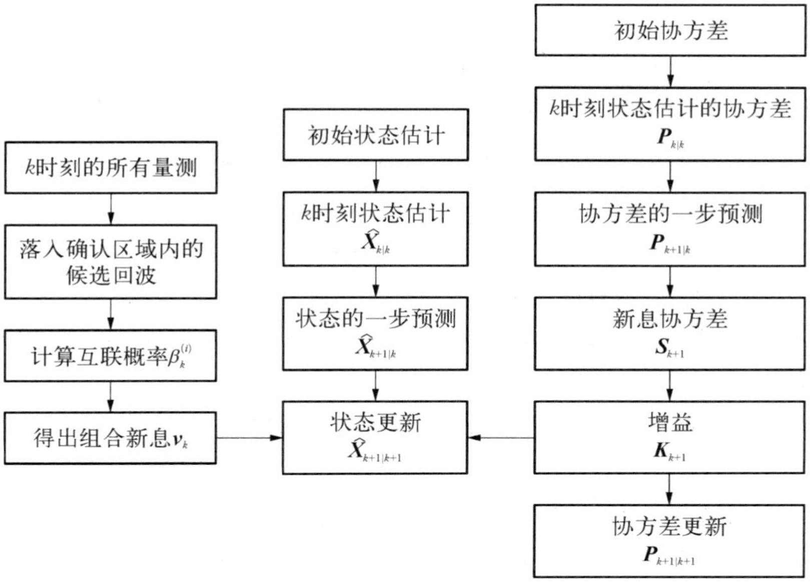

图 8-2 PDA 算法流程

波落入不同目标相关波门的重叠区域内时，必须考虑各个量测的目标来源情况。在计算互联概率的时候要考虑不同航迹对于量测的竞争，有竞争的加权值要相应减小，以表现出其他目标对于该量测的竞争。

JPDA 算法与 PDA 算法的主要不同在于互联概率的计算方法不同，JPDA 算法的目的就是计算出每一个量测与其可能的各种源目标相互联的概率。为此，需要引入确认矩阵和互联矩阵（联合事件）的概念。

1）目标跟踪门的确定

如果满足

$$(\tilde{Z}_k^{(i,t)})^{\mathrm{T}}(S_k^{(t)})^{-1}\tilde{Z}_k^{(i,t)} \leqslant \gamma \tag{8-50}$$

则量测值 $Z_k^{(i,t)}$ 为目标 t 的候选回波，该式为椭圆波门规则。式中，$\tilde{Z}_k^{(i,t)}$ 为每个目标的候选量测的信息，$\tilde{Z}_k^{(i,t)} = Z_k^{(i)} - \hat{Z}_{k|k-1}^{(t)}$；参数 γ 可以由 χ^2 分布表获得。

2）确认矩阵的确定

$$\boldsymbol{\Omega} = \begin{bmatrix} \omega^{(1,0)} & \cdots & \omega^{(1,T)} \\ \vdots & \cdots & \vdots \\ \omega^{(m_k,0)} & \cdots & \omega^{(m_k,T)} \end{bmatrix} \tag{8-51}$$

式中，$\omega^{(j,t)}=1$ 表示量测 $j(j=1,2,\cdots,m_k)$ 落入目标 $t(t=0,1,\cdots,T)$ 的确认门内；$\omega_{jt}=0$ 表示量测 j 没有落在目标 t 的跟踪门内。$t=0$ 表示没有目标，此时的 $\omega^{(j,0)}$ 全部为 1，表示每个量测都可能源于杂波或虚警。

3）确定互联矩阵

对于一个给定的多目标跟踪问题，给出了反映有效回波与目标或杂波关联情况的确认矩阵后，可以通过对确认矩阵的拆分得到所有互联事件的可行矩阵。在对确认矩阵进行拆分时，需要依据以下两个基本假设：

两条基本假设分别称为完备性和互不相容性。

（1）每个量测有唯一的来源，也就是说，任一个量测不源于某一目标，则一定源于杂波，也就是该量测为虚警。

（2）对于一个给定的目标，最多有一个量测以其为源，即每一个量测最多来源于一个目标。

根据上面提到的两个假设，对确认矩阵的拆分必须遵循以下两个原则：

（1）根据第一个假设，互联矩阵每一行选出并且仅选出一个非零元素。

（2）根据第二个假设，互联矩阵除第一列外，每列最多只能有一个非零元素。

4）互联概率的计算

设 $\theta_k^{(j)}$ 表示量测 j 源于目标 $t(0 \leqslant t \leqslant T)$ 的事件，$\theta_0^{(j)}$ 表示量测 j 源于杂波或虚警，则第 j 个量测与目标 t 互联的概率为

式中，$\theta_k^{(i)}$ 表示第 i 个联合事件中，量测 j 是否源于目标 t。量测 j 源于目标 t 时，$\hat{w}^{(j,t,i)}$ 为1，否则为0。

$$\beta_k^{(j,t)} = \sum_{i=1}^{n_k} \hat{\boldsymbol{w}}^{(j,t,i)}(\theta_k^{(i)}) P\{\theta_k^{(i)} \mid \boldsymbol{Z}_k\} \qquad j = 0, 1, \cdots, m_k \quad t = 0, 1, \cdots, T \tag{8-52}$$

$$\sum_{t=0}^{m_k} \beta_k^{(j,t)} = 1 \tag{8-53}$$

引入二元变量指示器：

$$\tau^{(j)}(\theta_k^{(i)}) = \sum_{t=1}^{T} \hat{\boldsymbol{w}}^{(j,t,i)}(\theta_k^{(i)}) = \begin{cases} 1 \\ 0 \end{cases}$$

$$\delta^{(t)}(\theta_k^{(i)}) = \sum_{j=1}^{m_k} \hat{\boldsymbol{w}}^{(j,t,i)}(\theta_k^{(i)}) = \begin{cases} 1 \\ 0 \end{cases}$$

分别表示联合事件 $\theta_k^{(i)}$ 中量测 j 是否与真实目标互联以及目标 t 是否被检测。

用 $\boldsymbol{\phi}(\theta_k^{(i)})$ 表示联合事件 $\theta_k^{(i)}$ 中假量测的数量，$\boldsymbol{V}$ 表示跟踪门体积，

$\boldsymbol{P}_{\mathrm{D}}^{(t)}$ 表示目标 t 的检测概率，则对于泊松分布杂波模型，联合事件概率为

$$P\{\theta_k^{(i)} \mid \boldsymbol{Z}_k\} = \frac{1}{c} \frac{\boldsymbol{\phi}(\theta_k^{(i)})!}{\boldsymbol{V}^{\boldsymbol{\phi}(\theta_k^{(i)})}} \prod_{j=1}^{m_k} \{N^{(t,j)}[\boldsymbol{Z}_k^{(j)}]\}^{\tau^{(j)}(\theta_k^{(i)})} \cdot$$

$$\prod_{t=1}^{T} (\boldsymbol{P}_{\mathrm{D}}^{(t)})^{\delta^{(t)}(\theta_k^{(i)})} (1 - \boldsymbol{P}_{\mathrm{D}}^{(t)})^{1-\delta^{(t)}(\theta_k^{(i)})} \tag{8-54}$$

在得到可行事件的互联概率之后，目标的状态更新按照如下公式进行：

$$\hat{\boldsymbol{X}}_{k|k}^{(t)} = \hat{\boldsymbol{X}}_{k|k-1} + \boldsymbol{K}_k^{(t)} \boldsymbol{V}_k^{(t)} \tag{8-55}$$

$$\boldsymbol{V}_k^{(t)} = \sum_{j=1}^{m_k} \beta_k^{(j,t)} \widetilde{\boldsymbol{Z}}_k^{(i,t)} \tag{8-56}$$

$$\boldsymbol{P}_{k|k}^{(t)} = \boldsymbol{P}_{k|k-1}^{(t)} - (1 - \beta^{(o,t)}) \boldsymbol{K}_k^{(t)} \boldsymbol{S}_k^{(t)} (\boldsymbol{K}_k^{(t)})^{\mathrm{T}}$$

$$+ \sum_{0}^{m_k} \beta_k^{(j,t)} [\hat{\boldsymbol{X}}_{k|k}^{(j,t)} (\hat{\boldsymbol{X}}_{k|k}^{(j,t)})^{\mathrm{T}} - \hat{\boldsymbol{X}}_{k|k}^{(t)} (\hat{\boldsymbol{X}}_{k|k}^{(t)})^{\mathrm{T}}] \tag{8-57}$$

JPDA 算法流程如图 8-3 所示。

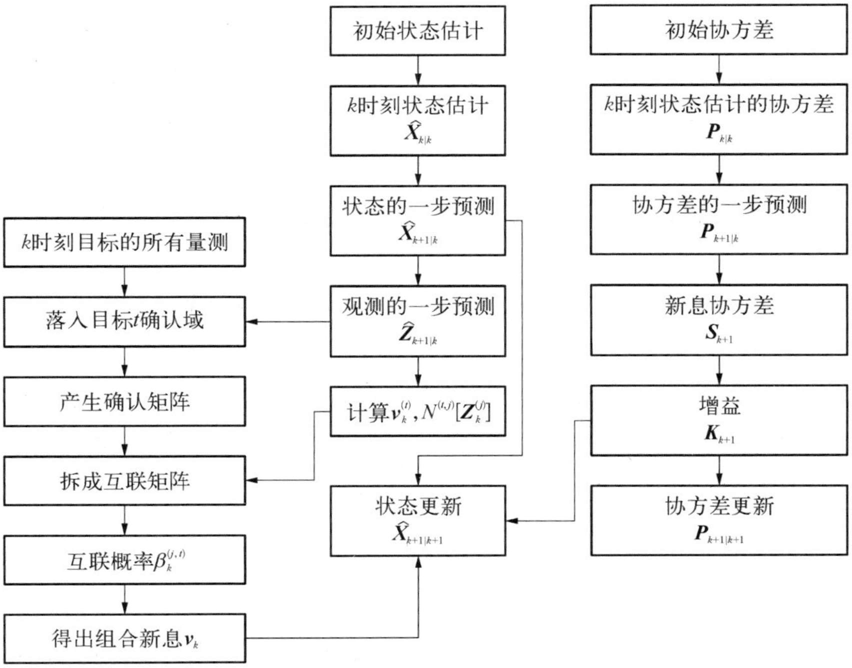

图 8-3 JPDA 算法流程

8.5.4 多假设数据关联法

多假设多目标跟踪算法(MHT)[24]考虑每个扫描周期内的量测可能来自新目标、虚警或者已有目标，是以“全邻”最优滤波器和 Bar-Shalom 提出的聚概念为基础的。算法主要包括聚的构成、“假设”的产生(每一可能航迹为一假设)、每一个假设的概率计算以及假设约简。MHT 算法从理论上给出了数据关联问题的最优解，但由于假设数随目标、量测数以及时间的推移呈指数型增长，实际技术很难达到，因此在实际工程中难以直接采用。针对于此，有大量的近似方法被用来解决这一问题，常见的 MHT 实现算法有 m -最优 MHT 算法、多维分配算法和贝叶斯 MHT 算法等。

m -最优 MHT 实现算法是在 Reid 的 MHT 算法基础上，结合 Murty 提出的寻找分配问题 m 个最优解的方法，提出的一种次优 MHT 算法[25]。其核心思想在于通过删除各个时刻的低概率假设，保留 m 个最优假设的方法，进而抑制假设数随时间指数增长的趋势。给定 $k-1$ 时刻的 $m(k-1)$ 个假设，则 k 时刻的假设数量可以限制在 $m(k)$ 个。其中，$m(k-1)$ 和 $m(k)$ 分别表示 $k-1$ 时刻和 k 时刻所保留的假设数目；m 是可变参数，可以事先给定，也可以自适应选择。

该算法主要包括以下 7 个关键步骤：

(1) 对先验目标的初始化。不仅包括对先验各个目标状态的初始化，还包含初始假设的生成。

(2) 接受新的量测数据集。包括目标量测数据以及杂波数据。

(3) 目标时刻更新。

(4) 聚的生成。形成新的聚，聚中包含可能航迹以及与这些可能航迹相关联的量测。如果前一时刻任意两个聚与当前时刻的同一量测都相关，那么这两个聚形成一个“超聚”。定义聚矩阵 $\boldsymbol{M}_k$：

$$\boldsymbol{M}_k=[\upsilon^{(j,t)}] \qquad j=1, 2, \cdots, m_k \quad t=0, 1, \cdots, T, T+1, \cdots, T+m_k \tag{8-58}$$

式中，$\upsilon^{(j,t)}=1(t=1, \cdots, T)$ 表示量测 j 落入目标 t 的跟踪门内；$\upsilon^{(j,t)}=1(t=T+1, \cdots, T+m_k)$ 表示量测 j 有可能是新目标；$\upsilon^{(j,t)}=0(t=1, \cdots, T)$ 表示量测 j 没有落在目标 t 的跟踪门内；$t=0$ 表示没有目标，此时的 $\upsilon^{(j,0)}$ 全部为 1，表示每个量测都可能源于杂波或者虚警。

(5) 新假设的生成。形成新的数据关联假设集，计算各个假设的概率，完成每个假设下的目标、量测更新。与 JPDA 中的关联矩阵一样，这里聚矩阵的拆分也需要满足互不相容性和完备性两个基本假设。

假设概率计算公式如下：

$$\boldsymbol{P}_k^{(i)}=\frac{1}{c}\frac{N_{\mathrm{FT}}!\ N_{\mathrm{FT}}!}{\bar{m}!}\boldsymbol{P}_{\mathrm{D}}^{N_{\mathrm{DT}}}(1-\boldsymbol{P}_{\mathrm{D}})^{N_{\mathrm{TGT}}-N_{\mathrm{DT}}}\cdot \boldsymbol{F}_{N_{\mathrm{FT}}}(\boldsymbol{\beta}_{\mathrm{FT}}V)\cdot \boldsymbol{F}_{N_{\mathrm{NT}}}(\beta_{\mathrm{NT}}V)\cdot$$

$$\boldsymbol{F}\cdot\left\{\prod_{m=1}^{N_{\mathrm{DT}}}N[z_m;\ \hat{z}_m(r);\boldsymbol{S}_m(r)]\right\}\frac{1}{\boldsymbol{V}^{N_{\mathrm{FT}}}+\boldsymbol{V}^{N_{\mathrm{NT}}}}\boldsymbol{P}_{s,\,k-1} \qquad (8-59)$$

式中，c 是归一化常数；N_{FT} 和 N_{NT} 分别是关联了假目标和新目标的量测数；$\boldsymbol{P}_{\mathrm{D}}$ 是检测概率；N_{TGT} 是前一时刻假设 g 中的所有目标数；N_{DT} 是关联了前一时刻假设 g 中已有目标的量测数；$\boldsymbol{F}_n(\lambda)$ 是事件 n 参数为 λ 的泊松概率分布；β_{FT} 和 β_{NT} 分别是虚警和新目标密度；V 是跟踪门体积。

（6）假设删减。采用 Murty 的 m -最优算法对所生成的关联假设进行删减，删除低概率假设，保留 m 个最优假设。具体的 m -最优假设形成如图 8-4 所示。

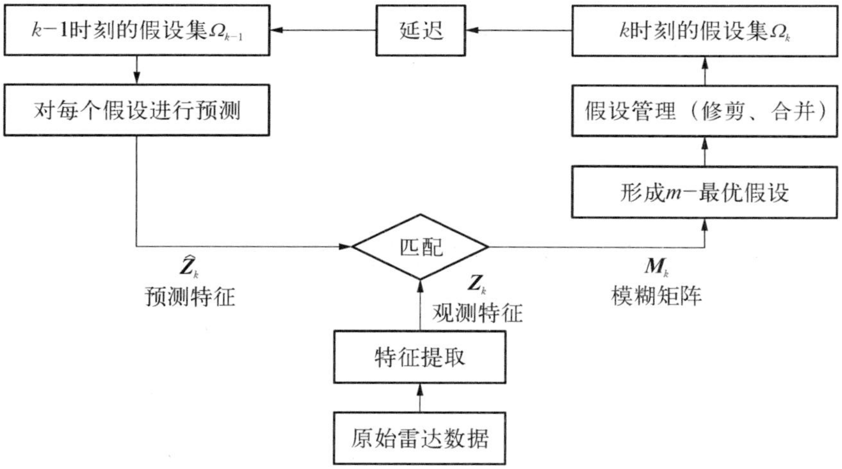

图 8-4 m -最优假设形成示意图

（7）简化与新聚生成。简化各个聚中的假设矩阵，将概率为 1 的可能目标转化为确定目标，并为确定目标创建新的聚。m -最优 MHT 算法结构如图 8-5 所示。

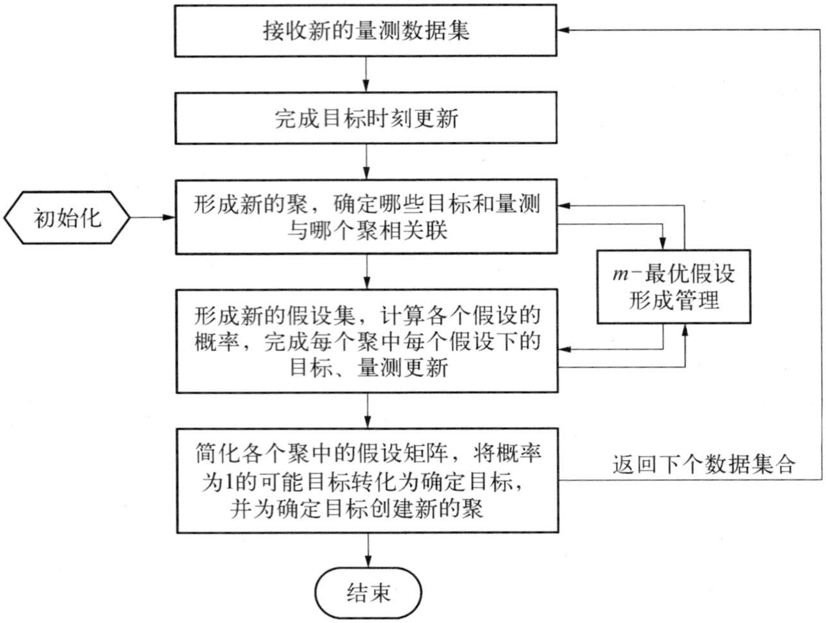

图 8-5　*m*-最优 MHT 算法结构图

8.6　基于随机有限集理论的多目标跟踪算法

复杂的多目标跟踪场景常存在两方面的问题：一方面，漏检、杂波、量测噪声等干扰可能存在于场景中；另一方面，由于目标随时可能出现新生、衍生或消失，目标和量测的数目实际上是未知且变化的。传统的多目标跟踪方法本质上是为每个目标分配一个滤波器，将各目标分别与其量测进行关联，即进行单目标跟踪。当目标数量增加并且比较密集，或者杂波密度变大时，数据关联过程的计算量将以指数的形式增长。

目前，随着有限集统计学理论（FISST）的发展，基于随机集理论的多目标跟踪算法正受到广泛关注。该类算法将多目标状态估计转化为集值估计，避免了复杂的数据关联，因此大大减少了计算量，此外，该类算法能够同时估计出多目标数目及目标状态，精度高且容易实现，适用于跟踪密集的多目标。

8.6.1 随机集有限集理论概述

1）随机集

随机集指取值为集合的随机元，即元素及其个数均是随机变量的集合。它是一种集合映射，处理的是随机集值函数。有限集随机统计理论将随机变量推广到随机有限集理论。

随机集的定义如下：假设存在概率空间 (Ω, A, Pr)，$\mathbb{R}^n$ 为欧式空间，$\boldsymbol{E}$ 是 $\mathbb{R}^n$ 的有界闭子集，$\boldsymbol{B}(\boldsymbol{E})$ 是 $\boldsymbol{E}$ 的所有有限子集的集合，则称可测映射 $I: \Omega \to \boldsymbol{B}(\boldsymbol{E})$ 为一随机集。

对于随机集 $\boldsymbol{X}$，集积分定义为

$$\int_S \boldsymbol{f}(\boldsymbol{X})\delta\boldsymbol{X} = \sum_{i=0}^{\infty} \frac{1}{i!}\int_S \boldsymbol{f}(\{\boldsymbol{x}^{(1)}, \cdots, \boldsymbol{x}^{(i)}\})\mathrm{d}\boldsymbol{x}^{(1)}\cdots\mathrm{d}\boldsymbol{x}^{(i)} \quad (8-60)$$

集导数定义为

$$\frac{\delta\boldsymbol{F}}{\delta\boldsymbol{X}}(\boldsymbol{T}) = \frac{\delta^M\boldsymbol{F}}{\delta\boldsymbol{x}^{(1)}\cdots\delta\boldsymbol{x}^{(i)}}(\boldsymbol{T}) \quad (8-61)$$

同时，集积分、集导数两者存在如下关系，两者互逆：

$$\boldsymbol{f}(\boldsymbol{X}) = \frac{\delta\boldsymbol{F}}{\delta\boldsymbol{X}}(S) \Leftrightarrow \int_S \boldsymbol{f}(\boldsymbol{X})\delta\boldsymbol{X} \quad (8-62)$$

在基于随机集理论的多目标跟踪问题中，目标状态与观测的模型均被视为随机集。

2）基于贝叶斯递归的目标跟踪

贝叶斯递归目标跟踪系统须能够满足以下三个属性。

(1) 先验概率：目标状态的先验分布已知，且包括目标运动属性的概率分布，先验概率用随机过程形式描述。

(2) 似然函数：传感器观测与目标状态之间的关系用似然函数描述。

(3) 后验概率：贝叶斯递归的输出是目标状态的后验概率分布。

假设观测空间中目标唯一，传感器无漏检，且场景中无杂波量测。目标的状态方程满足马尔可夫过程，若目标 $k-1$ 时刻的后验概率分布函数已知，则 k 时刻单目标贝叶斯跟踪可以通过“预测步”和“更新步”两步

完成。

预测步：

$$\boldsymbol{v}_{k|k-1}(\boldsymbol{x}_k \mid \boldsymbol{Z}_{1:k-1}) = \int \boldsymbol{f}_{k|k-1}(\boldsymbol{x}_k \mid \boldsymbol{x}_{k-1}) \boldsymbol{v}_{k-1|k-1}(\boldsymbol{x}_{k-1} \mid \boldsymbol{Z}_{1:k-1}) \mathrm{d}\boldsymbol{x}_{k-1} \tag{8-63}$$

式中，$\boldsymbol{x}_k$ 表示目标状态向量，$\boldsymbol{z}_{1:k} = \{\boldsymbol{z}_1, \cdots, \boldsymbol{z}_k\}$ 表示从时刻 1 到时刻 k 的量测集合；$\boldsymbol{f}_{k|k-1}(\boldsymbol{x}_k \mid \boldsymbol{x}_{k-1})$ 表示目标状态的转移概率密度函数；$\boldsymbol{g}_k(\boldsymbol{z}_k \mid \boldsymbol{x}_k)$ 表示量测与目标关系的似然函数；$\boldsymbol{v}_{k|k}(\boldsymbol{x}_k \mid \boldsymbol{Z}_{1:k})$ 表示贝叶斯递归输出的目标后验概率分布函数。

更新步：

$$\boldsymbol{v}_{k|k}(\boldsymbol{x}_k \mid \boldsymbol{Z}_{1:k}) = \frac{\boldsymbol{g}_k(\boldsymbol{z}_k \mid \boldsymbol{x}_k) \boldsymbol{v}_{k|k-1}(\boldsymbol{x}_k \mid \boldsymbol{Z}_{1:k-1})}{\int \boldsymbol{g}_k(\boldsymbol{z}_k \mid \boldsymbol{x}_k) \boldsymbol{v}_{k|k-1}(\boldsymbol{x}_k \mid \boldsymbol{Z}_{1:k-1}) \mathrm{d}x} \tag{8-64}$$

得到目标状态的后验概率分布函数后，就可以得到目标状态估计，方法包括最小均方误差估计、极大似然估计等。

3）随机集理论的多目标模型

RFS 理论将单个目标的贝叶斯递归公式拓展到了多目标情况下，从而使得在 RFS 框架下多目标的关联不用再单独考虑。

在 RFS 理论框架下，多目标的状态和观测都可以描述为随机有限集的形式，即

$$\boldsymbol{X}_k = \{\boldsymbol{x}_k^{(1)}, \cdots, \boldsymbol{x}_k^{(M_k)}\} \in \boldsymbol{F}(\boldsymbol{\chi}) \tag{8-65}$$

$$\boldsymbol{Z}_k = \{\boldsymbol{z}_k^{(1)}, \cdots, \boldsymbol{z}_k^{(N_k)}\} \in \boldsymbol{F}(\boldsymbol{Z}) \tag{8-66}$$

式中，χ 和 Z 分别表示目标的状态空间和观测空间；$\boldsymbol{F}(\boldsymbol{\chi})$ 和 $\boldsymbol{F}(\boldsymbol{Z})$ 分别表示状态空间和观测空间所有子集的集合；M_k 和 N_k 分别表示 k 时刻的目标数和观测集合中的元素数。

如果概率分布函数是已知的，则概率密度函数可以通过对概率分布函数求导获得；如果概率密度函数是已知的，则对概率密度函数进行积分可以得到概率分布函数。

对于集合来说，传统意义的、定义在区间上的概率分布不再适用；引入集合积分及求导的概念后，基于 RFS 的多目标跟踪贝叶斯递归公式可以表示为

$$\boldsymbol{v}_{k|k-1}(\boldsymbol{X}_k \mid \boldsymbol{Z}_{1:k-1}) = \int \boldsymbol{f}_{k|k-1}(\boldsymbol{X}_k \mid \boldsymbol{X}_{k-1}) \boldsymbol{v}_{k-1|k-1}(\boldsymbol{X}_{k-1} \mid \boldsymbol{Z}_{1:k-1}) \delta(\boldsymbol{X}_{k-1}) \tag{8-67}$$

$$\boldsymbol{v}_{k|k}(\boldsymbol{X}_k \mid \boldsymbol{Z}_{1:k}) = \frac{\boldsymbol{g}_k(\boldsymbol{Z}_k \mid \boldsymbol{X}_k) \boldsymbol{v}_{k|k-1}(\boldsymbol{X}_k \mid \boldsymbol{Z}_{1:k-1})}{\int \boldsymbol{g}_k(\boldsymbol{Z}_k \mid \boldsymbol{X}_k) \boldsymbol{v}_{k|k-1}(\boldsymbol{X}_k \mid \boldsymbol{Z}_{1:k-1}) \delta(\boldsymbol{X}_k)} \tag{8-68}$$

式中，$\boldsymbol{v}_{k|k}(\cdot \mid \boldsymbol{Z}_{1:k})$ 表示多目标的后验概率密度函数；

在实际中，由于式(8-68)包含多个集合函数的积分，计算上往往较为复杂，甚至难以实现。

$\boldsymbol{f}_{k|k-1}(\cdot \mid \boldsymbol{X}_{k-1})$ 表示多目标的状态转移密度函数；$\boldsymbol{g}_k(\cdot \mid \boldsymbol{X}_k)$ 表示多目标的量测似然函数。

8.6.2 概率假设密度滤波

2003 年，Mahler 利用目标状态集合的后验概率密度的一阶统计矩代替后验概率密度函数，从而得到了概率假设密度(PHD)滤波器，将多个概率密度函数的积分转化为单目标运动空间上的积分，大大简化了计算复杂度[26]。

在通过多目标状态的概率密度函数定义了多目标状态集合的"矩密度"后，Mahler 证明，多目标的概率假设密度可以表示为一阶多目标状态集合的矩密度。

概率假设密度表示多个目标状态集合的后验概率密度，其在状态空间中的积分表示该状态空间中目标个数的期望，即状态空间中目标数的后验概率密度。Mahler 将概率假设密度函数解释为多目标的状态集合的后验概率密度在单目标状态空间上误差最小的投影函数，即多目标状态集合后验概率密度的一种近似形式。

PHD 滤波器多目标跟踪方法须满足以下假设。

(1) 目标状态的运动模型满足马尔可夫过程，即可以用状态转移函数 $\boldsymbol{f}_{k|k-1}(\boldsymbol{X}_k \mid \boldsymbol{X}_{k-1})$ 描述。

(2) 目标存在新生、存活及消亡过程，$\boldsymbol{P}_{\mathrm{S},k|k-1}(\boldsymbol{x}_{k-1})$ 表示目标的存活概率，$1-\boldsymbol{P}_{\mathrm{S},k|k-1}(\boldsymbol{x}_{k-1})$ 表示目标的消亡概率。若 $\boldsymbol{b}_k(\boldsymbol{X}_k)$ 表示新生目标状态集合为 $\boldsymbol{X}_k$ 的似然函数，则新生目标概率假设密度函数 $\boldsymbol{\gamma}_k(\boldsymbol{X}_k)$ 可以表示为

$$\boldsymbol{\gamma}_k(\boldsymbol{X}_k)=\int \boldsymbol{b}_k(\{\boldsymbol{X}_k\} \cup \boldsymbol{W})\delta \boldsymbol{W} \tag{8-69}$$

(3) 多目标的状态及观测都相互独立。

(4) 观测中的杂波数服从泊松分布。

(5) 多目标状态随机有限集服从泊松分布。

基于以上假设，PHD 滤波器的递归公式如下。

(1) 预测步：

$$\boldsymbol{v}_{k|k-1}(\boldsymbol{X}_k \mid \boldsymbol{Z}_{1:k-1}) = \boldsymbol{\gamma}_k(\boldsymbol{X}_k) + \int [\boldsymbol{P}_{S,k|k-1}(\boldsymbol{x}_{k-1}) \boldsymbol{f}_{k|k-1}(\boldsymbol{x}_k \mid \boldsymbol{x}_{k-1})] \times \boldsymbol{v}_{k-1|k-1}(\boldsymbol{x}_{k-1} \mid \boldsymbol{Z}_{1:k-1}) \mathrm{d}\boldsymbol{x}_{k-1} \tag{8-70}$$

式中，$\boldsymbol{\gamma}_k(\boldsymbol{X}_k)$ 表示新生目标概率密度函数；$\boldsymbol{f}_{k|k-1}(\boldsymbol{x}_k|\boldsymbol{x}_{k-1})$ 表示单个目标的状态转移函数；$\boldsymbol{P}_{S,k|k-1}(\boldsymbol{x}_{k-1})$ 表示目标的存活概率。

（2）更新步：

$$\boldsymbol{v}_{k|k}(\boldsymbol{x}_k \mid \boldsymbol{Z}_{1:k}) = [1 - \boldsymbol{P}_{D,k}(\boldsymbol{x}_k)] \boldsymbol{v}_{k|k-1}(\boldsymbol{x}_k \mid \boldsymbol{Z}_{1:k-1}) + \sum_{z_k \in Z_k} \frac{\boldsymbol{P}_{D,k}(\boldsymbol{x}_k) \boldsymbol{g}_k(\boldsymbol{z}_k \mid \boldsymbol{x}_k) \boldsymbol{v}_{k|k-1}(\boldsymbol{x}_k \mid \boldsymbol{Z}_{1:k-1})}{\boldsymbol{\kappa}_k(\boldsymbol{z}_k) + \int \boldsymbol{P}_{D,k}(\boldsymbol{x}_k) \boldsymbol{g}_k(\boldsymbol{z}_k \mid \boldsymbol{x}_k) \boldsymbol{v}_{k|k-1}(\boldsymbol{x}_k \mid \boldsymbol{Z}_{1:k-1}) \mathrm{d}\boldsymbol{x}_k} \tag{8-71}$$

式中，$\boldsymbol{\kappa}_k(\boldsymbol{z}_k)$ 表示杂波强度函数；$\boldsymbol{g}_k(\boldsymbol{z}_k|\boldsymbol{x}_k)$ 表示单个目标的观测似然函数；$\boldsymbol{P}_{D,k}(\boldsymbol{x}_k)$ 表示传感器的检测概率。

8.6.3 高斯混合-概率假设密度滤波

在保持PHD滤波器的原始假设的前提下，基于线性高斯框架可以实现具有封闭解形式的概率假设密度滤波器，即GM-PHD滤波器[27]，其高斯项权值、均值及协方差矩阵可以通过卡尔曼或非线性卡尔曼滤波方式传递。

GM-PHD的实现需满足以下条件。

（1）状态模型及观测模型均满足线性高斯特性，即

$$\boldsymbol{f}_{k|k-1}(\boldsymbol{x}, \boldsymbol{\xi}) = N(\boldsymbol{x}; \boldsymbol{F}_{k|k-1}\boldsymbol{\xi}, \boldsymbol{Q}_{k-1}) \tag{8-72}$$

$$\boldsymbol{g}_k(\boldsymbol{z}, \boldsymbol{x}) = N(\boldsymbol{z}; \boldsymbol{H}_k\boldsymbol{x}, \boldsymbol{R}_k) \tag{8-73}$$

式中，$N(\cdot; m, P)$ 表示一均值为 m、方差为 P 的高斯分布；$\boldsymbol{F}_{k|k-1}$ 为状态转移矩阵；$\boldsymbol{\xi}$ 表示 $k-1$ 时刻的目标状态强度函数；$\boldsymbol{Q}_{k-1}$ 为系统噪声协方差矩阵；$\boldsymbol{H}_k$ 为观测矩阵；$\boldsymbol{R}_k$ 为观测噪声协方差矩阵。

（2）目标的存活概率与目标检测概率状态相互独立。

（3）新生目标的强度函数为高斯混合形式，即

$$\boldsymbol{\gamma}_k(\boldsymbol{x}) = \sum_{i=1}^{J_{\gamma,k}} \omega_{\gamma,k}^{(i)} N(\boldsymbol{x}; \boldsymbol{m}_{\gamma,k}^{(i)}, \boldsymbol{P}_{\gamma,k}^{(i)}) \tag{8-74}$$

在实现上，GM-PHD的一次迭代可以细分为以下四个步骤。

1）第一步：预测

（1）新目标预测。假设新生和衍生目标也可以表示为高斯混合项的形式，并且其强度函数先验已知。将这一高斯混合项记为 $\boldsymbol{\gamma}_k(x)$。

（2）原有目标预测。对原有目标的高斯混合项进行如下预测计算：

$$\boldsymbol{v}_{\mathrm{S},k|k-1}(\boldsymbol{x})=\boldsymbol{P}_{\mathrm{S},k}\sum_{j=1}^{J_{k-1}}\omega_{k-1}^{(j)}N(\boldsymbol{x},\boldsymbol{m}_{\mathrm{S},k|k-1}^{(j)},\boldsymbol{P}_{\mathrm{S},k|k-1}^{(j)}) \tag{8-75}$$

式中

$$\boldsymbol{m}_{\mathrm{S},k|k-1}^{(j)}=\boldsymbol{F}_{k-1}\boldsymbol{m}_{k-1}^{(j)} \tag{8-76}$$

$$\boldsymbol{P}_{\mathrm{S},k|k-1}^{(j)}=\boldsymbol{Q}_{k-1}+\boldsymbol{F}_{k-1}\boldsymbol{P}_{k-1}^{(j)}\boldsymbol{F}_{k-1}^{\mathrm{T}} \tag{8-77}$$

该步根据系统状态方程，对原有目标的强度函数的均值和协方差进行预测。

式中，$J_{\gamma,k}$ 为高斯项的个数；$\omega_{\gamma,k}^{(i)}$、$\boldsymbol{m}_{\gamma,k}^{(i)}$、$\boldsymbol{P}_{\gamma,k}^{(i)}$ 分别为高斯项的权值、均值和协方差，并假设新生目标强度函数先验已知。

(3) 目标混合。将新目标和原有目标的高斯混合项合成一个新的高斯混合项，即

$$\boldsymbol{v}_{k|k-1}(\boldsymbol{x})=\boldsymbol{v}_{\mathrm{S},k|k-1}(\boldsymbol{x})+\boldsymbol{\gamma}_k(\boldsymbol{x}) \tag{8-78}$$

在该高斯混合项中，各项的均值统一用 $\boldsymbol{m}_{k|k-1}$ 指代，各项的协方差阵统一用 $\boldsymbol{P}_{k|k-1}$ 指代。

2) 第二步：更新

基于观测值和第一步得到的 $\boldsymbol{v}_{k|k-1}(\boldsymbol{x})$ 做一步状态更新，即

$$\boldsymbol{v}_{k|k}(\boldsymbol{x})=(1-\boldsymbol{P}_{\mathrm{D},k})\boldsymbol{v}_{k|k-1}(\boldsymbol{x})+\sum_{z\in\boldsymbol{Z}_k}\boldsymbol{v}_{\mathrm{D},k}(\boldsymbol{x};\boldsymbol{z}) \tag{8-79}$$

式中

$$\boldsymbol{v}_{\mathrm{D},k}(\boldsymbol{x};\boldsymbol{z})=\sum_{j=1}^{J_{k|k-1}}\boldsymbol{\omega}_k^{(j)}(\boldsymbol{z})N[\boldsymbol{x};\boldsymbol{m}_{k|k}^{(j)}(\boldsymbol{z}),\boldsymbol{P}_{k|k}^{(j)}] \tag{8-80}$$

$$\omega_k^{(j)}(\boldsymbol{z})=\frac{\boldsymbol{P}_{\mathrm{D},k}\boldsymbol{\omega}_{k|k-1}^{(j)}\boldsymbol{q}_k^{(j)}(\boldsymbol{z})}{\boldsymbol{\kappa}_k(\boldsymbol{z})+\boldsymbol{P}_{\mathrm{D},k}\sum_{l=1}^{J_{k|k-1}}\boldsymbol{\omega}_{k|k-1}^{(l)}\boldsymbol{q}_k^{(l)}(\boldsymbol{z})} \tag{8-81}$$

$$\boldsymbol{q}_k^{(j)}(\boldsymbol{z})=N(\boldsymbol{z};\boldsymbol{H}_k\boldsymbol{m}_{k|k-1}^{(j)},\boldsymbol{R}_k+\boldsymbol{H}_k\boldsymbol{P}_{k|k-1}^{(j)}\boldsymbol{H}_k^{\mathrm{T}}) \tag{8-82}$$

$$\boldsymbol{m}_{k|k}^{(j)}(\boldsymbol{z})=\boldsymbol{m}_{k|k-1}^{(j)}+\boldsymbol{K}_k^{(j)}(\boldsymbol{z}-\boldsymbol{H}_k\boldsymbol{m}_{k|k-1}^{(j)}) \tag{8-83}$$

$$\boldsymbol{P}_{k|k}^{(j)}=(\boldsymbol{I}-\boldsymbol{K}_k^{(j)}\boldsymbol{H}_k)\boldsymbol{P}_{k|k-1}^{(j)} \tag{8-84}$$

$$\boldsymbol{K}_k^{(j)}=\boldsymbol{P}_{k|k-1}^{(j)}\boldsymbol{H}_k^{\mathrm{T}}(\boldsymbol{H}_k\boldsymbol{P}_{k|k-1}^{(j)}\boldsymbol{H}_k^{\mathrm{T}}+\boldsymbol{R}_k)^{-1} \tag{8-85}$$

式中，$\boldsymbol{\kappa}_k(\boldsymbol{z})$ 表征杂波强度；$\boldsymbol{P}_{\mathrm{S},k}$ 和 $\boldsymbol{P}_{\mathrm{D},k}$ 是目标的存活和检测概率；$\boldsymbol{H}_k$ 为系统观测矩阵。

当观测 $\boldsymbol{z}$ 的位置坐标位于观测区域内时，这一指标的值为杂乱目标信号的密度，即每单位观测区域(面积或体积)内出现的杂乱目标信号的数

量；当位置坐标不在观测区域内时，该值为0。

这一步得到的更新为每一个预测目标与每一个观测到的目标两两建立关联并产生一个高斯项，因而第二步结束后高斯项的数量将剧增，须进行第三步，即修剪合并。

3）第三步：修剪合并

（1）修剪。简单地剔除权值低于某一阈值的高斯项即可。

（2）合并。在修剪后，将一定门限内的不同高斯项进行合并。衡量标准可以采用欧氏或马氏距离。以马氏距离为例，计算方式为

$$D_{\mathrm{M}k|k}^{(i,j)}=\Delta\boldsymbol{m}_{k|k}^{(i,j)}(\boldsymbol{x})^{\mathrm{T}}(\boldsymbol{P}_{k|k}^{(i)})^{-1}\Delta\boldsymbol{m}_{k|k}^{(i,j)}(\boldsymbol{x})\tag{8-86}$$

$$\Delta\boldsymbol{m}_{k|k}^{(i,j)}(\boldsymbol{x})=\boldsymbol{m}_{k|k}^{(i)}(\boldsymbol{x})-\boldsymbol{m}_{k|k}^{(j)}(\boldsymbol{x})\tag{8-87}$$

合并后，新高斯项的权值、均值、协方差计算方法如下：

$$\omega_{\mathrm{new}\,k|k}^{(i)}(\boldsymbol{x})=\sum_{j=1}^{J_i}\omega_{\mathrm{merged}\,k|k}^{(i,j)}(\boldsymbol{x})\tag{8-88}$$

$$\boldsymbol{m}_{\mathrm{new}\,k|k}^{(i)}(\boldsymbol{x})=\frac{1}{\omega_{\mathrm{new}\,k|k}^{(i)}(\boldsymbol{x})}\sum_{j=1}^{J_i}\omega_{\mathrm{merged}\,k|k}^{(i,j)}(\boldsymbol{x})\boldsymbol{m}_{\mathrm{merged}\,k|k}^{(i,j)}(\boldsymbol{x})\tag{8-89}$$

$$\boldsymbol{P}_{\mathrm{new}\,k|k}^{(i)}(\boldsymbol{x})=\frac{1}{\omega_{\mathrm{new}\,k|k}^{(i)}(\boldsymbol{x})}\sum_{j=1}^{J_i}\omega_{\mathrm{merged}\,k|k}^{(i,j)}(x)[\boldsymbol{P}_{\mathrm{merged}\,k|k}^{(i,j)}(x)+\Delta\boldsymbol{m}_{2,k|k}^{(i,j)}(\boldsymbol{x})\Delta\boldsymbol{m}_{2,k|k}^{(i,j)}(\boldsymbol{x})^{\mathrm{T}}]\tag{8-90}$$

$$\Delta\boldsymbol{m}_{2,k|k}^{(i,j)}(\boldsymbol{x})=\boldsymbol{m}_{\mathrm{new}\,k|k}^{(i)}(x)-\boldsymbol{m}_{\mathrm{merged}\,k|k}^{(i,j)}(\boldsymbol{x})\tag{8-91}$$

新权值即为合并项的权值和，新均值为合并项的均值加权平均。

4）第四步：状态估计

根据第三步的计算结果，得到有限的高斯混合项。将权值大于某阈值的项输出，其均值输出为目标状态。

8.6.4　序贯蒙特卡罗-概率假设密度滤波

前述GM-PHD方法实现较为容易，但在应用上具有一定的局限性。针对此，Vo等[28]又将序贯蒙特卡罗（粒子滤波）思想引入PHD架构，提出了SMC-PHD滤波算法。与GM-PHD相比，SMC-PHD可适用于非线性、非高斯场景，因此在工程应用上备受关注。

假设 $k-1$ 时刻，通过序贯蒙特卡罗近似采样一组粒子集 $\{\boldsymbol{w}_{k-1}^{(i)}, \boldsymbol{x}_{k-1}^{(i)}\}_{i=1}^{L_{k-1}}$，用于近似后验概率假设密度函数 $\boldsymbol{D}_{k-1}$，即

$$\boldsymbol{D}_{k-1}=\sum_{i=1}^{L_{k-1}} w_{k-1}^{(i)} \boldsymbol{\delta}_{\boldsymbol{x}_{k-1}^{(i)}}(\boldsymbol{x}) \tag{8-92}$$

在实现上，SMC - PHD 的一次迭代可以细分为以下三个步骤。

1）第一步：预测

k 时刻多目标的预测强度函数也可由一组带权值的粒子拟合得到，即

$$\boldsymbol{D}_{k|k-1}=\sum_{i=1}^{L_{k-1}+J_k} w_{k|k-1}^{(i)} \boldsymbol{\delta}_{\tilde{\boldsymbol{x}}_k^{(i)}}(\boldsymbol{x}) \tag{8-93}$$

式中，J_k 为新生粒子的数量，新生粒子状态由通过新生目标重要性密度函数 $\boldsymbol{p}_k(\cdot \mid \boldsymbol{Z}_k)$ 进行采样，该函数服从均值为 m、方差为 P 的高斯分布；存活粒子则由存活目标重要性密度函数 $\boldsymbol{q}_k(\cdot \mid \boldsymbol{x}_{k-1}^{(i)}, \boldsymbol{Z}_k)$ 决定。

预测粒子的权值计算公式如下：

$$w_{k|k-1}^{(i)}=\begin{cases}\dfrac{\boldsymbol{\phi}_{k|k-1}(\tilde{\boldsymbol{x}}_k^{(i)}, \boldsymbol{x}_{k-1}^{(i)}) w_{k-1}^{(i)}}{\boldsymbol{q}_k(\tilde{\boldsymbol{x}}_k^{(i)} \mid \boldsymbol{x}_{k-1}^{(i)}, \boldsymbol{Z}_k)} & i=1, \cdots, L_{k-1} \\ \dfrac{\boldsymbol{r}_k(\tilde{\boldsymbol{x}}_k^{(i)})}{\boldsymbol{J}_k \boldsymbol{p}_k(\tilde{\boldsymbol{x}}_k^{(i)} \mid \boldsymbol{Z}_k)} & i=L_{k-1}+1, \cdots, L_{k-1}+J_k\end{cases} \tag{8-94}$$

式中，$\boldsymbol{\phi}_{k|k-1}(\tilde{\boldsymbol{x}}_k^{(i)}, \boldsymbol{x}_{k-1}^{(i)})=P_{\mathrm{S}, k}(\boldsymbol{x}_{k-1}^{(i)}) \boldsymbol{f}_{k|k-1}(\tilde{\boldsymbol{x}}_k^{(i)} \mid \boldsymbol{x}_{k-1}^{(i)})+\boldsymbol{b}_{k|k-1}(\tilde{\boldsymbol{x}}_k^{(i)} \mid \boldsymbol{x}_{k-1}^{(i)})$，由目标的新生与衍生共同决定。

经过预测步骤后，可得到预测粒子集 $\{w_{k|k-1}^{(i)}, \tilde{\boldsymbol{x}}_k^{(i)}\}_{i=1}^{L_{k-1}+J_k}$。

2）第二步：更新

强度函数更新公式为

$$\boldsymbol{D}_k(x)=\sum_{i=1}^{L_{k-1}+J_k} \tilde{w}_k^{(i)} \boldsymbol{\delta}_{\tilde{\boldsymbol{x}}_k^{(i)}}(\boldsymbol{x}) \tag{8-95}$$

式中

$$\tilde{w}_k^{(i)}=\left[1-P_{\mathrm{D}, k}(\tilde{x}_k^{(i)})+\sum_{z \in Z_k} \frac{\boldsymbol{P}_{\mathrm{D}, k}(\boldsymbol{x}_k^{(i)}) \boldsymbol{g}(\boldsymbol{z} \mid \tilde{\boldsymbol{x}}_k^{(i)})}{\boldsymbol{k}_k(z)+\boldsymbol{C}_k(\boldsymbol{z})}\right] w_{k|k-1}^{(i)} \tag{8-96}$$

$$\boldsymbol{C}_k(z)=\sum_{i=1}^{L_{k-1}+J_k} P_{\mathrm{D}, k}(\tilde{\boldsymbol{x}}_k^{(i)}) \boldsymbol{g}(\boldsymbol{z} \mid \tilde{\boldsymbol{x}}_k^{(i)}) w_{k|k-1}^{(i)} \tag{8-97}$$

更新步骤后，也可以得到一组带权值的粒子集 $\{\tilde{w}_k^{(i)}, \tilde{\boldsymbol{x}}_k^{(i)}\}_{i=1}^{L_{k-1}+J_k}$ 拟合后验强度函数。

3）第三步：重采样

首先，计算权重总和：

$$\hat{N}_{k|k}=\sum_{i=1}^{L_{k-1}+J_k}\tilde{w}_k^{(i)} \tag{8-98}$$

其次，进行重采样（重采样方法可参考前述章节），由粒子集 $\left\{\frac{\tilde{w}_k^{(i)}}{\hat{N}_{k|k}},\ \tilde{\boldsymbol{x}}_k^{(i)}\right\}_{i=1}^{L_{k-1}+J_k}$ 得到重采样粒子集 $\left\{\frac{w_k^{(i)}}{\hat{N}_{k|k}},\ \boldsymbol{x}_k^{(i)}\right\}_{i=1}^{L_k}$。最后，用 $\hat{N}_{k|k}$ 重设粒子权重，得到粒子集 $\{w_k^{(i)},\ \boldsymbol{x}_k^{(i)}\}_{i=1}^{L_k}$。

8.7 仿真分析

本节将展示多传感器航迹关联方法及多目标跟踪方法的场景应用。展示的航迹关联方法包括加权法、修正法、模糊综合函数法以及相近性、相似性和综合性灰色关联方法；多目标跟踪方法分别为基于数据关联的多目标跟踪算法（PDA、JPDA 和 MHT 算法）以及基于随机有限集理论的多目标跟踪算法（GM－PHD 和 SMC－PHD 算法）。

8.7.1 航迹关联算法仿真分析

本节中，假设场景为二维平面，有量测噪声水平不同的传感器 1 和传感器 2，其噪声分别服从不同协方差的高斯分布。使用卡尔曼滤波器对两个传感器得到的量测进行状态估计；基于估计值，使用航迹关联算法进行航迹关联。

场景中有 10 个目标以编队方式做匀速直线运动，其真实航迹如图 8－6 所示。

仿真中，模糊综合函数法采用正态隶属度函数和第一类模糊综合函数；三种角度的灰色关联算法分别采用一元序列灰色关联、斜率灰色关联和 B 型灰色关联。关联相似度阈值均为 0.5，在每种条件下均进行 100 次蒙特卡罗试验。

若固定传感器的量测噪声协方差矩阵 $\boldsymbol{R}_k^{(1)}=\mathrm{diag}(30^2,\ 30^2)$，$\boldsymbol{R}_k^{(2)}=\mathrm{diag}(50^2,\ 50^2)$，则对于不同的航迹间隔，各航迹关联算法关联正确率如图 8－7 所示。

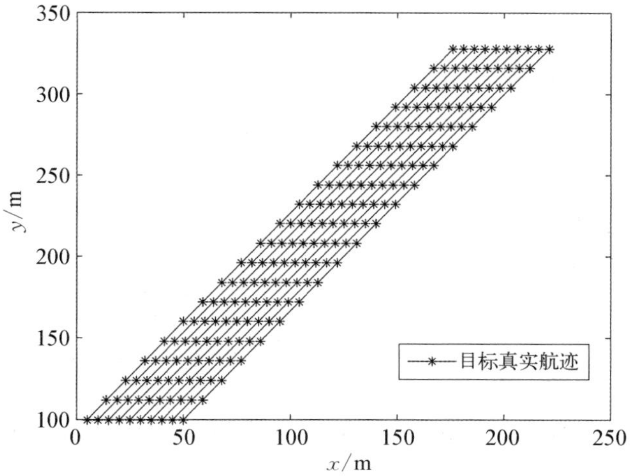

图 8-6 待关联目标真实航迹

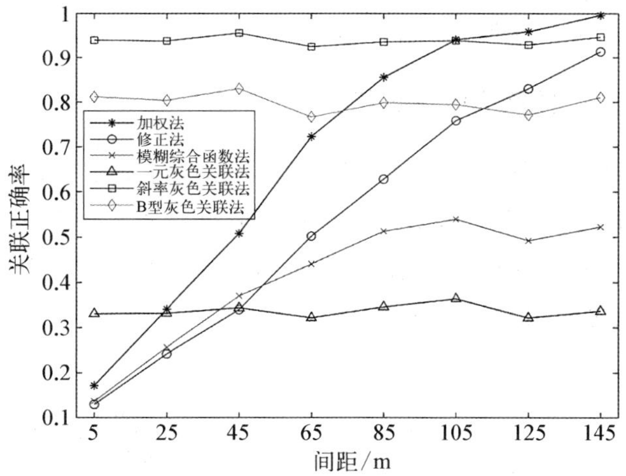

图 8-7 不同间隔下关联正确率对比

若固定航迹间隔为 20 m，两个传感器的量测噪声协方差矩阵 $\boldsymbol{R}_k^{(1)}=\mathrm{diag}(\sigma^2,\ \sigma^2)$，$\boldsymbol{R}_k^{(2)}=\mathrm{diag}[(2\sigma)^2,\ (2\sigma)^2]$，则在不同的 σ 下，各航迹关联算法的关联正确率如图 8-8 所示。

可以看出，对于编队飞行目标较为相似的航迹，航迹关联算法的关联效果受到航迹间距和噪声强度的影响。对于加权法、修正法和模糊综合函数法而言，总体上间距越大，或噪声强度越低，关联正确率越高。而对于三种灰色关联算法而言，航迹间距的影响则较为不明显，总体上斜率灰色关

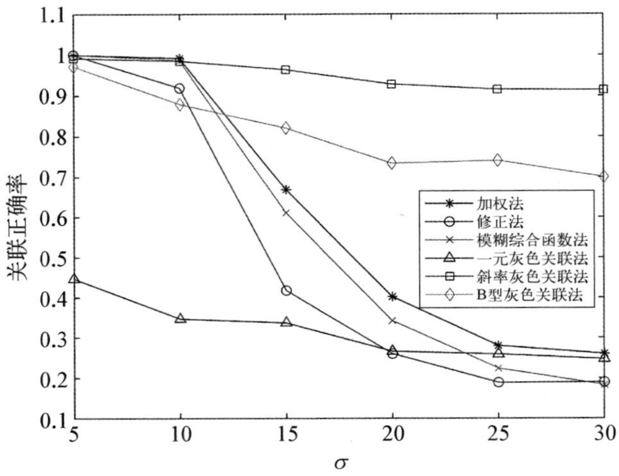

图 8-8 不同 σ 下关联正确率对比

联、B型灰色关联的关联正确率较高。

8.7.2 数据关联算法仿真分析

本节仿真场景中，使用一个二维平面雷达进行跟踪。由于所展示的3种数据的关联滤波算法均会用一个确认门限进行初步确认，故杂波在以正确的量测为中心的正方形区域内均匀产生。场景中存在2个目标，均做匀速直线运动，场景如图8-9所示。

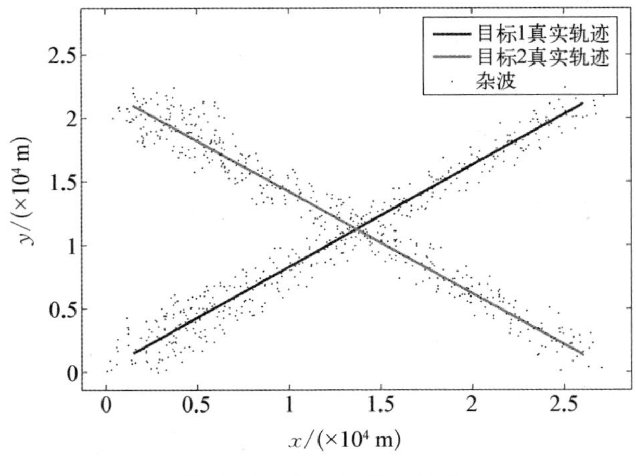

图 8-9 多目标跟踪场景

目标的状态变量 $\boldsymbol{x}=[p_x \quad v_x \quad p_y \quad v_y]^{\mathrm{T}}$，其中 p_x 和 p_y 分别表示目标在 x 轴、y 轴方向上的位置，v_x、v_y 分别表示目标在 x 轴、y 轴方向上的速度。目标状态转移方程为

$$\boldsymbol{x}_{k+1}=\boldsymbol{F}_k\boldsymbol{x}_k+\boldsymbol{\Gamma}_k\boldsymbol{w}_k \tag{8-99}$$

式中，$\boldsymbol{w}_k$ 为过程噪声，$\boldsymbol{w}_k \sim N[0, \boldsymbol{Q}_k]$；$\boldsymbol{F}_k$ 表示状态转移矩阵；$\boldsymbol{\Gamma}_k$ 为噪声传递矩阵。

$$\boldsymbol{F}_k=\boldsymbol{I}_{2\times 2}\otimes\boldsymbol{F},\ \boldsymbol{\Gamma}_k=\boldsymbol{I}_{2\times 2}\otimes\boldsymbol{G}$$

$$\boldsymbol{F}=\begin{bmatrix}1 & T\\ 0 & 1\end{bmatrix},\ \boldsymbol{G}=\begin{bmatrix}T^2/2\\ T\end{bmatrix} \tag{8-100}$$

式中，T 为采样周期；$\boldsymbol{I}_{2\times 2}$ 表示二阶单位矩阵；$\otimes$ 表示矩阵的直积。

每个目标的量测模型均为线性，即

$$\boldsymbol{z}_k=\boldsymbol{H}_k\boldsymbol{x}_k+\boldsymbol{v}_k \tag{8-101}$$

$$\boldsymbol{H}_k=\begin{bmatrix}1 & 0 & 0 & 0\\ 0 & 0 & 1 & 0\end{bmatrix} \tag{8-102}$$

式中，$\boldsymbol{v}_k$ 为过程噪声，$\boldsymbol{v}_k \sim N[0, \boldsymbol{R}_k]$；$\boldsymbol{H}_k$ 表示量测矩阵。

目标过程噪声方差 $\boldsymbol{Q}_k=\mathrm{diag}(0.1^2,\ 0.1^2)$，量测噪声协方差 $\boldsymbol{R}_k=\mathrm{diag}(100^2,\ 100^2)$。$T=1$ s，仿真周期为 50 s。

场景中目标 1 的初始状态 $\boldsymbol{X}_0^{(1)}=[1\,500$ m，500 m/s，1 500 m，400 m/s$]$，目标 2 的初始状态 $\boldsymbol{X}_0^{(2)}=[1\,500$ m，500 m/s，21 000 m，-400 m/s$]$。

3 种基于数据关联的多目标跟踪算法的跟踪误差如图 8-10～图 8-13 所示。

可以看出，PDA 算法和 JPDA 算法都对两个目标实现了比较稳定的跟踪，而 MHT 算法出现了较为明显的误差，甚至出现发散情况。JPDA 算法由于考虑了同一个量测落入不同目标的确认门限内的情况，所以相比于 PDA 算法更加适用于多目标发生交叉情况下的跟踪，在交叉发生时跟踪误差更小，跟踪更准确。

每种算法的平均每次运行时间如表 8-1 所示，仿真环境为 Intel ®Core™i5-3470CPU@3.20 GHz 处理器，12.0 GB 内存。从表 8-1 中可以看出，PDA 的运行时间最短，JPDA 次之；MHT 的运行时间最长，远超 PDA 和 JPDA 算法。JPDA 算法相比于 PDA 算法时间的

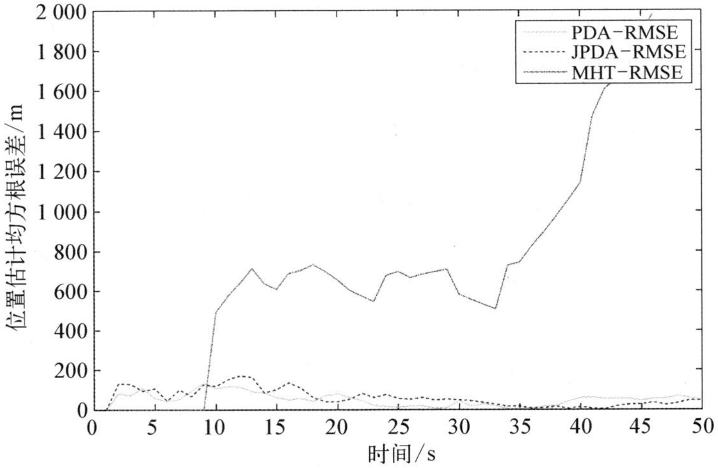

图 8-10 目标1位置估计误差

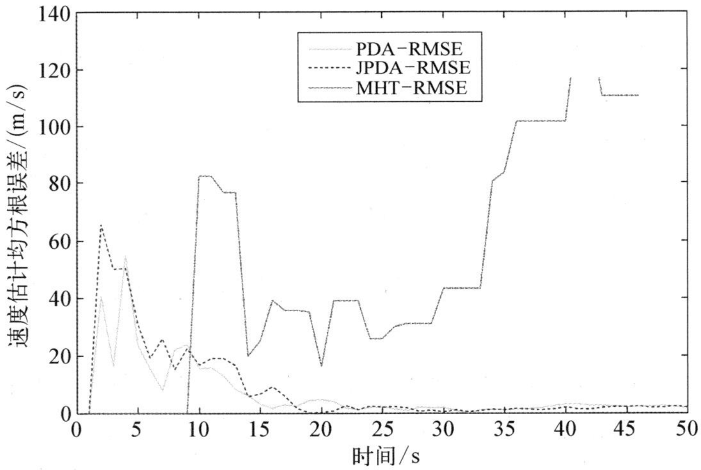

图 8-11 目标1速度估计误差

增加主要来源于联合事件的生成，而MHT算法的假设生成更加完善，包含量测来自目标、来自杂波以及自身为新目标的多种假设，自然导致算法效率的降低，假设的生成和聚矩阵的拆分需要相当长的时间。

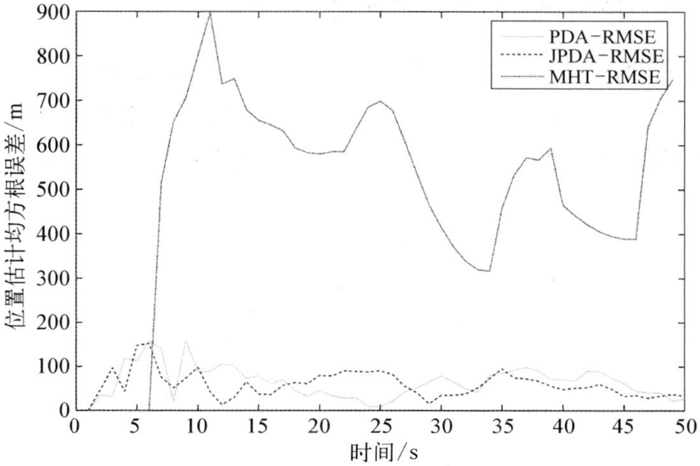

图 8-12 目标 2 位置估计误差

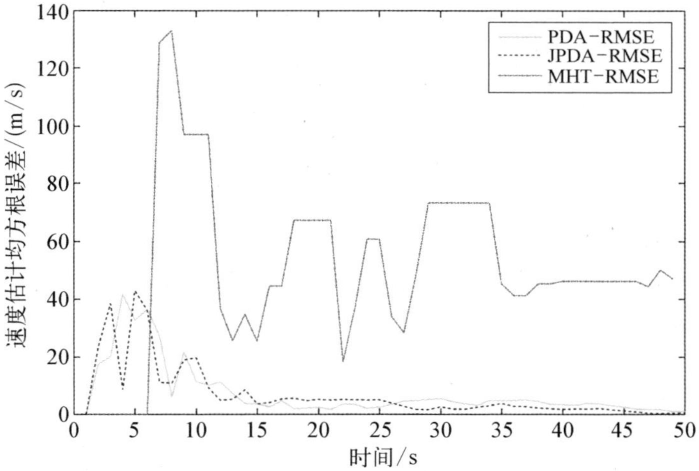

图 8-13 目标 2 速度估计误差

表 8-1 算法平均运行时间比较

算　　法	PDA 算法	JPDA 算法	MHT 算法
平均每次运行时间/s	0.015 7	0.046 4	13.025

8.7.3　线性模型多目标跟踪算法仿真分析

本节展现线性高斯模型下 GM－PHD 的应用。假设在一个 [−1 000 m, 1 000 m]×[−1 000 m, 1 000 m] 的二维监视平面内，12 个目标先后出现并做匀速直线运动。目标的运动轨迹如图 8－14 所示。

其出现和消失是随机的。

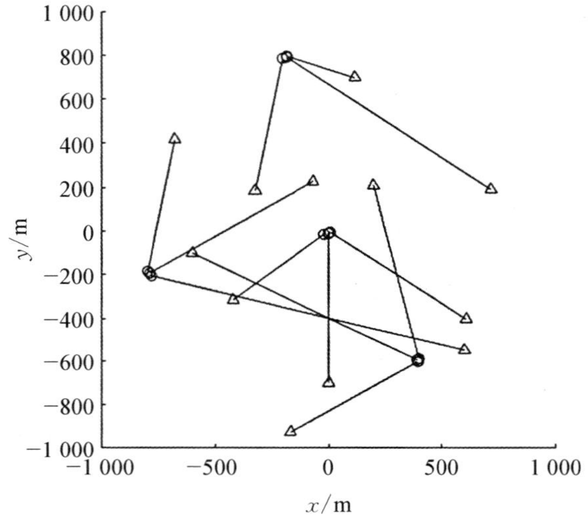

图 8－14　目标真实轨迹

目标的状态变量 $\boldsymbol{x}=[x \quad \dot{x} \quad y \quad \dot{y}]^{\mathrm{T}}$，其中 x 和 y 分别表示目标在 x 轴、y 轴方向上的位置，$\dot{x}$、$\dot{y}$ 分别表示目标在 x 轴、y 轴方向上的速度。目标状态转移方程为

$$\boldsymbol{x}_{k+1}=\boldsymbol{F}_k\boldsymbol{x}_k+\boldsymbol{w}_k \tag{8-103}$$

式中，$\boldsymbol{w}_k$ 为过程噪声，$\boldsymbol{w}_k \sim N[0,\ \boldsymbol{Q}_k]$；$\boldsymbol{F}_k$ 表示状态转移矩阵，有

$$\boldsymbol{F}_k=\begin{bmatrix}1 & T & 0 & 0\\0 & 1 & 0 & 0\\0 & 0 & 1 & T\\0 & 0 & 0 & 1\end{bmatrix} \tag{8-104}$$

$$\boldsymbol{Q}_k = \sigma_w^2 \begin{bmatrix} \frac{T^4}{4} & \frac{T^3}{2} & 0 & 0 \\ \frac{T^3}{2} & T^2 & 0 & 0 \\ 0 & 0 & \frac{T^4}{4} & \frac{T^3}{2} \\ 0 & 0 & \frac{T^3}{2} & T^2 \end{bmatrix} \tag{8-105}$$

式中，T 为采样周期；σ_w 为过程噪声标准差。

每个目标的量测模型均为线性，即

$$\boldsymbol{z}_k = \boldsymbol{H}_k \boldsymbol{x}_k + \boldsymbol{v}_k \tag{8-106}$$

式中，$\boldsymbol{v}_k$ 为过程噪声，$\boldsymbol{v}_k \sim N[0, \boldsymbol{R}_k]$；$\boldsymbol{H}_k$ 表示量测矩阵，有

$$\boldsymbol{H}_k = \begin{bmatrix} 1 & 0 & 0 & 0 \\ 0 & 0 & 1 & 0 \end{bmatrix} \tag{8-107}$$

$$\boldsymbol{R}_k = \sigma_v^2 \begin{bmatrix} 1 & 0 \\ 0 & 1 \end{bmatrix} \tag{8-108}$$

式中，σ_v 为量测噪声标准差。

杂波模型为强度为 κ_k 的泊松有限集，有

$$\kappa_k = \lambda_c V \boldsymbol{u}(z) \tag{8-109}$$

式中，λ_c 为杂波强度；V 为监视区域的面积；$\boldsymbol{u}(\cdot)$ 表示监视区域内的均匀概率分布。

GM-PHD 中目标新生过程为强度为 $\boldsymbol{\gamma}_k$ 的泊松有限集，即

$$\boldsymbol{\gamma}_k = \sum_{i=1}^{4} \omega_\gamma^{(i)} N(\boldsymbol{x}; \boldsymbol{m}_\gamma^{(i)}, \boldsymbol{P}_\gamma^{(i)})$$

式中，$\omega_\gamma^{(i)} = 0.03$；$\boldsymbol{P}_\gamma^{(i)} = \mathrm{diag}(10^2, 10^2, 10^2, 10^2)(i = 1, 2, 3, 4)$；$\boldsymbol{m}_\gamma^{(1)} = [0, 0, 0, 0]^{\mathrm{T}}$，$\boldsymbol{m}_\gamma^{(2)} = [400, 0, -600, 0]^{\mathrm{T}}$，$\boldsymbol{m}_\gamma^{(i)} = [-800, 0, -200, 0]^{\mathrm{T}}$，

其他参数如表 8-2 所示。

表 8-2 GM-PHD 相关参数列表

参数名	参数值
采样周期 T/s	1
过程噪声标准差 σ_w/(m/s^2)	5
量测噪声标准差 σ_v/m	10

$\boldsymbol{m}_{\gamma}^{(4)}=[-200，0，800，0]^{\mathrm{T}}$。

续　表

参　数　名	参　数　值
生产概率 $P_{\mathrm{S},k}$	0.99
检测概率 $P_{\mathrm{D},k}$	0.98
杂波强度 $\lambda_{c}/\mathrm{m}^{-2}$	1.5×10^{-5}(每次扫描生成60个杂波量测)
修剪权重门限 T_{P}	10^{-5}
融合门限 U_{M}	4
最大高斯项个数 $J_{\max}$	100

使用GM-PHD滤波算法进行100次蒙特卡罗仿真，每次蒙特卡罗仿真中，目标的轨迹相同，量测(目标量测和杂波量测)分别独立生成。

从图8-15中可以看出，在杂波较为密集的情况下，GM-PHD算法总体上能够较准确地估计目标状态，并能够较好地适应目标的新生、消亡情

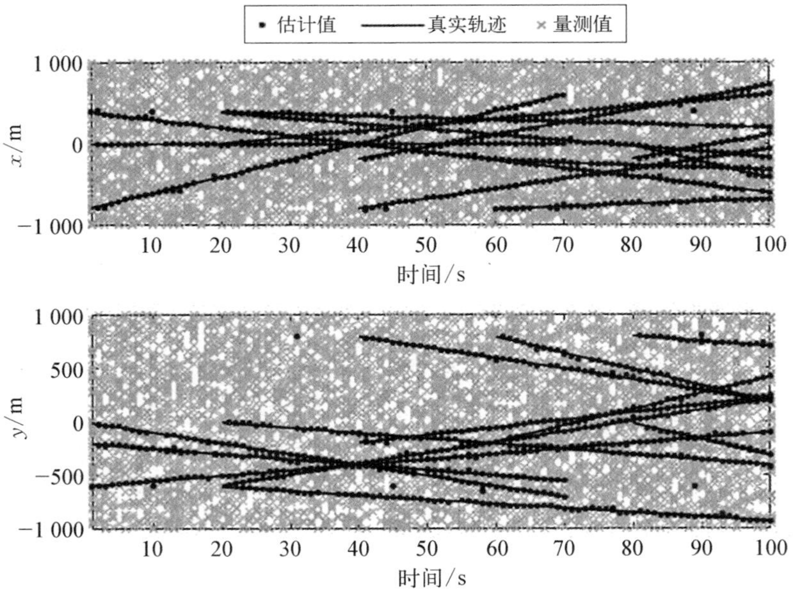

图8-15　目标真实轨迹、量测值及滤波估计值示意图(单次)

况。偶然情况下，算法会得到异常的滤波估计值，但这些异常值也会较快地消失。

图 8-16 展示了单次仿真中算法对目标势的估计，可视作对目标数目的估计。可以看出，在单次仿真中，算法对目标势估计错误的情况较多。将 100 次蒙特卡罗仿真的势估计结果取平均后的结果如图 8-17 所示。总体上，目标势估计的平均值收敛于目标真实的个数。但在目标数目稳定阶段，算法呈现出势过估的趋势；当目标数目变化时，算法则体现出势低估的倾向。

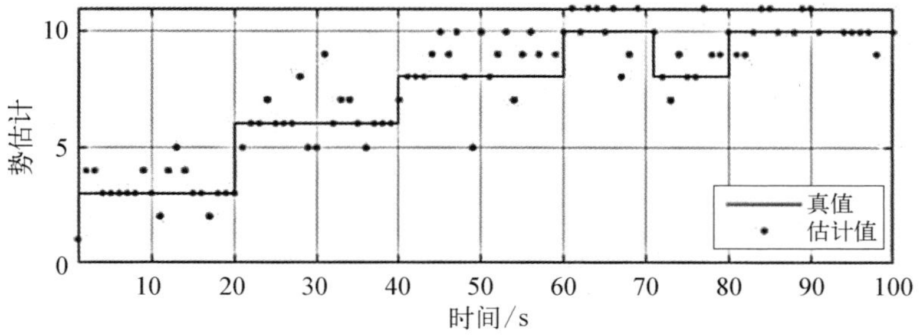

图 8-16 目标势估计(单次)

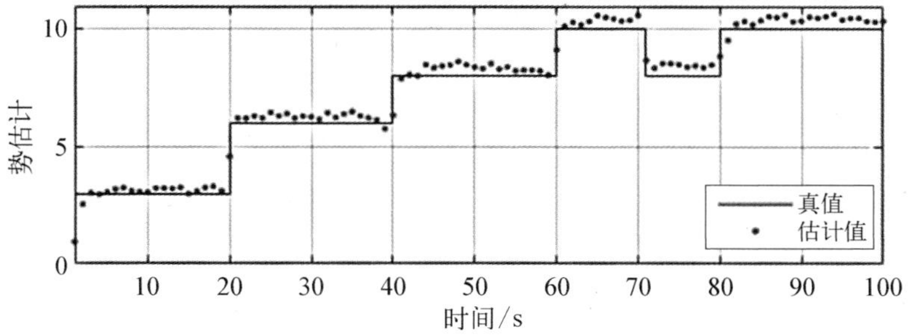

图 8-17 目标势估计(多次平均)

在本章中，基于随机有限集的多目标跟踪算法滤波误差以 OSPA (optimal subpattern assignment)距离的形式呈现。OSPA 距离是一种用来衡量集合之间差异程度的误差距离，其定义为

$$\bar{d}_p^{(c)}(\boldsymbol{X},\boldsymbol{Y})=\begin{cases}0 & m=n=0\\ \left\{\dfrac{1}{n}\left[\min\limits_{\pi\in\Pi_n}\sum\limits_{i=1}^{m}d^{(c)}(\boldsymbol{x}_i,\boldsymbol{y}_{\pi(i)})^p+c^p(n-m)\right]\right\}^{\frac{1}{p}} & m\leqslant n\\ \bar{d}_p^{(c)}(\boldsymbol{Y},\boldsymbol{X}) & m>n\end{cases}\tag{8-110}$$

$$\bar{d}_\infty^{(c)}(\boldsymbol{X},\boldsymbol{Y})=\begin{cases}0 & m=n=0\\ \min\limits_{\pi\in\Pi_n}\max\limits_{1\leqslant i\leqslant n}d^{(c)}(\boldsymbol{x}_i,\boldsymbol{y}_{\pi(i)}) & m=n\\ c & m\neq n\end{cases}\tag{8-111}$$

式中，$d^{(c)}(\boldsymbol{x},\boldsymbol{y})=\min(c,\|\boldsymbol{x}-\boldsymbol{y}\|)$，$c$ 为截断距离；Π_n 表示集合 $\{1,2,\cdots,n\}$ 上的所有排列，$n\in\mathrm{N}_+$。

对于 $p<\infty$，OSPA 距离可以分解为两个部分，分别表示位置误差部分和势误差部分，即

$$\bar{e}_{p.\mathrm{loc}}^{(c)}(\boldsymbol{X},\boldsymbol{Y})=\begin{cases}\left\{\dfrac{1}{n}\left[\min\limits_{\pi\in\Pi_n}\sum\limits_{i=1}^{m}d^{(c)}(\boldsymbol{x}_i,\boldsymbol{y}_{\pi(i)})^p+c^p(n-m)\right]\right\}^{\frac{1}{p}} & m\leqslant n\\ \bar{e}_{p.\mathrm{loc}}^{(c)}(\boldsymbol{Y},\boldsymbol{X}) & m>n\end{cases}\tag{8-112}$$

$$\bar{e}_{p.\mathrm{card}}^{(c)}(\boldsymbol{X},\boldsymbol{Y})=\begin{cases}\left[\dfrac{c^p(n-m)}{n}\right]^{\frac{1}{p}} & m\leqslant n\\ \bar{e}_{p.\mathrm{card}}^{(c)}(\boldsymbol{Y},\boldsymbol{X}) & m>n\end{cases}\tag{8-113}$$

通过位置误差和势误差，我们可以更全面地评价多目标滤波的性能。

OSPA 距离中，参数 c 的大小决定了对势误差的惩罚程度，参数 p 则决定了对异常值的惩罚程度。

图 8-18 和 8-19 分别展示了单次仿真和 100 次蒙特卡罗仿真平均的 OSPA 距离，其中 $c=100$，$p=1$。从多次仿真的平均情况可以看出，目标数目平稳阶段，OSPA 距离、OSPA 状态误差（对应位置误差）和 OSPA 势误差均趋于一个较小值；在目标数目变化时，OSPA 距离、OSPA 势误差出现了较明显的峰值。总体而言，在线性高斯模型下，GM-PHD 能够对多目标取得较好的跟踪效果。

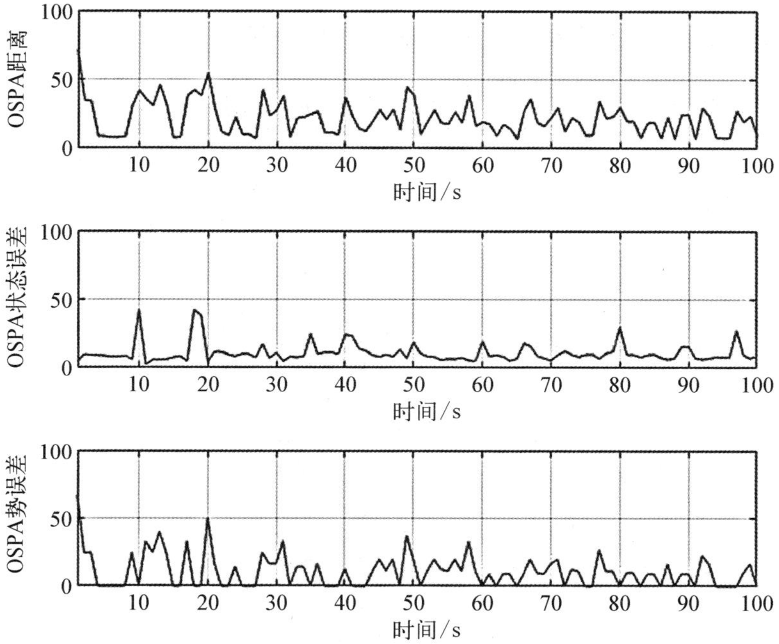

图 8-18 目标跟踪 OSPA 距离(单次)

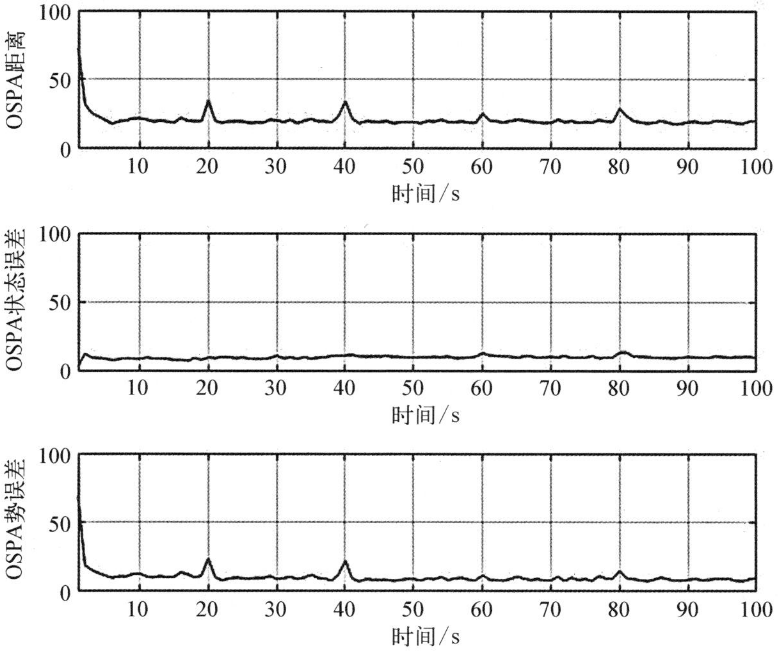

图 8-19 目标跟踪 OSPA 距离(多次平均)

8.7.4　非线性模型多目标跟踪算法仿真分析

本节展现非线性模型下 SMC-PHD 的应用。假设在一个大小为[0，π/2 rad]×[0，2 500 m]的二维监视平面内，10个目标先后出现(其出现和消失是随机的)并做匀速转弯运动。目标的运动轨迹如图8-20所示。

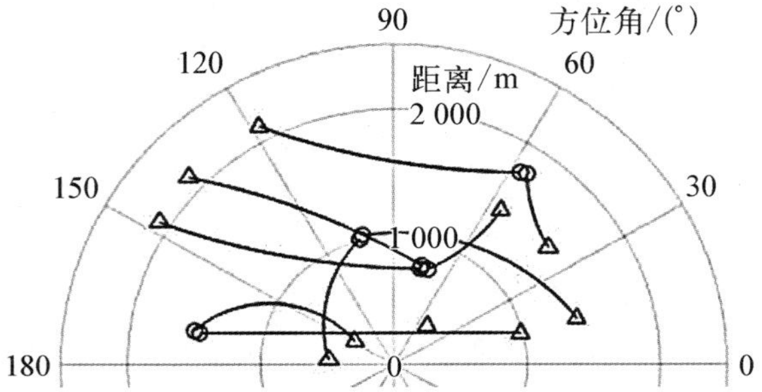

图8-20　目标真实轨迹(观测视角)

目标的状态变量 $\boldsymbol{x}=[p_x \quad \dot{p}_k \quad p_y \quad \dot{p}_y \quad \omega]^{\mathrm{T}}$，其中 p_x 和 p_y 分别表示目标在 x 轴、y 轴方向上的位置，$\dot{p}_k$、$\dot{p}_y$ 分别表示目标在 x 轴、y 轴方向上的速度，ω 表示角速度。目标状态转移方程为

$$\boldsymbol{x}_{k+1}=\boldsymbol{F}_k(\boldsymbol{\omega}_k)\boldsymbol{x}_k+\boldsymbol{w}_k \tag{8-114}$$

式中，$\boldsymbol{w}_k$ 为过程噪声，$\boldsymbol{w}_k \sim N[0,\boldsymbol{Q}_k]$；$\boldsymbol{F}_k$ 表示状态转移矩阵。

$$\boldsymbol{F}_k(\boldsymbol{\omega}_k)=\begin{bmatrix} 1 & \dfrac{\sin(\omega_k T)}{\omega_k} & 0 & -\dfrac{1-\cos(\omega_k T)}{\omega_k} & 0 \\ 0 & \cos(\omega_k T) & 0 & -\sin(\omega_k T) & 0 \\ 0 & \dfrac{1-\cos(\omega_k T)}{\omega_k} & 1 & -\sin(\omega_k T) & 0 \\ 0 & \sin(\omega_k T) & 0 & \cos(\omega_k T) & 0 \\ 0 & 0 & 0 & 0 & 1 \end{bmatrix} \tag{8-115}$$

$$
\boldsymbol{Q}_k=\begin{bmatrix}\frac{T^4}{4}\sigma_w^2 & \frac{T^3}{2}\sigma_w^2 & 0 & 0 & 0\\ \frac{T^3}{2}\sigma_w^2 & T^2\sigma_w^2 & 0 & 0 & 0\\ 0 & 0 & \frac{T^4}{4}\sigma_w^2 & \frac{T^3}{2}\sigma_w^2 & 0\\ 0 & 0 & \frac{T^3}{2}\sigma_w^2 & T^2\sigma_w^2 & 0\\ 0 & 0 & 0 & 0 & T^2\sigma_\omega^2\end{bmatrix} \tag{8-116}
$$

式中，T 为采样周期；σ_w 和 σ_ω 为过程噪声标准差。

每个目标的量测模型均为非线性，形式为含噪声的方位角和距离向量，有

$$
\boldsymbol{z}_k=\begin{bmatrix}\arctan\left(\dfrac{p_{x,k}-p_{o,x}}{p_{y,k}-p_{o,y}}\right)\\ \sqrt{(p_{x,k}-p_{o,x})^2+(p_{y,k}-p_{o,y})}\end{bmatrix}+\boldsymbol{v}_k \tag{8-117}
$$

式中，$(p_{o,x}, p_{o,y})$ 为传感器坐标；$\boldsymbol{v}_k$ 为过程噪声，$\boldsymbol{v}_k \sim N[0, \boldsymbol{R}_k]$。

$$
\boldsymbol{R}_k=\begin{bmatrix}\sigma_\theta^2 & 0\\ 0 & \sigma_r^2\end{bmatrix} \tag{8-118}
$$

式中，σ_θ 和 σ_r 为量测噪声的标准差。杂波模型为强度为 κ_k 的泊松有限集。

$$
\kappa_k=\lambda_c V\boldsymbol{u}(z)
$$

式中，λ_c 为杂波强度；V 为监视区域的面积；$\boldsymbol{u}(\cdot)$ 表示监视区域内的均匀概率分布。

SMC-PHD 中目标新生过程为强度 $\boldsymbol{\gamma}_k$ 的泊松有限集，即

$$
\boldsymbol{\gamma}_k=\sum_{i=1}^{4}\omega_\gamma^{(i)}N(\boldsymbol{x};\boldsymbol{m}_\gamma^{(i)},\boldsymbol{P}_\gamma^{(i)}) \tag{8-119}
$$

式中，$\omega_\gamma^{(1)}=\omega_\gamma^{(2)}=0.02$，$\omega_\gamma^{(3)}=\omega_\gamma^{(4)}=0.03$，$\boldsymbol{m}_\gamma^{(1)}=[-1\,500, 0, 250, 0, 0]^{\mathrm{T}}$，$\boldsymbol{m}_\gamma^{(2)}=[-250, 0, 1\,000, 0, 0]^{\mathrm{T}}$，$\boldsymbol{m}_\gamma^{(i)}=[250, 0, 750, 0, 0]^{\mathrm{T}}$，$\boldsymbol{m}_\gamma^{(4)}=[1\,000, 0, 1\,500, 0, 0]^{\mathrm{T}}$，

其他参数如表 8-3 所示。

表 8-3 SMC-PHD 相关参数

参　数　名	参　数　值
采样周期 T/s	1
过程噪声标准差 $\sigma_w/(\mathrm{m/s^2})$	5
过程噪声标准差 $\sigma_\omega/(\mathrm{rad/s})$	π/180

$P_{\gamma}^{(i)} = \mathrm{diag}[50^2, 50^2, 50^2, 50^2, 6^2 \times (\pi/180)^2](i = 1, 2, 3, 4)$。

续　表

参　数　名	参　数　值
量测噪声标准差 σ_r/m	10
量测噪声标准差 σ_θ/(rad/s)	2π/180
生产概率 $P_{S,k}$	0.99
检测概率 $P_{D,k}$	0.98
杂波强度 λ_c/m^{-2}	1.3×10^{-3}(每次扫描生成10个杂波量测)
重采样分配粒子个数 J_t	1 000
最大粒子个数 J_{max}	100 000

使用SMC-PHD滤波算法进行100次蒙特卡罗仿真，每次蒙特卡罗仿真中，目标的轨迹相同，量测(目标量测和杂波量测)分别独立生成。

从图8-21中可以看出，SMC-PHD算法总体上能够较为正确地估计

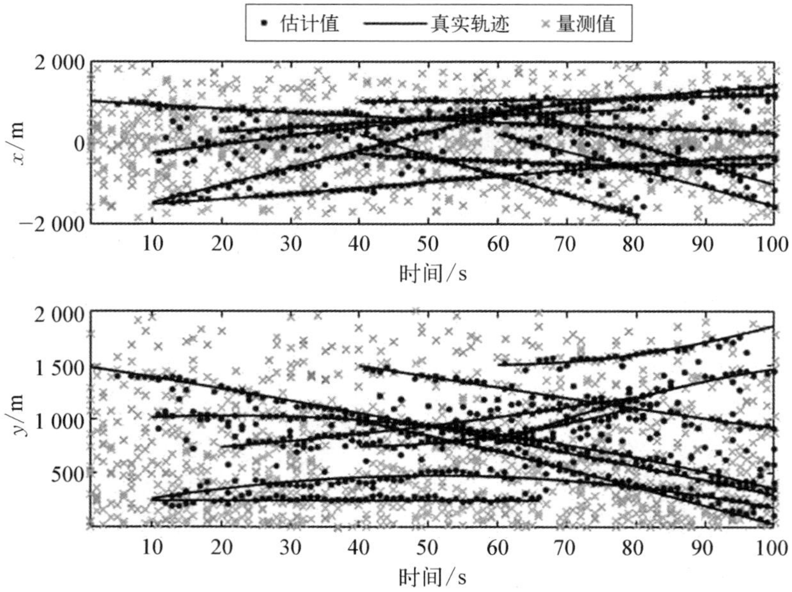

图8-21　目标真实轨迹、量测值及滤波估计值示意图(单次)

目标状态，并能够适应目标的新生、消亡情况；算法得到的异常滤波估计值也会较快地消失。但也可以看出，算法得到的异常滤波估计较多，主要原因是 SMC - PHD 滤波器在提取目标状态时需要使用聚类算法，而聚类效果的不确定会导致目标状态估计的不稳定。

图 8 - 22 展示了单次仿真中算法对目标势的估计。可以看出在单次仿真中，算法对目标势估计错误的情况较多。将 100 次蒙特卡罗仿真的势估计结果取平均后的结果如图 8 - 23 所示。总体上看，目标势估计的平均值收敛于目标真实的个数，但算法呈现出势低估的趋势，且对目标数目变化的响应不及时。

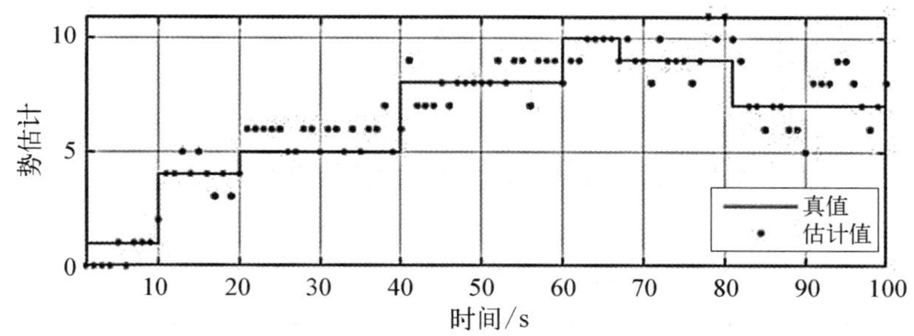

图 8 - 22 目标势估计(单次)

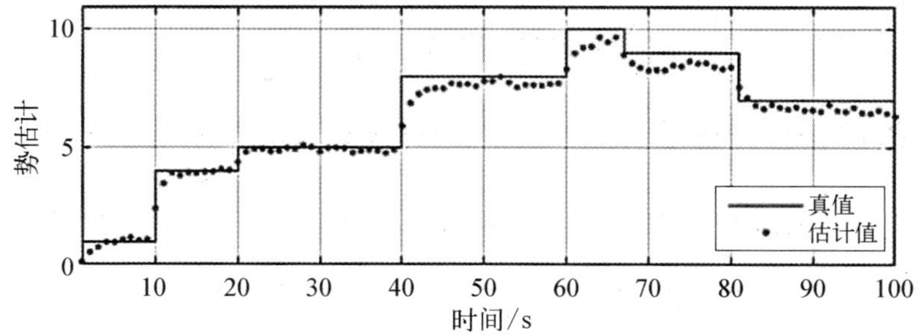

图 8 - 23 目标势估计(多次平均)

以 OSPA 距离的形式呈现 SMC - PHD 滤波误差，单次仿真和 100 次蒙特卡罗仿真平均的结果如图 8 - 24 和图 8 - 25 所示，其中 OSPA 参数 $c=100$，$p=1$。

从多次仿真的平均情况可以看出，在目标数目平稳阶段，OSPA 距离、OSPA 状态误差(对应位置误差)均趋于一个较大的值，OSPA 势误差则趋

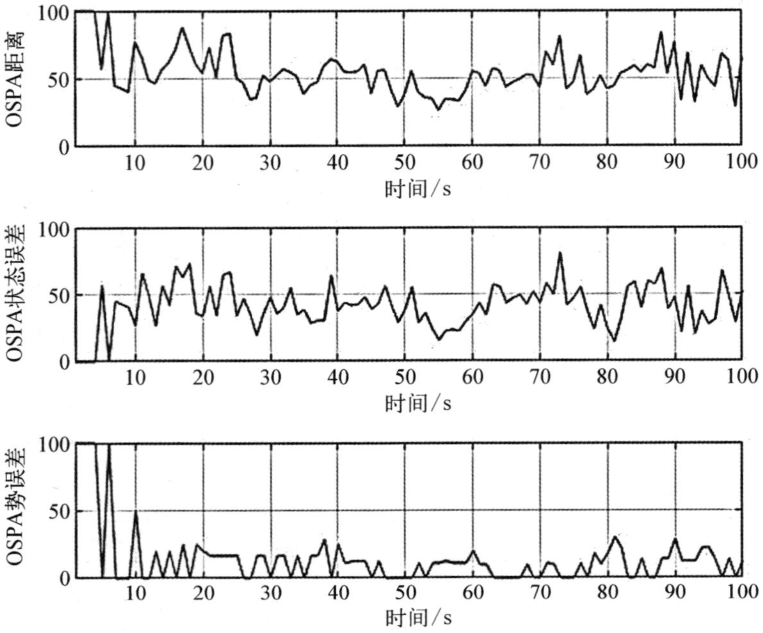

图 8-24　目标跟踪 OSPA 距离(单次)

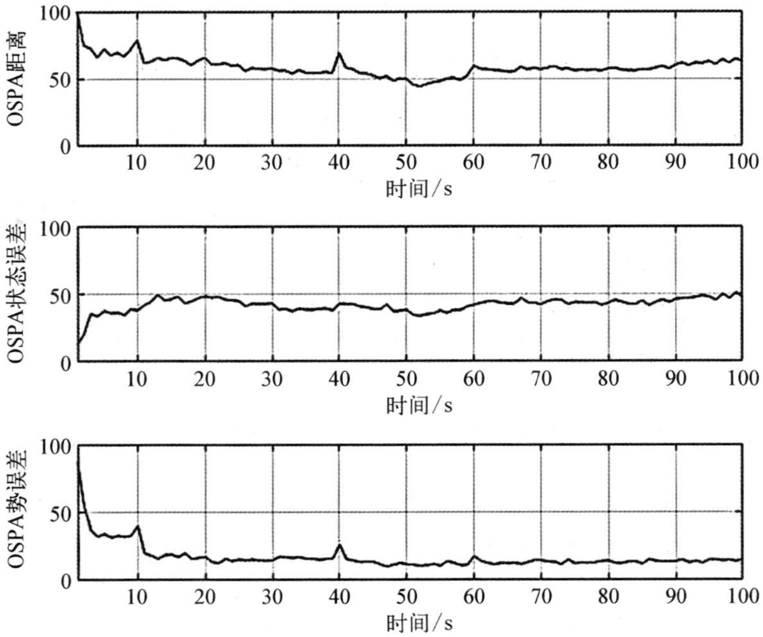

图 8-25　目标跟踪 OSPA 距离(多次平均)

于较小值。在目标数目变化时，OSPA 距离、OSPA 势误差出现了峰值，但不甚显著。总体而言，在非线性模型下，SMC－PHD 能够基本实现对多目标的跟踪，但是其状态估计精度、目标数目估计精度均不甚理想。

8.8 本章小结

本章主要介绍了多传感器分布式系统所涉及的航迹关联算法及多目标跟踪算法。首先，本章介绍了针对多传感器多目标的几类典型航迹关联方法，包括基于统计理论的航迹关联算法（如加权法、修正法、双门限法）、基于模糊理论的航迹关联算法（如模糊双门限法、模糊综合函数法）和基于灰色理论的航迹关联算法（如相近性灰色关联法、相似性灰色关联法、综合性灰色关联法）。

随后，本章介绍了两类典型的多目标跟踪算法。对于传统的基于数据关联的多目标跟踪算法，介绍了最近邻法、概率数据关联法（PDA）、联合概率数据关联法（JPDA）和多假设数据关联法（MHT）。对于基于随机有限集理论的多目标跟踪算法，主要介绍了概率假设密度（PHD）滤波的原理及其两种典型实现，即 GM－PHD 和 SMC－PHD。

8.9 思考与讨论

8－1　相比于基于统计理论的航迹关联方法，基于模糊数学的航迹关联方法的主要优点是什么？

8－2　灰色航迹关联可以从哪些视角出发？其衡量相似度的主要特征分别是什么？

8－3　请简述 JPDA 方法的单次迭代流程。JPDA 方法和 PDA 方法的异同点分别是什么？

参考文献

[1] Sönmez H H, Hocaoğlu A K. Asynchronous track-to-track association algorithm based on reference topology feature [J].

Signal, Image and Video Processing, 2022, 16(3): 789 - 796.

[2] 国佳恩,周正,曾睿. 多局部节点异步航迹快速关联算法[J]. 系统工程与电子技术,2023(3): 669 - 677.

[3] 崔亚奇,何友,唐田田,等. 一种深度学习航迹关联方法[J]. 电子学报,2022,50(3): 759 - 763.

[4] Wang J, Zeng Y, Wei S, et al. Multi-sensor track-to-track association and spatial registration algorithm under incomplete measurements[J]. IEEE Transactions on Signal Processing, 2021, 69: 3337 - 3350.

[5] Schlangen I, Jung S, Charlish A. A non-Markovian prediction for the GM - PHD filter based on recurrent neural networks[C]//2020 IEEE Radar Conference (RadarConf20), Florence, 2020: 1 - 6.

[6] Zhu C, Zhou Q. Multi-target track extraction method based on Gaussian mixture probability hypothesis density filter[C]//2020 39th Chinese Control Conference (CCC), Shenyang, 2020: 3141 - 3146.

[7] 陈辉,张星星. 基于多伯努利滤波的厚尾噪声条件下多扩展目标跟踪[J]. 自动化学报,2021,45: 1 - 14.

[8] 吴孙勇,王力,李天成,等. 基于分布式有限感知网络的多伯努利目标跟踪[J]. 自动化学报,2022,48(5): 1370 - 1384.

[9] Shen K, Dong P, Jing Z, et al. Consensus-based labeled multi-Bernoulli filter for multitarget tracking in distributed sensor network [J]. IEEE Transactions on Cybernetics, 2022, 52(12): 12722 - 12733.

[10] Singer R A, Kanyuck A J. Computer control of multiple site track correlation[J]. Automatica, 1971, 7(4): 455 - 463.

[11] Bar-Shalom Y. On the track-to-track correlation problem[J]. IEEE Transactions on Automatic Control, 1981, 26(2): 571 - 572.

[12] Bar-Shalom Y, Campo L. The effect of the common process noise on the two-sensor fused-track covariance[J]. IEEE Transactions on Aerospace and Electronic Systems, 1986 (6): 803 - 805.

[13] 何友,彭应宁,陆大琻. 多传感器数据融合模型综述[J]. 清华大学学报,1996,36(9): 14 - 20.

[14] 何友,王国宏,陆大琻,等. 多传感器信息融合及应用[M]. 北京: 电子工业出版社,2010: 128 - 184.

[15] 何友,彭应宁,陆大琻. 多目标多传感器模糊双门限航迹相关算法[J]. 电子学报,1998,26(3): 15 - 19.

[16] 何友,陆大琻,彭应宁,等. 基于模糊综合函数的航迹关联算法[J]. 电子科学学刊,1999,21(1): 91 - 96.

[17] 邓聚龙. 灰色理论基础[M]. 武汉: 华中理工大学出版社,2008.

[18] 党耀国. 灰色斜率关联度的研究[J]. 农业系统科学与综合研究,1994,10(增刊): 331 - 337.

[19] 唐五湘. T 型关联度及其计算方法[J]. 数理统计与管理,1995,14(1): 33 - 37.

[20] 王清印. 灰色 B 型关联分析[J]. 华中理工大学学报,1989,17(6): 77 - 82.

[21] Singer R, Sea R. New results in optimizing surveillance system tracking and data correlation performance in dense multitarget environments[J]. IEEE Transactions on Automatic Control, 1973, 18(6): 571 - 582.

[22] Bar-Shalom Y, Tse E. Tracking in a cluttered environment with probabilistic data association [J]. Automatica, 1975, 11 (5): 451 - 460.

[23] Fortmann T E, Bar-Shalom Y, Scheffe M. Multi-target tracking using joint probabilistic data association[C]//19th IEEE Conference on Decision and Control including the Symposium on Adaptive Processes, Albuquerque, 1980: 807 - 812.

[24] Reid D. An algorithm for tracking multiple targets [J]. IEEE Transactions on Automatic Control, 1979, 24(6): 843 - 854.

[25] Cox I J, Hingorani S L. An efficient implementation of Reid's multiple hypothesis tracking algorithm and its evaluation for the purpose of visual tracking [J]. IEEE Transactions on Pattern

Analysis and Machine Intelligence, 1996, 18(2): 138 - 150.

[26] Mahler R P S. Multitarget Bayes filtering via first-order multitarget moments[J]. IEEE Transactions on Aerospace and Electronic Systems, 2003, 39(4): 1152 - 1178.

[27] Vo B N, Ma W K. The Gaussian mixture probability hypothesis density filter [J]. IEEE Transactions on Signal Processing, 2006, 54(11): 4091 - 4104.

[28] Vo B N, Singh S, Doucet A. Sequential Monte Carlo methods for multi-target filtering with random finite sets[J]. IEEE Transactions on Aerospace and Electronic Systems, 2005, 41(4): 1224 - 1245.